W0266783

# Managementwissen für Studium und Praxis

Herausgegeben von

Professor Dr. Dietmar Dorn und
Professor Dr. Rainer Fischbach

Bisher erschienene Werke:

Behrens, Makroökonomie – Wirtschaftspolitik
Behrens · Kirspel, Grundlagen der Volkswirtschaftslehre
Bichler · Dörr, Personalwirtschaft – Einführung mit Beispielen aus SAP® R/3® HR®
Blum, Grundzüge anwendungsorientierter Organisationslehre
Bontrup, Volkswirtschaftslehre
Bontrup, Lohn und Gewinn
Bradtke, Mathematische Grundlagen für Ökonomen
Bradtke, Statistische Grundlagen für Ökonomen
Busse, Betriebliche Finanzwirtschaft, 5. Auflage
Clausius, Betriebswirtschaftslehre I
Clausius, Betriebswirtschaftslehre II
Dorn · Fischbach, Volkswirtschaftslehre II, 3. Auflage
Ellinghaus, Werbewirkung und Markterfolg
Fank, Informationsmanagement
Fank · Schildhauer · Klotz, Informationsmanagement: Umfeld – Fallbeispiele
Fiedler, Einführung in das Controlling
Fischbach, Volkswirtschaftslehre I, 11. Auflage
Frodl, Dienstleistungslogistik
Haas, Kosten, Investition, Finanzierung – Planung und Kontrolle, 3. Auflage
Haas, Marketing mit EXCEL, 2. Auflage
Hardt, Kostenmanagement
Heine · Herr, Volkswirtschaftslehre
Hofmann, Globale Informationswirtschaft
Hoppen, Vertriebsmanagement
Koch, Marketing
Koch, Marktforschung, 2. Auflage
Koch, Gesundheitsökonomie: Kosten- und Leistungsrechnung
Krech, Grundriß der strategischen Unternehmensplanung
Kreis, Betriebswirtschaftslehre, Band I, 5. Auflage
Kreis, Betriebswirtschaftslehre, Band II, 5. Auflage
Kreis, Betriebswirtschaftslehre, Band III, 5. Auflage
Lebefromm, Controlling – Einführung mit Beispielen aus SAP® R/3®, 2. Auflage
Lebefromm, Produktionsmanagement – Einführung mit Beispielen aus SAP® R/3®, 4. Auflage
Martens, Statistische Datenanalyse mit SPSS für Windows
Mensch, Kosten-Controlling
Olivier, Windows-C – Betriebswirtschaftliche Programmierung für Windows
Peto, Einführung in das volkswirtschaftliche Rechnungswesen, 5. Auflage
Piontek, Controlling
Piontek, Beschaffungscontrolling, 2. Auflage
Piontek, Global Sourcing
Posluschny, Kostenrechnung für die Gastronomie
Posluschny · von Schorlemer, Erfolgreiche Existenzgründungen in der Praxis
Reiter · Matthäus, Marktforschung und Datenanalyse mit EXCEL, 2. Auflage
Reiter · Matthäus, Marketing-Management mit EXCEL
Rudolph, Tourismus-Betriebswirtschaftslehre
Rüth, Kostenrechnung, Band I
Sauerbier, Statistik für Wirtschaftswissenschaftler
Schaal, Geldtheorie und Geldpolitik, 4. Auflage
Scharnbacher · Kiefer, Kundenzufriedenheit, 2. Auflage
Schuchmann · Sanns, Datenmanagement mit MS ACCESS
Schuster, Kommunale Kosten- und Leistungsrechnung
Stahl, Internationaler Einsatz von Führungskräften
Steger, Kosten- und Leistungsrechnung, 2. Auflage
Stock, Informationswirtschaft
Weindl · Woyke, Europäische Union, 4. Auflage
Zwerenz, Statistik

# Betriebswirtschaftslehre

## Band II

## Grundlagen des Finanzwesens in hierarchischen Modulen

Von

Prof. Dr. Eike Clausius

R. Oldenbourg Verlag München Wien

**Die Deutsche Bibliothek - CIP-Einheitsaufnahme**

Clausius, Eike H. J.:
Betriebswirtschaftslehre / von Eike Clausius. – München ; Wien :
Oldenbourg
(Managementwissen für Studium und Praxis)

Bd. 2. Grundlagen des Finanzwesens in hierarchischen Modulen. - 2000
ISBN 3-486-23923-6

© 2000 Oldenbourg Wissenschaftsverlag GmbH
Rosenheimer Straße 145, D-81671 München
Telefon: (089) 45051-0, Internet: http://www.oldenbourg.de

Das Werk einschließlich aller Abbildungen ist urheberrechtlich geschützt. Jede Verwertung außerhalb der Grenzen des Urheberrechtsgesetzes ist ohne Zustimmung des Verlages unzulässig und strafbar. Das gilt insbesondere für Vervielfältigungen, Übersetzungen, Mikroverfilmungen und die Einspeicherung und Bearbeitung in elektronischen Systemen.

Gedruckt auf säure- und chlorfreiem Papier
Druck: Grafik + Druck, München
Bindung: R. Oldenbourg Graphische Betriebe Binderei GmbH

ISBN 3-486-23923-6

# Betriebswirtschaftslehre I

Einführung in hierarchischen Modulen

# Betriebswirtschaftslehre II

Grundlagen des Finanzwesens in hierarchischen Modulen

| | Vorwort | AZ 1 |
|---|---|---|

## Vorwort
## (zur ersten Auflage)

Der zweite Band der Reihe Betriebswirtschaftslehre schließt sich nahtlos an den Band I: *Betriebswirtschaftslehre I – Eine Einführung in hierarchischen Modulen* an. Der Erfolg bei meinen Veranstaltungen und Vorträgen in Bezug auf die hierarchische Strukturierung des ersten Bandes, haben sowohl bei Studenten der Studienrichtung Betriebswirtschaftslehre, Studenten unterschiedlicher technischer Fachrichtungen sowie Praktikern den Wunsch aufkommen lassen, den Band I durch einen weiteren Band zu erweitern, der das Finanzwesen in seiner Ausprägung der Finanzierung und Investition herausarbeitet. Ihnen wird mit diesem Buch ein schneller Über- und Einblick in finanzwirtschaftliche Zusammenhänge gegeben.
Für Leser/-innen, die die hierarchische Strukturierung von wissenschaftlichen Texten noch nicht kennen, wird im Folgenden kurz eingegangen auf die

... BISHERIGE BUCHGESTALTUNG

Von den bisherigen Textgestaltungen an numerischen Kapitelüberschriften ausgehend, fügt sich innerhalb eines Kapitels gewöhnlicherweise ein in Abschnitte eingeteilter Fließtext an, der die Kapitelüberschrift erläutert. Textstrukturierungen sind zwar gegeben, aber nur durch gedankliche Manipulation lässt sich eine Gliederungshierarchie nachempfinden. Es existieren kaum visuelle oder sonstige verständnisstruktur- oder lernunterstützende Hilfen, die eine Einordnung des Gedankens in den Gesamtzusammenhang erleichtern.

... HIERARCHISCH-STRUKTURIERTE BUCHGESTALTUNG

Dieses Buch bietet den Lesern/-innen eine hierarchische Textgestaltung,
- die eine visuelle lernunterstützende Strukturierung durch graphische Elemente beinhaltet,
- deren Hierarchie durch eine modulare Anordnung nachvollziehbar ist,
- die als Fließtext gelesen werden kann,
- deren Textmodule als graphische Elemente und durch einen den folgenden Text vorangestellten komprimierten Kurzkommentar charakterisiert sind,
- in der sich mit Hilfe eines Sachwortregisters jedes zu suchende Sachwort einem modularen inhaltlichen Themenkomplex sachgebietsbezogen zuordnen lässt.

Im Rahmen der hierarchischen Textgestaltung ist zur visuellen und nachvollziehbaren Einordnung bei umfangreichen Sachgebieten eine strukturierte, modulare Übersicht vorangestellt.
Interessiert die Leser/-innen ein Themenkomplex, so steht ihnen das modular aufgebaute Inhaltsverzeichnis zur Verfügung; einen lexikographischen Einstieg erreichen er/ sie über ein Sachwortregister. Die hierarchische Strukturierung ist unter dem Titel "Druckvorlagen für hierarchische Textgestaltung von Druckseiten, insbesonders für wissenschaftliche Literatur"© eingetragen unter der Nummer M 97 11 380.8 im Musterregister und ist nur mit ausdrücklicher Genehmigung des Autors zu verwenden.

| | Vorwort | AZ 2 |
|---|---|---|

... INHALTLICHE GESTALTUNG DES VORLIEGENDEN BANDES

Der Themenkomplex *Betriebswirtschaftslehre II - Grundlagen des Finanzwesens in hierarchischen Modulen*, der sich inhaltlich nahtlos an den ersten Band der Reihe anschließt, gliedert sich in drei, thematisch abgegrenzte, für einen Einführungsband kurz und knapp herausgearbeitete Module:

- das Finanzwesen (Modul 10), untergliedert in Finanzwesen - Finanzwirtschaft sowie das Finanzmanagement,
- die Finanzierung (Modul 11), beginnend mit der begrifflichen Charakterisierung, gefolgt von Finanzierungszielen und -grundsätzen sowie einer entsprechenden der Systematisierung der Finanzierungsarten (Finanzierungsmatrix) sich ergebenden Einteilung an Finanzierungsmöglichkeiten, sowie
- die Investition (Modul 12), die begrifflich abgegrenzt, zielorientiert und artenmäßig dargestellt wird anhand der Systematisierung der Investitionsrechenverfahren (Investitionswürfel) in Investitionsrechenverfahren unter Sicherheit und unter Unsicherheit.

Die gesamte Thematik ist streng hierarchisch modular aufgebaut und ermöglicht es so den Lesern/-innen fragmentarisch oder die gesamten Module sukzessiv sich zu erarbeiten. Allen Lesern/-innen wünsche ich viel Erfolg beim Arbeiten mit den Modulen in diesem Buch.

Für Verbesserungsvorschläge und Anregungen schreiben Sie bitte an folgende

Adresse: Traunsteiner Str. 8, 10781 Berlin,
Tel/Fax: 030/ 213 39 22 oder
Email: eike.clausius@gmx.de

Auf einen Dialog mit meinen Lesern/-innen freue ich mich.

DANKSAGUNG

Der Verfasser bedankt sich an dieser Stelle bei allen denjenigen, ohne deren Anteilnahme, kritische Begleitung und Mithilfe dieses Buch nicht hätte entstehen können. Besonders die Teilnehmer an Seminaren der Betriebswirtschaftslehre trugen durch ihr ständiges Hinterfragen zum Gelingen dieses Bandes bei. Anerkennung zollen möchte ich auch meinem Mitarbeiter cand. ing. (FH) Patrick Kollitsch. Er hat mich auf dem Wege zur Entstehung dieses Werkes ein Stück begleitet und sich mit viel Eifer und Fleiß der Übertragung des Manuskripts gewidmet sowie die Abbildungen erstellt.

Mein ganz persönlicher Dank gilt meiner Frau Evelyn. Sie hat mich stets moralisch unterstützt, sie hat mir – bei der Entscheidung ein weiteres Buch dem ersten Band der Reihe folgen zu lassen – stets Mut und Zuversicht zugesprochen, so dass ich mit Konsequenz und innerer Ausgeglichenheit an die Erfüllung dieser Aufgabe gehen konnte; Ihr widme ich dieses Buch.

Eike Clausius

| 10.1. | Finanzwesen - Finanzwirtschaft | 1 |
|---|---|---|

FINANZWESEN

Das **Finanzwesen**, das Wesen der finanziellen Aktivitäten von Unternehmen, bezieht sich auf die liquiditätsorientierte (Einzahlungen-Auszahlungen-Gegenüberstellung) und geldmengenorientierte (Einnahmen-Ausgaben-Gegenüberstellung) Ebene eines Unternehmens. Diese Zahlungsströme sind die Beobachtungssachverhalte, auf denen die theoretischen Aussagen der Investition und Finanzierung fußen. Bevor darauf eingegangen wird, sollen erläutert werden

... INVESTITIONS-/ FINANZIERUNGSPROJEKTE

**Formalziele** eines Unternehmens lassen sich in ihrer leistungswirtschaftlichen, finanzwirtschaftlichen und sozialen Dimension darstellen.[1]

**Finanzwirtschaftliche Ziele** sind charakterisierbar als Ziele, die sich als monetäre Wertziele beschreiben lassen, mit unterschiedlichen Ausprägungsformen wie Kosten-, Gewinn- oder Liquiditätsziele. Sowohl finanz- als auch investitionsorientierte Aktivitäten werden unter monetären Aspekten betrachtet und sind Entscheidungen, die sich auf die Gestaltung und Steuerung des betriebswirtschaftlichen Kassen- bzw. Geldvermögensstrom beziehen.[2] Jedoch liegen diese monetären Informationen nicht isoliert für einzelne Projekte vor, sondern müssen von der Gesamtmenge aller positiven und negativen monetären Größen so extrahiert werden, dass sie sich auf einzelne Projekte zurückführen lassen, was in der Praxis oft mit Schwierigkeiten verbunden ist.

Für **Investitionsprojekte** ergeben sich aus der unterschiedlichen Kombination betriebswirtschaftlicher Produktionsfaktoren leistungswirtschaftlich zwei Aspekte:

- selbständige Bewertbarkeit von Investitionsprojekten,
- Marktfähigkeit von Investitionsprojekten.

Die Minimalkombination von Produktionsfaktoren, die marktfähige Leistungen erstellen kann, wird als **Kapazitätseinheit** bezeichnet. Ein Investitionsprojekt ist entweder deckungsgleich mit einer Kapazitätseinheit oder besteht aus einer Verbindung mehrerer Kapazitätseinheiten. Kapazitätseinheiten müssen **selbständig bewertbar** sein.

Für Investitionsprojekte muss Marktfähigkeit gefordert werden (**Marktfähigkeit von Investitionsprojekten**), da hieraus die Zurechenbarkeit von Einzahlungen und Auszahlungen möglich ist. Erst durch die Zurechenbarkeit von positiven und negativen Zahlungsbewegungen ist eine Bewertung von Investitionsprojekten möglich.

Ein **Investitionsprojekt** bzw. eine **Investition** ist durch eine Zahlungsreihe gekennzeichnet, die mit einer Auszahlung/ Ausgabe beginnt und der Einzahlungen/ Einnahmen folgen; ein **Finanzierungsprojekt** bzw. eine **Finanzierung** ist durch eine Zahlungsreihe gekennzeichnet, die mit einer Einzahlung/ Einnahme beginnt und der Auszahlungen/ Ausgaben folgen.

Werden die Einzahlungs-/Auszahlungsströme bzw. Einnahme-/Ausgabeströme anhand eines Zeitstrahls dargestellt, so entsprechen sich Finanzierungs- und Investitionsvorhaben spiegelbildlich, sie sind zwei Seiten finanzwirtschaftlicher Aktivitäten.

1 Vgl. zu `Formalziele´ Modul 2.3.1.-1f. in Band I dieser Reihe.
2 Vgl. zu `Kasse´ und `Geldvermögen´ Modul 7.3.-1f. in Band I dieser Reihe.

| 10.1. | **Finanzwesen - Finanzwirtschaft** | **2** |
|---|---|---|

*Abbildung:* Spiegelbildlichkeit von Finanzierung und Investition

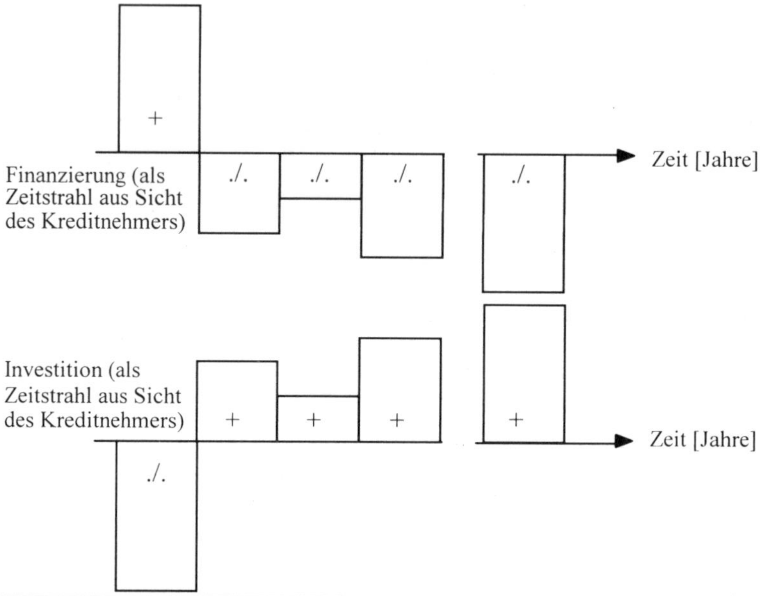


... FINANZWIRTSCHAFT

Die **Finanzwirtschaft** tangiert den geldlichen Bereich eines Unternehmens und erfährt in Abhängigkeit von der Begriffsbestimmung der **Finanzierung** und der **Investition** unterschiedliche Ausprägungen.

Da bei nahezu allen betrieblichen Vorgängen mit finanzwirtschaftlichen Auswirkungen gerechnet werden muss, stellt die Wirtschaft der Finanzen (Finanzwirtschaft) eine zentrale Herausforderung an die Unternehmensführung dar.

Finanzwirtschaftliche Aktivitäten müssen entschieden werden auf Grundlage finanzwirtschaftlicher Ziele und beschäftigen sich stets mit Kapitalbedarfen und deren Finanzierungsmöglichkeiten. Alle **finanzwirtschaftlichen Maßnahmen** sind primär auf die Erhaltung der **Liquidität** des Unternehmens gerichtet. Ein Unternehmen ist dann liquide, wenn es jederzeit in der Lage ist, fristgerecht und betragsgenau seinen Verbindlichkeiten nachzukommen, d.h. ein finanzielles Gleichgewicht zu gewährleisten. Die Aufrechterhaltung der Liquidität ist die Grundvoraussetzung wirtschaftlichen Handelns!

Die Finanzwirtschaft ist der Form nach in allen Betriebstypen gleich: bei allen handelt es sich um betriebliche Kapitalbedarfe und deren Finanzierungsmöglichkeiten als finanzwirtschaftliche Entscheidungen. **Kapitalbedarfe** einerseits als Nachfrage nach finanziellen Mitteln in Form von Investitionsprojekten und Finanzierungsmöglichkeiten andererseits als Angebot von finanziellen Mitteln stehen zueinander in einem Spannungsverhältnis. Dieses Spannungsverhältnis gilt es unter rationaler Betrachtung zu beseitigen und ist die Aufgabe finanzorientierter (Finanzierung) und investitionsorientierter (Investition) Aktivitäten im Unternehmen.

## 10.1. Finanzwesen - Finanzwirtschaft 3

Jeder Geschäftsvorfall in seiner finanz- als auch investitionsorientierten Auswirkung lässt sich mit Hilfe der Doppelten Buchführung[3] anhand der Bilanz[4] visualisieren.

*Abbildung:* Visualisierung des Begriffs Finanzwirtschaft mit seinen Teilgebieten Finanzierung und Investition dargestellt an der Bilanz

| *Aktiva* *(Vermögensbereich)* | ***Bilanz*** *Passiva* *(Kapitalbereich)* |
|---|---|
| *Vermögen des Unternehmens*<br>*- Anlagevermögen*<br>*- Umlaufvermögen* | *Kapital des Unternehmens*<br>*- Eigenkapital*<br>*- Fremdkapital* |
| *Mittelverwendung*<br>► *Investitionsseite der Bilanz* | *Mittelherkunft*<br>► *Finanzierungsseiten der Bilanz* |

Die finanzwirtschaftliche Abstimmung wird vorgenommen in der **Finanzplanung** mit dem Instrument des **Finanzplans**. Weitere Beziehungen bestehen zu forschungs-, material-, personal- und anlagenorientierter Leistungsbeschaffung, zur Leistungserstellung sowie zur Leistungsverwertung, die es gilt miteinander finanzwirtschaftlich zu koordinieren. Finanzwirtschaftliche Aktivitäten werden aus didaktischen Gründen und aus Gründen der Übersichtlichkeit getrennt als finanzorientierte Maßnahmen (Finanzierung) und investitionsorientierte Maßnahmen (Investition) betrachtet.
Ein integrierter Ansatz, der zugleich Mittelbeschaffung und Mittelverwendung betrachtet, ist zwar wünschenswert, wird jedoch aus methodischen Gründen nur am Rande erwähnt.

[3] Vgl. zu 'Doppelte Buchführung' Modul 8.2.-2f. in Band I dieser Reihe.
[4] Vgl. zu 'Bilanz' Modul 8.5.ff. in Band I dieser Reihe.

| | | |
|---|---|---|
| **10.2.** | **Finanzmanagement** | |
| **10.2.1.** | **Finanzmanagement - Überblick** | **Ü 1** |

**Finanzmanagement - Überblick**

- Ansätze des Finanzmanagements
- Einteilungsmöglichkeiten des Finanzmanagements

**Ansätze des Finanzmanagements**

- ... klassische Ansatz des Finanzmanagements
- ... finanztheoretische Ansatz des Finanzmanagements
- ... entscheidungsorientierte Ansatz des Finanzmanagements
  - ... deskriptive Entscheidungstheorie
  - ... präskriptive Entscheidungstheorie
    - ... bekennend-normative Entscheidungstheorie
    - ... praktisch normative Entscheidungstheorie
- ... managementorientierte Ansatz des Finanzmanagements

**Einteilungsmöglichkeiten des Finanzmanagements**

- ... institutionale Dimension des Finanzmanagements
- managementorientierte Dimension
- funktionale Dimension des Finanzmanagements

## 10.2. Finanzmanagement

### 10.2.1. Finanzmanagement - Überblick — Ü 2

**MANAGEMENTORIENTIERTE DIMENSION**

- ... STRATEGISCHE FINANZMANAGEMENT
  - ... INVESTITIONSENTSCHEIDUNGEN
  - ... FINANZIERUNGSENTSCHEIDUNGEN
  - ... DIVIDENDENENTSCHEIDUNGEN
- ... OPERATIV-TAKTISCHE FINANZMANAGEMENT
  - ... LIQUIDITÄTSMANAGEMENT (CASH-MANAGEMENT)
- ... RISIKOMANAGEMENT

**FUNKTIONALE DIMENSION DES FINANZMANAGEMENTS**

- FINANZANALYSE
- FINANZPLANUNG
- FINANZDISPOSITION
- FINANZKONTROLLE

| 10.2. | **Finanzmanagement** | |
|---|---|---|
| 10.2.1. | **Finanzmanagement - Überblick** | 1 |

### Finanzmanagement - Überblick

Unter **Unternehmensführung** oder **Management** ist das zielorientierte, evolutionäre Gestalten, Lenken und Entwickeln einer Institution (Unternehmen) zu verstehen.[1] Das **Finanzmanagement** ist ausschließlich mit finanzwirtschaftlichen Größen der Unternehmensführung beschäftigt. Es hat die zielgerichtete Gestaltung, Steuerung und Entwicklung sämtlicher Zahlungen bzw. Zahlungsströme im Unternehmen zur Aufgabe. Nachfolgend wird eingegangen auf

- Ansätze des Finanzmanagements
- Einteilungsmöglichkeiten des Finanzmanagements

### Ansätze des Finanzmanagements

Innerhalb der Betriebswirtschaftslehre existieren unterschiedliche Ansätze zum Finanzmanagement, der

#### ... klassische Ansatz des Finanzmanagements

Das Ziel des **klassischen Ansatzes des Finanzmanagements** besteht darin, Störungen des Leistungserstellungsbereichs durch drohende Illiquidität zu vermeiden, und durch geeignete externe und/ oder interne Finanzierungsmaßnahmen die für die Leistungserstellung notwendigen Investitionen zu ermöglichen.

#### ... finanztheoretische Ansatz des Finanzmanagements

Das Ziel des **finanztheoretischen Ansatzes des Finanzmanagements** liegt in der Beurteilung der finanzwirtschaftlichen Vorteilhaftigkeit von Investitionen. Die Kritik richtet sich besonders auf die unrealistischen Voraussetzungen des klassischen Ansatzes, der in den Mittelpunkt der Betrachtung die Bewertung der durch ihre Zahlungsströme beschriebenen Investitionsprojekte stellt, wobei Finanzierungsfragen fast vollständig vernachlässigt werden.

#### ... entscheidungsorientierte Ansatz des Finanzmanagements

Das Finanzmanagement steht stets vor konkreten Entscheidungssituationen, d.h. eine Auswahl zwischen mehreren möglichen finanzwirtschaftlichen Alternativen zu treffen (**entscheidungsorientierter Ansatz des Finanzmanagements**).
Die **Entscheidungstheorie** befasst sich systematisch mit Wahlhandlungen oder Entscheidungen, die unter zwei Aspekten vorgenommen werden als

[1] Vgl. zu 'Unternehmensführung' Modul 2.2.2.-2 in Band I dieser Reihe.

| 10.2. | Finanzmanagement | |
|---|---|---|
| 10.2.1. | Finanzmanagement - Überblick | 2 |

... DESKRIPTIVE ENTSCHEIDUNGSTHEORIE

Die **deskriptive Entscheidungstheorie** entwickelt, beschreibt und erklärt Prozesse, wie Entscheidungen in der Realität getroffen werden. Sie erarbeitet empirisch gehaltvolle Hypothesen, um über das menschliche Entscheidungs- und Problemlösungsverhalten Aussagen treffen zu können. Im Mittelpunkt steht das reale (Problemlösungs-)Verhalten von einzelnen Individuen oder Teams und nicht ein auf Rationalität als Norm zählendes (Entscheidungs-)Verhalten.

... PRÄSKRIPTIVE ENTSCHEIDUNGSTHEORIE

Die **präskriptive Entscheidungstheorie** beschreibt, wie einzelne Individuen oder Teams idealerweise entscheiden sollten. Im Mittelpunkt der Betrachtung steht aus einer Menge möglicher Handlungsalternativen diejenige herauszufinden, die bezogen auf das vorgegebene Ziel oder Zielbündel am vorteilhaftesten ist. Dadurch erweist sich diese Richtung der Entscheidungstheorie als wertend bzw. normativ. Allen Entscheidungen liegt das Rationalitätsprinzip zugrunde.[2]
Innerhalb dieser normativen Ausrichtung der Entscheidungstheorie lassen sich zwei weitere Zweige unterscheiden, die

... BEKENNEND-NORMATIVE ENTSCHEIDUNGSTHEORIE

Bei der **bekennend-normativen Entscheidungstheorie** wird bereits die Zielentscheidung des Entscheidungsträgers hinterfragt. Sie beinhaltet bereits Aussagen über die Zweckmäßigkeit bestimmter Ziele.

... PRAKTISCH NORMATIVE ENTSCHEIDUNGSTHEORIE

Die **praktisch-normative Entscheidungstheorie** überlässt es einerseits dem Entscheidungsträger, ein bestimmtes Ziel oder Zielbündel zu verfolgen, und geht andererseits von einer gegebenen Entscheidungssituation aus, die es dem Entscheidungsträger ermöglicht, eine Auswahl zu treffen. Aussagen der praktisch-normativen Entscheidungstheorie gelten von vornherein bei vorbestimmten Zielstrategien.
Die folgenden Ausführungen zur Investition und Finanzierung sind der praktisch-normativen Entscheidungstheorie zuzurechnen. Durch Modellrechnungen[3] werden unterschiedliche finanzwirtschaftliche Instrumente vorgestellt, anhand derer reale Entscheidungsprobleme rational bewältigt werden können. Durch diese Rechnungen werden die Entscheidungsträger in die Lage versetzt, unter bestimmten Zielsetzungen rational eine Auswahl einer oder mehrerer Alternativen vorzunehmen oder alle Handlungsalternativen aufgrund ihrer Unvorteilhaftigkeit abzulehnen.

---

2 Vgl. zu 'Rationalitätsprinzip' Modul 1.3.-2 in Band I dieser Reihe.
3 Vgl. zu 'Modelle' Modul 1.2.-2 in Band I dieser Reihe.

| 10.2. | Finanzmanagement | |
|---|---|---|
| 10.2.1. | Finanzmanagement - Überblick | 3 |

... MANAGEMENTORIENTIERTE ANSATZ DES FINANZMANAGEMENTS

Das Ziel des Finanzmanagements ist es, die Zahlungsströme so zu steuern, dass das Risiko-Rendite-Verhältnis des Unternehmens optimiert wird.
Dafür steht dem Unternehmen der Kapitalmarkt zur Verfügung. Unter **Kapitalmarkt** werden allgemein die Finanzmärkte verstanden, auf denen Anbieter von Zahlungsmitteln heute mit Anbietern künftiger Auszahlungsansprüche und Nachfragern nach Zahlungsmitteln heute mit Nachfragern für künftige Einnahmeansprüche zusammentreffen. Diese Charakterisierung des Begriffs schließt den sog. **Geldmarkt** ein. Durch Betrachtungen des Kapitalmarkts können sich (Kapital-)Anleger über den `Preis´, den sie für die Kapitalüberlassung erzielen, informieren. Der Preis spiegelt den Börsen- oder Marktpreis bzw. die Erwartungen über die zukünftige Ertragskraft des Unternehmens wider. Anleger, die Kapital zur Verfügung stellen, erwarten als Gegenleistung für die Übernahme des Risikos eine höhere Verzinsung als im Vergleich zur Verzinsung einer risikolosen Anlageform; die Anleger wählen (selektieren) die Zusammensetzung ihrer Finanzanlagen aus **(Portfolio-Selektion).**

EINTEILUNGSMÖGLICHKEITEN DES FINANZMANAGEMENTS

Die Initialisierung von Investitions- und Finanzierungsüberlegungen kann sowohl von der Finanzierungsseite als auch der Investitionsseite des Unternehmens veranlasst werden; einerseits wird gleichsam ein **Investitionsdruck** auf den finanziellen Bereich aufgebaut, andererseits ein **Kapitaldruck** auf den investitionsorientierten Bereich. Besteht ein Kapitaldruck – ein Kapitalanlagebedarf –, so gilt es, leistungs- oder finanzwirtschaftlich orientierte Investitionsmöglichkeiten offenzulegen. Aufgrund der Vielzahl von finanzwirtschaftlichen Investitionsmerkmalen wird in diesem Buch der Schwerpunkt ausschließlich auf leistungswirtschaftlichen Investitionen liegen.
Finanz- und investitionsorientierte Aktivitäten aufeinander abzustimmen und zu entscheiden, ist Aufgabe des Finanzmanagements, das differenziert werden kann in Bezug auf seine

... INSTITUTIONALE DIMENSION DES FINANZMANAGEMENTS

Bei der **institutionalen Dimension des Finanzmanagements** wird deren strukturelle Komponente betrachtet. Aus der Kombination der inhaltlich unterschiedlichen Teilaufgaben mit den Phasen ihres Ablaufs, lassen sich Aufgabenkomplexe zusammenfügen, die einzelnen Instanzen des Finanz- und -prozessmanagements zuzuordnen sind.
Dieses Gefüge unterschiedlicher Positionen und Interaktionen institutionalisiert das Finanzprozess- und das -strukturmanagement.

MANAGEMENTORIENTIERTE DIMENSION

FUNKTIONALE DIMENSION DES FINANZMANAGEMENTS

| | | |
|---|---|---|
| **10.2.** | **Finanzmanagement** | |
| **10.2.1.** | **Finanzmanagement - Überblick** | **4** |

MANAGEMENTORIENTIERTE DIMENSION

Das **Finanzmanagement** muss sämtliche unternehmerischen Entscheidungen in Bezug auf ihre Ertrags-/ Einnahmen-/ Einzahlungs- und Aufwands-/ Ausgaben-/ Auszahlungswirkungen beurteilen. Es muss sicherstellen, dass die finanzwirtschaftlichen Prozesse im Kontext der übergeordneten Unternehmensziele ablaufen und die Zahlungsfähigkeit des Unternehmens jederzeit gewährleistet ist. Unterschieden wird das Finanzmanagement in Bezug auf nicht-kalendarische Merkmale in das

... STRATEGISCHE FINANZMANAGEMENT

Das **strategische Finanzmanagement** hat als Aufgaben, sowohl die Mittelrückflüsse aus dem investierten Kapital zu sichern, als auch Entscheidungen über Investitionen und Finanzierungen so zu fällen, dass dadurch in Zukunft positive Zahlungsströme entstehen.
Diese **strukturelle Liquiditätssicherung** beschreibt deren strategische Orientierung durch die Abstimmung von

- Kapitalbedarf in Form von Investitionen und
- Kapital(bedarfs)deckung in Form von Finanzierungen.

Die Erhaltung des strukturellen Finanzgleichgewichts erfolgt mit Hilfe von **Finanzierungsgrundsätzen**[4], d.h. in die Zuständigkeit des strategischen Finanzmanagements fällt die Aufrechterhaltung des strukturellen Gleichgewichts. Eine weitere Aufgabe des strategischen Finanzmanagements ist es, die Aufwendungen und Erträge so zu steuern, dass sich das Unternehmen Potentiale mit hoher Rendite aufbaut.
Entscheidungen müssen getroffen werden als

... INVESTITIONSENTSCHEIDUNGEN

Investitionen binden über einen langen Zeitraum finanzielle Ressourcen, so dass es sinnhaft ist, dass bei rational begründeten **Investitionsentscheidungen** zumindest der Mitteleinsatz durch die erwarteten Mittelrückflüsse ausgeglichen wird. Um dies rechnerisch zu ermitteln, existieren unterschiedliche Investitionsrechenverfahren[5], die durch Berücksichtigung unterschiedlicher oder pauschaler Abschläge dem Risikoverhalten der Entscheidungsträger Rechnung tragen.

... FINANZIERUNGSENTSCHEIDUNGEN

**Finanzierungsentscheidungen** stehen im Zeichen der optimalen Kombination von Eigenkapital und kurz- oder langfristigem Fremdkapital unter der Bedindung, dass der Kapitalaufwand (Aufwand der Finanzierung) so gering ist, dass eine situationsadäquate Verzinsung (Rendite) gewährleistet ist. **Kapitalaufwendungen** sind Werteverzehre, die durch Inanspruchnahme von Eigenkapital oder Fremdkapital veranlasst

4 Vgl. zu `Finanzierungsgrundsätze´ Modul 11.4. in diesem Band der Reihe.
5 Vgl. zu `Investitionsrechenverfahren´ Modul 12.6.ff. in diesem Band der Reihe.

| | | |
|---|---|---|
| **10.2.** | **Finanzmanagement** | |
| **10.2.1.** | **Finanzmanagement - Überblick** | **5** |

sind. Unterscheiden lassen sich Kapitalaufwendungen in
- einmaligen Kapitalaufwand und
- (regelmäßig) wiederkehrende Kapitalaufwendungen.

Als **einmaligen Kapitalaufwand** sind Beschaffungsaufwendungen wie bspw. Aufwand für Kreditsicherheiten, Provisionen, Bearbeitungsaufwand, Emissionsaufwand und Disagio sowie Tilgungsaufwendungen wie bspw. Rückzahlungsagios und Kurssicherungsaufwand zu nennen.

Regelmäßig **wiederkehrende Kapitalaufwendungen** sind neben **Kapitaldienstaufwendungen** wie bspw. Aufwand für Stückeeinlösung bei Aktien und **Marktpflegeaufwendungen** wie bspw. Aufwand für Kurspflege und Publizitätsverpflichtungen hauptsächlich **Kapitalnutzungsaufwendungen** wie bspw. Zinsen, Gewinnausschüttungen, Überziehungs- und Bereitstellungsprovisionen sowie **steuerliche Aspekte**.

... DIVIDENDENENTSCHEIDUNGEN

Die Pflege zu den Anteilseignern (Aktionäre, Kommanditisten, Gesellschaftern) ist eine weitere Aufgabe des Finanzmanagements. Besonders bei Aktiengesellschaften ist die Einstellung des Kapitalgebers gegenüber dem Unternehmen an steigenden oder fallenden Aktienkursen für jeden ersichtlich.

Die **klassische dividendenorientierte Betrachtung** geht davon aus, dass der Aktionär sich bei seiner Kapitalhingabe nach der zu erwartenden Dividendenauszahlung richtet. Dabei kann ein Unternehmen seinen Aktionären einen stabilen jährlichen Dividendensatz anbieten bzw. eine Dividende auf stabilem Niveau, bei dem eine Dividendenanpassung erfolgt, wenn sich die unternehmerische Gewinnentwicklung als spürbar und nachhaltig erweist.

**Neuere dividendenorientierte Betrachtungen** beziehen dauerhafte Ertragserwartungen der Aktionäre in Form von Kursentwicklung der Aktien mit ins Kalkül. Entscheidend ist die Gesamtertragserwartung aus der Kapitalhingabe bestehend aus der Summe der Dividendenzahlungen und Erwartungen der Kurssteigerungen. Die Ertragserwartung sollte ein Niveau erreichen, das dem Risikoverhalten des Aktionärs entspricht.

... OPERATIV-TAKTISCHE FINANZMANAGEMENT

Die **operativ-taktische** Komponente des **Finanzmanagements** baut auf den strategischen Zielvorgaben auf. Unter Ausnutzung unternehmensindividueller Stärken fällt in die Zuständigkeit des operativ-taktischen Finanzmanagements die Aufrechterhaltung
- des situativen finanziellen Gleichgewichts und
- des Haltens einer Liquiditätsreserve.

Die **situative Liquiditätssicherung** ist durch situationsadäquate Finanzdispositionen gekennzeichnet, durch die Koordination von vorzunehmenden Einnahmen und Ausgaben – unter taktischen Aspekten – und zu betrachtenden Einzahlungen und Auszahlungen – unter operativen Aspekten.

Das **Aufrechterhalten einer Liquiditätsreserve** unter operativen Gesichtspunkten hat zur Aufgabe die zwischenzeitliche, renditesteigernde Anlage

| 10.2. | Finanzmanagement | |
|---|---|---|
| 10.2.1. | Finanzmanagement - Überblick | 6 |

zweckbestimmter Überschüsse, die Durchführung des Zahlungsmittelverkehrs, die Verwaltung von Bargeld, Buchgeld und Geldsurrogate wie bspw. Schecks oder Wechsel[6] sowie das Halten frei verfügbarer flüssiger Mittel.
Das operativ-taktische Management kann eine weitere Einteilung erfahren in das

... LIQUIDITÄTSMANAGEMENT (CASH-MANAGEMENT)

Das **Liquiditätsmanagement** – **cash-management** – befasst sich mit kurzfristigen Aus- und Einzahlungen, da eine **Zahlungsunfähigkeit** zum Konkurs eines Unternehmens führt und somit für jedes Unternehmen die Pflicht zur Aufrechterhaltung des finanziellen Gleichgewichts besteht.
Jederzeit zahlungsfähig zu sein, bedeutet jedoch einen Zinsentgang. Steht im Mittelpunkt der unternehmerischen Zielerreichung eine optimale Rendite des eingesetzten Kapitals, so ist aus finanzwirtschaftlicher Sicht das Halten einer Liquiditätsreserve auf das notwendigste zu beschränken. Dies lässt sich nur erreichen, wenn der Liquiditätsbedarf und die Liquiditätsfreisetzung mit Hilfe einer aussagekräftigen **kurzfristigen Finanzplanung** (**Liquiditätsplanung**) koordiniert und überschüssige gesamtunternehmensbezogene Liquiditäten zur kurzfristigen finanzwirtschaftlichen Investitions(-anlage-)möglichkeit herangezogen werden. Um dies zu gewährleisten, ist das Liquiditätsmanagement auf ein zeitnahes und zuverlässiges finanzwirtschaftliches – meist zentralisiertes – Informationsversorgungssystem angewiesen.

... RISIKOMANAGEMENT

Dem **Risikomanagement** – **risk-management** – obliegt die Handhabung von betrieblichen Risiken, das diese zwar aufzeigt, jedoch nicht eliminieren kann. Dem Risikomanagement kommen die Aufgaben zu Risiken zu identifizieren, Risikowirkungen zu bewerten und Risiken zu bewältigen.
Zur **Identifikation von Risiken** gehört eine intensive Bestandsaufnahme möglicher intern und extern veranlasster Risiken, denen das Unternehmen gegenübersteht.
Die **Bewertung unterschiedlicher Risikowirkungen** erfolgt in Bezug auf ihre Intensität, ihre (finanzielle, materielle) Art und ihre Eintrittswahrscheinlichkeit. Bei komplexen Störungen empfiehlt sich die Zerlegung in Risikokomponenten und deren einzelne Bewertung.
Die **Risikobewältigung** muss durch situationsadäquate Beeinflussung von Risiken vorgenommen werden, abhängig vom jeweiligen Risiko, die sich darstellen lassen als

- **unnötige Risiken**, – sollten durch geplante Vorgehensweisen vermieden werden –,
- **bekannte Risiken**, – sind durch strukturierte Vorgehensweisen zu mindern –,

6 Vgl. zu 'Wechsel' Modul 11.9.4.-2ff. in diesem Band der Reihe.

| 10.2. | Finanzmanagement | |
|---|---|---|
| 10.2.1. | Finanzmanagement - Überblick | 7 |

- **vertragliche Risiken**, – sollten durch intensive Bemühungen der Vertragsparteien begrenzt werden –,
- **strategische Risiken**, – sollten durch kommunikative Elemente im Unternehmen begrenzt werden – das **allgemeine Unternehmensrisiko** bleibt dennoch bestehen und
- **leistungsbezogene Risiken**, – sind durch Unternehmenszusammenschlüsse oder Diversifikation des Leistungsprogramms zu streuen.

### FUNKTIONALE DIMENSION DES FINANZMANAGEMENTS

Die Aufgaben des Finanzmanagements müssen analysiert, geplant, gesteuert und kontrolliert werden.
Die **Finanzanalyse** oder **finanzwirtschaftliche Analyse** soll ein dem tatsächlichem Verhältnis entsprechendes Bild der Vermögens-, Finanz- und Ertragslage eines Unternehmens ermöglichen (§ 264 Abs. 2 Satz 1 HGB).
Die **finanzwirtschaftliche Planung** umfasst alle Aspekte, die sich mit der Vorbereitung von finanzbereichsbezogenen Maßnahmen beschäftigen.
Die eigentliche Durchführung der Maßnahmen (**Finanzdispositionen**) des finanziellen Führens wird auf subalterne Finanzmanagementfunktionen übertragen (institutionaler Aspekt des Finanzmanagements), sie zählen jedoch zum Finanzmanagement.
Die Kontrolle der Maßnahmen (**Finanzkontrolle**) wird in der Fachliteratur stets zum Finanzmanagement zugehörig beschrieben, sollte jedoch nicht in ihren Aufgabenbereich fallen und daher (institutionaler Aspekt) losgelöst vom Finanzmanagement geschehen.
Die Ziele, Aufgaben und Instrumente der einzelnen Aufgabenkomplexe des Finanzmanagements verdeutlicht die folgende Abbildung.

*Abbildung:* Aufgaben des Finanzmanagements

| Ziele | Funktionen | Instrumente |
|---|---|---|
| Finanzanalyse | | |
| - situatives Finanzgefüge<br>- strukturelles Finanzgefüge | - Erfassung und Abstimmung der zu- und abfliessenden Geld- und Kreditströme | - Bilanzabschluss<br>- Bewegungsbilanz<br>- Kapitalflussrechnung |
| Finanzplanung | | |
| - situatives Finanzgleichgewicht<br>- strukturelles Finanzgleichgewicht<br>- Verbesserung der Rentabilität, Wirtschaftlichkeit, Adaptionsfähigkeit, Kreditwürdigkeit, Unternehmensautonomie | - Prognostizierte Be- und Abstimmung der zu- und abfließenden Geld- und Kreditströme | - Finanzplan<br>- Plan-Bilanzabschluss<br>- Plan-Bewegungsbilanz<br>- Plan-Kapitalflussrechnung |

| | | |
|---|---|---|
| **10.2.** | **Finanzmanagement** | |
| **10.2.1.** | **Finanzmanagement - Überblick** | **8** |

Finanzdisposition

| | | |
|---|---|---|
| - Liquidität<br>- Rentabilität | - Steuerung des Zahlungsverkehrs<br>- zinsoptimale Steuerung der Finanzsalden | - Cash-Management-Systeme |

Finanzkontrolle

| | | |
|---|---|---|
| - Erhöhung der Exaktheit und Verlässlichkeit der Finanzplanung<br>- Dispositionsverbesserung<br>- Deliktsaufdeckung und -verhütung | - Realisationskontrolle<br>- Kontrolle der finanzwirtschaftlichen Planungstätigkeiten | - Finanzplan<br>- Bilanz-/Plan-Abschluss<br>- Ist-/ Plan-Bewegungsbilanz<br>- Ist-/ Plan-Kapitalflussrechnung |

Unter funktionalen Gesichtspunkten ist das Finanzmanagement als der Unternehmensführungsprozess charakterisierbar, der sich beschäftigt mit den finanziellen Managementfunktionen als

- FINANZANALYSE[7]
- FINANZPLANUNG[8]
- FINANZDISPOSITION[9]
- FINANZKONTROLLE[10]

---

7 Vgl. zu \`Finanzanalyse´ Modul 10.2.2.ff. in diesem Band der Reihe.
8 Vgl. zu \`Finanzplanung´ Modul 10.2.3.ff. in diesem Band der Reihe.
9 Vgl. zu \`Finanzdisposition´ Modul 10.2.4.ff. in diesem Band der Reihe.
10 Vgl. zu \`Finanzkontrolle´ Modul 10.2.5.ff. in diesem Band der Reihe.

| 10.2. | **Finanzmanagement** | |
|---|---|---|
| 10.2.2. | **Finanzanalyse** | **Ü 1** |

**FINANZANALYSE**

- ... INTERNE/ EXTERNE FINANZANALYSE
  - POSITIONEN-, SUBSTANZANALYSE
  - KENNZAHLENANALYSE
- ... STATISCHE/ DYNAMISCHE FINANZANALYSE
  - ... (FINANZWIRTSCHAFTLICHE) BEWEGUNGSBILANZ
- ... KAPITALFLUSSRECHNUNG i.w.S.
  - ... KAPITALFLUSSRECHNUNG i.e.S.
- ... KAPITALBEDARFS- UND KAPITALDECKUNGSRECHNUNG

**POSITIONEN-, SUBSTANZANALYSE**

**KENNZAHLENANALYSE**

- ... ABSOLUTE ZAHLEN
- ... RELATIVE ZAHLEN
  - ... GLIEDERUNGSZAHLEN
  - ...BEZIEHUNGSZAHLEN
- ... INDEXZAHLEN
- ... RICHTZAHLEN (MAßSTAB-)
- ... KENNZAHLENSYSTEME

| 10.2. | **Finanzmanagement** | |
|---|---|---|
| 10.2.2. | **Finanzanalyse** | 1 |

## FINANZANALYSE

Die **Finanzanalyse** ermittelt als Teil der Bilanz- bzw. Jahresabschlussanalyse die finanzwirtschaftliche Situation eines Unternehmens, wobei neben dem reinen Zahlenmaterial der Bilanz und der Gewinn- und Verlustrechnung auch der Anhang und ggf. der Lagebericht hinzugezogen wird.
Zur Charakterisierung der Finanzanalyse soll eingegangen werden auf die Formen der Finanzanalyse. Es können prinzipiell mehrere **Formen der Finanzanalyse** unterschieden werden, wobei abgehoben wird auf die

### ... INTERNE/ EXTERNE FINANZANALYSE

Bei der Unterscheidung der Finanzanalyse in eine interne und eine externe Komponente ist das zentrale Unterschiedskriterium der Zugriff auf die Informationen, die innerhalb des Unternehmens dem Analysten zur Verfügung stehen (**interne Finanzanalyse**) und diejenigen, die ein ausserhalb des Unternehmens befindlicher Analyst (**externe Finanzanalyse**) für eine Analyse verwenden kann.
Während bei der internen Finanzanalyse auf sämtliche im Unternehmen verfügbaren Informationen zurückgegriffen werden kann, muss sich eine externe Analyse auf Informationen stützen, die aufgrund von bilanzpolitischen Ermessensspielräumen[1] und (unternehmens-)individueller Nutzung gesetzlich verlangter Gestaltungsmöglichkeiten veröffentlicht werden. Für eine externe Finanzanalyse müssen die verfügbaren Informationen aufbereitet werden.
Sowohl die interne als auch die externe Finanzanalyse ist angelegt als materielle Finanzanalyse. Bei der **materiellen Finanzanalyse** wird der Jahresabschluss inhaltlich untersucht. Je nach Vorgehensweise der materiellen Finanzanalyse kann diese durchgeführt werden als

#### POSITIONEN-, SUBSTANZANALYSE

#### KENNZAHLENANALYSE

### ... STATISCHE/ DYNAMISCHE FINANZANALYSE

Unter einer **statischen Finanzanalyse** wird die zeitpunktbezogene Betrachtung der finanziellen Situation eines Unternehmens anhand von Bilanzinformationen verstanden. Dabei werden die Beziehungen zwischen der Vermögensseite der Bilanz (Aktiva) und der Kapitalseite der Bilanz (Passiva) untersucht.[2]
Bei der **dynamischen Finanzanalyse** werden Zeitraumbetrachtungen angestellt, indem durch Gegenüberstellung von Vermögens- und Kapitalpositionen von zwei aufeinanderfolgenden Bilanzen Veränderungen ermittelt werden. In-

1 Vgl zu `Bewertung´ Modul 8.5.5.-1 in Band I dieser Reihe.
2 Vgl zu statischer Finanzanalyse bspw. `relative Liquidität´ Modul 11.3-5ff. in diesem Band der Reihe.

| 10.2. | Finanzmanagement | |
|---|---|---|
| 10.2.2. | Finanzanalyse | 2 |

strumental wird die dynamische Finanzanalyse mit der Aufstellung einer sog. Bewegungsbilanz vorgenommen, um die sich im Betrachtungszeitraum ergebenden Veränderungen zu erkennen und mögliche Ursachen zu analysieren. Als Instrumente dienen dazu die

... (FINANZWIRTSCHAFTLICHE) BEWEGUNGSBILANZ

Durch einen Vergleich aufeinanderfolgender Bilanzen lassen sich zahlenmäßige Veränderungen erkennen und analysieren. Dafür werden die Differenzen einzelner Positionen zwischen aktuellen und zurückliegenden Betrachtungszeiträumen in einer bestimmten Struktur – der **Bewegungsbilanz** – zusammengestellt. In Analogie zur regulären Bilanz werden auf der linken Seite der Bewegungsbilanz die Mittelverwendung und auf der rechten Seite die Mittelherkunft dargestellt.

*Abbildung:* Kurzdarstellung einer Bewegungsbilanz

***Bewegungsbilanz***

| *Mittelverwendung* | *Mittelherkunft* |
|---|---|
| *- Erhöhung der Aktivpositionen (Aktivmehrung)* | *- Erhöhung der Passivpositionen (Passivmehrung)* |
| *- Verminderung der Passivpositionen (Passivminderung)* | *- Verminderung der Aktivpositionen (Aktivminderung)* |

Die linke Seite der Bewegungsbilanz beschreibt, wohin die Mittel geflossen sind, die rechte Seite zeigt, aus welchen Quellen sie gespeist wurden.
Einem Unternehmen werden Mittel zugeführt durch die **Erhöhung von Passivpositionen**, wie bspw. Erhöhung von Kapitalpositionen durch Zufluss neuen Kapitals (Eigenkapital oder Fremdkapital), die Erhöhung der Inanspruchnahme von Krediten sowie durch die Verminderung von Aktivpositionen wie bspw. Verminderung des Lagerbestands.
Mittel fließen aus dem Unternehmen ab, wenn eine **Erhöhung der Aktivpositionen** wie bspw. eine Erhöhung des Anlagevermögens sowie eine Verminderung der Passivpositionen wie bspw. Verringerung bestehender Verbindlichkeiten (Schuldverpflichtungen) zu beobachten ist.
Je nach Betriebsgröße ist eine veröffentlichte und zu untersuchende Bilanz unterschiedlich intensiv gegliedert, so dass der Aussagewert einer Bewegungsbilanz mit der Größe des betrachteten Unternehmens steigt.
Die Bewegungsbilanz verdeutlicht Vermögens- und Kapitalbewegungen, gegliedert nach kurz-, mittel- und langfristigen Aspekten, zeigt somit Finanzierungsvorgänge im Unternehmen auf und ist für eine Bilanzanalyse bzw. -kritik besonders geeignet.
Ihr Aussagewert wird jedoch eingeschränkt, da aufgrund bilanzrechtlicher Bewertungsmöglichkeiten lediglich buchmäßige Veränderungen als Mittelbewegung dargestellt werden, so dass bspw. Zuschreibungen als Mittelverwendungen und Abschreibungen als Mittelzufluss erscheinen.
Darüber hinaus sind die verwendeten Wertansätze bilanzstichtagsabhängig. Durch die ausschließliche Ermittlung von Bilanzveränderungen ist das Gesamtvolumen der Mittelbewegungen nicht ableitbar.

| | | |
|---|---|---|
| **10.2.** | **Finanzmanagement** | |
| **10.2.2.** | **Finanzanalyse** | **3** |

... KAPITALFLUSSRECHNUNG i.w.S.

Die **Kapitalflussrechnung i.w.S.** ist eine detaillierte (finanzwirtschaftliche) Bewegungsbilanz. Je nach Betrachtungszeitraum, ob sie als ex post Darstellung (retrospektive Betrachtung) die betrieblichen Vorgänge zurückliegender Zeiträume betrachtet, oder als ex ante Darstellung (prospektive Betrachtung) für mehrere zukünftige Betrachtungszeiträume ermittelt, ist zu differenzieren in die

... KAPITALFLUSSRECHNUNG i.e.S.

Im Gegensatz zur Bewegungsbilanz, die sich ausschließlich auf Veränderungen der Bestandskonten von Bilanzen konzentriert, berücksichtigt die **Kapitalflussrechnung i.e.S.** nicht nur entsprechend einer Bewegungsbilanz die Anfangs- und Schlussbilanzgrößen eines Betrachtungszeitraums, sondern analysiert unter Verwendung von Aufwands- und Ertragsströmen die Finanzierungs- und Investitionsströme eines Unternehmens sowie ihre Auswirkungen auf die Liquidität.
Je nach der Basis des Informationsmaterials zur Bilanzanalyse wird gesprochen von

- intern orientierten Kapitalflussrechnung, oder von der
- extern orientierten Kapitalflussrechnung,

Bei der Erstellung einer **intern orientierten Kapitalflussrechnung** kann der Analyst sowohl auf das Informationsmaterial der extern orientierten Buchhaltung (Geschäftsbuchhaltung) als auch das der intern orientierten Buchhaltung (Kosten- und Leistungsrechnung ) zurückgreifen.
Bei der **extern orientierten Kapitalflussrechnung** wird neben der Bilanz lediglich auf die Gewinn- und Verlustrechnung, den Anlagenspiegel sowie den Anhang zugegriffen, um die Mittelverwendung und Mittelherkunft ex-post (nachträglich) aufzuschlüsseln.

... KAPITALBEDARFS- UND KAPITALDECKUNGSRECHNUNG

Die **Kapitalbedarfs- und Kapitaldeckungsrechnung** entspricht in Analogie zur Bewegungsbilanz der bilanziellen Betrachtungsweise: Vermögensgüter, die auf der Aktivseite der Bilanz ausgewiesen sind, müssen durch Kapitalteile auf der Passivseite finanziert sein. Die Aktivseite entspricht der Mittelverwendung, die Passivseite der Mittelherkunft.
Ziel der Kapitalbedarfs- und -deckungsrechnung ist es, das über die Innenfinanzierung hinausgehende Kapital als externen Kapitalbedarf durch zusätzliche Beschaffungsmaßnahmen rechtzeitig zu ermitteln, und somit antizipativ Finanzierungsquellen zu erschließen.
Die Kapitalbedarfsdeckung leitet sich direkt aus einer prospektiven (vorausschauenden) Bilanz (Plan-Bilanz) und GuV-Rechnung (Plan-GuV-Rechnung) ab. Der **Kapitalbedarf** ist im wesentlichen bestimmt durch die geplanten Investitionen in Sach- und Finanzanlagen, die geplanten Erhöhungen des Umlaufvermögens und die geplanten Kapitalentnahmen oder -rückführungen für Gewinnausschüttungen und Kredittilgungen.

| 10.2. | **Finanzmanagement** | |
|---|---|---|
| **10.2.2.** | **Finanzanalyse** | **4** |

Die zur **Kapitaldeckung** bereitzustellenden Mittel (Cashflow-Elemente) leiten sich zunächst ab aus dem geplanten, nicht auszuschüttenden Jahresüberschuss, den planmäßigen Abschreibungen, den geplanten Abgängen von Vermögensgütern sowie den geplanten Erhöhungen von Passivpositionen wie bspw. Zuführungen zu Pensionsrückstellungen.
Werden weitere Mittel benötigt, so müssen zusätzliche Finanzierungsmaßnahmen im Rahmen der Kapitaldeckungsrechnung durchgeführt werden, wie die Aufnahme von Fremdkapital, die Erhöhung von Eigenkapital und/ oder Abgänge weiterer, nicht betriebsnotwendiger Vermögensgüter (Kapitalfreisetzung).

## POSITIONEN-, SUBSTANZANALYSE

Bei der Analyse einzelner Positionen in der Bilanz (**Positionen-, Substanzanalyse**) wird jede einzelne Position unterschiedlicher meist aufeinanderfolgender Jahresabschlüsse auf ihr Zustandekommen, ihre Zusammensetzung und ihre Entwicklung hin überprüft. Durch den Vergleich von zeitlich unterschiedlich aufgestellten Jahresabschlüssen können aufgrund von Veränderungen einzelner Bilanzpositionen Rückschlüsse gezogen und wertvolle Hinweise auf die wirtschaftliche Situation eines Unternehmens abgeleitet werden. Positive oder negative Veränderungen einzelner Bilanzpositionen lassen sich verschiedenartig interpretieren, wie die folgende Abbildung ersichtlich macht.

*Abbildung:* Interpretationsmöglichkeiten einzelner Positionsveränderungen innerhalb von Bilanzen (Positionen-, Substanzanalyse)

| Steigerung | Minderung |
|---|---|
| *aktivische Bilanzpositionen eines Jahresabschlusses* | |
| Konzessionen, gewerbliche Schutzrechte und ähnliche Rechte und Werte sowie Lizenzen an solchen Rechten und Werten | |
| Verbesserung und/ oder Ausdehnung des Leistungserstellungsprogramms, Erhöhung des Umsatzes und der Rendite in Folgejahren | Spezialisierung oder Einschränkung des Leistungsangebots (Konzentration auf das Kerngeschäft); Bildung stiller Reserven durch Abschreibungen |
| Sachanlagen | |
| Erhöhung der Leistungserstellungskapazität, Aufnahme neuer Leistungen, Erhöhung des Fixkostenblocks, Steigerung des Umsatzes und der Rendite, aber auch mögliche Finanzierungsrisiken und Gefahr der Überrationalisierung | Vorsichtige Abschreibungspolitik, Bildung stiller Reserven, verbesserte Liquidität aus Verwertung nicht betriebsnotwendiger Vermögensteile, Abbau des Fixkostenblocks, Kapazitätsabbau, Aufgabe von Leistungszweigen; Änderung der Unternehmenspolitik (bspw. sale-and -lease-back) |
| Finanzanlagen | |
| Gutschrift nicht ausgezahlter Gewinne aus Beteiligungen, langfristig gesicherte Liquidität, Kontrolle über andere Unternehmen, bei gleichzeitigem Abbau von Sachanlage- | Außerordentliche Abschreibung wegen Entwertung, Bildung stiller Reserven, Auflösung von Konzernbeziehungen, Finanzierung von Zugängen im Anlage- oder Um- |

| 10.2. | Finanzmanagement | |
|---|---|---|
| 10.2.2. | Finanzanalyse | 5 |

| | |
|---|---|
| vermögen, Übergang zur Dachgesellschaft; Erhöhung des Kreditsicherungswerts | laufvermögen, angespannte Liquiditätslage; Kreditablösung |

Vorräte an Roh,- Hilfs- und Betriebsstoffen

| | |
|---|---|
| Ausweitung der Leistungserstellung, Vorratsverwertung, wegen bspw. günstigen Material- oder Rohstoffpreisen, erhöhte Einstandspreise, Beschäftigungs- und Umsatzrückgang, bei gleichzeitigem Rückgang der Verbindlichkeiten aus Lieferungen und Leistungen, Anstieg der Lagerkosten; Bewertungsänderungen; Änderungen des Leistungsangebots | Steigerung der Leistungserstellung, wenn gleichzeitig der Bestand an unfertigen und fertigen Leistungen wächst, Entwertung der Vorräte wegen erhöhter Lagerdauer oder Preisverfall, stille Reserven durch Bewertungsänderungen, Gefahr der Leistungserstellungsstockung wegen Materialmangels; Änderung der Leistungserstellung (-wechsel) |

unfertige und fertige Leistungen und Güter

| | |
|---|---|
| Umsatzsteigerung bei gleichzeitigem Anstieg des Forderungsbestands, der Vorräte an Roh-, Hilfs- und Betriebsstoffe und der Verbindlichkeiten a.L.u.L., Leistungserstellung auf Vorrat, wenn Forderungen a.L.u.L. nicht mitwachsen, Verteuerung der Leistungserstellung durch Lohn- und/ oder Materialkostensteigerungen, Kapitalbindung, Gefahr der Illiquidität, Rationalisierungsdruck | Umsatzsteigerung, Abschreibungen wegen überhöhter Lagerdauer oder wegen Preisverfalls am Absatzmarkt, Konkurrenzdruck, Auftragsrückgang, unzureichende Fertigungskapazitäten bei den Sachanlagen und/ oder Arbeitskräften, unzureichende Vorräte an Roh-, Hilfs- und Betriebsstoffen, wenn diese gleichzeitig überproportional zurückgegangen sind |

Forderungen aus Lieferungen und Leistungen

| | |
|---|---|
| Umsatzsteigerung, schleppender Zahlungseingang, Verlängerung des Zahlungsziels, Gefahr des Forderungsausfalls und der Illiquidität; schlechtes Inkasso | Umsatzrückgang bei gleichzeitiger Bestandsmehrung, beschleunigter Zahlungseingang durch Kürzung des Zahlungsziels und Gewährung von Skonto, Forderungen wurden abgeschrieben |

Wertpapiere des Umlaufvermögens

| | |
|---|---|
| Angemessene Liquidität, vorübergehend keine Möglichkeit der Erweiterung des Anlagevermögens oder der Vorräte, Kapazitätserweiterungen sind für nahe Zukunft geplant, Umsatzerhöhungen sind zur Zeit nicht erzielbar | Abbau von Liquiditätsreserven wegen drohender Illiquidität, Finanzierung von Investitionen, Ausnutzung günstiger Einkaufsmöglichkeiten bei gleichzeitigem Ansteigen der Vorräte,stille Reserven durch Abschreibungen, Mitnahme von Kursgewinnen oder Vermeidung von Kursverlusten |

Zahlungsmittel

| | |
|---|---|
| Angemessener Zahlungseingang bei gleichzeitigem Abbau der Forderungen, verzögerter Einkauf bei gleichzeitigem Abbau der Vorräte, längere Zahlungsziele bei gleichzeitigem Ansteigen der Verbindlichkeiten, Investitionen oder Großeinkäufe sind für die nächste Zukunft geplant, bei hohem Jahresüberschuss ist eine hohe Ausschüttung geplant | verbesserte Auslastung, verstärkter Einkauf bei gleichzeitigem Anstieg der Vorräte, Investitionen wurden getätigt, Tilgung von Schulden bei gleichzeitigem Abbau von Verbindlichkeiten, schleppender Zahlungseingang bei gleichzeitigem Anwachsen der Forderungen, Gefahr des Forderungsausfalls, der Illiquidität, Zwang zur Aufnahme teurer Bankkredite, Einstieg in Spekulationsgeschäfte |

| 10.2. | Finanzmanagement | |
|---|---|---|
| 10.2.2. | Finanzanalyse | 6 |

*passivische Bilanzpositionen eines Jahresabschlusses*

Eigenkapital

| | |
|---|---|
| gezeichnetes Kapital:<br>Beteiligungsfinanzierung oder Finanzierung aus nicht ausgeschütteten Gewinnen, insbesondere bei gleichzeitigem Abbau von Fremdkapital<br>Rücklagen:<br>gutes Unternehmensergebnis | gezeichnetes Kapital:<br>Verluste, hohe Entnahmen<br><br>Rücklagen:<br>Abbau von Reserven |

Rückstellungen

| | |
|---|---|
| Vorsichtige Bewertung, Bildung stiller Reserven, gestiegene Risiken | Gewinnsteigerung durch Auflösung von Rückstellungen, keine Auswirkung auf den Gewinn bei Inanspruchnahme |

Verbindlichkeiten gegenüber Kreditinstituten (langfristig)

| | |
|---|---|
| Umschuldung kurzfristiger Schulden bei ungünstiger Liquiditätslage, Verbesserung der Fristenkongruenz; Finanzierung von Anlagevermögen bei Kapazitätserweiterungen, | Rückzahlung aus liquiden Mitteln (Gewinnen), Beteiligungsfinanzierung |

Verbindlichkeiten gegenüber Kreditinstituten (kurzfristig)

| | |
|---|---|
| Belastung der Liquidität bei Umlaufvermögensminderung; Belastung des Ergebnisses durch hohe Zinsen, Gefahr kurzfristiger Kündigung der Kredite | Verbesserung der Liquidität bei Umlaufvermögenssteigerung; kurzfristige Rückzahlung aus Forderungseingängen, Verkauf von Anlagevermögen, Einlagen der Gesellschafter, Erwirtschaftung von Gewinnen, Verlängerung der Zahlungsziele auf der Einkaufsseite |

erhaltene Anzahlungen auf Bestellungen

| | |
|---|---|
| Verbesserung der Liquidität, Auftragsbestände, Gewinnerwartungen | eventuell Rückgang der Auftragsbestände, Anspannung der Liquidität, wachsende Konkurrenz |

Verbindlichkeiten aus Lieferungen und Leistungen

| | |
|---|---|
| Verstärkte Einkaufsaktivität bei gleichzeitiger Zunahme der Anlageinvestitionen und/ oder der gekauften Vorräte, verlängerte Zahlungsziele, Zahlungsrückstände bei gleichzeitig geringen liquiden Mitteln | Rückgang bei den Einkäufen wegen zu hoher Lagerbestände oder Umsatzrückgang oder angespannter Liquiditätslage, Inanspruchnahme von Skonto bei gleichzeitig guter Liquiditätslage, Umstellung auf Bareinkauf |

### KENNZAHLENANALYSE

Die **Kennzahlenanalyse** ist die zeitpunktbezogene Betrachtung der finanziellen Situation eines Unternehmens anhand von Bilanzinformationen oder unterschiedlich konfigurativ ermittelter Maßgrößen.
Die Bildungskriterien von Kennzahlen sind verschiedenartig. Je nach dem Ziel von Kennzahlen lassen sich unterscheiden

#### ... ABSOLUTE ZAHLEN

Wird Zahlenmaterial direkt bspw. aus dem Jahresabschluss entnommen, so wird von **absoluten Zahlen**, **Grund- oder Basiszahlen** gesprochen. Sie werden ermittelt als Einzelzahlen, Summen, Differen-

| 10.2. | Finanzmanagement | |
|---|---|---|
| 10.2.2. | Finanzanalyse | 7 |

zen oder Mittelwerte und geben den tatsächlichen Betrag der betrachteten Bilanzposition an.
Die alleinige Betrachtung der absoluten Zahlen ist wenig aussagekräftig, wenn sie nicht mit anderen, zurückliegenden oder geplanten Größen derselben Ausprägung verglichen werden. Aufgrund dieser Beschränktheit ihres Aussagegehalts werden absolute Zahlen zu anderen Größen ins Verhältnis gesetzt.

... RELATIVE ZAHLEN

Bei **relativen Zahlen** bzw. **Verhältniszahlen** werden absolute Größen zu anderen absoluten Größen in eine Beziehung zueinander gesetzt. Die Aussagekraft einer so entstehenden Kennzahl ist gemessen an absoluten Zahlen eine höhere. Der Zahlenwert, zu der diese ins Verhältnis gesetzt wird, heißt **Bezugsgröße**. Je nach Art der Bezugsgröße sind diese Kennzahlen alternativ charakterisierbar als

... GLIEDERUNGSZAHLEN

Bei **Gliederungszahlen** wird ein bestimmter Teilwert zum zugehörigen Gesamtwert in Relation gesetzt, d.h. sie repräsentieren einen Teil vom Ganzen und werden als **Prozentzahl** (**Quote**) angegeben. Sie legen strukturelle Verhältnisse des Gesamtwerts offen, wie bspw. die

$$Eigenkapitalquote = \frac{Eigenkapital}{Gesamtkapital}$$

...BEZIEHUNGSZAHLEN

Bei **Beziehungszahlen** wird ein absoluter einem wesensfremden absoluten Zahlenwert in Relation gesetzt. Die Zahlen stehen in einem logisch sinnhaften Zusammenhang. Beziehungszahlen vereinfachen komplexe betriebswirtschaftliche Zusammenhänge, wodurch sie zwar den Einblick in diese Zusammenhänge erleichtern, andererseits jedoch ausführlich und kritisch kommentiert werden müssen, wie bspw. der

$$(Anlagen-)Deckungsgrad\ A = \frac{Eigenkapital}{Anlagevermögen} * 100$$

... INDEXZAHLEN

Werden zeitliche oder räumliche Größen einer Basisgröße in Relation gesetzt, so wird von **Meß-** oder **Indexzahlen** gesprochen. Eine Größe eines Basis- oder Bezugsjahrs erhält den Wert 100, während die andere an diesem Index gemessen wird. Der Index stellt gewissermaßen den Maßstab für die Werte der folgenden Berichtsjahre dar, d.h. eine Indexzahl gibt die prozentuale Veränderung eines bestimmten Vergleichswerts im Berichtsjahr gegenüber dem Wert des Bezugsjahrs an. Da Indexzahlen bestimmte Entwicklungen von Größen aufzeigen sollen, ist darauf zu achten, dass der Wert des Bezugsjahrs repräsentativ ist;

| 10.2. | Finanzmanagement | |
|---|---|---|
| 10.2.2. | Finanzanalyse | 8 |

strukturelle oder saisonale Einflüsse sind zu eliminieren.

... RICHTZAHLEN (MAẞSTAB-)

Werden branchentypische, repräsentative Durchschnitts- bzw. Normalwerte zum Vergleich verwendet und werden diese dem zu analysierenden Unternehmen gegenübergestellt, so wird von **Richtzahlen** gesprochen. Es ist auch möglich, eine am Markt bekannte Verhältniszahl mit einer des zu untersuchenden Unternehmens zu vergleichen, wie bspw. der Vergleich des Zinssatzes am Kapitalmarkt mit der Eigenkapitalrentabilität des Unternehmens.

... KENNZAHLENSYSTEME

**Kennzahlensysteme** sind eine Menge von Kennzahlen, die miteinander in Beziehung stehen. Je nach unterschiedlicher, struktureller Anordnung von unterschiedlichen Kennzahlen, lassen sich diese zu Systemen konfigurieren. Es sind mindestens zwei Kennzahlen, die durch einen rechentechnischen – **Rechnungssysteme** – oder durch einen geordneten Zusammenhang – Systematisierungs-, **Ordnungssysteme** – so verknüpft sind, dass sie Informationen über einen oder mehrere betriebswirtschaftliche Tatbestände beinhalten.

Durch die Kombination unterschiedlicher Kennzahlen wird versucht, betriebswirtschaftliche Interdependenzen von Einzelaussagen zu verdeutlichen und in einen gemeinsamen Zusammenhang zu stellen. Die Qualität der Gesamtaussage soll somit wesentlich erhöht werden.

Die für **Ordnungssysteme** verwendeten Kennzahlen zeigen bestimmte Sachverhalte eines Unternehmens auf, die in einem sachlogischen Zusammenhang stehen.

**Rechnungssysteme** sind die rechnerische Zusammenfassung von Kennzahlen, die in Form einer hierarchischen Struktur in einer zentralen Größe kulminieren.

*Abbildung:* Aufbau eines Kennzahlensystems als Rechnungssystem

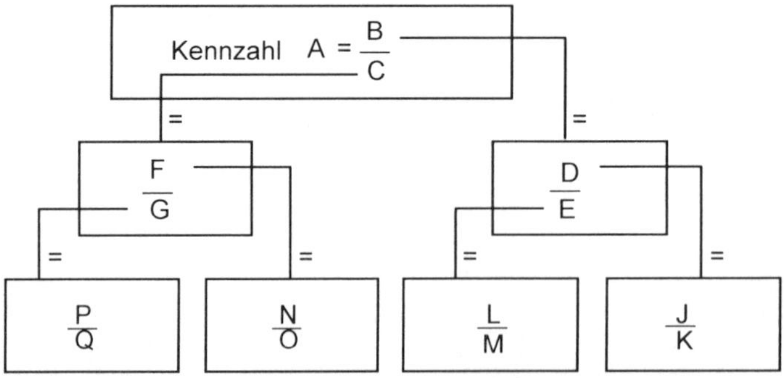


Als rechentechnische Kennzahlsysteme sind in der Praxis und Theorie unterschiedliche Ausprägungen bekannt wie das DuPont-Kennzahlensystem, das ZVEI-Kennzahlensystem und das RL-Kennzahlensystem.

| | | |
|---|---|---|
| **10.2.** | **Finanzmanagement** | |
| **10.2.3.** | **Finanzplanung** | **Ü 1** |

FINANZPLANUNG

- ZIELE DER FINANZPLANUNG
- GRUNDSÄTZE DER FINANZPLANUNG
- ARTEN DER FINANZPLANUNG
- VORGEHENSWEISE DER FINANZPLANUNG

ZIELE DER FINANZPLANUNG

GRUNDSÄTZE DER FINANZPLANUNG

ARTEN VON FINANZPLANUNGEN

- ... FINANZPLANUNG NACH PLANUNGSZEITRAUM
- ... FINANZPLANUNG NACH PLANUNGSEBENE
- ... FINANZPLANUNG NACH WEITEREN KRITERIEN

| 10.2. | **Finanzmanagement** | |
|---|---|---|
| **10.2.3.** | **Finanzplanung** | **Ü 2** |

**Vorgehensweise der Finanzplanung**

- ... Finanzplanung i.w.S.
    - ... Bilanzplanung (Vermögensplanung)
    - ... GuV-Planung (Erfolgsplanung)
- ... Finanzplanung i.e.S.
    - ... Liquiditätsplanung (i.w.S.)
        - ... operative Liquiditätsplanung (i.e.S.) / operative Finanzplanung
            - ... situative Finanz- / Liquiditätsplanung
            - ... unterjährige Finanz- / Liquiditätsplanung
        - ... taktische Liquiditätsplanung / taktische Finanzplanung
    - ... strategische Liquiditätsplanung / strategische Finanzplanung
- ... ergänzende Finanzplanung
    - ... Zinsplanung
    - ... Währungsplanung
    - ... Ausfallrisikoplanung
- ... Kapitalstrukturplanung

| | | |
|---|---|---|
| **10.2.** | **Finanzmanagement** | |
| **10.2.3.** | **Finanzplanung** | **1** |

## FINANZPLANUNG

Die **Finanzplanung** ist der gedanklich systematische Prozess in Bezug auf die Herkunft finanzieller Mittel, der zur Aufrechterhaltung des finanziellen Gleichgewichts vorgenommen wird.
Im Gegensatz zur zeitpunkt- und vergangenheitsbezogenen Bilanz[1] oder GuV ist die Finanzplanung eine zielgerichtete, zukunftsorientierte Zusammenfassung aller kapitalwirtschaftlichen Aktivitäten (Eigenkapital/ Fremdkapital).
Die Finanzplanung hat als Aufgabe die systematische Erfassung und Gegenüberstellung der eingehenden und ausgehenden zukünftigen Zahlungsströme, mit dem Ziel, eine mögliche Illiquidität innerhalb eines Planungshorizonts aufzudecken und finanzielle Aktivitäten vorausschauend zu gestalten. Dazu muss auf die Bestimmungsfaktoren wie Finanzmittelbedarf, -freisetzung und -beschaffung Bezug genommen werden.
Die Finanzplanung ist im Rahmen des **Finanzmanagements** als Teil von Finanzierungsentscheidungen (Unternehmensplanung) zu betrachten, um die Unternehmensführung bei operativ-taktischen und strategischen Maßnahmen ausgerichtet an definierten Liquiditäts-, Rentabilitäts- und Risikoaspekten (Sicherheitsziele) zu unterstützen. Alle diese Komponenten sind wichtig für die **Finanzdisposition** (Steuerung der Finanzen), wobei der Liquidität aus Gründen der unternehmens- und finanzorientierten Ziele immer der Vorrang vor gewinnorientierten und rentabilitätsorientierten Überlegungen gegeben werden muss. Im Folgenden wird eingegangen auf

- ZIELE DER FINANZPLANUNG
- GRUNDSÄTZE DER FINANZPLANUNG
- ARTEN DER FINANZPLANUNG
- VORGEHENSWEISE DER FINANZPLANUNG

## ZIELE DER FINANZPLANUNG

**Ziele der Finanzplanung** sind es, die für das Erreichen der Unternehmensziele erforderlichen Mittel termin-, betrags- und bedingungsgenau zu ermitteln und die Herkunft und Verwendung der Mittel in systematischer und intersubjektiv nachprüfbarer Form festzulegen.
Die Finanzplanung muss darüber hinaus die verschiedenen Formen der Finanzmittelbeschaffungen so abstimmen, dass sie den übergeordneten Unternehmenszielen sowie dem Liquiditätsziel als strenge Nebenbedingung genügen. Die Finanzplanung setzt Vorgaben für die Durchführung sämtlicher finanzwirtschaftlicher Maßnahmen.
Die Finanzplanung muss sämtliche finanziellen Zukunftsaktivitäten eines Un-

[1] Vgl. zu 'Bilanz' Modul 8.5.4-1 in Band I dieser Reihe.

| 10.2. | Finanzmanagement | |
|---|---|---|
| 10.2.3. | Finanzplanung | 2 |

ternehmens mit ihren Auswirkungen auf die Zahlungsmittelebene eines Betrachtungszeitraums erfassen. Sie soll den strategischen, taktischen und operativen Kapitalbedarf ermitteln, die Deckung des Kapitalbedarfs durch die Auswahl geeigneter Finanzierungsformen bestimmen und jederzeit die Zahlungsfähigkeit des Unternehmens sichern.

## GRUNDSÄTZE DER FINANZPLANUNG

Jede planerische Tätigkeit sollte bestimmten Grundsätzen – in Analogie zu Bilanzgrundsätzen[2] – unterliegen, so auch die Finanzplanung. Als **Grundsätze der Finanzplanung** sind zu nennen

- **Grundsatz der Vollständigkeit.**
  Der Grundsatz der Vollständigkeit fordert die lückenlose Erfassung der Zahlungsströme im Betrachtungszeitraum. Er verlangt darüber hinaus, dass die Finanzplanung auf das Gesamtunternehmen bezogen wird und nicht lediglich auf Partialbereiche, da das Unternehmen als Rechtssubjekt für alle Zahlungsverpflichtungen einstehen muss.
- **Grundsatz der Zeitpunktgenauigkeit.**
  Das Streben nach Zeitpunktgenauigkeit postuliert, dass für jeden Zeitpunkt der Ausweis der zu- und abfließenden Mittel gewährleistet ist, um das finanzielle Gleichgewicht nicht zu gefährden. Aus dem Grundsatz der Zeitpunktgenauigkeit leitet sich ab, möglichst kleine Planungsintervalle und geringe Distanzen zwischen Planerstellung und Betrachtungszeitraum der Planung anzustreben.
- **Grundsatz der Betragsgenauigkeit.**
  Der Grundsatz der Betragsgenauigkeit korrespondiert mit dem Grundsatz der Zeitpunktgenauigkeit; die Zahlungsströme sind so zeitgerecht und realistisch zu planen, dass das finanzielle Gleichgewicht nicht gefährdet ist. Maßnahmen zur Liquiditätssicherung erfordern die Kenntnis über den betragsmäßigen Liquididätsstand. Die quantitative Ausprägung des zukünftigen Fehlbetrags ist jedoch nur dann erkennbar, wenn sich sämtliche Zahlungsbewegungen nicht nur zeit-, sondern auch betragsgenau bestimmen lassen.
- **Grundsatz des Bruttoausweises.**
  Durch den Grundsatz des Bruttoausweises ist eine Saldierung von Ein- und Auszahlungen verboten, um die Transparenz der Finanzplanung nicht zu gefährden. Nur durch den Bruttoausweis lassen sich im Rahmen von Abweichungsanalysen Möglichkeiten zur Behebung von Liquiditätsengpässen aufzeigen. Die Saldierung großvolumiger Zahlungsströme im Betrachtungszeitraum kann zu einer kleinen Betragsdifferenz, jedoch durch zeitliche Verschiebungen zum Ausscheiden des Unternehmens aus dem Markt führen.

---
2 Vgl. zu 'Bilanzierungsgrundsätzen' Modul 8.5.4.-1 in Band I dieser Reihe.

| | | |
|---|---|---|
| **10.2.** | **Finanzmanagement** | |
| **10.2.3.** | **Finanzplanung** | **3** |

- **Grundsatz der Klarheit.**
  Der Grundsatz der Klarheit schreibt vor, eine klare Gliederung der Finanzpläne als Instrument der Finanzplanung vorzunehmen, beginnend mit Anfangsbeständen, Zahlungsströmen im Betrachtungszeitraum und den zeitlich bestimmbaren Endbeständen. Die Zahlungsströme selbst sind zu differenzieren in Ein- und Auszahlungen, Forderungszu- und -abgängen und Schuldenzu- und -abgängen, sowie die Zahlungsmittel-, Forderungs- und Schuldenbestände, wobei sich die Gliederungstiefe nach betriebsindividuellen Gegebenheiten richtet. Für die Möglichkeit einer späteren Kontrolle und Abweichungsanalyse sollte die Gliederung von Finanzplänen nach finanziellen (Verantwortungs-)Bereichen vorgenommen werden.
- **Grundsatz des Nutzens.**
  Die in eine Finanzplanung eingesetzten veranlassten Werteverzehre sollten in Relation zur veranlassten Wertentstehung stehen (Grundsatz des Nutzens). So muss betriebsindividuell abgewogen werden zwischen gewünschter Genauigkeit und damit einhergehendem Werteverzehr der Finanzplanung und erwartetem Nutzen. Die Zweckmäßigkeit einer Finanzplanung ist bspw. in einer verbesserten finanziellen Abstimmung sämtlicher betrieblicher Bereiche, der Rationalität von Entscheidungen und in der Erhöhung der finanziellen (Re-)Aktionsfähigkeit des Unternehmens am Markt zu sehen.
- **Grundsatz der Kontinuität.**
  Bei der kontinuierlichen Fortschreibung des Planungszeitraums (Grundsatz der laufenden Fortschreibung, Grundsatz der Kontinuität) wird erwartet, dass durch Soll-Ist-Vergleiche ständig Planungsänderungen aufgrund geänderter Umweltsituationen vorgenommen werden (revolvierende Planung), die zu neuen zeitraumbezogenen Planungshorizonten führen.
- **Grundsatz der Elastizität.**
  Ein Finanzplan kann nur dann die zukunftsbezogene Liquidität sichern, wenn eine elastische Anpassung der geplanten Daten an eine sich ständig ändernde Umweltsituation erfolgen kann.
- **Grundsatz der laufenden Finanzkontrolle.**
  Gefordert wird im Grundsatz der laufenden Finanzkontrolle die fortwährende Überwachung von Plan- und Istwerten durch die Ermittlung von Abweichungen und die Analyse der Ursachen, um Liquiditätsengpässe früh- und rechtzeitig zu erkennen.
- **Grundsatz der Datentransformation.**
  Der Grundsatz der Datentransformation fordert die Umwandlungsmöglichkeit der im extern orientierten Rechnungswesen (Aufwand/ Ertrag) und der in der Planungsrechnung der Kostenrechnung (Kosten/ Leistung) verwendeten Größen in für die Finanzplanung notwendigen geldstromorientierten Größen (Auszahlung/ Einzahlung).

| | | |
|---|---|---|
| **10.2.** | **Finanzmanagement** | |
| **10.2.3.** | **Finanzplanung** | **4** |

### ARTEN VON FINANZPLANUNGEN

Eine **Einteilung der Finanzplanung** kann nach unterschiedlichen Kriterien vorgenommen werden, als

#### ... FINANZPLANUNG NACH PLANUNGSZEITRAUM

Wird die **Finanzplanung nach Planungszeiträumen** bzw. unterschiedlichen Fristigkeiten unterschieden, so ergeben sich aufgrund ihrer Instrumente **kurzfristige Finanzpläne**, **mittelfristige Finanzpläne** und **langfristige Finanzpläne**.

Je nach unternehmensspezifischen Gegebenheiten wie bspw. in der Textil- oder der Raumfahrtindustrie ist der Zeitaspekt kurz-, mittel- und langfristig begrifflich recht verschiedenartig gefasst zwischen monatlichen, jährlichen und mehrjährigen Plänen. Der kurzfristigen Finanzplanung wird allgemein ein Planungshorizont von bis zu einem Jahr zugeordnet, während langfristige Finanzpläne über einen jährlichen Planungshorizont hinausgehen.

#### ... FINANZPLANUNG NACH PLANUNGSEBENE

**Planungsebenen** führen zu einer Einteilung der **Finanzplanung** in
- strategische (Global-)Finanzplanung,
- taktische (Maßnahmen-)Finanzplanung und
- operative Finanzplanung.

*Abbildung:* Schema der Planungszusammenhänge im Finanzbereich

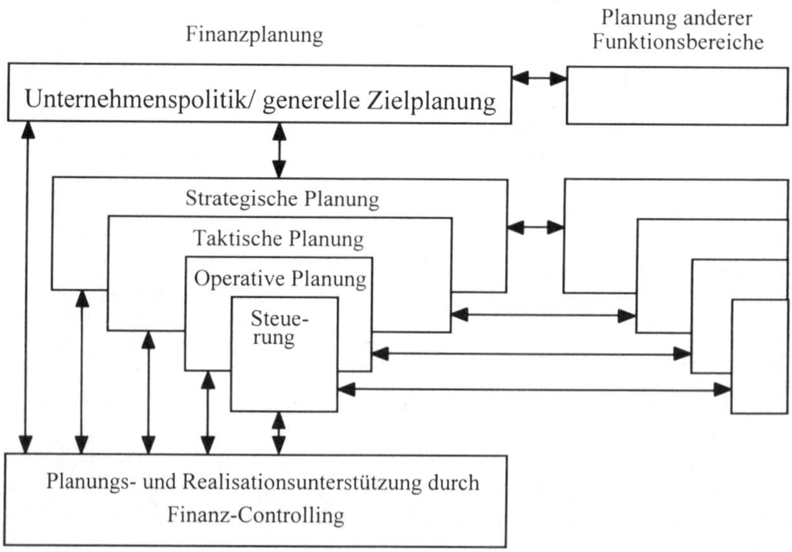


Im Rahmen der **strategischen (Global-)Finanzplanung** wird der Kapital-

| 10.2. | Finanzmanagement | |
|---|---|---|
| 10.2.3. | Finanzplanung | 5 |

bedarf aufgrund planerischer Investitionsprojekte bestimmt, die Rendite möglicher Strategien angegeben, sowie finanzielle Entscheidungskriterien einer finanziellen Spielraumrechnung formuliert.
Die **taktische (Maßnahmen-)Finanzplanung** konkretisiert die strategische Finanzplanung mit detaillierten Aktivitäten zur Ausfüllung eines möglichen Investitions- und Finanzierungsprogramms. Durch konkrete Investitions- und Finanzierungsalternativen mit entsprechendem Finanzbedarf und -angeboten werden Rentabilitäts- und Strukturkennziffern ermittelt. Die Gegenüberstellung von Investitions- und Finanzierungsmaßnahmen ergeben Deckungsdefizite oder -überschüsse, die es gilt, planerisch zu berücksichtigen.
Durch die taktische Finanzplanung ist der Rahmen der **operativen Finanzplanung** determiniert. Innerhalb grob festgelegter Strukturen erfolgt die planerische Erfassung und Koordination der jeweils zu berücksichtigenden Investitions- und Finanzierungsmaßnahmen.
Für die Planung und Kontrolle der finanziellen Ströme wird in den weiteren Abschnitten von den Ebenen der Strategie, der Taktik und den Operationen gesprochen. Der Konkretisierungsgrad der Ebenen nimmt in Richtung auf die Operationen zu, so dass eine enge Interdependenz zwischen den verschiedenen operativen, taktischen und strategischen Aktivitäten besteht. Das Interdependenzgeflecht ist schematisiert in der vorstehenden Abbildung. Auf die Instrumente zur Unterstützung von Entscheidungsfindungsprozessen wird in einem späteren Kapital eingegangen.

### ... Finanzplanung nach weiteren Kriterien

Als weitere Einteilungen von Finanzplanungen kommen in Betracht

- **Finanzplanung nach Anlass.**
  Aufgrund der Initialisierung bzw. der Erstellhäufigkeit einer Finanzplanung kann sich ergeben
  - eine ordentliche (laufende) Finanzplanung und
  - eine außerordentliche (einmalige) Finanzplanung.

  Im Rahmen der **ordentlichen Finanzplanung** wird ein äquidistanter Finanzplan ermittelt, in dem die Zahlungsströme des permanenten Planungsprozesses ermittelt werden.
  **Außerordentliche Finanzplanungen** sind fallweise vorkommende oder diskontinuierliche Zahlungsveränderungen aufgrund unerwarteter Ereignisse im Leben eines Unternehmens wie Gründungs-, Sanierungs- oder Fusionsfinanzplanungen.
- **Finanzplanung nach Vollständigkeit.**
  Werden Total- oder Partialpläne im Rahmen einer Finanzplanung aufgestellt, so werden diese aufgrund ihrer Vollständigkeit differenziert.
  **Totalpläne** weisen sämtliche Zahlungsbewegungen des gesamten interdependenten Unternehmensgefüges auf. **Partialpläne** beschränken sich auf funktionale (Leistungsbeschaffung, Leistungserstellung, Leistungsverwertung) oder institutionale (Abteilungen, Investitionsprojekte) Aspekte.

| 10.2. | Finanzmanagement | |
|---|---|---|
| 10.2.3. | Finanzplanung | 6 |

- **Finanzplanung nach temporärer Kontinuität.**
  Die temporäre Kontinuität (zeitliche Aufeinanderfolge) der Finanzplanung kann charakterisiert werden als
  - Finanzplanung mit rollierenden Finanzplänen oder als
  - Finanzplanung mit anschließenden Finanzplänen.

  Bei äquidistanten Planungszeiträumen wird von **rollierender** (revolvierender) **Finanzplanung** gesprochen, da bei Ablauf eines Teilplanungszeitraums der Gesamtplanungszeitraum um einen neuen Teilplanungszeitraum verlängert wird. Einzelne Betrachtungszeiträume werden mehrfach geplant, was eine Kontrolle früherer Pläne erlaubt und Planänderungen ermöglicht.
  Bei **Finanzplanung mit** kontinuierlichen, **sich anschließenden Finanzplänen** wird nach Ablauf des Planungszeitraums ein neuer Plan erstellt. Die Endwerte des zurückliegenden Finanzplans werden um die Ergebnisse des gegenwärtigen Betrachtungszeitraums ergänzt und als neue Endwerte dem Folgeplan zur Verfügung gestellt.
- **Finanzplanung nach Interdependenzen.**
  Nach dem Zusammenhang von Finanzplanung und anderen betrieblichen Teilplanungen sind zu nennen
  - die sukzessive Finanzplanung,
  - die simultane Finanzplanung und
  - die integrierte Finanzplanung.

  Die **sukzessive** (schrittweise) **Finanzplanung** beginnt mit einem Teilbereich und stimmt diesen sukzessiv mit den anderen Bereichen ab, wobei die einzelnen Teilpläne unter einer ständigen Rückkopplung nacheinander koordiniert werden und in einen (Gesamt-)Finanzplan einmünden.
  Die **simultane Finanzplanung** nimmt die aus allen betrieblichen Teilbereichen geplanten Zahlungsströme nicht als Datum hin, sondern sieht diese als disponibel an. Hier können Methoden der Linearen Programmierung rational einen optimalen Ausgleich der unterschiedlichen Teilpläne bewirken.
  Eine **integrierte Finanzplanung** verwendet die Instrumente Finanz-, Bilanz- und Erfolgsplan. Finanzpläne weisen Einnahmen/Einzahlungen bzw. Ausgaben/ Auszahlungen aus, Erfolgspläne weisen Erträge/ Leistungen bzw. Aufwendungen/Kosten aus. Durch eine Plan-Bilanz, die als Bestandsrechnung die geplanten Gewinn- und Liquiditätssalden von Erfolgs- und Finanzplan aufnimmt und miteinander verbindet, wird ein dreiteiliges Rechnungssystem erstellt, mit dem eine integrierte Finanz- und Erfolgsplanung möglich ist.

| 10.2. | **Finanzmanagement** | |
|---|---|---|
| 10.2.3. | **Finanzplanung** | **7** |

### VORGEHENSWEISE DER FINANZPLANUNG

Die Finanzplanung ist einerseits abhängig von der Leistungserstellung und Leistungsverwertung, andererseits beeinflusst die Finanzierung die übrigen betrieblichen Teilplanungen. Aufgrund dieser Interdependenzen muss eine Finanzplanung stets integrativ als Gesamtplanung durchgeführt werden.
Im Rahmen des Moduls `Zielsystem von Unternehmen´[3] wurde bereits darauf eingegangen, dass durch die Formulierung genereller Unternehmensziele in leistungs- und finanzwirtschaftlicher sowie sozialer Perspektive unternehmenspolitisches Handeln soweit als verbindlich erklärt wird, dass dadurch sämtliche folgenden Aktivitäten eingegrenzt sind. Als zentrale Aufgabe des Finanzmanagements wird die Aufrechterhaltung des finanziellen Gleichgewichts gesehen. Durch diese Ausrichtung des Finanzmanagements im Unternehmen ist es möglich, dass langfristig fixierende Aktivitäten des Finanzmanagements ihre Berechtigung und Bedeutung bekommen.
Die Fixierung der Unternehmenspolitik bildet insofern die Basis für alle folgenden planenden, steuernden und kontrollierenden Aspekte. Durch die Unternehmenspolitik werden Aktivitäten für alle anderen Funktionsbereiche im Unternehmen abgeleitet und koordiniert. Folgende Möglichkeiten der Planung bieten sich dafür an

- top-down-Planung (retrograde Planung),
- bottom-up-Planung (progressive Planung) und
- down-up-Planung (Gegenstromverfahren).

Bei der **top-down-Planung** formuliert die übergeordnete Planungshierarchieebene das Entscheidungsfeld der nachfolgenden Ebene.
Bei der **bottom-up-Planung** erfolgt das Aufstellen der Pläne im Gegensatz zur top-down-Planung von `unten nach oben´.
Die **down-up-Planung** als kombinierte Anwendung der beiden erstgenannten Planungen kommt der totalen Simultanplanung am nächsten, da sie als einstufiges Totalmodell alle Variablen eines Unternehmens festlegt und optimiert. Das Vorgehen einer Simultanplanung ist zwar theoretisch möglich, hat sich aber als nicht praktikabel erwiesen. Bei den weiteren Betrachtungen wird deshalb von einem sukzessiven Vorgehen mit fortschreitender Detaillierung ausgegangen. Die Finanzplanung findet ihre Ausprägungen als

#### ... FINANZPLANUNG i.w.S.

Die **Finanzplanung i.w.S.** ist als Planung von bilanzorientierten Informationen zu verstehen, die sich einteilen lässt als

##### ... BILANZPLANUNG (VERMÖGENSPLANUNG)

Die Planung bilanzieller Größen (**Bilanzplanung**) mit dem Instrument der **Planbilanz** umfasst die Auswirkungen funktionaler Teilplanungen auf die Vermögens- und Schuldenpositionen einer Gesamtplanbilanz. Sie lässt sich aus dem Investitionsplan, Finanzierungsplan, Verwer-

3 Vgl. zu `Zielsystem von Unternehmen´ Modul 2.3.-1ff. in Band I dieser Reihe.

| 10.2. | Finanzmanagement | |
|---|---|---|
| 10.2.3. | Finanzplanung | 8 |

tungsplan sowie dem Ergebnisplan ableiten und ist das Herzstück einer integrierten Planungsrechnung mit dem Ziel, die Einzelpläne unternehmenszielorientiert zu koordinieren.

... GuV-Planung (Erfolgsplanung)

Mit der Planung ertrags- und aufwandorientierter Größen (**GuV-Planung**) wird der betriebliche Erfolg sowohl hinsichtlich seiner qualitative Ausprägung als auch in Bezug auf seine quantitative Ausprägung in Aussicht gestellt. Mit der Aufstellung einer **Erfolgs'bilanz'**, einer Gegenüberstellung von Aufwendungen und Erträgen werden die Erfolgsquellen charakterisiert und die Werteverzehre in ihrer Entstehung dargestellt, um so auf sie Einfluss nehmen zu können.

... Finanzplanung i.e.S.

Die **Finanzplanung i.e.S.** hebt auf die Betrachtung zahlungsorientierter Planungsgrößen ab und wird nuanciert in die

... Liquiditätsplanung (i.w.S.)

Die **Liquiditätsplanung** (i.w.S.) – häufig in der Literatur als die eigentliche Finanzplanung beschrieben – lässt sich einteilen in die

... operative Liquiditätsplanung (i.e.S.) / operative Finanzplanung

Die **operative Liquiditätsplanung** arbeitet mit Liquiditätsplänen, die nach kalendarischen Aspekten (meist täglich oder zumindest wöchentlich) aufgestellt werden, wobei die erwarteten Ein- und Auszahlungen innerhalb des Betrachtungszeitraums so realitätsgetreu wie möglich einander gegenübergestellt werden. Diese Pläne werden fortwährend aktualisiert. Abweichungen zurückliegender Betrachtungszeiten werden für die zukünftigen Betrachtungszeiträume berücksichtigt, so dass diese durch entsprechende finanzielle Dispositionen angepasst werden. Der operativen Liquiditätsplanung obliegt darüber hinaus die Planung einer **Liquiditätsreserve**, da die Planung von Zahlungsbewegungen stets mit Unsicherheiten verbunden ist. Sie hat die Aufgabe, nicht planbare Risiken abzuwehren, belastet jedoch die Rentabilität des Unternehmens. Die Höhe der Liquiditätsreserve ist abhängig vom unternehmensspezifischen Umfeld und von der Qualität der Finanzplanung.
Unter **operativen Finanzplanungen** werden i.d.R. Planungen mit einem jährlichen Charakter verstanden.
In diesem Zusammenhang werden unterschieden die

... situative Finanz-/ Liquiditätsplanung

Bei der **situativen Liquiditätsplanung** werden innerhalb eines unternehmensindividuell festgelegten Zeitraums, der i.d.R. weni-

| 10.2. | Finanzmanagement | |
|---|---|---|
| 10.2.3. | Finanzplanung | 9 |

ger als einen Monat ist, sämtliche auftretenden Ein- und Auszahlungen zeitpunkt- und betragsgenau erfasst, um Überdeckungen oder Unterdeckungen aufzuzeigen.

... UNTERJÄHRIGE FINANZ-/ LIQUIDITÄTSPLANUNG

Da durch die strategischen und taktischen Entscheidungen des Finanzmanagements die operative Finanzplanung determiniert ist, sind die Möglichkeiten der **unterjährigen Liquiditätsplanung**, auf negative Zahlungsschwankungen zu reagieren, stark eingeschränkt. Es können lediglich Finanzdispositionen[4] getroffen werden: Überschüsse oder Fehlbeträge können lediglich durch Verschiebungen sowie Erhöhungen oder Verminderung von Zahlungen vorgenommen werden oder durch kurzfristige Beschaffung oder Anlage von Kapital überbrückt werden.

... TAKTISCHE LIQUIDITÄTSPLANUNG/ TAKTISCHE FINANZPLANUNG

Die **taktische Finanzplanung** bzw. **taktische Liquiditätsplanung** beschäftigt sich einerseits mit der Planung des Innenfinanzierungsvolumens und andererseits mit der Abstimmung und Ermittlung des Außenfinanzierungsbedarfs. Sie ist das eigentliche Herzstück: die **Finanzierung**. So werden im Rahmen der Innenfinanzierung erfolgswirksame Einnahmegrößen geplant, um davon ausgehend den Außenfinanzierungsbedarf zu bestimmen. Ein hoher Innenfinanzierungsspielraum reduziert den Außenfinanzierungsbedarf und vice versa. Durch die Außenfinanzierung fließen dem Unternehmen erfolgsunwirksame Zahlungen in Form von Krediten oder Einlagen zu, die ggf. eine zunehmende Verschuldung, eine Zinsbelastung oder sogar einen Verlust an Autonomie bedeuten.
Im Rahmen der Planung und Koordination der (Innen- und Außen-)Finanzierung gilt es die Grenzen der Finanzierungsmöglichkeiten ebenso auszuloten wie die Sicherung der Kreditwürdigkeit.

... STRATEGISCHE LIQUIDITÄTSPLANUNG/ STRATEGISCHE FINANZPLANUNG

Die **strategische Finanzplanung** koordiniert, steuert und sichert die Finanzierung von Investitionsvorhaben. Im Vordergrund der Betrachtung steht die Frage der **Fristenkongruenz**[5], d.h. festzustellen, ob die Fristenstruktur von Investitionen (Kapitalbedarf) und der Finanzierungen (Kapitaldeckung) ausgewogen ist. Die Koordination wird mit Hilfe von Finanzplänen über eine Vielzahl von Betrachtungszeiträumen vorgenommen, um eine **strukturelle Liquidität** zu sichern. Diese strukturelle Liquiditätssicherung beruht auf dem Aspekt der zeitlichen Verschiebung von Ein-

4 Vgl. zu `Disposition´ Modul 6.2.1-4 in Band I dieser Reihe.
5 Vgl. zu `Fristenkongruenz´ Modul 11.4.2 in diesem Band der Reihe.

| 10.2. | Finanzmanagement | |
|---|---|---|
| 10.2.3. | Finanzplanung | 10 |

und Auszahlungen bei Investitionen.

... ERGÄNZENDE FINANZPLANUNG

Neben der eigentlichen Finanzplanung als liquiditätsorientierte Finanzplanung existieren eine Vielzahl **ergänzender Finanzplanungen** (sog. finanzielle Maßnahmenplanung) wie die

... ZINSPLANUNG

Der **Zinsplanung** obliegt die Abstimmung unterschiedlicher Zinsmerkmale der Kapitalbeschaffung und der Kapitalverwendung. Unterschiedliche unternehmensindividuelle erwartetet Zinskonditionen werden strukturell ermittelt und in Hinblick auf ihre Wirkungen auf die Aktiv- und Passivseite der Bilanz sowie auf bestehende Termin- und Fälligkeitsvereinbarungen aufgeschlüsselt.

... WÄHRUNGSPLANUNG

Die **Währungsplanung** als Betrachtung der Fremdwährungspositionen der Aktiv- und Passivseite der Bilanz wird unter dem Aspekt von Währungsterminvereinbarungen aufeinander abgestimmt. Eine derartige Synchronisation unterschiedlicher Währungen führt innerhalb eines Risiko-/ Chancenmanagements zu verschiedenartigen Finanzierungsentscheidungen. Um für ein Unternehmen positive (Zins- und) Währungsentwicklungen zu nutzen, müssen entsprechende Fremdwährungsverwendungen und -aufnahmen veranlasst werden, so dass (Zinsänderungs- und) Währungsrisiken nicht nur ausgeglichen, sondern positiv genutzt werden.

... AUSFALLRISIKOPLANUNG

Die gedankliche Vorwegnahme von Ausfallrisiken (**Ausfallrisikoplanung**) umfasst neben einer bonitätsmäßigen Einschätzung der Geschäftspartner (**Bonitätsrisikoplanung**) auch eine standortübergreifende **Länderrisikoplanung**, um neben nationalen auch internationale Kriterien bei der Finanzplanung zu berücksichtigen.

... KAPITALSTRUKTURPLANUNG

Die **Kapitalstrukturplanung** bzw. **Kapitalbindungsplanung** ermittelt den Finanzbedarf für die künftigen Betrachtungszeiträume. Durch geplante Investitionsvorhaben wird Kapital gebunden. Diesem geplanten Kapitalbedarf und den sonstigen Auszahlungstatbeständen werden die erwartete Kapitalfreisetzung und die künftigen Einzahlungen gegenübergestellt.
Der Aufbau der Kapitalstrukturplanung lehnt sich an die Struktur der Bewegungsbilanz an, in der Veränderungen der Aktiv- und Passivpositionen der vergangenen Betrachtungszeiträume dargestellt werden. Im Gegensatz zur vergangenheitsorientierten (ex post) Bewegungsbilanz ist die Kapitalstrukturbilanz als zukunftsorientierte (ex ante) Bewegungsbilanz zu verstehen, die nicht zur einen Betrachtungszeitraum, sondern einen mehrperiodischen Zeitstrahl umfasst.

| 10.2. | **Finanzmanagement** | |
|---|---|---|
| **10.2.4.** | **Finanzdisposition** | **1** |

### FINANZDISPOSITION

Die **Finanzdisposition** (-steuerung) ist der tatsächliche Vollzug der finanzwirtschaftlichen Aufgaben inklusive der Verhandlungen, Entscheidungen und vertraglichen Gestaltungen. Sie veranlasst Anpassungen an den Finanzplan, wenn durch die Finanzkontrolle Abweichungen zwischen Ist- und Plangrößen ermittelt werden. Finanzdispositionen orientieren sich an einem vom Finanzmanagement determinierten Finanzplan, d.h. die zu realisierenden Aktivitäten der Finanzdisposition werden von der durch die Finanzplanung in Form eines Finanzplans prognostizierten finanziellen Entwicklung vorgegeben. **Finanzielle Dispositionen** sind Regelungen, die fallweise getroffen werden und den Charakter zeitlich sowie sachlich beschränkter Detailverfügungen aufweisen.[1]

Aufbauend auf den Erkenntnissen der Finanzplanung hat die Finanzdisposition rentabilitätsoptimale unternehmensadäquate Entscheidungen zu treffen. Im Falle finanzieller Fehlbeträge oder Überschüsse sind (operative) Entscheidungen über die Bereitstellung bzw. Verwendung von Finanzmitteln vorzunehmen. Dispositionen sind am Liquiditätsziel auszurichten, wobei die Möglichkeit der Rentabilitätssteigerung zu berücksichtigen ist.

Effektiven Maßnahmen der Finanzdisposition liegen exakte und zuverlässige Informationen der Finanzplanung zugrunde, wodurch der enge Zusammenhang zwischen operativer Finanzplanung und Finanzdisposition begründet ist. Als Grundlage für Finanzdispositionen dient das in einer operativen Finanzplanung ermittelte Finanzdefizit bzw. der dort ermittelte Finanzüberschuss.

Bei Finanzdispositionen beträgt der Dispositionshorizont i.d.R. zwei bis vier Wochen, mit täglicher Betrachtungsweise.

Je nach der Liquiditätssituation des Unternehmens weisen Finanzdispositionen unterschiedliche Ausprägungen auf. Sie können voneinander abgegrenzt werden als

#### ... FINANZDISPOSITIONEN BEI UNGEFÄHRDETER LIQUIDITÄT

Ist die **Liquidität** eines Unternehmens ungefährdet, so obliegt dem Finanzmanagement die kurzfristige Finanzdisposition in Form der Abwicklung des täglichen Zahlungsverkehrs, mit dem Ziel die sich gegenüber den geplanten Zahlungsströmen ergebenden Abweichungen bei Auszahlungen und Einzahlungen fortwährend auszugleichen.

Kreditlinien dürfen nicht überzogen werden und benötigte Kredite sind mit günstigen Konditionen abzuwickeln, Überschüsse an Finanzmitteln sind ertragsoptimal anzulegen.

[1] Vgl. zu 'Dispositionen' Modul 6.2.1.-4 in Band I dieser Reihe.

| 10.2. | Finanzmanagement | |
|---|---|---|
| 10.2.4. | Finanzdisposition | 2 |

... FINANZDISPOSITIONEN DER LIQUIDITÄTSRESERVE

**Liquiditätsorientierte** finanzielle **Reserven** muss ein Unternehmen halten, da sich durch Finanzpläne zukünftige Einzahlungen und Auszahlungen nicht exakt sicher vorherbestimmen lassen. Sie sind mit Unsicherheiten belastet, die sich zwar durch zurückhaltende Annahmen zur Planerstellung berücksichtigen, jedoch nicht eliminieren lassen.

Die **Liquiditätsreserve** repräsentiert die gegenwärtige und die zukünftige Zahlungskraft eines Unternehmens. Sie dient der Abdeckung eines sich aus finanzwirtschaftlichen Risiken ergebenden Kapitalbedarfs. Die Liquiditätsreserve wird bestimmt für das Auffangen von unerwarteten aus der Finanzplanung nicht ersichtlichen Fehlbeträgen.

Die Liquiditätsreserve lässt sich bestimmen in Bezug auf ihren

- **Liquidierungsbetrag**, der die Höhe der Einzahlungen bei Verwertung von Vermögensteilen angibt und ihre
- **Liquidierungsdauer**, die die Zeit zwischen dem Entschluss der Verwertung und dem tatsächlichem Zufluss an liquiden Mitteln beschreibt.

Die Liquiditätsreserve setzt sich aus unterschiedlichen Komponenten zusammen, aus

- **Zahlungskraftreserven**, die sich aus Kassenbeständen, Bankguthaben und nicht beanspruchten Kreditlinien bestimmen lassen,
- **Vermögensreserven**, zu denen Diskontwechsel, kündbare Termineinlagen, veräußerbare Beteiligungen des Finanzanlagevermögens, liquidierbar reale Vermögensgüter sowie (lombardfähige) Wertpapiere gehören, und
- **Finanzierungsreserven**, die zugesagte und zu erwartende, jedoch noch nicht in Anspruch genommene Kredite darstellen.

Bei der Disposition über die Liquiditätsreserve sollte die Alternativenvariante gewählt werden, die die Rentabilität des Unternehmens am geringsten belasten, da durch das Halten einer Kasse Investitionsverzicht ausgeübt wird und Opportunitätskosten veranlasst werden. Je genauer jedoch die Finanzplanung zukünftige Aspekte berücksichtigt, um so geringer kann die Liquiditätsreserve gehalten werden.

... FINANZDISPOSITIONEN BEI GEFÄHRDETER LIQUIDITÄT

Von der **Gefährdung der Liquidität** eines Unternehmens wird gesprochen, wenn eine im Finanzplan ermittelte, zukünftige Unterdeckung (Fehlbetrag) nicht durch Finanzierungsmaßnahmen ausgeglichen werden kann und die Finanzierungsgrenzen des Unternehmens erreicht sind. Ein frühzeitig diagnostizierter Kapitalbedarf kann durch geeignete Maßnahmen der Eigen- oder Fremdfinanzierung gedeckt werden.

Ist der Liquiditätsengpass von kurzfristiger Art, so muss er in Bezug auf seine Höhe und seine Reichweite bestimmt werden: mit jedem zukünftigen Auszahlungsvorgang verändert sich die Höhe des zukünftigen Auszahlungsüber-

| | | |
|---|---|---|
| **10.2.** | **Finanzmanagement** | |
| **10.2.4.** | **Finanzdisposition** | **3** |

schusses und durch die Reichweite des Liquiditätsengpasses zeigt sich das Ausmaß der Problemsituation.

Ein **finanzieller Engpass** liegt mit dem Zeitpunkt vor, in dem das Zahlungsvermögen des Unternehmens zur Begleichung anstehender Auszahlungen nicht mehr ausreicht. Der Engpass endet mit dem Einzahlungszufluss, der alle vorher nicht erfüllbaren Zahlungsverpflichtungen abdeckt.

Ist die Liquidität langfristig gefährdet, müssen unternehmenstaktische oder -strategische Entscheidungen gefällt werden.

Die Maßnahmen zur Bewältigung einer **kurzfristigen Liquiditätskrise** können in der Verzögerung bzw. Senkung der Auszahlungen respektive der Vorverlagerung bzw. Erhöhung von Einzahlungen bestehen.

Da bereits durch das Vorhandensein eines Liquiditätsengpasses das Rentabilitätsziel sekundär ist, sind die liquiditätssichernden Aktivitäten mit den geringsten Rentabilitätsbeeinträchtigungen vorzunehmen.

Als Beispiel für die Verzögerung bzw. Senkung von Auszahlungen sind zu nennen Anträge auf Auszahlungsstundung, Aushandeln von günstigen Kreditkonditionen mit niedrigen Zins- und Tilgungszahlungen, Verzicht auf Ersatzinvestitionen in Anlage- und Umlaufvermögen und auf Rationalisierungs- und Erweiterungsinvestitionen, Verzicht oder Verschiebung von Weiterbildungsmaßnahmen, Werbeaktionen, Forschungen und Entwicklungen und Reduzierung von Investitionsprozessen insbesondere von Leistungen mit niedrigen Deckungsbeiträgen.

Bei der Vorverlagerung bzw. Erhöhung von Einzahlungen handelt es sich überwiegend um Verwertungen vorhandener Vermögensteile (somit um **Desinvestitionen**) wie Liquidation von Gütern des Anlagevermögens und von Gütern des Umlaufvermögens, insbesondere von Halb- und Fertigleistungen, sowie von Finanzanlagen, Veräußerung von Forderungen (Factoring[2]), Intensivierung des Mahnwesens und Zufuhr von Eigenkapital und/oder Fremdkapital.

Bei den Maßnahmen zur Bewältigung einer Liquiditätskrise ist darauf zu achten, dass die Reduzierung der Auszahlungen nicht auch Konsequenzen auf die Einzahlungen hat, d.h. eventuell mit den Aktivitäten verbundene Einzahlungsausfälle müssen kleiner sein, als die Reduzierung der Auszahlungen.

2 Vgl. zu 'Factoring' Modul 11.10.-1ff. in diesem Band der Reihe,

| 10.2. | **Finanzmanagement** | |
|---|---|---|
| 10.2.5. | **Finanzkontrolle** | 1 |

### FINANZKONTROLLE

Die **Finanzkontrolle** umfasst den kritischen Nach-Vollzug der getroffenen Entscheidungen und durchgeführten Aktivitäten. Sie vergleicht systematisch, rhythmisch und institutionalisiert sämtliche geplanten und realisierten Zahlungsmittelbestände und -bewegungen. Das systematische Vorgehen wird mit Hilfe eines einheitlichen Konzepts in Hinblick auf Vollständigkeit, Überschneidungsfreiheit und Zielbezogenheit gewährleistet. Durch eine bestimmte Regelmäßigkeit der Kontrolle ist eine Rhythmizität zu fordern.
Eine Institutionalisierung der Finanzkontrolle ist durch schriftliche, formalisierte und nach festen Regeln durchzuführende Überwachung anzustreben und durchzuführen. Nur durch eine Standardisierung der zu vergleichenden Größen ist eine Finanzkontrolle sinnhaft. Im Folgenden wird eingegangen auf

#### ... ZIELE DER FINANZKONTROLLE

Als **Ziele der Finanzkontrolle** sind zu nennen die Plangenauigkeit der vollzogenen Finanzvorgänge (Vergleich von Ist- und Sollwerten) zu erhöhen, die Ursachen von Planabweichungen aufzustellen, die finanziellen Dispositionen zu verbessern, Gesetzwidrigkeiten vorzubeugen und eine Prüfung der Realisierbarkeit der in der Finanzplanung angestrebten Plangröße vorzunehmen.

#### ... VORAUSSETZUNGEN DER FINANZKONTROLLE

**Voraussetzung für** eine sinnhafte **Finanzkontrolle** ist die Vergleichbarkeit von Ist- zu Plangrößen in Bezug auf ihre inhaltliche und zeitliche Kompatibilität. Darüber hinaus ist der Aktualität der Kontrollergebnisse ein großes Gewicht beizumessen um die Effektivität von Abweichungsanalysen zu gewährleisten.
Faustregel: Die Ergebnisse der Finanzkontrolle sollten spätestens zwei Wochen nach Istdatenerfassung vorliegen, damit die in der Abweichungsanalyse ermittelten Informationen im Unternehmen umgesetzt werden können und die Veränderungen als Lernprozess bewußt werden. Eine Finanzkontrolle sollte genauso oft durchgeführt werden wie eine Finanzplanung, sie ist das Pendant zur Planung.

#### ... AUFGABEN DER FINANZKONTROLLE

**Aufgabe der Finanzkontrolle** ist es, zu überprüfen, ob die tatsächlichen finanziellen Entwicklungen mit denen der Finanzplanung übereinstimmen und die finanziellen Maßnahmen das postulierte Ziel eines finanziellen Gleichgewichts erreicht haben.
Um dies zu erreichen, werden die tatsächlich vollzogenen Finanzvorgänge (Istwerte) erfasst, die Angaben hinsichtlich der mit der Entscheidungsrealisation verfolgten Zielwerte (Sollwerte) ermittelt, die auf die Finanzvorgänge wirkenden Einflussfaktoren bestimmt sowie die bei der Finanzplanung gesetzten Prämissen überprüft.
Die Aufgaben der Finanzkontrolle sind zu sehen in der

| 10.2. | Finanzmanagement | |
|---|---|---|
| 10.2.5. | Finanzkontrolle | 2 |

... REALISATIONSKONTROLLE

Bei der **Realisationskontrolle** werden Abweichungen zwischen temporär unterschiedlichen Plan- und Istdaten festgestellt. Die Realisation eines Plans spiegelt sich in den Istgrößen des Planvollzugs wider. Gegenstand der Kontrolle sind die Istdaten. Treten Abweichungen zwischen geplanten und tatsächlichen Größen auf, so sind Entscheidungen in Hinblick auf finanz- und erfolgswirtschaftliche Dispositionen ebenso notwendig wie Veränderungen der Planung (**Planrevision**).

... KONTROLLE FINANZWIRTSCHAFTLICHER PLANUNGSAKTIVITÄTEN

Die Finanzkontrolle stellt darüber hinaus auf eine **Kontrolle finanzwirtschaftlicher Planungsaktivitäten** ab und trägt zur permanenten Verbesserung der Finanzplanung bei. Die Finanzkontrolle determiniert somit die Effizienz der Finanzplanung, d.h. eine Finanzplanung ohne Kontrolle ist nicht sinnhaft.

... ERGEBNISSE DER FINANZKONTROLLE

Die **Ergebnisse der Finanzkontrolle** bilden den Ausgangspunkt für weitere Planungsaktivitäten. Planung, Realisation und Kontrolle sollten in einem sachlogischen, prozessualen Zusammenhang stehen. In der Praxis vollziehen sich die einzelnen Prozessphasen jedoch oft sukzessiv und isoliert voneinander.

... FORMEN DER FINANZKONTROLLE

Eine grobe Unterteilung der unterschiedlichen **Formen der Finanzkontrolle** lässt eine Einteilung vornehmen in

... ZEITLICHE ASPEKTE DER FINANZKONTROLLE

Je nach zeitlicher Perspektive können tägliche, monatliche, vierteljährliche, einjährige und mehrjährige Finanzkontrollen durchgeführt werden.
Die **mehrjährige Finanzkontrolle** erfolgt als Gegenüberstellung einzelner Positionen bzw. Positionsaggregationen von Plan- zu Ist-Bilanzen, womit Abweichungen ermittelt und anschließend analysiert werden.
Aufgrund der zeitlich verzögerten endgültigen Aufstellung des entsprechenden Jahresabschlusses kann die Finanzkontrolle auch anhand der Kapitalflussrechnung[1] durchgeführt werden.

...WEITERE FORMEN DER FINANZKONTROLLE

Darüber hinaus kommt einer **Kapitalbindungskontrolle** eine große Bedeutung zu. Die Kapitalbindungskontrolle zielt auf die Überprüfung der Mittelherkunft und -verwendung, um eine fristenkongruente Finanzierung abzusichern bzw. aufzuzeigen. Es ist darauf zu achten, dass langfristig nutzbare

---
1 Vgl. zu 'Kapitalflussrechnung' Modul 10.2.2.-3 in diesem Band der Reihe.

| 10.2. | Finanzmanagement | |
|---|---|---|
| 10.2.5. | Finanzkontrolle | 3 |

Vermögensteile (Investitionen) durch langfristige Kapitalteile (Finanzierung) gedeckt sind. Eine fristengerechte Koordination geschieht mittels **Plan-Bewegungsbilanzen**.
Die **strategische Finanzkontrolle** findet nicht routine- oder formularmäßig statt, sondern erfolgt durch Revision der langfristigen Unternehmensziele. Dabei werden sowohl Struktur- und Entwicklungsveränderungen der Unternehmensumwelt ebenso berücksichtigt wie Planungen im Bereich der Leistungserstellung und -verwertung, sowie des Investitions- und Finanzierungsprogramms, wobei Vermögens- und Kapitalstrukturveränderungen einhergehen.

| 11.1. | Finanzierungsbegriff | 1 |
|---|---|---|

FINANZIERUNGSBEGRIFF

Allgemein lassen sich unter **Finanzierung** alle zur Aufrechterhaltung des finanziellen Gleichgewichts eines Unternehmens erforderlichen formellen Maßnahmen verstehen. Die Hauptaufgabe der Finanzierung besteht in der Bereitstellung des erforderlichen Kapitals in quantitativer, qualitativer, lokaler und zeitlicher Dimension zu günstigen Konditionen.
Begrifflich lässt sich Finanzierung fassen in

... FINANZIERUNG i.w.S.

Die **weite Begriffsauffassung** für **Finanzierung** umfasst sämtliche Maßnahmen zur

- Versorgung des Unternehmens mit disponiblen, für unternehmerische Entscheidungen zur Verfügung stehendem Kapital und zur
- optimalen Strukturierung des Kapitals.

Die weitgefasste Version des Finanzierungsbegriffs beinhaltet, vielschichtige Finanzierungsvorgänge wie

... KAPITALBESCHAFFUNG UND -BEREITSTELLUNG

Die **Kapitalbeschaffung** wird durch die Aufnahme von Kapital sowie dem Kapitalzuwachs beschrieben (siehe auch enge Begriffsversion der Finanzierung).

... KAPITALUMWANDLUNG

Die **Kapitalumwandlung** beschreibt die Metamorphose von Geld in gebundenes Vermögen (Aktivtausch der Bilanzposition `flüssige Mittel´ in andere Bilanzpositionen). Auf diese Umwandlung als Zahlungsmittelabfluss zur Beschaffung von (Real-)Gütern wird im Kapitel Investition eingegangen.

... KAPITALUMFINANZIERUNG

**Kapitalumfinanzierung** meint die Umschichtung bzw. Freisetzung von Mitteln für andere Verwendungszwecke als vor ihrer Umfinanzierung durch Änderung der bilanziellen Vermögens- und/oder Kapitalstrukturen. Dabei lassen sich unterscheiden

... KAPITALUMSCHICHTUNG

**Kapitalumschichtungen** beschreiben den Tausch von Finanzierungsquellen (Passivtausch von Bilanzpositionen) wie Fremdkapital zu Eigenkapital oder Eigenkapital zu Fremdkapital sowie Umschichtungen innerhalb des Eigenkapitals oder Umschichtungen innerhalb der Fristigkeit des Fremdkapitals.

... KAPITALFREISETZUNG

**Kapitalfreisetzung** ist charakterisiert durch die Liquidation von Vermögensteilen und Abschreibungsgegenwerten, d.h. der Rückvergütung der Zahlungsmittel über den Markt als sog. **Desinvestition**, sowie sonstiger Freisetzungen bspw. durch Abbau gelagerter Vermögenswerte.

| 11.1. | Finanzierungsbegriff | 2 |
|---|---|---|

... KAPITALABFLUSS

Der **Kapitalabfluss** lässt sich thematisieren als
- Kapitalrückzahlung oder
- Kapitalverlust.

Unter **Kapitalrückzahlung** wird im Leben eines Unternehmens die Vergütung von Eigenkapital in Form von Gewinnanteilen und Dividenden oder die Rückzahlungen an die Anteilseigner, als auch die Abgeltung des Fremdkapitals durch die Zahlung von Tilgungsraten verstanden.
Ein **Kapitalverlust** tritt primär durch eine Minderung des Eigenkapitals, d.h. des Haftungskapitals ein.

... FINANZIERUNG i.e.S.

Die Begriffsauffassung für **Finanzierung** in ihrer **engen Begriffsversion** umfasst die Kapitalbeschaffung und -bereitstellung von Zahlungsmitteln, um die Liquidität des Unternehmens jederzeit sicherzustellen.
Die Art der Kapitalbeschaffung und -bereitstellung zeigt sich auf der Passivseite, der Kapitalseite der Bilanz, als Eigenkapital oder Fremdkapital, je nachdem, wer das Kapital zur Verfügung stellt.
Innerhalb der Beschaffung und Bereitstellung des Kapitals wird unterschieden, ob die Kapitalaufnahme von außerhalb oder von innerhalb des Unternehmens geschieht, ob eine Eigenkapital- oder Fremdkapitalaufnahme vorgenommen wird.

| | | |
|---|---|---|
| **11.2.** | **Regelkreis der Finanzierung** | |
| **11.2.1.** | **Finanzielle betriebliche Prozesse** | **1** |

FINANZIELLE BETRIEBLICHE PROZESSE

Die Überlegungen zu einer **Finanzierung** können durch unterschiedliche Beweggründe ausgelöst werden. Zu nennen sind hier

- **arhythmische Finanzierungsgründe** wie Erst- und Gründungsfinanzierung, Unternehmenswendepunkte wie Kapitalerhöhungen oder Standortverlagerungen, Unternehmenszusammenschlüsse oder -aufspaltungen, Sanierung durch Kapitalherabsetzungen oder Liquidation als auch
- **rhythmische Finanzierungsgründe** wie finanziell rhythmischer Kapitalbedarf für laufende Zahlungen (für umschlagsbezogene Aktivitäten), Instandsetzungsmaßnahmen sowie Ersatzmaßnahmen.

Darüber hinaus ist die Höhe der finanziellen Mittel objektabhängig, d.h. ob Sach-, Finanz- oder immaterielle Investitionen durchgeführt werden sollen.
Die Kapitalbeschaffung und -bereitstellung hierfür kann von

- außen erfolgen durch Kapitalüberlassung von unternehmensfremden Kapitalgebern oder durch Einlagen von (Gesellschaftern/ Inhabern/ Aktionären) Mitgliedern der Gesellschaft, sowie von
- innen durch Einnahmen infolge einer betrieblichen (Leistungs-)Verwertung am Markt oder durch Aufbau von zeitlich nicht fixierbaren Verbindlichkeiten.

Diese unterschiedlichen finanziellen Zusammenhänge lassen sich schematisch als Regelkreise darstellen, die in der folgenden Abbildung veranschaulicht sind.

*Abbildung:* Vereinfachte schematische Regelkreise der finanziellen Vorgänge im Rahmen des betrieblichen Leistungsprozesses

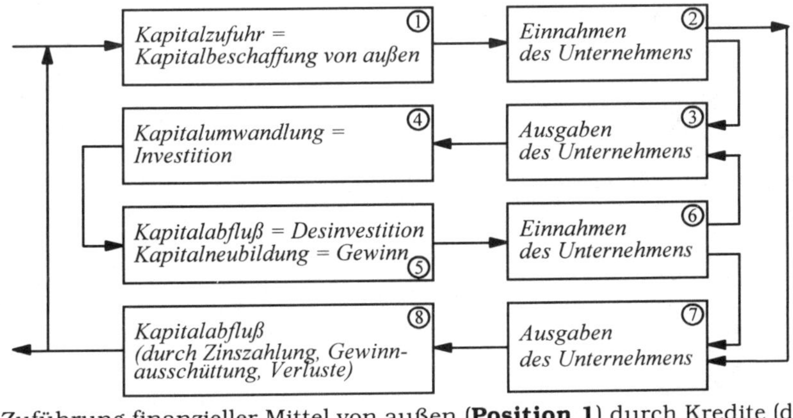


Die Zuführung finanzieller Mittel von außen (**Position 1**) durch Kredite (durch Dritte, am Unternehmen nicht beteiligte Kapitalgeber) oder durch Einlagen (durch am Unternehmen beteiligte Kapitalgeber als Anteilseigner) stellt für das Unternehmen (**Position 2**) Einnahmen, im Sinne eines (Geld–)Vermögenszuwachses dar. Dies können auch immaterielle oder materielle Güter sein.

| 11.2. | Regelkreis der Finanzierung | |
|---|---|---|
| **11.2.1.** | **Finanzielle betriebliche Prozesse** | **2** |

Die zugeflossenen Mittel (**Position 3**) werden sowohl zur Begleichung der betrieblichen Zahlungen wie bspw. Lohn-, Gehalts- und sonstige Zahlungen verwendet als auch zur Beschaffung von Sachanlagen wie Gebäuden, Maschinen und Büroausstattung. Auf diese Kapitalumwandlung (**Position 4**) wird aufgrund ihrer Prägnanz (Wichtigkeit) für das Unternehmen in einem gesonderten Kapitel – Investition – eingegangen.
Durch den betrieblichen Leistungserstellungsprozess erfolgt eine **Wertschöpfung**, in dem Güter mit einer subjektiv gering bewerteten Ordnung in Güter mit subjektiv höherer Ordnung kombiniert werden. Während dieser Zeit des Transformationsprozesses der betrieblichen Leistungserstellung ist das Kapital in diesen Gütern gebunden (Kapitalbindung) werden. Durch die Verwertung der betrieblichen Leistungen als Zwischen- oder Endleistungen bzw. Handelswaren am Markt fließt der dort erzielte Preis (**Position 5**) als Kapitalzuwachs in das Unternehmen zurück. Sind bei der Angebotspreisermittlung die investierten Beträge wie bspw. Abschreibungen berücksichtigt worden und liegt der Verkaufspreis über dem kostenorientierten Preis, so wird neben dem Rückfluss von Aufwendungen (Desinvestitionen) auch ein Gewinn erwirtschaftet (Kapitalneubildung).
Diese so erhaltenen finanziellen Mittel stehen dem Unternehmen als Einnahmen (**Position 6**) zur weiteren Verfügung. Sie können entweder im Unternehmen verbleiben oder sie fließen ab. Verbleiben Sie im Unternehmen, so führen die Einnahmen zur erneuten Ausgabendeckung – sie stehen zur Finanzierung neuer Investitionen zur Verfügung. Damit schließt sich ein im Unternehmen stattfindender finanzieller Regelkreis (**Positionen 3-4-5-6**). Fließen finanzielle Mittel aus dem Unternehmen ab (**Position 7**), so entstehen Ausgaben an Dritte. Kapital wird aus dem Unternehmen entnommen (**Position 8**). Die Kapitalentnahme kann als Zinszahlungen an Kreditgeber oder als Gewinnausschüttung an die Kapitaleigentümer gehen. Die finanziellen Mittel kann der Empfänger gemäß seiner individuellen Zielsetzung einkommensmäßig berücksichtigen lassen oder durch neue Einlagen oder Kredite den Unternehmen zuführen. Damit schließt sich ein weiterer Regelkreis der finanziellen Vorgänge bezüglich eines Unternehmens (**Positionen 1-2-7-8**).

| | | |
|---|---|---|
| **11.2.** | **Regelkreis der Finanzierung** | |
| **11.2.2.** | **Kapitalbedarf – finanzielles Gleichgewicht** | **Ü 1** |

Kapitalbedarf – finanzielles Gleichgewicht

- Kapitalbedarf
- Aufrechterhaltung des finanziellen Gleichgewichts

Kapitalbedarf

- ... finanzielle Prozesse im Ausführungssystem
- ... materielle Prozesse im Ausführungssystem
- ... finanzielle und materielle Teilprozesse

Aufrechterhaltung des finanziellen Gleichgewichts

- ... Zahlungsstockung
- ... drohende Zahlungsunfähigkeit
- ...Zahlungsunfähigkeit
- ... Überschuldung

| 11.2. | Regelkreis der Finanzierung | |
|---|---|---|
| 11.2.2. | Kapitalbedarf – finanzielles Gleichgewicht | 1 |

KAPITALBEDARF – FINANZIELLES GLEICHGEWICHT

Die Notwendigkeit einer Finanzierung entsteht aufgrund der Aspekte

- KAPITALBEDARF
- AUFRECHTERHALTUNG DES FINANZIELLEN GLEICHGEWICHTS

## KAPITALBEDARF

Das Unternehmen lässt sich in die Komponenten Führungssystem und Ausführungssystem unterscheiden.[1] Im Ausführungssystem lassen sich nicht nur real materielle (güterliche) Prozesse ermitteln, sondern es ist notwendig, neben den materiellen Vorgängen im Unternehmen auch die finanziellen Vorgänge zu verstehen. Realgüterliche Prozesse werden heute i.d.R. nicht als Naturaltausch vorgenommen, sondern unter Einschaltung eines allgemein anerkannten Wertaufbewahrungs-, Tausch- bzw. Zahlungsmittels: das Geld.

So lassen sich die im Unternehmen sowie zwischen dem Unternehmen und seiner Umwelt ablaufenden Realisationsprozesse durch eine Abfolge finanzieller und materieller Prozesse charakterisieren. Das wechselseitige materielle und finanzielle Beziehungsgeflecht ist in der folgenden Abbildung modellhaft dargestellt. Ausgangspunkt der Betrachtung ist ein industrielles Unternehmen, das seine Leistungen für einen anonymen Abnehmerkreis am Markt erstellt.

Im Folgenden wird auf die im Ausführungssystem zu unterscheidenden finanziellen Prozesse eingegangen. Neben der finanziellen Sichtweise sollen besonders auch die zeitlichen Differenzen zwischen den unterschiedlichen positiven und negativen Bewegungssgrößen Beachtung finden[2].

Ein **Ertrag** – als Wertentstehung im Unternehmen – liegt zeitlich vor der Realisation der **Einnahme** – als Abgang von Gütern – und diese wiederum zeitlich vor der **Einzahlung** – als Zufluss liquider Mittel. Der Zufluss liquider Mittel ist die zeitlich am weitest in der Zukunft liegende Komponente.

Ein **Aufwand** – als Wertverzehr im Unternehmen – liegt zeitlich vor der **Ausgabe** – als Zugang von Gütern – und diese wiederum zeitlich vor der **Auszahlung** – als Abfluss liquider Mittel. Der Abfluss liquider Mittel ist die zeitlich am nächst liegende Komponente.

1 Vgl. zu `Modell des Systems Unternehmen´ Modul 2.2.2. in Band I dieser Reihe.
2 Vgl. zu `Grundbegriffe des Rechnungswesens´ Modul 7.3. in Band I dieser Reihe.

| | | |
|---|---|---|
| **11.2.** | **Regelkreis der Finanzierung** | |
| **11.2.2.** | **Kapitalbedarf – finanzielles Gleichgewicht** | **2** |

*Abbildung:* Finanzielle und materielle Prozesse im Unternehmen

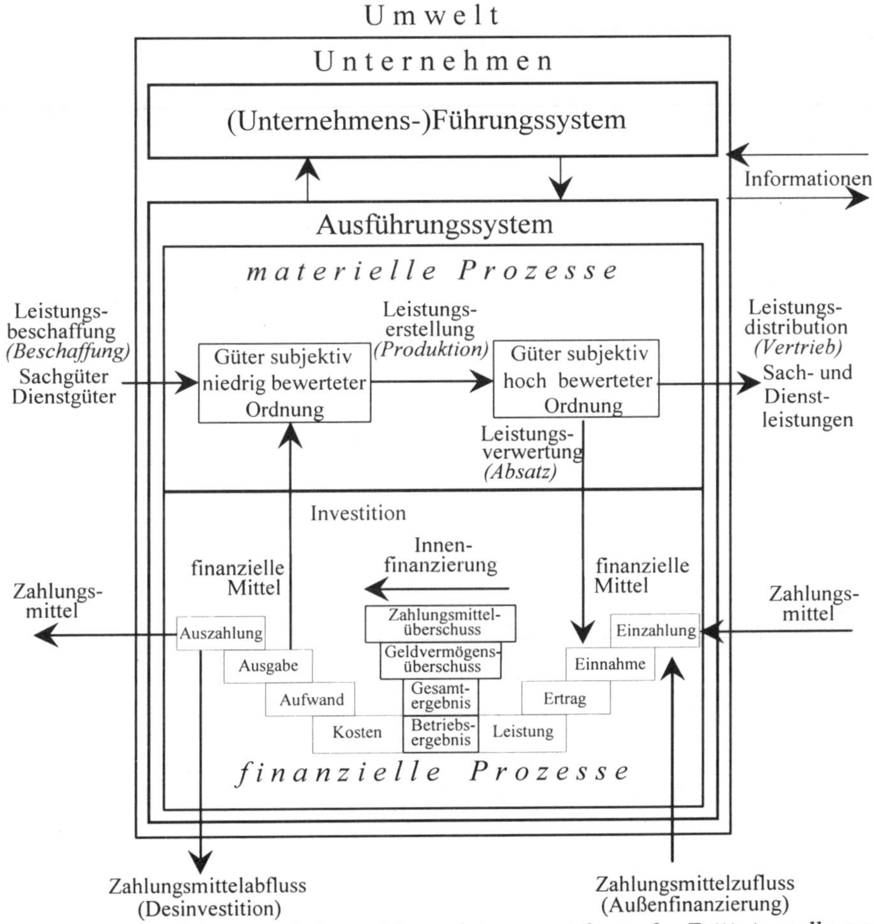


Zwischen Einzahlung und Auszahlung können sich große Zeitintervalle verbergen, so dass es sinnhaft erscheint, eine Trennung vorzunehmen in

... FINANZIELLE PROZESSE IM AUSFÜHRUNGSSYSTEM

Bei der Gründung sowie der Aufrechterhaltung der unternehmerischen Tätigkeit sind Zahlungsmittel erforderlich. Insbesondere bei der Gründung benötigt das Unternehmen Zahlungsmittel, die von außen durch entsprechende Kapitalgeber zugeführt werden. Die Beschaffung und Bereitstellung von Zahlungsmitteln, die dem Betrieb von außen zufließen, wird als **Außenfinanzierung** bezeichnet.

| 11.2. | **Regelkreis der Finanzierung** | |
|---|---|---|
| 11.2.2. | **Kapitalbedarf – finanzielles Gleichgewicht** | **3** |

Weitere Zahlungsmittel fließen dem Unternehmen bei dessen Existenz durch die Verwertung seiner Güter am Markt als Einzahlungen zu. Die auf diese Weise zufließenden Zahlungsmittel stehen dem Unternehmen zur weiteren Verfügung bereit.
Je nach unternehmerischer Situation werden alternativ die externen Kapitalgeber – für die zuvor erfolgte Außenfinanzierung in Form von Zins- und Tilgungszahlungen – bedient, die Eigentümer in Form von Gewinnausschüttungen befriedigt oder die Auszahlungen zur Aufrechterhaltung der Betriebsbereitschaft getätigt.
Sind im Betrieb Zahlungsmittel aus dem betrieblichen Prozess vorhanden und werden diese dem Betrieb zur Verfügung gestellt, so wird von **Innenfinanzierung** gesprochen. Dieser geschilderte Prozess bildet den geldlichen Prozess in Form des Zuflusses von Zahlungsmitteln.
Die Zahlungsmittel werden am Markt in Güter, die zur Erstellung von Gütern in Form von Sachleistungen benötigt werden, umgewandelt. Der Transformationsprozess wird Investition genannt. **Investition** ist der Vorgang der Verwendung von Zahlungsmitteln, durch den freie Zahlungsmittel in gebundene Zahlungsmittel umgewandelt werden. Dabei erfolgt die Bindung der Zahlungsmittel in Güter, die für die Leistungserstellung und -verwertung benötigt werden.

... MATERIELLE PROZESSE IM AUSFÜHRUNGSSYSTEM

Durch die Umwandlung von freien Zahlungsmitteln in Güter erfolgt eine Bindung der Zahlungsmittel an Objekte, die für die Leistungserstellung und -verwertung benötigt werden. Die zeitliche Extension ist dabei sehr unterschiedlich.
Der materielle Zufluss an Gütern wird als (Leistungs-)**Beschaffung** bezeichnet. Neben der Beschaffung von (Sach-)Gütern wie Werkstoffen müssen weitere Faktoren beschafft werden. Der durch die Hereinnahme der beschafften Güter in das Unternehmen einsetzende Prozess ist auf die Realisation gerichtet: **Güter subjektiv niedrig bewerteter Ordnung** in Form von Sach- und Dienstgütern werden in Güter höherer Ordnung für den Bedarf Dritter transformiert. Dieser materielle Umwandlungsprozess wird **Leistungserstellung** – oder in der Terminologie des Industriebetriebs **Produktion** – genannt. Die durch Umwandlung entstehenden Güter in Form von Konsum- oder Investitionsgütern sind **Güter subjektiv hoch bewerteter Ordnung**.
Mit dem Abschluss der Leistungserstellung ist es dem Betrieb möglich, die Güter am Markt anzubieten. Es setzt der Prozess des Tausches der erstellten Güter in Form von Sachleistungen am Markt ein. Es findet ein Umwandlungsprozess statt: die erstellten Sachleistungen werden in Zahlungsmittel umgewandelt. Der Prozess heißt **Leistungsverwertung** – respektive in der Terminologie des Industriebetriebs **Absatz**. Er ist sowohl mit dem Abfluss einer Leistung aus dem Unternehmen als einen materiellen Prozess, der als **Leistungsdistribution (Vertrieb)** bezeichnet wird, als auch

| | | |
|---|---|---|
| **11.2.** | **Regelkreis der Finanzierung** | |
| **11.2.2.** | **Kapitalbedarf – finanzielles Gleichgewicht** | **4** |

mit dem Zufluss von Zahlungsmitteln in das Unternehmen, als einen geldlichen Prozess aus der Verwertung der betrieblichen Leistung am Markt verbunden.
Der finanzielle und materielle Bereich sind somit durch die Transformationsprozesse der Investition und der Leistungsverwertung miteinander verbunden.

... FINANZIELLE UND MATERIELLE TEILPROZESSE

Die materiellen und finanziellen Teilprozesse lassen sich den betrieblichen Hauptfunktionen Leistungsbeschaffung, -erstellung und -verwertung zuordnen.

*Abbildung:* finanzielle und materielle betriebliche Teilprozesse

| *Hauptprozessstufen* | | |
|---|---|---|
| Leistungs-beschaffung | Leistungs-erstellung | Leistungs-verwertung |

*Prozessart:* finanziell (geldlich)

| | | |
|---|---|---|
| Abfluss von finanziellen Mitteln | Kapitalbindung | Zufluss von finanziellen Mitteln |

*Prozessart:* materiell (güterlich)

| | | |
|---|---|---|
| Zufluss von Gütern | Kombination von Gütern subjektiv niedrig bewerteter Ordnung zur Erstellung von Gütern subjektiv hoch bewerteter Ordnung | Abfluss von Gütern |

Die Abbildung der finanziellen und materiellen betrieblichen Teilprozesse zeigt, dass die im Unternehmen beschafften Güter zur Leistungserstellung einen Abfluss von finanziellen Mitteln begründen. Finanzielle Mittel sind in Gütern subjektiv niedrig bewerteter Ordnung gebunden. Erst nach einem Zeitintervall kann nach dem Abfluss von Gütern subjektiv hoch bewerteter Ordnung wieder frei über die finanziellen Mittel verfügt werden. Für den Zeitraum zwischen dem Mittelabfluss und dem Mittelzufluss besteht ein Bedarf an finanziellen Mitteln: dem **Kapitalbedarf**.
Der Kapitalbedarf eines betrieblichen Prozesses ergibt sich aus der Summe der abfließenden Mittel, der noch nicht wieder freigesetzten Mittel (Kapitalbindungsdauer) sowie der vorgesehenen Kassenhaltung.
Aus der Gesamtheit der betrieblichen Prozesse lässt sich der gesamte Kapitalbedarf für einen Zeitpunkt zuzüglich einer Kassenhaltung ableiten. Im Umkehrschluss bedeutet dies: bei einer Kapitalbindung über einen sehr kurzen Zeitraum (im Extremfall von Null) – demzufolge bei unendlich hoher Kapitalumschlagsgeschwindigkeit und wenn die finanziellen Mittelabflüsse die finanziellen Mittelzuflüsse nicht übersteigen – ergibt sich kein Kapitalbedarf und so-

| 11.2. | Regelkreis der Finanzierung | |
|---|---|---|
| **11.2.2.** | **Kapitalbedarf – finanzielles Gleichgewicht** | **5** |

mit kein Finanzierungsproblem.
Der Kapitalbedarf eines Unternehmens ist in seiner Betragshöhe zeitlich variabel. Darüber hinaus ist die Höhe des Kapitalbedarfs abhängig von den Faktoren der Fortführung oder Beendigung bestehender betrieblicher Prozesse, der Anordnung und Geschwindigkeit dieser Prozesse, der Auslastung der Kapazität (Beschäftigung), dem Leistungserstellungsprogramm, der Aufnahmen neuer Prozesse in das Unternehmen sowie der Unternehmensgröße.

### Aufrechterhaltung des finanziellen Gleichgewichts

Die Notwendigkeit zur Deckung des Kapitalbedarfs ergibt sich aus der wirtschaftlichen Liquiditätsanforderung, jederzeit seinen Zahlungsverpflichtungen, termingerecht und betrags- und bedingungsgenau nachzukommen. Ist diese Voraussetzung erfüllt, so ist das Unternehmen liquide, es befindet sich im **finanziellen Gleichgewicht**, d.h. das finanzielle Mittelpotential entspricht mindestens dem finanziellen Mittelbedarf (**Kapitalbedarf**). Es gilt

$$\begin{array}{rl} & \textit{Anfangsbestand an finanziellen Mitteln} \\ + & \underline{\textit{Zufluss an finanziellen Mitteln in der Zukunft}} \\ \geq & \textit{Abfluss an finanziellen Mitteln in der Zukunft} \end{array}$$

Diese Bedingung muss stets eingehalten werden, d.h. der Anfangsbestand an finanziellen Mittel zuzüglich dem Zufluss an finanziellen Mitteln und abzüglich dem Abfluss an finanziellen Mitteln darf keinen negativen Wert aufweisen. Ist diese Bedingung nicht erfüllt, so weist das Unternehmen eine **finanzielle Dysbalance** auf; fälligen Verpflichtungen zur Zahlung kann das Unternehmen nicht nachkommen. Finanzielle Asymmetrien führen zu **Unternehmenskrisen** alternativ beschreibbar durch eine

#### ... Zahlungsstockung

Sind die Zahlungsschwierigkeiten lediglich temporär vorhanden und können diese durch kurzfristige Aktivitäten, wie bspw. Bankkredite, behoben werden, so wird von **Zahlungsstockung** oder **Unterliquidität** gesprochen.

#### ... drohende Zahlungsunfähigkeit

Von **drohender Zahlungsunfähigkeit** wird gesprochen, wenn das Unternehmen (der Schuldner) voraussichtlich nicht in der Lage sein wird, seine ausstehenden Zahlungsverbindlichkeiten am Fälligkeitstermin erfüllen zu können (§ 18 Abs. 2 InsO).

#### ...Zahlungsunfähigkeit

Kann das Unternehmen (der Schuldner) langfristig seinen Zahlungsverpflichtungen nicht nachkommen, so wird von **Zahlungsunfähigkeit** oder **Illiquidität** gesprochen. Illiquidität führt zu einem Unternehmenswendepunkt in Form einer Unternehmenskrise, mit der mögliche Folge

- einer Sanierung durch Dritte oder

| | | |
|---|---|---|
| **11.2.** | **Regelkreis der Finanzierung** | |
| **11.2.2.** | **Kapitalbedarf – finanzielles Gleichgewicht** | **6** |

- einer Sanierung durch den Schuldner oder sowohl bei Personen- als auch Kapitalgesellschaften zu
- einer Liquidation des Unternehmens.

... ÜBERSCHULDUNG

Bei juristischen Personen ist auch die Überschuldung ein Grund, eine Insolvenz zu eröffnen. **Überschuldung** liegt vor, wenn das Gesellschaftsvermögen nach Aufzehrung des Eigenkapitals nicht mehr zur Deckung des Fremdkapitals ausreicht.

| 11.3. | **Finanzierungsziele** | **Ü 1** |
|---|---|---|

ZIELE IM FINANZIERUNGSBEREICH

... SICHERHEITSSTREBEN

... AUTONOMIESTREBEN

... ERFOLGSSTREBEN

RENTABILITÄT

... CASHFLOW

... LIQUIDITÄTSSTREBEN

ABSOLUTE LIQUIDITÄT

RELATIVE LIQUIDITÄT

OPTIMALE LIQUIDITÄT

ABSOLUTE LIQUIDITÄT

... LIQUIDIERBARKEIT VON GÜTERN

... LIQUIDIERUNGSDAUER

... LIQUIDIERUNGSBETRAG

... ABSOLUTE LIQUIDITÄTSKENNZAHLEN

| 11.3. | **Finanzierungsziele** | **Ü 2** |
| --- | --- | --- |

**RELATIVE LIQUIDITÄT**

- ... STATISCHE LIQUIDITÄT
  - ... KURZFRISTIG-RELATIVE LIQUIDITÄTSKENNZAHLEN
  - ... LANGFRISTIG-RELATIVE LIQUIDITÄTSKENNZAHLEN
- ... DYNAMISCHE LIQUIDITÄT
  - ... RETROSPEKTIVE LIQUIDITÄTSBERECHNUNG
    - ... CASHFLOW-RECHNUNG
    - KAPITALFLUSSRECHNUNG i.e.S
- ... PROSPEKTIVE LIQUIDITÄTSBERECHNUNG
  - ... FINANZPLAN
- ... CASHFLOW-PROGNOSERECHNUNG

**OPTIMALE LIQUIDITÄT**

## 11.3. Finanzierungsziele 1

ZIELE IM FINANZIERUNGSBEREICH

Das betriebliche Zielsystem ist charakterisierbar durch seine leistungswirtschaftlichen und sozialen sowie finanzwirtschaftlichen Ziele.[1] Im unternehmensindividuellen Zielsystem kann für den Finanzbereich ein Subzielsystem beschrieben werden. Die primäre finanzwirtschaftliche Zielausrichtung auf eine Maximierung der Rentabilität kann nur mit einer unabdingbaren Prämisse eingehalten werden: der Sicherung der Liquidität, jedoch unter Erhaltung der betrieblichen Unabhängigkeit. Als **Ziele im finanzwirtschaftlichen Bereich** lassen sich nennen, das

... SICHERHEITSSTREBEN

Jedes Unternehmen ist mit Risiken behaftet, so dass ein Streben nach **Sicherheit** im allgemeinen zu sinkender Risikoneigung und damit sinkenden Renditen führt. Das Streben nach Sicherheit bzw. Streben nach Risikovermeidung steht im reziproken Verhältnis zu dem Streben nach Rentabilität. Je höher die Rentabilität, desto kleiner die Sicherheit bzw. größer das Risiko und vice versa. Das Streben nach Sicherheit steht einem wachsenden **Verschuldungsgrad**[2] gegenüber, der zu einem steigenden Unternehmensrisiko bei gleichzeitig möglicher Eigenkapitalrentabilitätssteigerung führt, jedoch auch das Risiko der **Illiquidität**[3] in sich trägt, wenn bestimmte Parameter bezüglich einer Gesamtkapitalrentabilität betrieblich nicht gegeben sind.

... AUTONOMIESTREBEN

**Autonome Entscheidungen** zu treffen im Sinne einer Erhaltung unternehmerischer Dispositionsfreiheit ist ein weiteres finanzwirtschaftliches Ziel. Dieses Streben nach Unabhängigkeit (Autonomiestreben) wird durch unterschiedliche Finanzierungsarten mal mehr und mal weniger eingeschränkt. Ungeachtet der Beschaffung von Kapital muss die Flexibilität und Entscheidungsfreiheit des Unternehmens weitgehend erhalten bleiben.

Das Autonomiestreben ist eine Nebenbedingung des Rentabilitätsziels, so führen bspw. die Aufnahme neuer Gesellschafter durch Außenfinanzierung mit Eigenkapital als sog. Einlagen-/Beteiligungsfinanzierung zu möglichen Änderungen der Mitspracherechte sowie die Aufnahme zusätzlicher Kredite (Außenfinanzierung mit Fremdkapital) kann sich auf informationelle, mitspracherechtliche, kontrollierende bis hin zu Einflussmöglichkeiten auf die Geschäftsführung erstrecken.

... ERFOLGSSTREBEN

Der Erfolg eines Unternehmens lässt sich beschreiben als das Streben nach

RENTABILITÄT[4]

---

1 Vgl. zu 'Ziele und deren Systeme' Modul 2.3.1. in Band I dieser Reihe.
2 Vgl. zu 'Verschuldungsgrad' Modul 11.4.-4 in diesem Band der Reihe.
3 Vgl. zu 'Illiquidität' Modul 11.2.2.-6 in diesem Band der Reihe.
4 Vgl. zu 'Rentabilität' Modul 2.5. in Band I dieser Reihe.

| 11.3. | **Finanzierungsziele** | 2 |
|---|---|---|

... CASHFLOW

Der erfolgsorientierte **Cashflow** dient neben dem Jahresüberschuss als Gradmesser des wirtschaftlichen Erfolgs eines Unternehmens und ist primär eine finanzwirtschaftliche Kennzahl.
Der Cashflow dient zur Ermittlung der wirtschaftlichen Erfolgssituation eines Unternehmens. Als Kennziffer der Selbstfinanzierung erfasst sie durch die Gegenüberstellung zeitlich aufeinanderfolgender Cashflows den Innenfinanzierungsspielraum eines Unternehmens, der dem Unternehmen als finanzieller Zuwachs verbleibt.

| | |
|---|---|
| | *Jahresüberschuss* |
| + | *Abschreibungen auf das (Sach-)Anlagevermögen* |
| ./. | *Zuschreibungen auf das (Sach-)Anlagevermögen* |
| + | *Erhöhungen langfristiger Rückstellungen (Pensionen)* |
| ./. | *Auflösung langfristiger Rückstellungen* |
| = | *Cashflow* |

Der Cashflow gibt Aufschluss über die Zahlungsmittel, die das Unternehmen aus eigener Kraft zur Verfügung stellen könnte, um Investitionen durchzuführen und Schulden zu tilgen.
Vorsicht ist bei der Interpretation des Cashflows gegeben, da er kein Ersatz für Aussagen über die Zahlungsmittelebene ist, die ausschließlich mit Finanzplänen erfolgen kann.

... LIQUIDITÄTSSTREBEN

**Liquidität** ist die Fähigkeit des Unternehmens jederzeit seinen Zahlungsverpflichtungen uneingeschränkt betrags- und bedingungsgenau und termingerecht nachkommen zu können. Die Einhaltung der Liquiditätsbedingungen verlangt, dass praktisch jeden Tag im Unternehmen ein finanzielles Gleichgewicht[5] herrscht.
Die **Sicherung der Liquidität**, d.h. die Aufrechterhaltung des finanziellen Gleichgewichts ist kein Unternehmensziel, sondern eine strenge Nebenbedingung (unabdingbare Voraussetzung) zur Erreichung anderer Unternehmensziele[6] wie Rentabilität, Produktivität oder Wirtschaftlichkeit, da die Nichterfüllung dieser Bedingungen zu einer Elimination des Unternehmens vom Markt führt.
Es gilt unabhängig von der Rechtsform eines Unternehmens der Grundsatz:

Verluste sind schmerzlich, fehlende Liquidität tödlich!

Als Formen der Liquidität lassen sich thematisieren die

ABSOLUTE LIQUIDITÄT

RELATIVE LIQUIDITÄT

OPTIMALE LIQUIDITÄT

5 Vgl. zu 'finanzielles Gleichgewicht' Modul 11.2.2.-5 in diesem Band der Reihe.
6 Vgl. zu 'Unternehmensziel' Modul 2.3.2.-2 in Band I dieser Reihe.

## 11.3. Finanzierungsziele 3

### ABSOLUTE LIQUIDITÄT

Als **absolute Liquidität** wird die Eigenschaft von Vermögensgüter im Unternehmen angesehen, als finanzielle Mittel verwendet zu werden oder sich in Zahlungsmittel umwandeln zu lassen. Je zeitlich schneller ein Vermögensgegenstand in liquide Mittel umgewandelt werden kann, umso liquidierbarer ist dieses Gut und um so größer ist die Liquidität des Unternehmens. Diese **Liquidierbarkeit von Gütern** wird als um so günstiger angesehen, je geldnäher diese Güter sind. Voneinander abheben lassen sich

#### ... LIQUIDIERBARKEIT VON GÜTERN

Bezüglich der **Liquidierbarkeit von Gütern** lassen sich zwei Kriterien zu deren Bestimmung nennen

##### ... LIQUIDIERUNGSDAUER

Die **Liquidierungsdauer** umschreibt den Zeitraum zwischen der Entscheidung einen Vermögensgegenstand zu liquidieren und dem Zugang des Liquidationserlöses als Einzahlung. Entsprechend der Dauer dieser Geldwerdung vom Vermögensgegenstand werden unterschiedlich graduelle Liquiditäten (**Liquiditätsgrade**), respektive Liquidierbarkeitsgrade innerhalb eines Unternehmens ermittelt. Der Grad der Liquidierbarkeit kann ausschließlich nur am konkreten Gut bestimmt werden, wie leicht es liquidiert werden kann bzw. wie geldnah es ist. So lassen sich unterscheiden

- Liquide Mittel 1. Grades, sämtliche als Kassen- und Sichtguthaben vorhandene Zahlungsmittel, die keines Umtausches in Geld bedürfen;
- Liquide Mittel 2. Grades, Güter, deren Umwandlung in Geld leicht erfolgen kann wie bspw. diskontierfähige Wechsel[7] oder börsengängige Wertpapiere;
- Liquide Mittel 3. Grades, Güter, die nicht sofort in Geld umwandelbar sind wie bspw. Endleistungen;
- Liquide Mittel vierten und höheren Grades, Güter, die als schwer liquidierbar gelten, so bspw. Maschinen, Gebäude, Grundstücke.

##### ... LIQUIDIERUNGSBETRAG

Der **Liquidierungsbetrag** ist der Zahlungsmittelbetrag, mit dem als Erlös aus der Liquidation (**Liquidationserlös**) des Vermögensgegenstands zu rechnen ist. Der Liquidationserlös ist abhängig von der allgemeinen Situation des Markts, in dem sich das Unternehmen befindet und infolgedessen abhängig von Angebot und Nachfrage.

#### ... ABSOLUTE LIQUIDITÄTSKENNZAHLEN

**Absolute Liquiditätskennzahlen** zur Liquiditätsbeurteilung von Unternehmen ergeben sich als Differenz zwischen kurzfristigen Umlaufvermögen und

[7] Vgl. zu 'Diskontierung eines Wechsels' Modul 11.9.4.-8 in diesem Band der Reihe.

| 11.3. | **Finanzierungsziele** | 4 |
|---|---|---|

kurzfristigen Verbindlichkeiten. Diese wird als **Working Capital** (wc) bezeichnet.

*wc = kurzfristiges Umlaufvermögen ./. kurzfristige Verbindlichkeiten*

Sie erlaubt Aussagen über das kurzfristige Finanzierungsverhalten eines Unternehmens, dessen Ermittlung in der folgenden Abbildung schematisiert ist.

*Abbildung:* Ermittlung des Working Capitals anhand einer schematisierten Bilanz

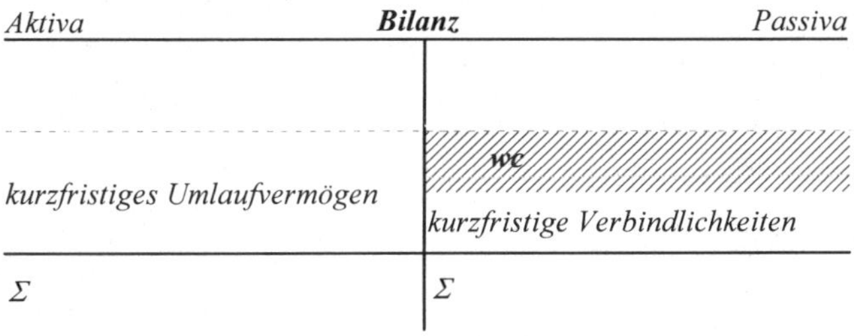


Ist das **Working Capital positiv** (Überschuss), zeigt es den Teil des schnell liquidierbaren Vermögens an, der zur laufenden Finanzdisposition verfügbar ist; kurzfristig realisierbares Umlaufvermögen ist in der Höhe des Working Capital langfristig finanziert. Kann der dem Überschuss entsprechende Vermögensteil auch noch kurzfristig finanziert werden, so zeigt das Working Capital, das langfristig vorhandene Finanzierungspotential an.
Ist das **Working Capital negativ**, so bedeutet dies, dass langfristig gebundene Teile des Vermögens kurzfristig finanziert wurden. Das Working Capital zeigt damit einen Verstoß gegen Finanzierungsregeln (Goldene Bilanzregel[8] ist verletzt).
Das Working Capital im Zeitablauf betrachtet, gibt Aufschluss über die Güte des Finanzmanagements im Hinblick auf die Fristenkongruenz der Finanzierung. Erhöht sich das Working Capital gegenüber den Vorbetrachtungszeiträumen, so zeigt dies die verstärkte langfristige Finanzierung auch kurzfristigen Vermögens an. Verringert sich das Working Capital, so deutet dies darauf hin, dass eine verstärkte kurzfristige Finanzierung auch langfristiger Vermögensgüter vorliegt. Das Working Capital entspricht weitgehend der (kurzfristig-relativen Liquiditätskennzahl) Liquidität 3. Grades. Der Unterschied liegt in der Formulierung als Differenz wie beim Working Capital oder als Quotient wie bei der Liquidität 3. Grades[9].

---

8 Vgl zu 'Goldene Bilanzregel' Modul 11.4.-2f. in diesem Band der Reihe.
9 Vgl. zu 'Liquiditätskennzahlen' Modul 11.3.-5 in diesem Band der Reihe.

## 11.3. Finanzierungsziele 5

### RELATIVE LIQUIDITÄT

Um die Zahlungsfähigkeit eines Unternehmens ermitteln zu können, genügt es nicht, lediglich eine Aufstellung der Vermögensgüter entsprechend ihrer absoluten Liquiditäten vorzunehmen, sondern es müssen die vorhandenen und beschaffbaren liquiden Mittel mit den fälligen Verbindlichkeiten verglichen werden. Vermögens- und Schuldenpositionen eines Unternehmens werden dahingehend verglichen, ob Beziehungen zwischen Vermögens- und Kapitalbereich unter dem Gesichtspunkt des Deckungsverhältnisses beachtet werden (**relative Liquidität**).
Dabei kann differenziert werden in die

### ... STATISCHE LIQUIDITÄT

Zeitpunktbezogene Betrachtungen von Deckungsverhältnissen aus dem Vergleich von bestandsorientierten Zahlen der Bilanz werden als **Liquiditätskennzahlen** ermittelt. Die Betrachtung dieser Liquidität hängt davon ab, welche Teile als Vermögen und welche als Verbindlichkeiten einbezogen werden. Die Ermittlung **statischer Liquiditätskennzahlen** erfolgt durch relative Liquiditätskennzahlen.
**Relative Liquiditätskennzahlen** stellen Vermögensgüter (aktivische Positionen in der Bilanz) in Relation zu betrieblichen Verbindlichkeiten (passivische Positionen in der Bilanz).

*Abbildung:* graphische Darstellung unterschiedlicher Liquiditätsgrade anhand von Bilanzpositionen

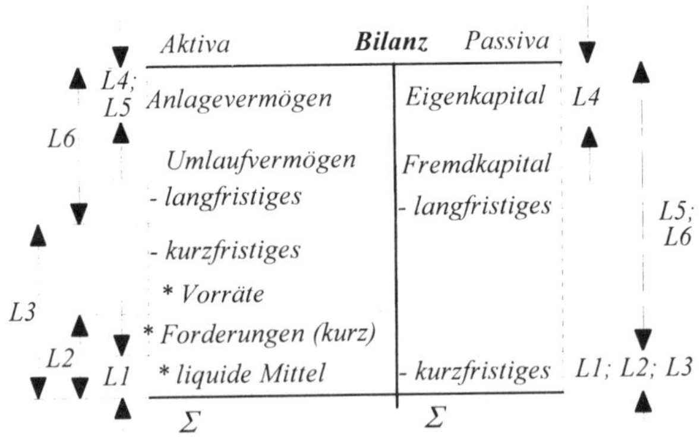


Unter Zuhilfenahme der vorstehenden Abbildung wird je nach zeitlicher Fristigkeit der Verbindlichkeiten und Liquidierbarkeit des Vermögens unterschieden zwischen

### ... KURZFRISTIG-RELATIVE LIQUIDITÄTSKENNZAHLEN

Diese traditionellen Kennzahlen messen die Liquidität durch Gegenüberstellung bestimmter kurzfristig liquidierbarer Vermögensgüter und kurzfristiger Verbindlichkeiten, mit dem Ziel die Liquidität des Unternehmens im Hinblick auf seine kurzfristigen Zahlungsverpflichtungen

| 11.3. | Finanzierungsziele | 6 |
|---|---|---|

beurteilen zu können.
Die einzelnen kurzfristig-relativen Liquiditätskennzahlen (Liquiditätsgrade) variieren durch die unterschiedliche Berücksichtigung der Geldwerdungsdauer der Vermögensgüter.

- **Liquidität 1. Grades (Barliquidität)**

$$L1 = \frac{\text{liquide Zahlungsmittel}}{\text{kurzfristige Verbindlichkeiten}} \quad (\geq 1)$$

d.h. Liquidität ist gegeben, wenn die Relation größer oder gleich 1 ist.

- **Liquidität 2. Grades (Liquidität auf kurze Sicht)**

$$L2 = \frac{\text{liquide Zahlungsmittel + kurzfristige Forderungen}^{1)}}{\text{kurzfristige Verbindlichkeiten}} \quad (> 1)$$

1) *der Zähler entspricht dem monetären Umlaufvermögen*

d.h. Liquidität ist gegeben, wenn die Relation größer 1 ist.

- **Liquidität 3. Grades (Liquidität auf mittlere Sicht)**

$$L3 = \frac{\text{monetäres Umlaufvermögen + Vorräte (Bestände)}^{2)}}{\text{kurzfristige Verbindlichkeiten}} \quad (> 2)$$

2) *der Zähler entspricht dem gesamten Umlaufvermögen*

d.h. Liquidität ist gegeben, wenn die Relation größer 2 ist.

... LANGFRISTIG-RELATIVE LIQUIDITÄTSKENNZAHLEN

Die **langfristig-relativen Liquiditätskennzahlen** (Liquiditätsgrade) beruhen auf einer Liquiditätsbetrachtung durch Gegenüberstellung bestimmter langfristig orientierter Vermögensgüter und langfristiger Verbindlichkeiten bzw. Eigenkapital, mit dem Ziel die strukturelle Zusammensetzung von Kapitalbeschaffung und langfristig im Unternehmen verbleibenden Vermögensgütern (Kapitalverwendung) beurteilen zu können. Folgende statisch langfristige Kennzahlen können genannt werden

- **Liquidität 4. Grades (Anlagendeckungsgrad A)**

$$L4 = \frac{\text{Anlagevermögen}}{\text{Eigenkapital}} \quad (\leq 1)$$

d.h. Liquidität ist gegeben, wenn die Relation kleiner oder gleich 1 ist. Die Liquidität 4. Grades entspricht in ihrer reziproken Schreibweise der **Goldenen Bilanzregel** (im engsten Sinne) bzw. dem

$$\text{(Anlagen-)Deckungsgrad } A = \frac{\text{Eigenkapital}}{\text{Anlagevermögen}} \quad (\geq 1)$$

d.h. die Liquidität ist gegeben, wenn das Eigenkapial das Anlagevermögen übersteigt.

- **Liquidität 5. Grades (Anlagendeckungsgrad B)**

$$L5 = \frac{\text{Anlagevermögen}}{\text{Eigenkapital + langfristiges Fremdkapital}} \quad (\leq 1)$$

## 11.3. Finanzierungsziele 7

d.h. Liquidität ist gegeben, wenn die Relation kleiner oder gleich 1 ist. Die Liquidität 5. Grades wird in ihrer reziproken Schreibweise auch als **Goldene Bilanzregel i.e.S.** bezeichnet.

$$(Anlagen\text{-})Deckungsgrad\ B = \frac{Eigenkapital + langfristiges\ Fremdkapital}{Anlagevermögen} \quad (\geq 1)$$

d.h. die Liquidität ist gegeben, wenn das Eigenkapital und das langfristige Fremdkapital das Anlagevermögen übersteigt.

- **Liquidität 6. Grades (Anlagendeckungsgrad C)**

$$L6 = \frac{Anlagevermögen + langfristig\ gebundenes\ Umlaufvermögen}{Eigenkapital + langfristiges\ Fremdkapital} \quad (\leq 1)$$

d.h. Liquidität ist gegeben, wenn die Relation kleiner oder gleich 1 ist. Die reziproke Version der Liquidität 5. Grades wird auch als **Goldene Bilanzregel i.w.S.** bezeichnet.

$$(Anlagen\text{-})Deckungsgrad\ C = \frac{Eigenkapital + langfristiges\ Fremdkapital}{Anlagevermögen + langfristiges\ Umlaufvermögen} \quad (\geq 1)$$

d.h. die Liquidität ist gegeben, wenn das Eigenkapital und das langfristige Fremdkapital das Anlagevermögen und das langfristig gebundene Umlaufvermögen übersteigt.

### ... DYNAMISCHE LIQUIDITÄT

Die liquiditätsmäßige Situation eines Unternehmens kann sich innerhalb kurzer Zeit (täglich finanzielle Transaktionen) ändern. So kann es nicht darauf ankommen festzustellen, dass das Unternehmen zu einem bestimmten Zeitpunkt der Vergangenheit (Bilanzstichtag) liquide war, sondern, dass die Zahlungsfähigkeit während eines bestimmten Zeitraums gegeben ist.
Die **dynamische Liquidität** bezieht sich nicht auf eine bilanzorientierte, zeitpunktlimitierte Betrachtung, sondern auf eine sich im Zeitablauf verändernde Größe. Sie kann durchgeführt werden als

#### ... RETROSPEKTIVE LIQUIDITÄTSBERECHNUNG

Die Bestimmung der Liquidität für einen zurückliegenden Zeitraum (**retrospektive Liquidität**) dient vornehmlich Kontrollzwecken. Eine Liquiditätsmessung mit Hilfe von Bestandsgrößen der Vermögens- und Kapitalpositionen der Bilanz ist wenig hilfreich, vielmehr werden hierfür Strömungsgrößen oder innerhalb eines Zeitraums auftretende Kapital- und Vermögensbewegungen von Nutzen. Aussagen über Liquiditätsberechnungen lassen sich bspw. aufzeigen durch die

##### ... CASHFLOW-RECHNUNG

Die **Cashflow-Rechnung** in ihrer retrospektiven Ausprägung ermittelt den Cashflow über mehrere zurückliegende Betrachtungszeiträume und ist so ein relativ guter Gradmesser des Unternehmenserfolgs.
Zur retrospektiven Cashflow-Ermittlung darf nicht aus den Cashflow der einzelnen Betrachtungszeiträume auf den tatsächlichen Gewinn des gesamten zurückliegenden Zeitstrahls geschlossen werden, da bei der Addition zum Gesamt-Cashflow auch erfolgsmindernde Aufwendungen

## 11.3. Finanzierungsziele 8

berücksichtigt werden. Je mehr erfolgsmindernde Aufwendungen bei der Addition zum Gesamt-Cashflow auftreten, um so fragwürdiger wird diese Kennzahl als Erfolgsindikator.

KAPITALFLUSSRECHNUNG i.e.S[10]

... PROSPEKTIVE LIQUIDITÄTSBERECHNUNG

Wird die Zahlungsfähigkeit des Unternehmens vorausschauend **(prospektive Liquiditätsberechnung)** betrachtet, so ist zu nuancieren zwischen

... FINANZPLAN

Bei einem **Finanzplan** wird die Differenz zwischen voraussichtlichen Zahlungsmitteleingängen und liquiden Mitteln eines Betrachtungszeitraums (Tag; Woche; Halbjahr; Jahr) zu den voraussichtlichen Zahlungsverpflichtungen des gleichen Zeitraums betrachtet als sog. **Vorschaurechnung**.
Als Instrument zur Sicherung der dynamischen prospektiven Liquidität bietet sich der Finanzplan an, der liquiditätswirksame Ein- und Auszahlungen erfasst und gegenüberstellt.

... CASHFLOW-PROGNOSERECHNUNG

Die **Cashflow-Prognoserechnung** ist ein strategisch-taktisches Instrument des Finanzmanagements, das aus zwei Teilrechnungen besteht

- der **Entstehungsrechnung**, in der das erwartete Zustandekommen des Cashflow detailliert aufgezeigt wird und
- die **Verwendungsrechnung**, in der der geplante Ersatz des Cashflow für Investitionen, Schuldentilgung oder Gewinnausschüttung über die zukünftigen Betrachtungszeiträume aufgeschlüsselt sind.

Der Cashflow ist in hohem Maße von der Auslastung der Kapazitäten abhängig. Bei Cashflow-Prognoserechnungen werden unterschiedliche Auslastungsgrade bei der Berechnung berücksichtigt, so dass `worst-case´-Studien bei Projekten mit hohem Kapitalbedarf zu ihrer Eliminierung führen können.

OPTIMALE LIQUIDITÄT

Die **optimale Liquidität** sichert eine finanzwirtschaftliche Betrachtungsweise unter erfolgswirtschaftlichen Gesichtspunkten.
Erst unter Zuhilfenahme prospektiver Liquiditäten können erfolgswirtschaftliche Kriterien zur Liquiditätsbetrachtung berücksichtigt werden, d.h. es wird die Liquidität bei größtmöglicher Rentabilität angestrebt. Die optimale Liquidität kann als rentabilitätsmaximale Zahlungsfähigkeit bezeichnet werden.
Liquiditätsdysharmonien sind im Rahmen einer liquiditätsorientierten Unternehmensführung (Finanzmanagement) zu steuern.

---

[10] Vgl. zu `Kapitalflussrechnung´ Modul 10.2.2.-3 in diesem Band der Reihe.

| 11.4. | Finanzierungsgrundsätze (-regeln) | 1 |
|---|---|---|

FINANZIERUNGSGRUNDSÄTZE (-REGELN)

**Finanzierungsgrundsätze** bzw. **-regeln** untersuchen und bewerten die finanzielle Situation eines Unternehmens im Sinne von **Bilanzstrukturnormen**, die auf die Aufrechterhaltung des finanziellen Gleichgewichts gerichtet sind. Finanzierungsgrundsätze sind als Sollvorschriften für Außenstehende Anhaltspunkte für die Beurteilung der finanziellen Lage sowie der Zusammensetzung des im Unternehmen bereitgestellten Kapitals.
**Finanzierungsregeln** sichern die langfristige Liquidität eines Unternehmens um rechtzeitig Finanzlücken im Zusammenhang mit der (finanzwirtschaftlichen) Planung erkennen zu lassen und den erkennbaren Finanzierungsbedarf durch situationsadäquate Aktivitäten (Finanzierungen oder Investitionen) abzudecken. Mit den Ergebnissen der **Finanzierungsgrundsätze** wird das Finanzmanagement daran gemessen, wieweit die Ist-Relation der Bilanz mit den von den Finanzierungsgrundsätzen geforderten Soll-Relationen übereinstimmen.
Zu den folgenden Finanzierungsregeln soll bereits an dieser Stelle kritisch angemerkt werden, dass weder die horizontalen noch die vertikalen Kapitalstrukturnormen mit ihrem qualitativen Unbedingtheitsanspruch theoretisch zu begründen sind. Allenfalls eine pragmatische Rechtfertigung ist darin zu sehen, dass diese Regeln als finanzielle Qualitätsfaktoren eines Unternehmens gesehen werden können. Finanzierungsregeln erlangen in der Praxis allein dadurch Relevanz, dass ihre Werte als wichtig erachtet werden. Da aber Fremdkapitalgeber oder andere am Unternehmen Interessierte keine andere quantitative Möglichkeit haben, sich über die wirtschaftliche Lage eines Unternehmens zu informieren, sollen die Finanzierungsregeln trotz aller Kritikpunkte hier dargelegt werden.
Finanzierungsregeln sind branchenspezifisch ermittelbar und beziehen sich auf bestimmte Relationen von Vermögen zu Kapital, um die Kreditwürdigkeit und damit die Überlebensfähigkeit eines Unternehmens aufzuzeigen.

*Abbildung:* Graphische Darstellung horizontaler Finanzierungsregeln

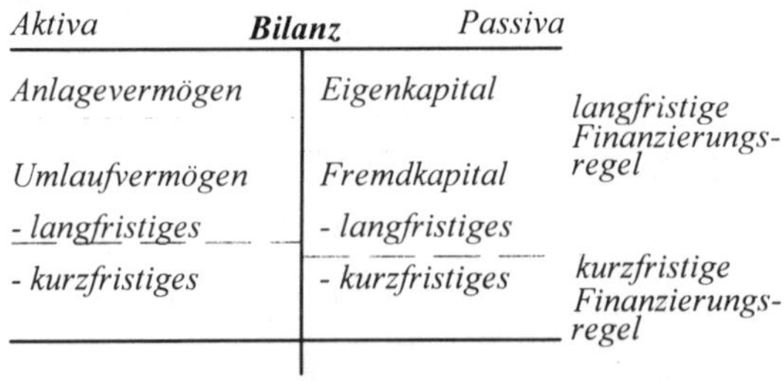


Grundsätzlich lassen sich **Finanzierungsregeln** einteilen in

... HORIZONTALE FINANZIERUNGSREGELN

**Horizontale Finanzierungsregeln** zeigen die Beziehung zwischen Investitionen (linke Seite der Bilanz, die Vermögensseite) und Finanzierung (rechte Seite der Bilanz, die Finanzierungsseite) auf. Diese Deckungskennzahlen versuchen die Frage zu beantworten, ob bestimmte Vermögenspositionen durch entsprechende Kapitalpositionen gedeckt sind. Dabei wird unter-

| 11.4. | Finanzierungsgrundsätze (-regeln) | 2 |
|---|---|---|

stellt, dass die Einteilung von Vermögensgütern in Anlage- und Umlaufvermögen identisch ist mit langfristiger bzw. kurzfristiger Kapitalbindung, so dass die Positionen der Passivseite der Bilanz den Vermögenspositionen auf der Aktivseite der Bilanz fristenkongruent zugeordnet werden können. Diese Annahme ist jedoch problematisch, da es weder möglich ist, eventuelle Liquidierungsmöglichkeiten der Aktiva, noch die effektiven Fristigkeiten der Passiva detailliert aus einer Bilanz zu erkennen. Möglichkeiten wie bspw. die vorzeitige Kündigung langfristiger Kredite oder die Prolongation (Verlängerung) von kurzfristigen Verbindlichkeiten werden dabei außer acht gelassen. Horizontale Finanzierungsregeln lassen sich thematisieren in die

... GOLDENE FINANZIERUNGSREGEL

Die **Goldene Finanzierungsregel** – auch als **Goldene Bankregel**, **Fristenentsprechungsregel** oder **Fristenkongruenzregel** bezeichnet – fordert, dass bei jeder Finanzierung die Kapitalüberlassungsdauer (Fristigkeit des aufgenommenen Kapitals) mindestens die gleiche Zeitspanne wie die Kapitalbindungsdauer (Umschlagdauer des damit beschafften Vermögensteils) umfasst, d.h. es besteht eine Fristenkongruenz von Kapitalüberlassungsdauer und -verwendungsdauer. Dieser **Grundsatz der Fristenkongruenz** postuliert, dass Vermögensgüter nur mit solchem Kapital finanziert werden sollen, das mindestens so lange zur Verfügung steht, wie Kapital durch die jeweiligen Vermögensgüter gebunden wird. Es soll langfristiges Vermögen durch langfristiges Kapital, kurzfristiges Vermögen durch kurzfristiges Kapital finanziert sein.
Unterschieden wird zwischen **langfristiger Finanzierungsregel**

$$\frac{\textit{langfristiges Vermögen}}{\textit{langfristiges Kapital}} = \frac{\textit{Anlagevermögen + langfristiges Umlaufvermögen}}{\textit{Eigenkapital + langfristiges Fremdkapital}} \leq 1$$

und **kurzfristiger Finanzierungsregel**

$$\frac{\textit{kurzfristiges Vermögen}}{\textit{kurzfristiges Kapital}} = \frac{\textit{kurzfristiges Umlaufvermögen}}{\textit{kurzfristige Verbindlichkeiten}} > 1.$$

Auf diese Formen der **horizontalen Kapitalstrukturkennzahlen** wurde schon unter dem Begriff Liquidität eingegangen. Hier wurden bereits Fristenkongruenzen in Bezug auf kurzfristig- und langfristig-relative Liquiditätskennzahlen[1] ermittelt.

... GOLDENE BILANZREGEL

Im Gegensatz zur Goldenen Finanzierungsregel, die auf die Fristenkongruenz einzelner Finanzierungsmaßnahmen und Investitionsprojekte abstellt, fordert die **Goldene Bilanzregel i.e.S.** – auch als **Deckungsregel** bezeichnet –, dass das Anlagevermögen durch Eigenkapital und/ oder langfristiges Fremdkapital, Umlaufvermögen durch kurzfristiges Fremdkapital finanziert (gedeckt) wird (Liquidität 5. Grades[2]).

[1] Vgl. zu 'Liquiditätskennzahlen' Modul 11.3.-5f. in diesem Band der Reihe.
[2] Vgl. zu 'Liquidität 5. Grades' Modul 11.3.-6 in diesem Band der Reihe.

| 11.4. | **Finanzierungsgrundsätze (-regeln)** | 3 |
|---|---|---|

$$Anlagevermögen \leq Eigenkapital + langfristiges\ Fremdkapital$$

$$Umlaufvermögen \geq kurzfristiges\ Fremdkapital$$

Die **Goldene Bilanzregel i.w.S.** fordert, dass das Anlagevermögen und langfristig gebundene Teile des Umlaufvermögens, die sog. \`eisernen Bestände´ durch Eigenkapital und/oder langfristiges Fremdkapital gedeckt sein müssen. Lediglich die nicht dauerhaft gebundenen Teile des Umlaufvermögens sind durch kurzfristiges Kapital finanzierbar (Liquidität 6. Grades[3]). Kritisch sei angemerkt, dass bei dieser Interpretation der Bilanzregel auch Teile des kurzfristigen Fremdkapitals wie bspw. Lieferantenkredite langfristig zur Verfügung stehen.

... VERTIKALE FINANZIERUNGSREGEL

**Vertikale Finanzierungsregeln** sind **Kapitalstrukturregeln**, die auf die Art und Zusammensetzung des Kapitals abstellen (strukturelle Kapitalzusammensetzung). Sie legen offen, welche Verschuldungssituation im Unternehmen herrscht und wie es sich durch Dritte, von außen finanziert. Die Kennzahlen werden unterschieden in

... KAPITALSTRUKTURKENNZAHLEN

**Kennzahlen zur Kapitalstruktur** bilden die strukturelle Verschuldung eines Unternehmens (Verschuldungsstrukturkennzahlen) als Verhältnis von Fremd- zu Eigenkapital ab. Die Praxis hat sich weit von diesen Regeln entfernt, da dort aus Gründen einer hohen Eigenkapitalrentabilität mehr Fremdkapital als Eigenkapital eingesetzt wird. **Kapitalstrukturkennzahlen** lassen sich unterscheiden in die

- 1:1-Regel: Die **1:1-Regel** postuliert, dass das Verhältnis von Fremdkapital zu Eigenkapital die Relation von eins nicht überschreiten darf. Das Eigenkapital muss mindestens so groß sein wie das Fremdkapital.

$$\frac{Fremdkapital}{Eigenkapital} \leq 1$$

- 2:1-Regel: Das Verhältnis von Fremdkapital zu Eigenkapital darf die Relation von zwei nicht überschreiten. Es wird akzeptiert, dass doppelt soviel Fremdkapital wie Eigenkapital im Unternehmen vorhanden ist.

$$\frac{Fremdkapital}{Eigenkapital} \leq 2$$

Mit der **2:1-Regel** wird die 1:1-Regel abgeschwächt.

... VERSCHULDUNGSKENNZIFFERN

**Verschuldungskennziffern** sind solche, die auf Relationen des im Unternehmen vorhandenen Kapitals abstellen. Zu nennen sind hier die Aspekte

... EIGENKAPITALQUOTE / FREMDKAPITALQUOTE

Die **Eigenkapitalquote** beschreibt das Verhältnis von Eigenkapital zum Gesamtkapital des Unternehmens.

3 Vgl. zu \`Liquidität 6. Grades´ Modul 11.3.-6 in diesem Band der Reihe.

| 11.4. | **Finanzierungsgrundsätze (-regeln)** | 4 |
|---|---|---|

$$Eigenkapitalquote = \frac{Eigenkapital\ (gezeichnetes\ Kapital + Rücklagen + Gewinn\ ./.\ Verlust)}{Gesamtkapital}$$

Je höher die aus den Unternehmensaktivitäten erwachsenden Risiken sind, desto höher sollte der Anteil des Eigenkapitals sein. Ein hoher Eigenkapitalanteil bedeutet für Fremdkapitalgeber ein geringes Risiko und damit große Sicherheit auf Verzinsung ihres Kapitals.
Die **Fremdkapitalquote** als Verhältnis von Fremdkapital zum Gesamtkapital charakterisiert das Unternehmen bezüglich seines Verschuldungsverhaltens. Die Bestimmung der Fremdkapitalquote – auch bezeichnet als **Anspannungsquote, -grad** oder **-koeffizient** – erfolgt nach

$$Fremdkapitalquote = \frac{Fremdkapital\ (FK)}{Gesamtkapital\ (GK)} = 1\ ./.\ Eigenkapitalquote$$

... VERSCHULDUNGSGRAD / LEVERAGE-EFFEKT

Der **Verschuldungsgrad** ist definiert als das Verhältnis von Fremd- zu Eigenkapital.

$$Verschuldungsgrad(V) = \frac{Fremdkapital\ (FK)}{Eigenkapital\ (EK)} * 100$$

Der Verschuldungsgrad gibt Anhaltspunkte für die Beurteilung der Aufnahmefähigkeit weiteren Fremdkapitals durch das Unternehmen. Mit jeder Aufnahme von Fremdkapital wird das Verhältnis Fremdkapital zu Eigenkapital beeinflußt, es gilt jedoch:

'Je größer das Eigenkapital, desto krisenfester ist das Unternehmen.'

Aber, der Verschuldungsgrad ist für die Rentabilität des Eigenkapitals relevant: der Leverage-Effekt.
Der **Leverage-Effekt** – auch **Hebel-Effekt** genannt – beruht darauf, dass Fremdkapital unabhängig von der Ertragslage des Unternehmens zu einem festen Zinssatz verzinst wird. Ist die Verzinsung des Gesamtkapitals ($i_{GK}$) höher als die des Fremdkapitals ($i_{FK}$), so fällt der diese Differenz repräsentierende Ertragsteil ausschließlich dem Eigenkapital zu. Die Verzinsung des Eigenkapitals wird unter der Bedingung, dass die Gesamtkapitalrentabilität ($i_{GK}$) größer als der Fremdkapitalzins ($i_{FK}$) ist, um so größer, je höher der Verschuldungsgrad (FK/EK) ist. Das zeigt, dass die Eigenkapitalrentabilität ($i_{EK}$) eine Funktion des Verschuldungsgrads (FK/EK) respektive der Kapitalstruktur, der Gesamtkapitalrentabilität und des Marktzinses ist.

$$i_{EK} = i_{GK} + \frac{Fremdkapital}{Eigenkapital} * (i_{GK}\ ./.\ i_{FK})$$

$i_{EK}$ = Eigenkapitalrentabilität
$i_{GK}$ = Gesamtkapitalrentabilität
$i_{FK}$ = Fremdkapitalrentabilität (Marktzins)

Der Leverage-Effekt ist jedoch vorsichtig zu interpretieren. Die Annahme der proportionalen Steigerung der Eigenkapitalrentabilität mit wachsendem Verschuldungsgrad (positiver Leverage-Effekt) geht von einem konstanten Fremdkapitalzins aus. In der Realität werden Fremdkapitalgeber ihre Zinsforderungen bei wachsendem Verschuldungsgrad erhöhen, um dem aus der Verschuldung erwachsendem Risiko zu begegnen.

| 11.5. | Finanzierungsarten - Finanzierungsmatrix (Systematisierung der Finanzierungsarten) | 1 |
|---|---|---|

FINANZIERUNGSARTEN - FINANZIERUNGSMATRIX

Unter **Finanzierungsarten** werden die unterschiedlichen Ausprägungsformen von Finanzierungsmöglichkeiten verstanden.
Mit den Kriterien Finanzierungsquelle und Rechtsstellung der Kapitalgeber lassen sich verschiedene Finanzierungsformen unterscheiden.
Die **Quellen der Finanzierung** werden unterschieden in die Innenfinanzierung oder die Außenfinanzierung, entsprechend der **Rechtsstellung der Kapitalgeber** in die Eigenfinanzierung oder die Fremdfinanzierung.
Werden beide Kriterien einander gegenübergestellt, wird eine 4-Felder-Matrix ermittelt, in der sich die folgenden Bereiche bestimmen lassen.

*Abbildung:* Finanzierungsmatrix mit Finanzierungsarten nach Finanzierungsquelle und Rechtsstellung der Kapitalgeber

| | Innenfinanzierung | Außenfinanzierung |
|---|---|---|
| Eigenfinanzierung | Innenfinanzierung mit Eigenkapital | Außenfinanzierung mit Eigenkapital |
| Fremdfinanzierung | Innenfinanzierung mit Fremdkapital | Außenfinanzierung mit Fremdkapital |

Bevor auf die einzelnen Felder in den folgenden Kapiteln eingegangen wird, sollen erläutert werden die Begriffe

- Innenfinanzierung: Die **Innenfinanzierung** beschreibt, dass die für die Finanzierung benötigten Zahlungsmittel dem Unternehmen aus dem betrieblichen Prozess heraus – durch die Verwertung der vom Unternehmen erstellten Leistungen am Markt – zur Verfügung stehen oder gestellt werden, durch Kapitalbildung.
- Außenfinanzierung: Die **Außenfinanzierung** deutet die Finanzierung so, dass die für die Finanzierung benötigten Zahlungsmittel unabhängig vom betrieblichen Prozess der Leistungserstellung und -verwertung von außerhalb des Unternehmens zugeführt werden.
- Eigenfinanzierung: Bei der **Finanzierung mit Eigenkapital** überlassen die Eigentümer dem Unternehmen die benötigten Zahlungsmittel. Die Zahlungsmittelüberlassung ist dauerhaft respektive unbefristet, d.h. nicht an konkrete Fristen gebunden und i.d.R. ohne Rückzahlungsanspruch, jedoch mit Rechten wie Beteiligung oder Leitung am Unternehmen verbunden, die unter Umständen ausgeschlossen sein können (Kommanditisten, Vorzugsaktionäre).
- Fremdfinanzierung: Bei der **Finanzierung aus Fremdkapital** werden die benötigten Zahlungsmittel dem Unternehmen von Dritten zur Verfügung gestellt. Die Zahlungsmittelüberlassung geschieht befristet gegen ein vom Unternehmenserfolg unabhängiges Entgelt des Zinses und i.d.R. ohne rechtliche Beteiligung oder Leitung eines Dritten am Unternehmen.

| 11.6. | Innenfinanzierung mit Eigenkapital - Selbstfinanzierung - | Ü 1 |
|---|---|---|

**Innenfinanzierung mit Eigenkapital**

- ... Rückflussfinanzierung
  - ... Finanzierung aus Vermögensveräußerung
  - Finanzierung aus Abschreibungen
- ... Überschussfinanzierung
  - ... Finanzierung aus Gewinnen
    - ... offene Selbstfinanzierung
    - ... stille Selbstfinanzierung
- ... Finanzierung aus Rücklagen
  - ... gesetzliche Rücklagen
  - ... Rücklagen auf eigene Anteile
  - ... satzungsmäßige Rücklagen
- ... andere Gewinnrücklagen

**Finanzierung aus Abschreibungen**

- Abschreibungsformen
- Finanzierungseffekt von Abschreibungen

**Abschreibungsformen**

- planmäßige Abschreibungen
- außerplanmäßige Abschreibungen

| 11.6. | **Innenfinanzierung mit Eigenkapital - Selbstfinanzierung -** | **Ü 2** |
|---|---|---|

**Planmäßige Abschreibungen**

- ... Leistungsabschreibungen
- ... Abschreibungen für Substanzverringerung
- ... Zeitabschreibungen
  - ... degressive Abschreibungen
    - ... arithmetisch-degressive Abschreibungen
    - ... geometrisch-degressive Abschreibungen
  - ... progressive Abschreibungen
  - ... lineare Abschreibungen

**Außerplanmäßige Abschreibungen**

- ... Abschreibungen für außergewöhnliche Abnutzung
- ... Teilwertabschreibungen
- ... Sonderabschreibungen

**Finanzierungseffekt von Abschreibungen**

| 11.6. | Innenfinanzierung mit Eigenkapital - Selbstfinanzierung - | 1 |
|---|---|---|

### INNENFINANZIERUNG MIT EIGENKAPITAL

Die **Innenfinanzierung mit Eigenkapital** – auch **Selbstfinanzierung** genannt – umschreibt die Beschaffung und Bereitstellung von Zahlungsmitteln durch das Unternehmen selbst, d.h. die Eigentümer des Unternehmens verzichten auf eine Kapitalentnahme und außenstehende Dritte werden nicht durch eine Kapitalhingabe beansprucht. Die zur Selbstfinanzierung verwendbaren Mittel müssen in den zumindest auf kostenorientierter Basis ermittelten Angebotspreisen vom Markt vergütet werden. Als Formen lassen sich unterscheiden die

### ... RÜCKFLUSSFINANZIERUNG

Die **Rückflussfinanzierung** stellt die Beschaffung und Bereitstellung von Zahlungsmitteln durch die Verwertung der betrieblichen Leistungen auf den Märkten des Unternehmens dar, jedoch nur in der Höhe des für die Erstellung und Verwertung der betreffenden Leistung erfolgten bewerteten Gütereinsatzes (Rückfluss der Zweckaufwendungen)[1]. Die zurückgeflossenen Zahlungsmittel entsprechen dem finanziellen Gegenwert der zuvor abgeflossenen Zahlungsmittel, die auch als 'Wiedergeld' bezeichnet werden. Charakterisieren lässt sich die Rückflussfinanzierung als die

### ... FINANZIERUNG AUS VERMÖGENSVERÄUßERUNG

Die Freisetzung von Kapital durch die Veräußerung nicht betriebsnotwendiger Vermögensteile wie bspw. nicht benötigte Grundstücke, spekulativ gehaltene Wertpapiere beschreibt eine **Finanzierung aus Vermögensveräußerung**, die sich bilanziell als Aktivtausch respektive einer Kapitalumfinanzierung in Form einer **Kapitalfreisetzung** darstellt.
Probleme bei der Finanzierung aus Vermögensveräußerung können auftreten bei der Verwertung von Gütern des Umlauf- sowie des Anlagevermögens, da sowohl durch Unterschreitung optimaler Bestände als auch optimaler Kapazitäten die Betriebsbereitschaft gefährdet wird.
Durch die Liquidation von Vermögenswerten werden in den Vermögensgütern gebundene stille Reserven aufgedeckt, die eine Finanzierungsquelle darstellen, jedoch auch versteuert werden müssen.
Als Sonderfall der Finanzierung aus Vermögensveräußerung ist das **'sale-and-lease-back'** zu nennen, bei dem eine Veräußerung von Vermögensgegenständen an eine Leasinggesellschaft und sofortiger Rückübernahme des Vermögensguts im Wege des Leasings[2] erfolgt. Dabei findet zum einen eine Vermögensumschichtung mit Kapitalfreisetzung statt, zum anderen ein zweiter Finanzierungsvorgang in Form des Leasings.

### FINANZIERUNG AUS ABSCHREIBUNGEN

### ... ÜBERSCHUSSFINANZIERUNG

Die **Überschussfinanzierung** ist die Beschaffung und Bereitstellung von Zahlungsmitteln durch die Verwertung der betrieblichen Leistung auf den Absatz-

1 Vgl. zu 'Zweckaufwand' Modul 9.2.-2 in Band I dieser Reihe.
2 Vgl. zu 'Leasing' Modul 11.10.-4 in diesem Band der Reihe.

| 11.6. | **Innenfinanzierung mit Eigenkapital - Selbstfinanzierung -** | **2** |
|---|---|---|

märkten des Unternehmens. Jedoch wird hier nur der Teil betrachtet, der den Gegenwert des für die Erstellung und Verwertung der betreffenden Leistungen erfolgten Gütereinsatzes übersteigt [Überschuss über den (Zweck-)Aufwand!][3]. Als Formen werden unterschieden die

... FINANZIERUNG AUS GEWINNEN

Werden Gewinne in einem Unternehmen erzielt und einbehalten, so kann eine **Finanzierung aus einbehaltenen Gewinnen** respektive **Selbstfinanzierung i.e.S.** – auch Gewinnthesaurierung genannt – erfolgen. Durch die **Gewinnthesaurierung** wird das Eigenkapital erhöht, das wiederum für Investitionen verwendet werden kann. Die Gewinnthesaurierung ist für Personen- und Kapitalgesellschaften unterschiedlich gesetzlich geregelt. Für die Selbstfinanzierung steht in der Praxis lediglich der um die Einkommen- oder Körperschaftsteuer verminderte Gewinn zur Verfügung. Für einige Unternehmen, für die – aufgrund nicht vorhandener Kreditsicherheiten oder keiner leistungsfähigen Geld- oder Kapitalmärkte wie Einzelunternehmen, Personengesellschaften oder die GmbH – keine Außenfinanzierung möglich ist, ist die Selbstfinanzierung die einzige Alternative der Finanzierung.
Als Formen der Selbstfinanzierung sind zu nennen die

... OFFENE SELBSTFINANZIERUNG

Eine **offene Selbstfinanzierung** liegt vor, wenn im Unternehmen erwirtschaftete Gewinne einbehalten (und versteuert) werden und dieser Tatbestand in der Bilanz erkennbar ist.
Bei der offenen Selbstfinanzierung von natürlichen Personen werden einbehaltene und versteuerte Gewinne den einzelnen Kapitalkonten der Gesellschafter zugeführt; nicht entnommene Gewinne können als Darlehn im Unternehmen belassen werden, die ihrem wirtschaftlichen Charakter nach Eigenkapital darstellen, da sie i.d.R. dem Unternehmen dauerhaft zur Verfügung stehen, ihrem juristischen Charakter nach jedoch Fremdkapital sind (sog. patriarchisches Darlehn).
Bei Kapitalgesellschaften werden einbehaltene Gewinne in die Rücklagen eingestellt; dies entspricht einer

... STILLE SELBSTFINANZIERUNG

**Stille Selbstfinanzierung** erfolgt durch in der Bilanz nicht ausgewiesene Gewinne aufgrund von Unterbewertung der Aktiva wie bspw. die gesetzlich zwingende Unterbewertung von Vermögensgütern (Grundstükken) oder Überbewertung der Passiva wie bspw. die gesetzlich zwingende Überbewertung von Rückstellungen (Pensionsrückstellungen).
Gegenüber der offenen Selbstfinanzierung besteht bei der stillen Selbstfinanzierung der Vorteil der **Steuerstundung** – der Verlagerung der Steuerzahlungen auf einen späteren Zeitpunkt – und damit eines Liquiditätsvorteils und Zinsgewinns durch eine eventuelle Steuersatzänderung.

[3] Vgl. zu 'Zweckaufwand' Modul 9.2.-2 in Band I dieser Reihe.

| 11.6. | **Innenfinanzierung mit Eigenkapital - Selbstfinanzierung -** | **3** |
|---|---|---|

... FINANZIERUNG AUS RÜCKLAGEN

Bei Kapitalgesellschaften werden einbehaltene Gewinne in Form von Rücklagen dem Eigenkapital zugeführt; es findet eine **Kapitalerhöhung aus Gesellschaftsmitteln** bzw. eine Kapitalerhöhung aus Gewinnrücklagen statt.
**Gewinnrücklagen** sind Kapitalreserven in Form von Eigenkapital, die nicht als gezeichnetes Kapital, Gewinnvortrag oder Jahresüberschuss ausgewiesen werden, sondern auf Rücklagenkonten als sog. **offene Rücklagen** bilanziert werden. Sie werden nicht ausgeschüttet, dienen der Substanzerhaltung und stehen dem Unternehmen zur Finanzierung bereit.
Die Kapitalerhöhung aus Gesellschaftsmitteln (§§ 207-220 AktG) – auch als **nominelle Kapitalerhöhung** bezeichnet – ist eine Umwandlung offener Rücklagen in Grundkapital. Die Kapitalerhöhung aus Gesellschaftsmitteln wird durch die Ausgabe von Gratisaktien und deren Einstellung in das nominelle Grundkapital vorzunehmen. Dieses auch als Stamm-, Grund- oder gezeichnete Kapital bezeichnete Kapitel, wird um den gleichen Betrag erhöht, um den die Rücklagen gesenkt werden; das (Gesamt-)Eigenkapital bleibt konstant. Die Kapitalerhöhung aus Gesellschaftsmitteln stellt somit keinen Zufluss neuer finanzieller Mittel dar, sondern ist ein reiner passiver Tausch zweier Bilanzpositionen. Sie erfolgt durch die Ausgabe von Zusatzaktien (unechte Gratisaktien oder Berichtigungsaktien) an die bisherigen Aktionäre. Diese Aktien unterliegen nicht mehr der Einkommen- und Gewerbesteuer.
Bedingungen für eine Kapitalerhöhung aus Gesellschaftsmittels sind:
- Beschluss der Hauptversammlung muss Dreiviertelmehrheit (qualifizierte Mehrheit) des in der Hauptversammlung vertretenen Grundkapitals vorliegen (§§ 207 AktG i.V.m. § 182 Abs. 1 AktG),
- Anmeldung des Beschlusses über die Grundkapitalerhöhung sind vom Vorstand oder dem Vorsitzenden des Aufsichtsrats in das Handelsregister vorzunehmen (§184 Abs. 1, Satz 1 AktG),
- die zur Umwandlung in Grundkapital vorgesehenen Kapital- oder Gewinnrücklagen müssen in der zugrunde gelegten, geprüften und festgestellten Jahresbilanz als Rücklagen ausgewiesen sein (§§ 208 Abs. 1, 209 Abs. 1 AktG) und es darf dort kein Verlustvortrag ausgewiesen sein (§ 208 Abs. 2 AktG),
- die Kapitalerhöhung aus Gesellschaftsmitteln wird mit der Eintragung des Beschlusses über die Erhöhung des Grundkapitals in das Grundkapital wirksam (§ 211 AktG),
- die neuen Aktien müssen den Altaktionären im Verhältnis ihrer Anteile am bisherigen Grundkapital zugeteilt werden; auch eine Hauptversammlung kann dies nicht ändern (§ 211 AktG),
- die neuen Aktien sind den alten Aktien gleichgestellt und nehmen voll am Gewinn des Geschäftsjahres teil, in dem die Kapitalerhöhung beschlossen worden ist (§ 127 AktG).

Offene, in der Bilanz gesondert vom Stamm-, Grund- oder gezeichneten Kapital ausgewiesene (Gewinn-)Rücklagen (§ 266 Abs. 3 A III HGB) werden thematisiert in

## 11.6. Innenfinanzierung mit Eigenkapital - Selbstfinanzierung - 4

... GESETZLICHE RÜCKLAGEN

Bei Aktiengesellschaften müssen **gesetzliche Rücklagen** (§ 150 Abs. 1 und 2 AktG) i.H.v. 5% des Jahresüberschusses (abzüglich eines Verlustvortrags) in der Bilanz eingestellt werden, solange, bis sie zusammen mit der Kapitalrücklage 10% des Grundkapitals erreicht haben. Ein satzungsmäßig höherer Anteil ist möglich.

Ziel der gesetzlichen Rücklage ist, temporär auftretende Verluste abzudecken, wenn andere Gewinnrücklagen dafür nicht ausreichen.

Die Auflösung der gesetzlichen Rücklage wird nach Auflösung aller weiteren Gewinnrücklagen und des Gewinnvortrags vorgenommen, zum Ausgleich eines Jahresfehlbetrags oder Verlustvortrags oder zur Kapitalerhöhung aus Gesellschaftsmitteln soweit Kapitalrücklage und gesetzliche Rücklage zusammen 10% des Grundkapitals übersteigen.

... RÜCKLAGEN AUF EIGENE ANTEILE

Bei **Rücklagen auf eigene Anteile** (§ 272 Abs. 4 HGB) ist ein Betrag einzustellen, der dem auf der Aktivseite der Bilanz für eigene Anteile (§ 266 Abs. 2 B III 2 HGB) anzusetzenden Betrag entspricht.

Aus vorhandenen Gewinnrücklagen darf diese Form der Rücklage bei der Aufstellung der Bilanz durch entsprechende Umbuchungen gebildet werden. Die Aufgabe der Rücklage für eigene Anteile ist in der Ausschüttungssperre von Gewinnrücklagen in Höhe des aktivierten Bilanzansatzes der eigenen Anteile zu sehen. Die Auflösung dieser Rücklage geschieht entweder durch die Ausgabe der Anteile, den Verkauf der Anteile, die Einziehung eigener Anteile (was einer Kapitalherabsetzung durch Einziehung von Anteilen respektive Aktien entspricht), oder eine niedrigere Bewertung der bilanziellen Aktivpositionen eigener Anteile.

... SATZUNGSMÄßIGE RÜCKLAGEN

**Satzungsmäßige Rücklagen** (§§ 58 Abs. 1 AktG, 272 Abs. 3 HGB) dienen der Aufstockung der gesetzlichen Rücklagen (unter Einbeziehung der Kapitalrücklage) über 10% des Grundkapitals. Entsprechend der Satzung einer Aktiengesellschaft können der Vorstand und Aufsichtsrat ermächtigt sein, einen großen Teil des Jahresüberschusses in die Bilanzposition `andere Gewinnrücklagen´ einzustellen, jedoch nur bis diese 50% des Grundkapitals erreicht haben. Darüber hinaus können durch Beschluss der Hauptversammlung einer Aktiengesellschaft weitere Beträge in die Gewinnrücklage eingestellt werden.

... ANDERE GEWINNRÜCKLAGEN

Bei Kapitalgesellschaften dürfen weitere Gewinnrücklagen gebildet werden. Stellt die Hauptversammlung einer Aktiengesellschaft den Jahresabschluss fest, können, wenn dies die Satzung vorsieht, bis zu 50% des um den Verlustvortrag und der Zuführung zur gesetzlichen Rücklage gekürzten Jahresüberschusses in andere Gewinnrücklagen eingestellt werden.

**Andere Gewinnrücklagen** (§ 272 Abs. 3 HGB) dienen der Unternehmenssicherung, der Selbstfinanzierung sowie der Substanzerhaltung. Sie dürfen je-

## 11.6. Innenfinanzierung mit Eigenkapital - Selbstfinanzierung - 5

doch auch ohne Zweckbindung gebildet werden. Verwendet werden andere Gewinnrücklagen, um im Falle eines geringen Jahresüberschusses dennoch eine Gewinnausschüttung gewährleisten zu können (Dividendenkontinuität) bzw. einen Verlust auszugleichen.
Die `anderen Gewinnrücklagen´ können ebenso wie die gesetzlichen Rücklagen, sofern diese 10% des Grundkapitals übersteigen, durch ihre Auflösung dazu genutzt werden, eine Kapitalerhöhung aus Gesellschaftsmitteln vorzunehmen.

### FINANZIERUNG AUS ABSCHREIBUNGEN

Innerhalb der Rückflussfinanzierung kommt der **Finanzierung aus Abschreibungsgegenwerten** eine besondere Bedeutung zu. Im betrieblichen Leistungserstellungs- und -verwertungsprozess werden auch Güter eingesetzt, die lediglich einem Gebrauch unterliegen und nicht verbraucht werden. Diese **Gebrauchsgüter** unterliegen im Zeitablauf einer Wertminderung, die jedoch nicht dazu führt, das betreffende Gut nach jedem Gebrauch durch ein neu zu beschaffendes Gut zu ersetzen. Die rechnerische Erfassung der Wertminderung eines Gebrauchsguts im Zeitablauf erfolgt durch die Bildung von **Abschreibungen**, die den entsprechenden zeitlichen **Abschreibungswert** eines Wirtschaftsguts charakterisieren. Betrachtet werden

- ABSCHREIBUNGSFORMEN
- FINANZIERUNGSEFFEKT VON ABSCHREIBUNGEN

### ABSCHREIBUNGSFORMEN

**Abschreibungen** charakterisieren die rechnerische Erfassung der Wertminderungen von Anlagegütern (Gebrauchsgütern), deren Gebrauch zwar zu einer Wertminderung führt, jedoch nicht zur Notwendigkeit, das betreffende Gut nach jedem Gebrauch sofort durch ein neues Gut zu ersetzen.
Abschreibungen stellen nicht nur einen Aufwands- und Kostenfaktor im Rahmen bilanzieller und kalkulatorischer Abschreibungen dar, sondern sie besitzen auch einen Finanzierungseffekt.
Nach dem Kriterium der Kontinuität von Abschreibungen lassen sich diese grob unterscheiden in

- PLANMÄßIGE ABSCHREIBUNGEN
- AUßERPLANMÄßIGE ABSCHREIBUNGEN

## 11.6. Innenfinanzierung mit Eigenkapital - Selbstfinanzierung - 6

### PLANMÄßIGE ABSCHREIBUNGEN

**Planmäßige Abschreibungen** werden als Wertherabsetzung auf die Anschaffungs-/ Herstellungs`kosten´[4] bezüglich der Gesamtdauer der Nutzung eines Anlageguts verteilt.
Für die Ermittlung der Höhe der Abschreibungsbeträge können unterschiedliche Verfahren zur Anwendung kommen, die handelsrechtlich und kostenrechnerisch grundsätzlich zulässig sind, jedoch steuerrechtlich teilweise eingeschränkt sind. Die Wahl des Abschreibungsverfahrens wird grundsätzlich dem Bilanzierenden überlassen. Differenziert werden planmäßige Abschreibungen in

#### ... LEISTUNGSABSCHREIBUNGEN

Die **leistungsorientierte Abschreibung** unterstellt einen Werteverzehr durch wechselnde Inanspruchnahme oder Substanzverminderung des Gebrauchsguts. Sie ist variabel von ihrer Leistungsabgabe (**variable Abschreibung**).
Die Ermittlung des Abschreibungsbetrags bemisst sich nach einer durch die tatsächlich verbrauchten Leistungseinheiten geschätzte Betriebsmittel-Gesamtleistung, d.h. bei diesen Verfahren wird die zu erwartende Leistungsabgabe des Betriebsmittels geschätzt und nicht deren Zeit oder Lebensdauer.

$$a_t = \frac{A}{G_L} * G_t$$

$a_t = \text{Abschreibungsbetrag im Betrachtungszeitraum } t\,[Euro]$

$A = \text{Anschaffungs- / Herstellungs`kosten´ des Betriebsmittels}\,[Euro]$

$G_L = \text{Gesamtleistung des Betriebsmittels}\,[LE]$

$G_t = \text{Leistung im Betrachtungszeitraum}\,[LE]$

Die **Leistungsabschreibung** berücksichtigt lediglich die Wertminderung, die durch die Beanspruchung des Betriebsmittels entsteht; Wertminderungen durch Veralterung werden nicht erfasst.
Dieses Verfahren ist nur anwendbar, wenn die Entwertung des Betriebsmittels überwiegend durch die Inanspruchnahme begründet ist und die Möglichkeit einer nachweisbaren, einheitlichen Leistungsabgabe besteht wie bspw. bei einem Lastkraftwagen durch einen Kilometerzähler. Dieses Verfahren ist steuerrechtlich eingeschränkt zulässig.

#### ... ABSCHREIBUNGEN FÜR SUBSTANZVERRINGERUNG

**Abschreibungen für Substanzverringerungen** sind ein anwendbares Verfahren für Unternehmen, bei denen ein Substanzabbau erfolgt wie bspw. der Rohölförderung, dem Bergbau und dem Kies-, Sandgruben- und Steinbruch. Die Berechnung erfolgt nach Maßgabe des eingetretenen Substanzverzehrs. Ähnlich wie bei der Leistungsabschreibung schwankt der jährliche Abschreibungsbetrag mit der Höhe der Periodenleistung; der Abschreibungsbetrag pro Einheit der abgebauten Substanz bleibt konstant.
Die Berechnung des Abschreibungsbetrags erfolgt aus dem Verhältnis von

4 Vgl. zu `Anschaffungs- / Herstellungs`kosten´´ Modul 8.5.5.-2f. in Band I dieser Reihe.

| 11.6. | Innenfinanzierung mit Eigenkapital - Selbstfinanzierung - | 7 |
|---|---|---|

geförderter Substanz zur vorhandenen Substanz.

... ZEITABSCHREIBUNGEN

Die **zeitorientierte Abschreibung** verteilt die Wertherabsetzung eines Betriebsmittels nach unterschiedlichen Verfahren auf die Zeit. Die zeitorientierte Abschreibung kann differenziert werden in

... DEGRESSIVE ABSCHREIBUNGEN

Die **degressive Abschreibung** unterstellt einen im Zeitverlauf der Nutzungsdauer abnehmenden Werteverzehr des Betriebsmittels. Die steuerrechtlich nur eingeschränkt anwendbaren, degressiven Abschreibungsverfahren lassen sich nuancieren in

... ARITHMETISCH-DEGRESSIVE ABSCHREIBUNGEN

Die **arithmetisch-degressive Abschreibung**, die auch **digitale Abschreibung** genannt wird, ist gekennzeichnet durch einen jedes Jahr zu ermittelnden gleichen Betrag (Degressionsbetrag), der dadurch ermittelt wird, indem die Anschaffungs-/ Herstellungs`kosten´ durch die Summe des in der Nutzungsdauer enthaltenen Jahresziffern dividiert werden.

$$D = \frac{2 * (A ./. L_T)}{T * (T+1)} = \frac{A ./. L_T}{T * (T+1) / 2}$$

*A* = *Anschaffungs-/Herstellungs`kosten´ des Betriebsmittels [Euro]*
*D* = *Degressionsbetrag (Abschreibungsbetrag im letzten Betrachtungszeitraum) [Euro]*
$L_T$ = *Liquidationserlös am Ende der Nutzungsdauer [Euro]*
*T* = *geschätzte Nutzungsdauer [BZR]*

Wird der **Degressionsbetrag** in umgekehrter Reihenfolge mit den Jahresziffern multipliziert, so lassen sich die Abschreibungsbeträge für die einzelnen Jahre ermitteln.

$$a_t = D * (T + 1 ./. t) = \frac{2 * (A ./. L_T)}{T * (T+1)} * (T + 1 ./. t)$$

$a_t$ = *Abschreibungsbetrag im Betrachtungszeitraum t [Euro/BZR]*

Die jährlichen Abschreibungsraten sind anfangs hoch und nehmen in den späteren Betrachtungszeiträumen immer mehr ab.
Die arithmetisch-degressive Abschreibung ist steuerrechtlich nicht zulässig.

... GEOMETRISCH-DEGRESSIVE ABSCHREIBUNGEN

Der Betrag der **geometrisch-degressive Abschreibung**, auch als **Buchwertabschreibung** bezeichnet, ist ein vom jeweiligen Restwert des Betriebsmittels konstanter Prozentsatz zu berücksichtigender Werteverzehr; die Abschreibungsraten verkleinern sich von Berachtungszeitraum zu betrachtungszeitraum. Da die Methode nie zu einem Restbuchwert von Null führt, wird diese Abschreibung auch als **unendliche Abschreibung** bezeichnet. Wird beabsichtigt, das Betriebsmittel in kurzer Zeitdauer abzuschreiben, so müssen hohe Prozentsätze gewählt werden.

| 11.6. | Innenfinanzierung mit Eigenkapital - Selbstfinanzierung - | 8 |
|---|---|---|

Die Ermittlung des Abschreibungsprozentsatzes ermittelt sich nach folgender Formel

$$p = 100 * \left(1./.\sqrt[T]{\frac{L_T}{A}}\right)$$

$p$ = Abschreibungssatz [%]
$T$ = geschätzte Nutzungsdauer[BZR]
$L_T$ = Liquidationserlös am Ende der Nutzungsdauer [Euro]
$A$ = Anschaffungs-/Herstellungs`kosten´ des Betriebsmittels [Euro]

Die Abschreibungsbeträge lassen sich bestimmen nach

$$a_t = p * RBW_{t./.1}$$

$a_t$ = Abschreibungsbetrag im Betrachtungszeitraum t [Euro/BZR]
$p$ = Abschreibungssatz [%]
$RBW_{t./.1}$ = Restbuchwert des vorherigen Betrachtungszeitraums [Euro/BZR]

Die geometrisch-degressive Abschreibung ist steuerrechtlich im Rahmen des § 7 Abs. EStG zulässig.

... PROGRESSIVE ABSCHREIBUNGEN

Die **progressive Abschreibung** unterstellt, dass der Werteverzehr mit zunehmender Nutzungsdauer steigt, d.h. die jährlichen Abschreibungsraten steigen von Betrachtungszeitraum zu Betrachtungszeitraum an, so dass die Belastungen der ersten Jahre bilanziell geringer sind als die späteren Jahre.
Die Ermittlung der Abschreibungsbeträge erfolgt wie bei der degressiven Abschreibung, jedoch werden die Beträge in umgekehrter Reihenfolge verrechnet (Gegenstück der degressiven Abschreibung).
Die progressive Abschreibung ist steuerrechtlich nicht zulässig.

... LINEARE ABSCHREIBUNGEN

Die **lineare Abschreibung** unterstellt einen gleichmäßigen Werteverzehr während der Nutzungsdauer des Betriebsmittels; die Anschaffungs-/Herstellungs`kosten´ werden zu gleichen Teilen auf die geschätzten Jahre verteilt.

$$a_t = \frac{A ./. L_T}{T}$$

$a_t$ = Abschreibungsbetrag im Betrachtungszeitraum t [ Euro / BZR ]
$A$ = Anschaffungs - / Herstellungs`kosten' des Betriebsmittels [ Euro ]
$L_T$ = Liquidationserlös am Ende der Nutzungsdauer [ Euro ]
$T$ = geschätzte Nutzungsdauer [ BZR ]

Die lineare Abschreibung soll zu einer gleichmäßigen Verteilung der Wertminderung über die Betrachtungszeiträume führen. Dabei wird unterstellt, dass die Nutzungsfähigkeit des Betriebsmittels über die Betrachtungszeiträume unverändert bleibt.
Die Berücksichtigung des Liquidationserlöses ($L_T$) wird in der Praxis meist vernachlässigt ($L_T = 0$), da dieser schwer abschätzbar ist und oft als Schrottwert etwa den Abbruchaufwendungen entspricht.
Kritisch ist bei der linearen Abschreibung anzumerken, dass sie durch die Proportionalisierung der Wertminderung keinen Bezug zur tatsächlich statt-

| 11.6. | Innenfinanzierung mit Eigenkapital - Selbstfinanzierung - | 9 |
|---|---|---|

findenden Wertminderung aufweist. Dem steht der Vorteil einer einfachen Handhabung und der steuerrechtlich ohne Einschränkungen möglichen Anwendbarkeit gegenüber.

AUSSERPLANMÄSSIGE ABSCHREIBUNGEN

**Außerplanmäßige Abschreibungen** sind als Wertminderung bei abnutzbaren Anlagengütern wie bspw. Gebäude und nicht abnutzbaren Anlagegüter wie bspw. Grundstücke anzusetzen, wenn die Wertminderung nicht vorhersehbar bzw. nicht planbar war.
Differenziert werden außerplanmäßige Abschreibungen in

... ABSCHREIBUNGEN FÜR AUSSERGEWÖHNLICHE ABNUTZUNG

Berücksichtigung finden alle nicht im gewöhnlichen Betriebsverlauf vorhersehbaren technischen und/ oder wirtschaftlichen Wertminderungen, d.h. eine **Abschreibung für außergewöhnliche Abnutzung** liegt vor, wenn die fortgeführten Anschaffungs-/ Herstellungs`kosten´[5] überhöht sind, der Wert des Betriebsmittels somit darunter liegt, oder die Nutzungsdauer verkürzt wurde wie bspw. durch höheren Verschleiß als erwartet. Diese Methode ist steuerrechtlich zulässig, sofern bisher linear abgeschrieben wurde und es sich um abnutzbare Betriebsmittel handelt.

... TEILWERTABSCHREIBUNGEN

Abschreibungen auf den zum gegenwärtigen Zeitpunkt ermittelbaren niedrigeren Teilwert werden als **Teilwertabschreibungen** bezeichnet. Teilwertabschreibungen sind ähnlich einer Abschreibung für außergewöhnliche Abnutzung auf einen niedrigeren am Abschlussstichtag beizulegenden Wert vorzunehmen; der Unterschied zwischen beiden Abschreibungsmethoden liegt darin, dass die Teilwertabschreibung Wertminderungen aufgrund sinkender Wiederbeschaffungs`kosten´ berücksichtigt, während die Abschreibungen für außergewöhnliche Abnutzungen auf technische/ wirtschaftliche Abnutzung abzielt. Teilwertabschreibungen sind bei allen Wirtschaftsgütern möglich, Abschreibungen für außergewöhnliche Abnutzung nur bei abnutzbaren Betriebsmitteln.
Eine Teilwertabschreibung ist an kein bestimmtes planmäßiges Abschreibungsverfahren gebunden, sondern nur anwendbar, wenn für das Unternehmen ein Gewinn ermittelt wird (§§ 5 oder 4 Abs. 1 EStG).
Im Falle von abnutzbaren Betriebsmitteln kann eine Teilwertabschreibung bei einer Wertsteigerung durch Zuschreibung rückgängig gemacht werden.

... SONDERABSCHREIBUNGEN

**Sonderabschreibungen** stellen die Gesamtheit aller steuerlichen Sonderregelungen dar, die neben oder anstelle der normalen Abschreibungen eine erhöhte Absetzung, Sonder- oder Bewertungskorrekturen erlauben. Grundsätzlich werden Sonderabschreibungen aus wirtschaftlichen Gründen gemäß §§ 6, 7 EStG gewährt.

5 Vgl. zu `fortgeführte Anschaffungs- und Herstellungs`kosten´´ Modul 8.5.5.-3 in Band I dieser Reihe.

| 11.6. | **Innenfinanzierung mit Eigenkapital<br>- Selbstfinanzierung -** | **10** |
|---|---|---|

### FINANZIERUNGSEFFEKT VON ABSCHREIBUNGEN

Der **Finanzierungseffekt von Abschreibungen** beruht darauf, dass die Wertminderung von Gebrauchsgütern als Aufwands- und/oder Kostenfaktor (bilanzielle und kalkulatorische Abschreibungen) in den kostenorientierten Angebotspreisen berücksichtigt und über den Umsatzerlös am Markt wieder in das Unternehmen zurückfließen, d.h. die Abschreibungen 'verdient' werden. Diese in das Unternehmen zurückfließenden Zahlungsmittel werden nicht sofort wieder benötigt. Vielmehr werden sie erst in kumulierter Form zur Beschaffung von Ersatzgütern benötigt, wenn das betreffende Gebrauchsgut am Ende seines Nutzungspotentials verbraucht ist und am Ende seiner Nutzungsdauer ersetzt werden soll.

Innerhalb dieses Zeitraums bis zum Nutzungsende des Gebrauchsguts können die zurückfließenden Zahlungsmittel anderen Verwendungszwecken zugeführt werden, wobei sichergestellt werden muss, dass zum Ersatzzeitpunkt die benötigten Zahlungsmittel wieder zur Verfügung stehen. Derartige andere Verwendungszwecke führen alternativ zu einem

- Kapitalfreisetzungseffekt oder zu einem
- Kapazitätserweiterungseffekt.

Verbleiben dem Betrieb die sukzessiv zurückfließenden Zahlungsmittel nicht, sondern werden ihm temporär entzogen, ohne seine Leistungsfähigkeit zu beeinflussen, so wird vom **Kapitalfreisetzungseffekt** gesprochen.

Verbleiben dem Betrieb die sukzessiv zurückfließenden Zahlungsmittel und werden diese in andere oder weitere, d.h. die Leistungsfähigkeit des Unternehmens erhöhende Gebrauchsgüter, umgewandelt, ohne dafür Kapital dem Unternehmen zuzuführen, so wird vom **Kapazitätserweiterungseffekt** gesprochen.

Abschreibungen als Wertminderung von Gebrauchsgütern, die vor dem eigentlichen Nutzungsende des Guts dem Unternehmen als Zahlungsmittel über die Umsatzerlöse sukzessive zurückfließen, werden auch für Erweiterungsinvestitionen genutzt, um die Leistungsfähigkeit des Unternehmens vorübergehend zu erhöhen, ohne Kapital von außen dem Unternehmen zuführen zu müssen. Der Kapazitätserweiterungseffekt vergrößert jedoch lediglich die Periodenkapazität, die Gesamtkapazität bleibt gleich.

Um eine Kapazitätserweiterung zu erzielen, müssen zahlreiche Prämissen erfüllt sein:

- die Abschreibungen müssen über den Umsatzerlös zurückfließen,
- die zurückfließenden Abschreibungen werden als liquide Zahlungsmittel gehalten bzw. stehen zum Ersatzzeitpunkt, an dem das betreffende Gut am Ende seiner Nutzungsdauer verbraucht ist, als liquide Mittel zur Verfügung,
- es sind kontinuierlich neue Anlagegüter zu beschaffen,
- die Anschaffungswerte der zu beschaffenden Anlagen bleiben konstant,
- das erste Anlagegut muss mit Eigenkapital finanziert sein.

Dieser Vorgang der Kapitalfreisetzung aus Abschreibungen und Wiederanlage zur Kapazitätserweiterung ist als **Lohmann-Ruchti-Effekt** in die Literatur eingegangen.

| 11.7. | Innenfinanzierung mit Fremdkapital - Finanzierung aus Rückstellungsgegenwerten - | 1 |
|---|---|---|

INNENFINANZIERUNG MIT FREMDKAPITAL

Die **Innenfinanzierung mit Fremdkapital** beschreibt die Finanzierung aus Rückstellungsgegenwerten.

**Rückstellungen** sind – im Gegensatz zu Rücklagen – wirtschaftlich Teile des Fremdkapitals und stets zweckgebunden. Rückstellungen sind für Verbindlichkeiten zu bilden, die zwar sachlich bestehen, jedoch quantitativ und/ oder terminlich ungewiss sind.

Die Innenfinanzierung aus Rückstellungsgegenwerten entspricht ihrem Wesen nach der Innenfinanzierung mit Eigenkapital, jedoch handelt es sich hier nicht um eine Selbstfinanzierung, da bezüglich des Rückflusses ein Rechtsanspruch Dritter besteht. Nur mit Inanspruchnahme dieser Dritten darf eine entsprechende Finanzierung vorgenommen werden. Ebenso wie bei der Innenfinanzierung mit Eigenkapital müssen die den Rückstellungen entsprechenden Werte in den zumindest auf kostenorientierter Basis ermittelten Angebotspreisen enthalten sein. Die Rückstellungsgegenwerte stehen ebenso wie die Abschreibungsgegenwerte und die Rücklagen bis zum Zeitpunkt ihres oft ungewissen Fälligkeitstermins für andere Verwendungsmöglichkeiten zur Verfügung und besitzen damit einen Finanzierungseffekt.

Die Finanzierungswirkung von Rückstellungen hängt von der Zeitdauer der Verbindlichkeiten ab und ergibt sich aus der zeitlichen Kluft (`**time lag**´) zwischen Bildung und Auflösung der Rückstellungen. Da die Fristigkeit der Rückstellungen von Bedeutung ist, wächst der Finanzierungseffekt mit der Entfernung des Zeitpunkts der Rückzahlungsverpflichtung. So ist die Finanzierungswirkung bei langfristig zu bildenden (Pensions-)Rückstellungen höher als bei kurzfristigen Rückstellungen.

Folgende Rückstellungen können nach dem Zeitaspekt thematisiert werden

... KURZFRISTIGE RÜCKSTELLUNGEN

Als **kurzfristig** sind **Rückstellungen** für Aktivitäten zu sehen, die Im Folgenden Geschäftsjahr teilweise innerhalb von 3 Monaten zu erfolgen haben (§ 249 HGB). Der Finanzierungseffekt kurzfristiger Rückstellungen ist sehr gering, da sie lediglich auf kurze Zeit zur Verfügung stehen und umgehend aufgelöst werden müssen.

Kurzfristige Rückstellungen sind bspw. Rückstellungen für unterlassene Instandhaltung und Abraumbeseitigung, für Provisionen, Gratifikationen und Gewinnbeteiligungen, für Boni und Rabatte, für `Kosten´ der Jahresabschlussprüfung, der Hauptversammlung, des Geschäftsberichts sowie für sonstige Kosten, soweit sie gegenüber Dritten begründete Verbindlichkeiten darstellen, für Steuern und Steuernachzahlungen und für nicht beanspruchten Urlaub und Urlaubsgelder.

... MITTELFRISTIGE RÜCKSTELLUNGEN

**Mittelfristige Rückstellungen** sind Rückstellungen, die in den folgenden ein bis drei Jahren im Unternehmen verfügbar sind, jedoch aufgrund ihrer Ungewissheit dem Unternehmen sowohl kürzer als auch länger zur Verfügung stehen können, womit ihr Finanzierungseffekt ebenfalls keine große Reichweite hat.

| 11.7. | Innenfinanzierung mit Fremdkapital - Finanzierung aus Rückstellungsgegenwerten - | 2 |
|---|---|---|

Zu nennen sind Rückstellungen für drohende Verluste aus schwebenden Geschäften, für ungewisse Verbindlichkeiten wie Prozessaufwendungen und für Garantieverpflichtungen.

... LANGFRISTIGE RÜCKSTELLUNGEN

Als **langfristige Rückstellungen** sind diejenigen Rückstellungen zu bezeichnen, die dem Unternehmen auf lange Zeit oder sogar dauerhaft zur Verfügung stehen, so dass ein Rückstellungsbestand aufgebaut wird, der einen Finanzierungseffekt hat. Zu nennen sind hier neben

- Rückstellungen für Garantieverpflichtungen, Prozessaufwendungen, und Steuern besonders
- Rückstellungen für Pensionen.

**Pensionsrückstellungen** werden im Rahmen der betrieblichen Altersversorgung mit den Betriebsangehörigen eines Unternehmens in Verträgen abgeschlossen. Sie sind einseitige betriebliche Zusagen über spätere Pensionszahlungen und werden aus Gewinnanteilen meist einem Pensionsfond zugeführt. Pensionsrückstellungen stellen eine von mehreren Möglichkeiten der betrieblichen Altersversorgung dar. Auf der Basis versicherungsmathematischer Grundsätze werden Rückstellungen bis zur Gesamtheit der Barwerte[1] der zu leistenden Pensionszusagen am Ende der Betriebszugehörigkeit des einzelnen Arbeitnehmers gebildet. Derartige finanzielle Mittel können vom Unternehmen zur Finanzierung diverser Aktivitäten herangezogen werden, mit der Maßgabe, dass die erforderlichen Zahlungsmittel aufgrund der zugesagten Pensionsverpflichtungen termingerecht verfügbar sind. Pensionsrückstellungen haben insofern einen dauerhaften Finanzierungseffekt, als bei ihnen der Wegfall des Grunds zur Rückstellungsbildung (vertragsentsprechendes Ausscheiden eines Betriebsangehörigen) regelmäßig mit dem Eintreten eines neuen Grunds zur Rückstellungsbildung (bspw. Einstellung eines neuen anspruchsberechtigten Betriebsangehörigen) einhergeht. Aus diesem Grund kann bei den Rückstellungen für Pensionen von einer dauerhaften Verfügbarkeit finanzieller Mittel gesprochen werden.

Der Finanzierungseffekt von Pensionsrückstellungen ist darüber hinaus von der Gewinnverwendung abhängig, d.h. ob

- der Gewinn im Unternehmen einbehalten (**Gewinnthesaurierung**) bzw.
- der Gewinn des Unternehmens ausgeschüttet wird.

Der Finanzierungseffekt von Pensionsrückstellungen ist demnach davon abhängig, ob die den Pensionsrückstellungen zugeführten Beträge langfristig in Unternehmen verbleiben (Gewinnthesaurierung), der Gewinn nach Abzug der Steuern einbehalten wird (Gewinnthesaurierung), die den Pensionsrückstellungen zugeführten Beträge teilweise oder ganz als Pensionszahlungen das Unternehmen verlassen (Gewinnausschüttung), der Gewinn vor Abzug der Steuern ausgeschüttet wird (Gewinnausschüttung), der Gewinn vor Berücksichtigung der Pensionsrückstellungen kleiner ist als die Zuführung zu Rückstellungen (Bilanzverlust nach Zuführung zu Pensionsrückstellungen) und auch ohne die Zuführung zu Rückstellungen ein Verlust entstanden wäre (Bilanzverlust vor Zuführung zu Pensionsrückstellungen).

[1] Vgl. zu `Barwerte´ Modul 12.7.7.-1f. in diesem Band der Reihe.

| 11.8. | **Außenfinanzierung mit Eigenkapital - Beteiligungsfinanzierung -** | |
|---|---|---|
| **11.8.1.** | **Vorbemerkungen** | **1** |

AUßENFINANZIERUNG MIT EIGENKAPITAL - VORBEMERKUNGEN

Die **Außenfinanzierung mit Eigenkapital** – auch als **Einlagen-** und **Beteiligungsfinanzierung** bezeichnet –, beschreibt alle Formen der Beschaffung und Bereitstellung zusätzlichen Eigenkapitals in einem Unternehmen.

Als (Kapital-)Einlagen kommen in Betracht Sacheinlagen, Rechte wie bspw. Patente und üblicherweise Geldeinlagen, auf die hier ausschließlich eingegangen werden soll.

Die Rechtsform des Unternehmens hat für die Außenfinanzierung mit Eigenkapital bezüglich ihrer Fähigkeit, Beteiligungspapiere auszugeben (**Emissionsfähigkeit**) eine entscheidende Bedeutung sowie auf die aus der Beteiligungsfinanzierung resultierenden Rechtsfolgen wie eventuelle Haftung für Verbindlichkeiten, Gewinn- und Verlustbeteiligung und Mitwirkungsrechte oder -pflichten bei der Geschäftsführung.

Aus der unterschiedlichen Interessenlage von Kapitalgebern bzw. Kapitalnehmern ergeben sich positive und negative Aspekte der Beteiligungsfinanzierung:

Bezüglich der Kapitalnehmer ergeben sich keine festen Zinszahlungen und Rückzahlungsfristen, das Eigenkapital als Geldanlage ist unterschiedlich einsetzbar, die Erhöhung der Kreditwürdigkeit und Risikostreuung, aber auch mögliche Interessenkonflikte durch Mitspracherechte bei der Unternehmensführung oder sogar Geschäftsführungsrechte bei Personengesellschaften.

Für den Kapitalgeber besteht eine Beteiligung am Gewinn, ein mögliches Geschäftsführungsrecht, ein Miteigentum am Vermögen des Unternehmens sowie ein Miteigentum an den stillen Reserven, aber auch eine Beteiligung am Verlust und somit eine Beteiligung am unternehmerischen Risiko.

Die Zuführung von Eigenkapital durch Kapitaleinlage kann geschehen durch Bildung stiller Reserven, Gewinneinbehaltung, Erhöhung der (Kapital-)Einlagen der bisherigen Unternehmer oder Personengesellschafter wie bspw. bei Einzelunternehmen, KG und OHG, Finanzierung ohne Ausgabe von Beteiligungspapieren sowie durch die Finanzierung mit Ausgabe von Beteiligungspapieren. Die wesentlichen Unterschiede der Beteiligungsfinanzierung sind demzufolge zu sehen in der

... LANGFRISTIGEN FINANZIERUNG DURCH VENTURE CAPITAL

Bei großen Risiken jedoch hohen Gewinnerwartungen stellen Venture-Capital-Gesellschaften haftendes (**Risiko-, Wagnis-)Kapital (venture capital**), verbunden mit Managementberatung dem kapitalerhaltenden Unternehmen zur Verfügung. Im Gegensatz zur Kreditfinanzierung, die von der Stellung von beleihungsfähigen Sicherheiten abhängig ist, basiert die Kreditvergabe von venture capital in Bezug auf ihre Quantität und temporäre Distanz ausschließlich von den prognostizierten Gewinnerwartungen des zu finanzierenden Objekts.

Aufgrund der Komplexität der Venture-Capital-Finanzierung wird auf die Spezialliteratur verwiesen.

| | | |
|---|---|---|
| **11.8.** | **Außenfinanzierung mit Eigenkapital - Beteiligungsfinanzierung -** | |
| **11.8.1.** | **Vorbemerkungen** | **2** |

... FINANZIERUNG OHNE AUSGABE VON BETEILIGUNGSPAPIEREN

Besitzen Unternehmen nicht die Möglichkeit **Beteiligungspapiere** wie bspw. Aktien zur Finanzierung heranzuziehen, so wird von **nicht-emissionsfähigen Unternehmen** gesprochen. Die Mitgliedschaft in nicht-emissionsfähigen Unternehmen ist an keine Wertpapierform gebunden. Solche nicht-emissionsfähigen Unternehmen sind Einzelunternehmen, Offene Handelsgesellschaften (OHG), Kommanditgesellschaften (KG), Gesellschaften bürgerlichen Rechts (GbR), Gesellschaften mit beschränkter Haftung (GmbH), Genossenschaften sowie an der Börse nicht zugelassene Aktiengesellschaften. Bei den nicht-emissionsfähigen Unternehmen können Anteile an Personengesellschaften, Geschäftsanteile an einer GmbH oder Geschäftsanteile bei einer Genossenschaft relativ frei und innerhalb gesetzlicher oder vertraglicher Einschränkungen erworben werden.
Für Einzelunternehmen, Personengesellschaften und der GmbH besteht lediglich die Möglichkeit Eigenkapital in der Form aufzubringen, dass Gesellschafter Privatvermögen einbringen, dass die Gesellschaft bereit ist, zusätzliche Gesellschafter zu tolerieren, oder dass Gewinne einbehalten werden.
Für nicht-emissionsfähige Gesellschaften fehlen die Möglichkeiten, die ein organisierter Kapitalmarkt für diesen Finanzierungsbereich bietet. Damit ergibt sich für neue Gesellschafter das Problem, dass die Geschäftsanteile nur eine geringe **Fungibilität** (Marktgängigkeit der Anteile) aufweisen, d.h. sie lassen sich nicht oder nur sehr schwer wiederveräußern und das Anlagerisiko ist darüber hinaus individuell schwer zu beurteilen.

... FINANZIERUNG MIT AUSGABE VON BETEILIGUNGSPAPIEREN

Haben Unternehmen die Möglichkeit, **Beteiligungspapiere** auszugeben, so wird von emissionsfähigen Unternehmen gesprochen.
Unter **Emission** wird die (Erst-)Ausgabe, d.h. die Unterbringung ins Publikum und Einführung in den Verkehr von Aktien und anderen Effekten verstanden.
**Emissionsfähige Unternehmen** zeichnen sich dadurch aus, dass ihnen die Möglichkeit der Beteiligungsfinanzierung über den Zugang an der Börse offensteht. Die Mitgliedschaft in emissionsfähigen Unternehmen ist an Teilhaberpapiere bzw. an sog. verbriefte Beteiligungspapiere gebunden. Solche emissionsfähigen Unternehmen sind

- Aktiengesellschaften (AG) und
- Kommanditgesellschaften auf Aktien (KGaA).

Diese Unternehmen haben gegenüber nicht-emissionsfähigen Unternehmen den Vorteil, dass eine Aufteilung des Eigenkapitals in kleine Teilbeträge realisierbar ist, die Möglichkeit der Beteiligung schon mit geringen finanziellen Mittel möglich ist, eine hohe Fungibilität der Teilhaberpapiere besteht, die Eigentümer kapitalmäßige Interessen verfolgen und sich der Gesellschaftsvertrag an einen gesetzlich reglementierten Rahmen wie das Aktiengesetz orientiert.

| | | |
|---|---|---|
| **11.8.** | **Außenfinanzierung mit Eigenkapital - Beteiligungsfinanzierung -** | |
| **11.8.2.** | **Formen von Beteiligungspapieren** | **Ü 1** |

FORMEN VON BETEILIGUNGSPAPIEREN

- ... INTERIMSSCHEIN
- ... GENUSSSCHEIN
- ... PARTENBRIEF
- ... KUX(-SCHEIN)
- ... BOHRGESELLSCHAFTSANTEILE
- INVESTMENTZERTIFIKAT
- AKTIE

INVESTMENTZERTIFIKAT

AKTIE

- EINTEILUNGSMÖGLICHKEITEN VON AKTIEN
- ERMITTLUNG DER WERTE VON UNTERNEHMENSTEILEN

EINTEILUNGSMÖGLICHKEITEN VON AKTIEN

- MODUS DER ÜBERTRAGUNG
- UMFANG DER RECHTE
- ... ANTEIL AM EIGENKAPITAL
  - ... NENNBETRAGSAKTIE
  - ... QUOTENAKTIEN
- ... EIGENRECHT DER GESELLSCHAFT
  - ... VORRATSAKTIE
  - ... EIGENE AKTIE

| | | |
|---|---|---|
| **11.8.** | **Außenfinanzierung mit Eigenkapital - Beteiligungsfinanzierung -** | |
| **11.8.2.** | **Formen von Beteiligungspapieren** | **Ü 2** |

### Modus der Übertragung

- ... Inhaberaktien
- ... Namensaktien
  - ... vinkulierte Namensaktien
- ... Bogenlose Namensaktien

### Umfang der Rechte

- ... Stammaktien
- ... Vorzugsaktien
      - ... limitierte Vorzugsaktie
    - ... kumulative Vorzugsaktie
  - ... prioritätische Vorzugsaktie
- ... Mehrstimmrechtsaktie

### Ermittlung der Werte von Unternehmensteilen

- Börsenkurse
- ... rechnerische Kurskennzahlen
  - ... Bilanzkurse
    - ... Bilanzkurs i.e.S.
  - ... korrigierter Bilanzkurs
- ... Ertragswerte
  - ... Ertragswert i.e.S.
- ... Ertragswertkurs

### Börsenkurse

| 11.8. | Außenfinanzierung mit Eigenkapital<br>- Beteiligungsfinanzierung - | |
|---|---|---|
| 11.8.2. | Formen von Beteiligungspapieren | 1 |

FORMEN VON BETEILIGUNGSPAPIEREN

**Beteiligungspapiere** oder **Effekte** sind verbriefte Wertpapiere, die vertretbar sind, zur Kapitalanlage geeignet und einen Anspruch auf Ertrag beinhalten. Zu den vertretbaren fungiblen Wertpapieren gehören – auf die Im Folgenden eingegangen wird – neben Obligationen, Pfandbriefe, Rentenbriefe und Kolonialgesellschaftsanteile sowie die Formen als

... INTERIMSSCHEIN

Der **Interimsschein** – als sog. **Zwischenschein** – beurkundet die Mitberechtigung eines Aktionärs, solange die Inhaberaktie noch nicht voll eingezahlt oder Aktien noch nicht gedruckt sind ('Jungschein'). Er ist ein geborenes Orderpapier, was eine Gleichstellung mit einer Namensaktie bedeutet.

... GENUSSSCHEIN

Ein **Genussschein** ist ein verbriefter Anspruch auf Gewinnbeteiligung, Liquidationserlös oder ein Bezugsrecht. Der Genussschein ist ein reines Gläubigerrecht, verbrieft aber keine Mitgliedschaftsrechte im Gegensatz zur Vorzugsaktie.
Er kann gestaltet werden als Inhaber-, Order- oder Namenspapier. Anlässe zur Ausgabe von Genussscheinen können bspw. besondere Verdienste um das Unternehmen oder Sacheinlagen sein.

... PARTENBRIEF

Der **Partenbrief** ist ein verbriefter Eigentumsanteil eines Mitreeders an einem Schiff (Partenreederei). Er besitzt in der heutigen Zeit aufgrund der Möglichkeit zur Gründung von Aktienreedereien nur noch geringe Bedeutung.

... KUX(-SCHEIN)

Der **Kux(-schein)** ist ein quotenmäßiges Anteilsrecht an einer bergrechtlichen Gewerkschaft (Gesellschaft des Bergwerks) – einer Gesellschaft ohne bestimmtes Grundkapital – die Bergwerkseigentum erwirbt mit dem Ziel dieses zu explorieren. Die Berechtigten werden im Gewerkenbuch eingetragen und haben Anspruch auf Teilnahme an der Ausbeutung in Form einer Gewinnausschüttung oder Kapitalrückzahlung.

... BOHRGESELLSCHAFTSANTEILE

**Bohrgesellschaftsanteile** – auch **Kolonialgesellschaftsanteile** genannt – sind verbriefte Teilhaben an Bohr- oder Kolonialgesellschaften. Sie haben heute kaum noch Bedeutung.

INVESTMENTZERTIFIKAT

AKTIE

| | | |
|---|---|---|
| **11.8.** | **Außenfinanzierung mit Eigenkapital - Beteiligungsfinanzierung -** | |
| **11.8.2.** | **Formen von Beteiligungspapieren** | **2** |

### INVESTMENTZERTIFIKAT

Das **Investmentzertifikat** ist ein verbriefter Anteil (Urkunde) an einem Wertpapierfonds, der von einer Kapitalanlagegesellschaft (**Investmentgesellschaft**) verwaltet wird; für die Kapitalgeber (Anleger) besteht ein mittelbares Besitzrecht an den im Fonds gehaltenen Wertpapieren in Form von Inhaber- oder Namenspapieren.
Investmentzertifikate werden nicht an der Börse gehandelt, sondern durch Kapitalanlagegesellschaften ausgegeben. Sie haben keinen Nennwert, sondern der Wert eines Ausgabe- oder Rücknahmeanteils wird von der Investmentgesellschaft aufgrund der im Fonds gehaltenen Papiere täglich rechnerisch neu ermittelt.
Der Ausgabepreis eines Investmentzertifikats wird aus dem Fondsanteilswert und einem prozentualen Aufschlag zur Abgeltung der Ausgabekosten bestimmt zu:

$$Ausgabepreis = \frac{Tageswert\ des\ Fondsvermögens + Ausgabekostenaufschlag}{Zahl\ der\ umlaufenden\ Anteile}\ [Euro]$$

### AKTIE

Die **Aktie** ist ein verbrieftes Anteils- sowie Mitgliedschaftsrecht an einer Aktiengesellschaft. Sie gewährt den Anspruch auf Zahlung einer Dividende (Recht auf Gewinnanteile), Stimmrecht, Auskunftsrecht, Bezugsrecht (zur Grundkapitalerhöhung durch junge Aktien) und Anteile am Liquidationserlös (Recht auf Vermögensanteile). Im Folgenden soll eingegangen werden auf die

- EINTEILUNGSMÖGLICHKEITEN VON AKTIEN
- ERMITTLUNG DER WERTE VON UNTERNEHMENSTEILEN

### EINTEILUNGSMÖGLICHKEITEN VON AKTIEN

Aktien können eingeteilt werden nach unterschiedlichen Merkmalen wie

- MODUS DER ÜBERTRAGUNG
- UMFANG DER RECHTE

#### ... ANTEIL AM EIGENKAPITAL

Werden Aktien nach dem Eigenkapitalanteil differenziert, so werden genannt

##### ... NENNBETRAGSAKTIE

Bei der **Nennbetragsaktie** (bzw. Nominalaktie) lautet der Betrag des Aufdrucks auf der Aktie auf einen bestimmten Nennbetrag, so in der Bundesrepublik Deutschland mindestens einen Euro (selten). Höhere

| 11.8. | Außenfinanzierung mit Eigenkapital - Beteiligungsfinanzierung - | |
|---|---|---|
| 11.8.2. | Formen von Beteiligungspapieren | 3 |

Aktiennennbeträge müssen auf volle Euro lauten. Die Summe der Aktien-Nennbeträge ergibt das Grundkapital (gezeichnete Kapital, nominelle Kapital) der Gesellschaft. Nennbetragsaktien dürfen ausschließlich zum Nennbetrag oder einem höheren Betrag – **über pari-Emission** der Aktien – in Umlauf gebracht werden; eine **unter-pari-Emission** der Aktien– ein zum Nennbetrag niedrigerer Betrag – ist nicht möglich.
Liegt der Kurs, mit dem die Aktie in Umlauf gebracht wird (**Emissionskurs**) über dem Nennbetrag der Aktie, so erzielt das Unternehmen ein Agio. Das **Agio** ist ein Betrag, um den der Preis (Kurs) den Nennbetrag eines Wertpapiers übersteigt (Emissionsagio); er wird meist in Prozent des Nennbetrags ausgedrückt. Bilanziell ist der durch über-pari-Emission von Aktien erzielte Agiogewinn in die Kapitalrücklage einzustellen.

... QUOTENAKTIEN

Quotenaktien lassen sich nuancieren in
- unechte Quotenaktien und
- echte Quotenaktien.

Eine **unechte Quotenaktie** (**Stückaktie**) ist eine nennwertlose Aktie. Auf die einzelnen nennwertlosen Aktien entfallen der ihren Anteil an der Gesamtzahl der Aktien entsprechenden Anteilbetrag des Grundkapitals bspw. 1/100.000. Es ist eine Stücknotierung, die im Zuge der Europäisierung der Finanzmärkte an Bedeutung gewinnen wird.
Bei der **echten Quotenaktie** variiert das Aktienkapital des Anteilseigners mit der Höhe des Reinvermögens (Eigenkapital) des Unternehmens wie bspw. in den U.S.A. üblich, d.h. das Aktienkapital variiert, nicht Quote.

... EIGENRECHT DER GESELLSCHAFT

Bei der Einteilung von Aktien nach dem Eigenrecht der Gesellschaft können differenziert werden die

... VORRATSAKTIE

**Vorratsaktien** sind Verwaltungsaktien, die zur Verfügung der Verwaltung einer AG gehalten werden. Vorratsaktien sind zulässig, jedoch ist der Erwerb als eigene Aktie durch die Gesellschaft i.d.R. verboten (§ 71 AktG). Das Aktiengesetz (§ 56 AktG) schränkt die Wirksamkeit derartiger Abreden ein, da die AG für gerechtfertigte Zwecke über das genehmigte Kapital verfügen kann sowie Aktien, die im Interesse der AG verwertet werden sollen, um sie bspw. der Belegschaft zum Erwerb anzubieten (Belegschaftsaktien). Aufgrund der Möglichkeit des genehmigten Kapitals sind sie kaum von Bedeutung.

... EIGENE AKTIE

**Eigene Aktien** sind Wertpapiere einer Aktiengesellschaft im Besitz dieser Gesellschaft. Eigene Aktien dürfen grundsätzlich von der Aktiengesellschaft nicht erworben werden, da gegen das Prinzip des Gläubiger-/ Aktionärsschutzes verstoßen wird. Bilanziell sind eigene Aktien als Gewinnrücklage un-

| 11.8. | Außenfinanzierung mit Eigenkapital - Beteiligungsfinanzierung - | |
|---|---|---|
| 11.8.2. | Formen von Beteiligungspapieren | 4 |

ter `eigene Anteile´ auf der Passivseite gesondert auszuweisen. Sämtliche Rechte der Aktien ruhen wie bspw. der Dividendenanspruch und leben erst nach ihrer Veräußerung wieder auf.

### MODUS DER ÜBERTRAGUNG

Werden Aktien in Bezug auf ihre Übertragung differenziert, werden genannt

#### ... INHABERAKTIEN

Da die **Inhaberaktie** ein Inhaberpapier ist, wird die Übertragung durch Einigung und Übergabe vorgenommen. Der Nennbetrag muss voll eingezahlt sein und ist fungibel, d.h. vertretbar. **Fungibilität** ist charakterisiert durch die Marktgängigkeit von Sachen und Rechten. Fungibilität liegt vor, wenn die Sachen oder Rechte bei gleichbleibender Beschaffenheit nach Zahl, Maß oder Gewicht im Handelsverkehr bestimmt werden und durch jede andere Sache bzw. jedes andere Recht der gleichen Gattung und Menge ersetzt werden können. Die Fungibilität eines Guts ist Voraussetzung für ihren börsenmäßigen Handel. Fungible Rechte, die Ansprüche aus verbrieften Kapitalrechten verkörpern, heißen **Effekten**.

#### ... NAMENSAKTIEN

**Einfache Namensaktien** lauten auf die Namen der Eigentümer, die im Aktienbuch eingetragen sind. Die Namensaktie ist ein typisches, geborenes Orderpapier, dessen Übertragung durch Indossament (Übertragungsvermerk auf der Rückseite der Aktie), Übergabe sowie Umschreibung im Aktienbuch erfolgt (§ 67f. AktG). Die Mindesteinzahlung beträgt 25% des Nennwerts sowie volle Einzahlung des Agios. Ein **geborenes Orderpapier** ist ein indossables Wertpapier, das eine bestimmte, namentlich bezeichnete Person als berechtigt benennt, aber auf schriftliche Abtretungserklärung auf dem Papier (Indossament) und Übergabe des Papiers an eine andere Person übertragen werden kann (§ 363 HGB). Ein geborenes Orderpapier (gesetzliches Orderpapier) ist ein Papier ohne Orderklausel und indossabel; dies sind bspw. Wechsel, Schecks, Interimsscheine und Namensaktien.
Eine weitere Abstufung von Namensaktien lässt sich vornehmen als

#### ... VINKULIERTE NAMENSAKTIEN

Bei **vinkulierten** (gebundenen) **Namensaktien** geschieht eine Übertragung der Aktien wie bei Namensaktien, jedoch zusätzlich satzungsgemäß nur mit Zustimmung der Gesellschaft. Mit der **Vinkulierung** – der Gebundenheit zur Zustimmung zum Verkauf bzw. zur Übertragung durch die Gesellschaft – nimmt die Aktiengesellschaft Einfluss auf die Zusammensetzung der Aktionäre.
Durch die Vinkulierung von Aktien wird einerseits die Fungibilität eingeschränkt und es entsteht ein hoher Verwaltungsaufwand, andererseits kann einer Überfremdung durch ausländische Anteilseignern oder `unfri-

| 11.8. | Außenfinanzierung mit Eigenkapital - Beteiligungsfinanzierung - | |
|---|---|---|
| 11.8.2. | Formen von Beteiligungspapieren | 5 |

endly takeover´ (feindliche Übernahme durch andere Marktteilnehmer) vorgebeugt werden.

... BOGENLOSE NAMENSAKTIEN

Als **Bogenlose Namensaktien** werden Namensaktien tituliert, die ohne Dividendenberechtigungsscheine ausgegeben werden. Die Gesellschaft überweist Mittel direkt an die im Aktienbuch Eingetragenen.

UMFANG DER RECHTE

Werden Aktien nach dem Kriterium ihres Umfangs an Rechten differenziert, so sind zu nennen

... STAMMAKTIEN

**Stammaktien** sind der Normalfall der Aktie. Sie unterliegen dem Prinzip der Gleichberechtigung der Aktionäre bezüglich Stimm- und Auskunftsrecht, Dividendenrecht, Bezugsrecht sowie dem Recht am Liquidationserlös.

... VORZUGSAKTIEN

**Vorzugsaktien** verbriefen Vorzüge gegenüber Stammaktien bezüglich eines oder mehrerer Rechte und weisen häufig dann Nachteile bei den anderen Rechten auf. Aus praxeologischer Sicht sind vor allem Dividendenvorzugsaktien von Bedeutung. Das Ziel von Vorzugsaktien ist es, einen Anreiz zum Aktienkauf bei Sanierungsvorhaben zu bieten oder eine Kapitalerhöhung bei unterpari-Aktienkursen vorzunehmen. Als Formen der Vorzugsaktien lassen sich anführen

... LIMITIERTE VORZUGSAKTIE

Bei **limitierten Vorzugsaktien** wird eine Vorzugsdividende auf einen bestimmten Höchstbetrag festgesetzt. Ein verbleibender Restgewinn wird an die Stammaktionäre verteilt. Der Vorteil der Aktionäre von limitierten Vorzugsaktien besteht darin, bei relativ schlechter Ertragslage des Unternehmens trotzdem eine Dividende zu erhalten.
Der Nachteil der Aktionäre besteht bei relativ guter Ertragslage des Unternehmens darin, dass sie weniger erhalten als die Stammaktionäre, d.h. es handelt sich um eine Aktie mit limitierter Höchstdividende.

... KUMULATIVE VORZUGSAKTIE

Bei der **kumulativen Vorzugsaktie** haben auch in Verlustjahren die Vorzugsaktionäre Anspruch auf Vorzugsdividende, die im nächsten Gewinnjahr nachzuzahlen ist, was einer \`garantierten Mindestverzinsung´ entspricht.
Als Einschränkungen sind zu nennen, dass vielfach das Stimmrecht ausgeschlossen wird, jedoch auflebt, wenn in zwei aufeinanderfolgenden Jahren nicht volle Vorzugsdividende gezahlt wurde.

| 11.8. | Außenfinanzierung mit Eigenkapital - Beteiligungsfinanzierung - | |
|---|---|---|
| 11.8.2. | Formen von Beteiligungspapieren | 6 |

... PRIORITÄTISCHE VORZUGSAKTIE

Bei der **prioritätischen Vorzugsaktie** besteht ein Vorzug einer Vorabdividende bevor der Stammaktionär den gleichen Dividendensatz erhält. Der Restgewinn wird gleichmäßig verteilt. Der Vorzug wird nur bei geringem Gewinn verteilt. Die Vorzugsaktie mit Überdividende gewährt stets einen Dividendenvorteil.

... MEHRSTIMMRECHTSAKTIE

Die **Mehrstimmrechtsaktie** eröffnet deren Eigentümern mehrfaches Stimmrecht in der Hauptversammlung bei allen oder nur bestimmten Beschlussfassungen. Sie ist in der Bundesrepublik Deutschland verboten, in den USA üblich und soll einen Schutz vor äußerer und innerer Überfremdung bieten.

ERMITTLUNG DER WERTE VON UNTERNEHMENSTEILEN

Die Feststellung von Anteilen an Unternehmen geschieht gewöhnlich in Preisen (Kursen) von an einer (Wertpapier-)Börse gehandelten Aktie. Es existieren

BÖRSENKURSE

... RECHNERISCHE KURSKENNZAHLEN

Als rechnerisch ermittelbare **Kurskennzahlen** lassen sich differenzieren

... BILANZKURSE

**Bilanzkurse** sind solche rechnerischen Werte, die sich aufgrund bilanzieller Gegebenheiten ermitteln lassen als

... BILANZKURS i.e.S.

Der **Bilanzkurs** i.e.S. ist eine Kennzahl, die das Verhältnis bilanzierten Eigenkapitals und gezeichneten Kapitals (Grundkapital) offenlegt.

$$Bilanzkurs = \frac{bilanziertes\ Eigenkapital}{gezeichnetes\ Kapital}$$

Bei Einzelunternehmen und Personengesellschaften zeigen sich Gewinne und Verluste in Veränderungen in den einzelnen Eigenkapitalkonten. Dem gegenüber vollziehen sich Änderungen des (bilanzierten) Eigenkapitals bei Kapitalgesellschaften nicht im gezeichneten Kapital (Grundkapital, Nominal-, `Haftungskapital´), sondern in den Eigenkapitalpositionen `Rücklagen´ sowie `Gewinn- bzw. Verlustvortrag´. Das Eigenkapital bei Kapitalgesellschaften lässt sich bestimmen mittels

| | | | | |
|---|---|---|---|---|
| | *gezeichnetes Kapital* | | | |
| + | *Kapitalrücklage* | | | *Vermögen* |
| + | *Gewinnrücklagen* | oder auch | ./. | *Fremdkapital (incl. Rückstellungen)* |
| + | *Gewinnvortrag* | | = | *(bilanziertes) Eigenkapital* |
| ./. | *Verlustvortrag* | | | |
| = | *bilanziertes Eigenkapital* | | | |

| 11.8. | **Außenfinanzierung mit Eigenkapital - Beteiligungsfinanzierung -** | |
|---|---|---|
| 11.8.2. | **Formen von Beteiligungspapieren** | 7 |

... KORRIGIERTER BILANZKURS

Im Bilanzkurs sind Teile des Eigenkapitals nicht berücksichtigt, die aufgrund von Bewertungsmaßnahmen durch Unterbewertung von Vermögensteilen und Überbewertung von Fremdkapitalteilen als `stille Reserven´ in den einzelnen Bilanzpositionen nicht ausgewiesen sind.
Das bilanzielle Eigenkapital ist somit um die stillen Reserven zu korrigieren. Diese Korrektur führt zur Bestimmung des **korrigierten Bilanzkurses**.

$$korrigierter\ Bilanzkurs = \frac{bilanziertes\ Eigenkapital + stille\ Reserven}{gezeichnetes\ Kapital}$$

Je höher die in Vermögensteilen vermuteten stillen Reserven sind, desto höher ist der zu ermittelnde korrigierte Bilanzkurs gegenüber dem Bilanzkurs.
Der korrigierte Bilanzkurs bringt zum Ausdruck, wieviele Reserven im Verhältnis zum gezeichneten Kapital vorhanden sind, womit der `innere Wert´ einer Aktie gegenüber dem vorhandenen Grundkapital beschrieben wird.

... ERTRAGSWERTE

Ertragswerte sind rechnerisch kapitalisierte Größen, die eingeteilt werden in

... ERTRAGSWERT i.e.S.

Werden nicht nur vergangenheitsorientierte Werte in die Kursbetrachtung herangezogen, sondern auch zukünftige, so werden Ertragswerte betrachtet. Der **Ertragswert** ist der **kapitalisierte Reinertrag** eines Unternehmens, der je nach Perspektive des Unternehmens vorgenommen werden kann als

- Ertragswertbestimmung bei jährlich gleichbleibenden Gewinnen und unbegrenzter Lebensdauer:
  Wird ein durchschnittlich gleichbleibender Gewinn des Unternehmens und seine unbegrenzte Lebensdauer unterstellt, so ergibt sich für den Ertragswert

$$Ertragswert = \frac{Gewinn}{Kapitalisierungszinsfuß} * 100\,[Euro];$$

- Ertragswertbestimmung bei jährlich gleichbleibenden Gewinnen und begrenzter Lebensdauer:
  Wird erwartet, dass die Lebensdauer des Unternehmens limitiert ist, jedoch durchschnittlich gleichbleibende Gewinne unterstellt, so ergibt sich der Erwartungswert zu

$$Ertragswert = Gewinn * \frac{(1+i)^T\ ./.\ 1}{i*(1+i)^T}\,[Euro]; \quad \frac{(1+i)^T\ ./.\ 1}{i*(1+i)^T} = Barwertfaktor;$$

- Ertragswertbestimmung bei jährlich veränderlichen Gewinnen und begrenzter Lebensdauer:
  Der Ertragswert lässt sich unter der Annahme, dass jährlich veränderliche Gewinne zu erwarten sind und die Lebensdauer des Unter-

| 11.8. | Außenfinanzierung mit Eigenkapital - Beteiligungsfinanzierung - | |
|---|---|---|
| 11.8.2. | Formen von Beteiligungspapieren | 8 |

nehmens begrenzt ist, durch die Abzinsung der prospektierten Gewinne ermitteln

$$Ertragswert = \sum_{t=0}^{T} Gewinn * \frac{1}{(1+i)^t} = \sum_{t=0}^{T} Gewinn * \frac{1}{q^t}$$

$$\frac{1}{(1+i)^t} = Abzinsungsfaktor\ mit\ q = 1 + i$$

$$i = Kalkulationszinssatz\ [\%]$$

$$T = geschätzter\ Betrachtungszeitraum\ [BZR];$$

- Ertragswertbestimmung bei jährlich veränderlichen Gewinnen und unbegrenzter Lebensdauer:
  Schwanken sowohl die Gewinnannahmen und wird von einer unbegrenzten Lebensdauer des Unternehmens ausgegangen, so wird aufgrund der nicht Vorhersehbarkeit der Zukunft zur Vereinfachung auf die vorgenannten Berechnungen zurückgegriffen.

... ERTRAGSWERTKURS

Wird der Ertragswert in Verhältnis zum gezeichneten Kapital gesetzt, so wird – in Analogie zum (vergangenheitsorientierten) Bilanzkurs – vom (zukunftsorientierten) **Ertragswertkurs** gesprochen

$$Ertragswertkurs = \frac{Ertragswert}{gezeichnetes\ Kapital} \qquad Ertragswert = kapitalisierter\ Reinertrag\ [Euro]$$

Der Ertragswertkurs bringt den `inneren Wert´ einer – in Analogie zum Bilanzkurs – Aktie zum Ausdruck durch Bezugnahme betrieblicher Ertragserwartungen.

BÖRSENKURSE

Der Kurs einer Aktien (**Aktienkurs**) bildet sich durch Angebot und Nachfrage auf dem Markt `Börse´ und wird auch als **Börsenkurs** bezeichnet. Er ist der Preis eines Wertpapiers.

Die Bildung eines (Aktien-)Kurses ist abhängig von

- den Ertragserwartungen bzgl. des Unternehmens sowie
- alternativen Anlagemöglichkeiten zu der zu erwartenden Ertragslage des Unternehmens durch Ankündigungen über Dividendenausschüttung, Informationen über Gewinne und Geschäftsverlauf des Unternehmens, Ankündigungen von Kapitalerhöhungen, Ausgabe von Zusatzaktien sowie weitere Faktoren, wie Entwicklungserwartungen der Konjunktur und Entwicklungserwartungen der Branche, Maßnahmen im wirtschafts- und sozialpolitischen Bereich sowie außen- und innenpolitische Gegebenheiten.

Durch gegenseitige Beeinflussung dieser Faktoren entstehen optimistische und pessimistische Stimmungen an der Börse, was sich direkt in den Börsen-

| 11.8. | **Außenfinanzierung mit Eigenkapital - Beteiligungsfinanzierung -** | |
|---|---|---|
| 11.8.2. | **Formen von Beteiligungspapieren** | 9 |

kursen eines Unternehmens widerspiegelt.
Die **Ermittlung des** (Einheits-)**Kurses** einer Aktie erfolgt durch einen Kursmakler, der sämtliche Kauf- und Verkaufsaufträge sammelt und den Kurs, der den größten Umsatz erzielt, festsetzt.
Durch Limitierung der Aufträge können sowohl Käufer (Kaufpreisobergrenze) als auch Verkäufer (Verkaufspreisuntergrenze) bewirken, dass nicht sämtliche Kaufs- oder Verkaufsorder ausgeführt werden, sondern nur die von ihnen erwarteten. Nur mit der Order \`billigst´ zu kaufen oder \`bestens´ zu verkaufen werden sämtliche Aufträge (unlimitierte Aufträge) ausgeführt.
Für am Wertpapiermarkt Interessierte werden die festgestellten (Einheits-)-Kurse sowie bei variabler Notierung die Anfangs-, Schluss-, Höchst- und Niedrigstnotierungen in amtlichen Kursblättern veröffentlicht.
Die Börsenberichte weisen i.d.R. weitere Kurszusätze zur Erhöhung der Transparenz auf, die in der Abbildung strukturiert dargestellt sind.

*Abbildung:* gebräuchliche Kurszusätze in Börsenberichten

| | |
|---|---|
| G | Geld: Eine Nachfrage bestand nur zum notierten Kurs oder der Nachfrage stand ein nur unbedeutendes Angebot gegenüber. |
| B | Brief: Ein Angebot bestand nur zum notierten Kurs oder dem Angebot stand nur eine unbedeutende Nachfrage gegenüber. |
| b,bz,bez | bezahlt: Angebot und Nachfrage waren ausgeglichen. Es konnten alle unlimitierten Aufträge ausgeführt werden und die zum und über dem festgestellten Kurs limitierten Kaufaufträge und alle zum oder unter dem festgestellten Kurs limitierten Verkaufsaufträge. |
| bG | bezahlt und Geld: Die zum festgestellten Kurs limitierten Kaufaufträge konnten nicht vollständig ausgeführt werden. Es bestand weiteres Angebot. |
| bB | bezahlt und Brief: Die zum festgestellten Kurs limitierten Verkaufsaufträge konnten nicht vollständig ausgeführt werden. Es bestand weiteres Angebot. |
| etw. bG | etwas bezahlt und Geld: Die zum festgestellten Kurs limitierten Kaufaufträge konnten nur zu einem geringen Teil ausgeführt werden. |
| etw. bB | etwas bezahlt und Brief: Die zum festgestellten Kurs limitierten Verkaufsaufträge konnten nur zu einem geringen Teil ausgeführt werden. |
| – | gestrichen: Aufträge lagen nicht vor; es erfolgte keine Kursbildung. |
| –G | gestrichen und Geld: Umsätze fanden nicht statt, da nur unlimitierte Kaufaufträge ohne Angebot vorlagen. |
| –B | gestrichen und Brief: Umsätze fanden nicht statt, da nur unlimitierte Verkaufsaufträge ohne Nachfrage vorlagen. |
| T | Taxe: Aufgrund mangelnder Aufträge wurde der Kurs geschätzt, zu dem Umsätze für möglich gehalten wurden. |
| ex D., ex.Div. | ausschließlich Dividende: Kurszusatz erfolgt am Tag des Dividendenabschlags. |

| 11.8. | Außenfinanzierung mit Eigenkapital<br>- Beteiligungsfinanzierung - | |
|---|---|---|
| 11.8.3. | Kapitalmarktbörsen | 1 |

(KAPITALMARKT-)BÖRSEN

Im Rahmen der **Außenfinanzierung mit Eigenkapital** entstand schon frühzeitig ein Kapitalmarkt, an dem sich einerseits mittelgroße bis große und zunehmend auch mittelständische Unternehmen Eigenkapital beschaffen konnten und auf der anderen Seite institutionale ebenso wie Klein- und Privatanleger ihr Vermögen zu vergrößern suchten. Neben Warenbörsen existieren **Börsen** für den Handel des Produktionsfaktors Kapital. Nur von diesem wird im allgemeinen als `**Börse**´ gesprochen.
Einteilen lassen sich die Börsenmärkte nach ihren wachsenden Überwachungs- und Zulassungsvoraussetzungen in

... FREIVERKEHR

Zum **Freiverkehr** sind nur die Wertpapiere von Unternehmen zugelassen, die nicht in der Lage sind, die Zulassungsvoraussetzungen des amtlichen Handels und des geregelten Markts zu erfüllen. Die Preisbildung geschieht auf privatrechtlicher Basis.
Diese Wertpapiere unterscheiden sich von den anderen Wertpapieren aufgrund ihrer Bonität, Ertragserwartungen, Chance/ Risiko der Anlage und Liquidität des Marktes, darüber hinaus, dass sie über keinen Antrag auf Zulassung zum amtlichen Handel verfügen, oder nur an ihrer Heimatbörse amtlich notiert sind und somit im Freiverkehr gehandelt werden.

... GEREGELTER MARKT

Sind Wertpapiere nicht zur amtlichen Notierung (amtlicher Handel) zugelassen, können sie zum Börsenhandel mit nicht-amtlicher Notierung (geregelter Markt) zugelassen werden (§ 71 BörsG).
Zugelassen zum **geregelten Markt** sind Unternehmen, die erst kurze Zeit vor Antragstellung in eine Aktiengesellschaft umgewandelt werden sowie die als mittelständische Unternehmen bezeichnet werden.
Die Publizitätsvorschriften zum geregelten Markt sind gegenüber dem amtlichen Handel eingeschränkt.
Der Börsenpreis wird durch einen oder mehrere (Börsen-)**Makler** - Vertreter der Börsenaufsichtsbehörde und der Handelsüberwachungsstelle - festgestellt (§§ 75 i.V.m. 29 Abs. 2, 30 BörsG).

... AMTLICHE HANDEL

Zugelassen zum **amtlichen (Börsen-)Handel** sind Unternehmen, die mindestens drei Jahre bestehen (§ 3 BörsZulV) und ihre Jahresabschlüsse für drei vorangegangene Wirtschaftsjahre vor dem Zulassungsantrag offengelegt haben (§ 3 BörsZulV); die die Preisbildung (Börsenkurse, -preise) börsentäglich durch vereidigte Kursmakler aufgrund von Angebot und Nachfrage (amtlicher Börsenkurs, § 11 Abs. 2 BörsG) vornehmen lassen.
Die Wertpapiere müssen zugelassen sein, um am amtlichen Handel teilnehmen zu können. Der Antrag auf Zulassung muss durch das Unterneh-

| 11.8. | Außenfinanzierung mit Eigenkapital - Beteiligungsfinanzierung - | |
|---|---|---|
| 11.8.3. | Kapitalmarktbörsen | 2 |

men und ein Kreditinstitut bei der Zulassungsstelle der jeweiligen Börse gestellt werden. Das beantragende Kreditinstitut muss an einer inländischen Börse mit dem Recht zur Teilnahme am Handel zugelassen sein (§ 36 BörsG). Dem Antrag ist ein sog. **Prospekt** beizulegen, der die rechtlichen und wirtschaftlichen Verhältnisse des Unternehmens aufzeigt. Der Prospekt muss vor Einführung der Aktie an der Börse veröffentlicht werden (§ 38 Abs. 3 BörsG), damit sich die Anleger einen Einblick in die wirtschaftliche Situation des Unternehmens machen können. Für die Richtigkeit der Angaben im Prospekt haftet neben dem Unternehmen auch das den Zulassungsantrag mit stellende Kreditinstitut (§ 45 BörsG).
Je nach dem Zeitpunkt der geschäftlichen Abwicklung heben sich voneinander ab der

... KASSAMARKT

Beim **Kassamarkt** muss die Abwicklung der Börsengeschäfte – Umbuchung des Wertpapiers bzw. Lieferung sowie Kaufpreiszahlung – innerhalb von zwei Werktagen erfolgen. Innerhalb des Kassamarkts ist eine weitere Einteilung vorzunehmen in

- Einheitsmarkt und
- variabler Handel.

Im **Einheitsmarkt** wird der Einheits- bzw. Kassakurs festgestellt, und zwar nur einmal am Börsentag zu einer bestimmten Zeit des Börsengeschäfts. Dieser Kurs gilt für alle Geschäfte des Tages, soweit sie nicht zum variablen Kurs abgerechnet werden.
Neben der einmaligen täglichen Fixierung des Kurses (Preises) einer Aktie (Einheitskurs) sind fortlaufende Notierungen von Aktien während der gesamten Börsenzeit üblich. Kurse von Unternehmen, bei denen große Aufträge stattfinden, werden am **variablen Markt** zu variablen Kursen festgestellt. Kleinere Aufträge werden zum Einheitskurs ausgeführt.

... TERMINMARKT

Der Handel auf **Terminmärkten** betrifft den Abschluss von Geschäften vor dessen Erfüllung (§ 50 BörsG). An deutschen Börsen sind Termingeschäfte wie bspw. Optionsgeschäfte zugelassen. Der Käufer erwirbt gegen Zahlung des Optionspreises ein Recht (Option), innerhalb einer vereinbarten Frist zum vereinbarten Kurs (Basispreis) Aktien zu kaufen oder zu verkaufen.

... NEUER MARKT

Der **Neue Markt** ist das jüngste Kapitalmarktsegment (seit März 1997) und unterliegt strengsten Zulassungsbedingungen.
Während in den U.S.A. ein relativ großes Angebot an Risikokapital vorhanden ist, fehlen in Deutschland aus Gründen der Mentalität – aus den Erfahrungen der Kriegs- und Nachkriegszeit (Inflation, Pflichtanleihen in Rüstungsindustrie) – und des hohen Sicherheitsdenkens solche Märkte.
Um jungen, innovativen und in Wachstumsbranchen investierenden Unter-

| | | |
|---|---|---|
| **11.8.** | **Außenfinanzierung mit Eigenkapital - Beteiligungsfinanzierung -** | |
| **11.8.3.** | **Kapitalmarktbörsen** | **3** |

nehmen die Möglichkeit der (Wagnis-)Kapitalbeschaffung zu geben, ist der Neue Markt durch die Deutsche Börse AG eingeführt worden.
Zudem soll dieses Marktsegment für Venture-Capital-Unternehmen – Betriebe, die Risikoinvestitionen tätigen und ihr Kapital nach erfolgreicher Markteinführung wieder abziehen – einen Ausstiegsmarkt bieten, in dem `Altaktionäre´ ihre Anteile neuen Anlegern zum Kauf anbieten. Motive der Kapitalgeber zum Kauf dieser Wertpapiere sind hohe zu erwartende Renditen, kurzfristige Kursgewinne und eine breite Streuung der Aktien, um feindliche Übernahmen zu erschweren.
Neu ist an dem Neuen Markt die Pflicht für jeden Emittenten, einen **Betreuer** wie bspw. eine Bank, die den Börsengang vorbereitet, zu stellen, der als privatrechtlicher Handelspartner der Aktie agiert und damit zu einem Kenner des Markts wird.

| 11.8. | Außenfinanzierung mit Eigenkapital - Beteiligungsfinanzierung - | |
|---|---|---|
| 11.8.4. | Recht des Bezugs (Bezugsrecht) | 1 |

## RECHT DES BEZUGS (BEZUGSRECHT)

Bei der Ausgabe neuer Aktien haben die bisherigen Aktionäre ein gesetzliches (rechnerisches) **Bezugsrecht**, damit ihnen ein adäquates Beteiligungsverhältnis am Unternehmen erhalten bleibt und um einen Vermögensnachteil der Altaktionäre durch die Angleichung des Kurses der alten Aktien vor der **ordentlichen Kapitalerhöhung** an einen zukünftigen Mittelkurs für alte und neue Aktien zu verhindern. Der **Ausgabepreis** (**Emissionspreis**) der neuen Aktien liegt üblicherweise als Anreizfunktion zum Zeichnen – das Recht zum Kauf angebotener Aktien – unterhalb des aktuellen **Börsenkurses** vor der Aktienausgabe.

Der **Wert des Bezugsrechts** stellt den Vermögensverlust dar, der dem 'Altaktionär' entsteht, wenn die neuen Aktien unter dem Börsenkurs der alten Aktien liegen und sich nach der durchgeführten Kapitalerhöhung ein einheitlicher Kurs zwischen dem der jungen und dem der alten Aktien bildet.

Lehnen die 'Altaktionäre' den Erwerb der neuen Aktien ab, so können sie ihr Bezugsrecht veräußern.

Das Bezugsrecht kann als rechnerischer Wert durch die Differenz zwischen dem Kassakurs der alten Aktien und dem Ausgabekurs der neuen Aktie im Verhältnis durch das Bezugsverhältnis bestimmt werden:

$$B = \frac{K_a \;./.\; K_n}{\frac{a}{n} + 1}$$

| | | |
|---|---|---|
| $B$ | = | *Bezugsrecht* |
| $K_a$ | = | *Börsenkurs der alten Aktien, der sich an der Börse gebildet hat [Euro]* |
| $K_n$ | = | *Ausgabe- bzw. Bezugskurs der neuen Aktie, der durch das Unternehmen festgelegt wird und mindestens dem Nennwert entspricht [Euro]* |
| $a$ | = | *Anzahl der alten Aktien = Grundkapital [Euro]* |
| $n$ | = | *Anzahl der neuen Aktien = Kapitalerhöhung [Euro]* |
| $\frac{a}{n}$ | = | *Bezugsverhältnis* |

Dem rechnerischen Wert steht der tatsächliche Wert eines Bezugsrechts gegenüber, der an der Börse durch Angebot und Nachfrage entsteht.

| | | |
|---|---|---|
| **11.8.** | **Außenfinanzierung mit Eigenkapital - Beteiligungsfinanzierung -** | |
| **11.8.5.** | **Kapitalerhöhungen** | **1** |

FORMEN VON KAPITALERHÖHUNGEN

**Emissionsfähigen Unternehmen** steht es offen, ihre Eigenkapitalbasis durch eine Kapitalerhöhung zu verbreitern. Zur (Eigen-)**Kapitalerhöhung** stehen nach dem Aktiengesetz Aktiengesellschaften unterschiedliche Formen zur Verfügung die ordentliche, die bedingte und die genehmigte Kapitalerhöhung sowie die Kapitalerhöhung aus Gesellschaftsmitteln.
Da durch die **Kapitalerhöhung aus Gesellschaftsmitteln**[1] dem Unternehmen keine zusätzlichen Mittel zufließen, bzw. lediglich Rücklagen umgewandelt werden in Eigenkapital, führen die drei weiteren Formen der Aktiengesellschaft tatsächlich neues Grundkapital in Form von Zahlungsmitteln zu. Neue Aktien werden im Verhältnis zu den bestehenden, am Markt gehandelten Aktien ausgegeben. Das **Bezugsverhältnis** bestimmt sich zwischen der Anzahl der alten Aktien zu Anzahl der neuen Aktien bzw. zwischen dem Grundkapital zu dem Wert der Kapitalerhöhung. Im Folgenden werden die unterschiedlichen Ausprägungen von Kapitalerhöhungen vorgestellt, die

... ORDENTLICHE KAPITALERHÖHUNG

Die folgenden Kapitalerhöhungen werden durch einen qualifizierten Mehrheitsbeschluss der Aktionäre (3/4-Mehrheit) vorgenommen, wobei eine Sperrminorität zu beachten ist. Von einer Sperrminorität wird gesprochen, wenn ein Aktionär 25 % des Grundkapitals plus eine Aktie besitzt (§§ 20 Abs. 1 i. V. m. 16 Abs. 2 Satz 1 AktG).
Die **ordentliche Kapitalerhöhung** gegen Einlagen (§§ 182-191 AktG) erfolgt durch die Ausgabe neuer (`junger´) Aktien, aufgrund eines Mehrheitsbeschlusses von mindestens 3/4 des in der Hauptversammlung vertretenen Grundkapitals. Die Satzungsänderung mit dieser qualifizierten Mehrheit wird mit der Eintragung der Durchführung ins Handelsregister wirksam. Ausstehende Einlagen auf das bisherige Grundkapital dürfen nicht mehr vorliegen.
Aufgrund der ordentlichen Kapitalerhöhung wird die Eigenkapitalbasis des Unternehmens erweitert mit der Folge, dass bei den bisherigen Aktionären der prozentuale Anteil am Unternehmen sinken würde, wenn sie nicht ein gesetzliches Recht des Bezugs (**Bezugsrecht)**[2] hätten. Dieses Bezugsrecht kann mit einer qualifizierten Mehrheit von der Hauptversammlung ausgeschlossen werden. Die Ausgabe neuer Aktien wird auf (Kapitalmarkt-)Börsen[3] vorgenommen.
Die Emission, die Erstausgabe von Effekten (verbrieften Wertpapieren) kann über die ordentliche Kapitalerhöhung alternativ auf zwei grundsätzlichen Arten erfolgen als

- Selbstemission oder

---

[1] Vgl. zu `Kapitalerhöhung aus Gesellschaftsmitteln´ Modul 11.6.-2f. in diesem Band der Reihe.
[2] Vgl. zu `Recht des Bezugs (Bezugsrecht)´ Modul 11.8.4. in diesem Band der Reihe.
[3] Vgl. zu `(Kapitalmarkt-)Börsen´ Modul 11.8.3. in diesem Band der Reihe.

| 11.8. | Außenfinanzierung mit Eigenkapital - Beteiligungsfinanzierung - | |
|---|---|---|
| 11.8.5. | Kapitalerhöhungen | 2 |

- Fremdemission.

Bei der **Selbstemission** übernimmt das Unternehmen den Verkauf der Aktien eigenständig oder übergibt sie in Kommission einer Bank bzw. einem Bankenkonsortium. Der Emittent, die ausgebende Gesellschaft, trägt das Emissionsrisiko.
Bei der **Fremdemission** trägt nicht der Emittent das Emissionsrisiko, sondern die Bank bzw. das Bankenkonsortium. Diese Art ist in Deutschland die verbreitete Art Emissionen vornehmen zu lassen.

... BEDINGTE KAPITALERHÖHUNG

Die **bedingte Kapitalerhöhung** (§§ 192-201 AktG) beruht ebenfalls wie die ordentliche Kapitalerhöhung auf einem qualifizierten Mehrheitsbeschluss der Hauptversammlung. Der Anlass einer bedingten Kapitalerhöhung kann sein:

- Sicherung von Umtauschrechten in Aktien oder von Bezugsrechten auf Aktien bei der Ausgabe von Wandelschuldverschreibungen[4],
- Vorbereitung von Unternehmenszusammenschlüssen sowie
- Sicherung von Gewinnbeteiligungen von Arbeitnehmern durch die Ausgabe von Belegschaftsaktien.

Die bedingte Kapitalerhöhung wird mit der Ausgabe von Bezugsaktien wirksam, wobei eine Kapitalerhöhung in Abhängigkeit von der Inanspruchnahme eines Bezugs- oder Umtauschrechts erfolgt. Die bisherigen Aktionäre haben bei der bedingten Kapitalerhöhung kein Bezugsrecht auf neue Aktien, jedoch räumt das Unternehmen diese Bezugsrechte bei der Ausgabe von **Wandelschuldverschreibungen** und **Optionsschuldverschreibungen**[5] ein.

... GENEHMIGTE KAPITALERHÖHUNG

Bei der **genehmigten Kapitalerhöhung** (§§ 202-206 AktG) ist die Erhöhung des Grundkapitals bis zu einem bestimmten Nennbetrag (genehmigtes Kapital) an keinen bestimmten Finanzierungsanlass gebunden.
Der Vorstand ist durch die Satzung, mit der Zustimmung des Aufsichtsrats ermächtigt, neue Aktien gegen Einlagen auszugeben. Für die Ausgabe neuer Aktien gelten die Vorschriften über die ordentliche Kapitalerhöhung sinngemäß, jedoch tritt an die Stelle eines Beschlusses über die Kapitalerhöhung die Ermächtigung des Vorstands, die Ausgabe neuer Aktien zum bestmöglichen Zeitpunkt vorzunehmen bzw. Investitionen mit einem großen Geheimhaltungsgrad mit Eigenkapital zu finanzieren. Die Hauptversammlung ermächtigt den Vorstand zur Ausgabe neuer Aktien gegen Einlagen bis zur Hälfte des bei der Beschlussfassung vorhandenen Grundkapitals für einen befristeten Zeitraum von fünf Jahren; die neuen Aktien sollen nur mit Zustimmung des Aufsichtsrats ausgegeben werden.

---

4 Vgl. zu `Wandelschuldverschreibungen´ Modul 11.9.8.-2 in diesem Band der Reihe.
5 Vgl. zu `Optionsschuldverschreibungen´ Modul 11.9.8.-2 in diesem Band der Reihe.

| | | |
|---|---|---|
| **11.9.** | **Außenfinanzierung mit Fremdkapital – Kreditfinanzierung –** | |
| **11.9.1.** | **Vorbemerkungen** | **1** |

AUßENFINANZIERUNG MIT FREMDKAPITAL – VORBEMERKUNGEN

Die **Außenfinanzierung mit Fremdkapital** wird auch als **Kredit**- und **Beleihungsfinanzierung** bezeichnet, d.h. Fremdkapital wird dem Unternehmen von außerhalb durch die Ausgabe von (Forderungs-)Titeln zugeführt. Ein **Kredit** aus der Sicht eines Kreditgebers stellt die Erbringung einer Leistung dar, in Erwartung einer zukünftigen Gegenleistung.

Bei der Fremdfinanzierung entstehen aus der Sicht des Kreditnehmers Gläubigerrechte in der Form, dass die (Fremd-)Kapitalgeber einen festen Verzinsungs- und Tilgungsanspruch haben, unabhängig vom Erfolg des Unternehmens, nicht mit ihrem Fremdkapital haften, keine Sachwerteigentümer sind, keine Mitspracherechte erwerben, keine Beteiligung am Gewinn haben, keine Beteiligung am Vermögenszuwachs erlangen und keine Beteiligung an den stillen Reserven zufallen.

Für das kapitalerhaltende Unternehmen bedeutet die Inanspruchnahme von Krediten, dass durch wohldefinierte Zins- und Tilgungszahlungen eine bekannte Liquiitätsbelastung besteht, die **Kreditwürdigkeit** hinsichtlich der Aufnahme weiterer Kredite vermindert wird, weil das mit den Ansprüchen von Fremdkapitalgebern nicht belastete Vermögen relativ abnimmt, was sich die Fremdkapitalgeber i.d.R. durch steigende Risikosätze (Zinsen) absichern lassen. Der Kreditnehmer muss kreditwürdig sein und unter Umständen seine persönlichen und wirtschaftlichen Verhältnisse offenlegen.

Eine Aufgliederung der Außenfinanzierung mit Fremdkapital kann vorgenommen als

... KREDITFINANZIERUNG NACH ART DER LEISTUNG

Korrespondierend mit der Art der Leistungshingabe wird unterschieden zwischen der **Geldleihe** bzw. ein **Darlehn** bei dem Zahlungsmittel dem Kreditnehmer zur Verfügung gestellt werden und der **Kreditleihe**, bei der der Kreditgeber ein bedingtes Zahlungsversprechen gegenüber einem Dritten abgibt.

... KREDITFINANZIERUNG NACH DER FORM

Ein Kredit kann gewährt werden nach seiner Form als

- **Buchkredit** oder als
- **Wertpapierkredit**.

Ein **Buchkredit** entsteht durch die Einräumung einer Kreditlinie oder der Gewährung eines bestimmten Kreditbetrags. Ein Buchkredit begründet eine Forderung des Kreditinstituts, der zwischen den Vertragspartnern ausschließlich \`in den Büchern´ erfasst wird.

Dem gegenüber wird ein Bankkredit als **Wertpapierkredit** bezeichnet, bei dem die Bank ein Wertpapier erhält, in dem eine bereits bestehende Forderung oder ein Anteilsrecht verbrieft ist.

... KREDITFINANZIERUNG NACH KALENDARISCHEN ASPEKTEN

Bezüglich der zeitlichen Dimension der Kreditüberlassung, der die nachste-

| | | |
|---|---|---|
| **11.9.** | **Außenfinanzierung mit Fremdkapital – Kreditfinanzierung –** | |
| **11.9.1.** | **Vorbemerkungen** | **2** |

henden Erläuterungen folgen werden, kann die Kreditfinanzierung differenziert werden in die **kurzfristige Fremdfinanzierung**, die sich auf eine Kreditlaufzeit von bis zu 90 Tagen bezieht; die **mittelfristige Fremdfinanzierung**, die eine Kreditlaufzeit von bis zu 3 Jahren beschreibt sowie die **langfristige Fremdfinanzierung**, die Kredite mit mehr als 3 Jahre Laufzeit betrachtet.

| | | |
|---|---|---|
| **11.9.** | **Außenfinanzierung mit Fremdkapital – Kreditfinanzierung –** | |
| **11.9.2.** | **Kreditsicherungsformen** | **Ü 1** |

**Kreditsicherungsformen**

- ... Einräumung von Kreditsicherheiten
  - ... Honorierung des Kreditengagements
    - ... Limitierung des Kreditengagements
    - ... Höhe des Kreditzinses
  - ... Rechte der Einflussnahme auf Kreditnehmer
  - Personalkreditsicherung
- Realkreditsicherung

**Personalkreditsicherung**

- ... persönliche Kreditsicherung
- ... Fremdsicherung durch Dritte
  - ... Kreditversicherung
    - ... Wechsel
      - ... Schuldbeitritt
        - ... Bürgschaft
- ... Garantie

| | | |
|---|---|---|
| **11.9.** | **Außenfinanzierung mit Fremdkapital – Kreditfinanzierung –** | |
| **11.9.2.** | **Kreditsicherungsformen** | **Ü 2** |

REALKREDITSICHERUNG

- ... IMMOBILIENKREDEITSICHERUNG
  - ... HYPOTHEK
  - ... GRUNDSCHULD
  - ... RENTENSCHULD
- ... MOBILIENKREDITSICHERUNG
  - PFANDRECHT
  - SICHERUNGSÜBEREIGNUNG
  - SICHERUNGSABTRETUNG
  - HINTERLEGUNG
  - EIGENTUMSVORBEHALT

PFANDRECHT

SICHERUNGSÜBEREIGNUNG

SICHERUNGSABTRETUNG

HINTERLEGUNG

EIGENTUMSVORBEHALT

- ... EINFACHE EIGENTUMSVORBEHALT
- ... VERLÄNGERTE EIGENTUMSVORBEHALT

| | | |
|---|---|---|
| **11.9.** | **Außenfinanzierung mit Fremdkapital – Kreditfinanzierung –** | |
| **11.9.2.** | **Kreditsicherungsformen** | **1** |

### Kreditsicherungsformen

Kredite unterliegen i.d.R. einer **Besicherung**, d.h. der Kreditnehmer muss in der Höhe des Kredits eine Gegenleistung als Sicherheit anbieten, aus der sich der Kreditgeber – im Falle des Ausfalls von Zahlungsleistungen durch den Kreditnehmer – befriedigen kann. Es existieren unterschiedliche Formen der Kreditsicherung, die bezüglich der Absicherung eines Kredits zielen auf eine

#### ... Limitierung des Kreditengagements

Kreditgeber haben die Möglichkeit, ihr Kapital- und Zinsrisiko unterschiedlich zu beschränken. Das kann geschehen durch

- eine **Risikostreuung**, indem der Kapitalgeber seinen Kapitaleinsatz aufgrund sachlicher, zeitlicher, regionaler oder persönlicher Präferenzen verteilt;
- eine **Risikoteilung**, indem der Kreditgeber zusammen mit weiteren Partnern wie bspw. Bankenkonsortien lediglich einen Teilbetrag der Gesamtkreditsumme bereitstellt; oder
- eine **Risikokompensation**, indem der Kapitalgeber sich den Fall des Risikoeintritts durch eine Verlustneutralisierung sichern lässt, etwa durch die Vereinbarung von Gegengeschäften.

#### ... Honorierung des Kreditengagements

Die Bereitstellung von Kapital ist mit Widrigkeiten für den Kapitalgeber verbunden, auf die er oft wenig Einfluss hat. Zur Einschränkung des Risikoeintritts lässt sich der Kreditgeber bestimmte **vertragliche Kreditkonditionen** einräumen. Diese können alternativ mit unterschiedlichen Ausprägungen betreffen die

##### ... Höhe des Kreditzinses

Die **Höhe des Kreditzinses** orientiert sich an der Höhe des Risikos der Kapitalüberlassung sowie den marktlichen Gegebenheiten bezüglich angebotenen und nachgefragten Krediten. Subjektiv als risikoreich eingeschätzte Kreditengagements werden i.d.R. mit einem Risikozuschlag zum allgemein üblichen Zinssatz berücksichtigt.

##### ... Rechte der Einflussnahme auf Kreditnehmer

Der Kreditgeber kann sich entsprechend der Höhe seines finanziellen Engagements seine **Rechte auf den Kreditnehmer** sichern durch Rechte der Mitsprache (Mitspracherechte), Rechte der Information (Auskunftsrechte), Rechte der Kontrolle (Kontrollrechte), Rechte der Leitung (Mitspracherechte bei der Unternehmensführung) sowie Rechte auf Setzen von Richtlinien (Zielvorgaberechte bei der Unternehmenszielbestimmung).

#### ... Einräumung von Kreditsicherheiten

Kapitalgeber gehen durch die Hingabe von Fremdkapital Risiken ein (Kapital-, Zinsrisiken), die sie sich durch den Kreditnehmer absichern lassen.

| 11.9. | Außenfinanzierung mit Fremdkapital – Kreditfinanzierung – | |
|---|---|---|
| 11.9.2. | Kreditsicherungsformen | 2 |

Je nach dem Bestehen einer Forderung kann bezüglich der Kreditsicherung unterschieden werden zwischen einer **akzessorischen Sicherheit**, die an das Bestehen einer Forderung geknüpft ist, oder einer **fiduziarischen Sicherheit**, die unabhängig von einer Forderung gegeben sind.
Im allgemeinen geschieht die Absicherung eines Kredits alternativ durch eine

PERSONALKREDITSICHERUNG

REALKREDITSICHERUNG

PERSONALKREDITSICHERUNG

Die **Personalkreditsicherung** stellt darauf ab, dass der Kreditnehmer alternativ vornimmt eine

... PERSÖNLICHE KREDITSICHERUNG

Die **persönliche Kreditsicherung** wird durch die Stellung persönlicher Sicherheiten bewirkt, die je nach individueller Situation des Kreditnehmers erfolgen kann als eine

- persönliche Kreditwürdigkeit (Blankokredit) oder eine
- Erleichterung der Durchsetzbarkeit von Forderungen des Kreditgebers beim Kreditnehmer.

Liegen die Sicherheiten allein in der Hand des Kreditnehmers (**persönliche Kreditwürdigkeit**), muss dieser aufgrund seiner individuellen und wirtschaftlichen Gegebenheiten keine Sicherheiten stellen, so wird vom **Blankokredit** gesprochen wie bspw. bei Überziehungsmöglichkeiten von Gehaltskonten.
Der Kreditnehmer hat die Möglichkeit, dem Kreditgeber eine erleichterte Durchsetzbarkeit seiner Forderung einzuräumen durch eine Quittung (§ 368 BGB), einen Solawechsel (§ 17 WG), ein Schuldanerkenntnis (§ 780 BGB) sowie eine Unterwerfung unter die Zwangsvollstreckung (§ 794 Abs. 1 Nr. 3 ZPO).

... FREMDSICHERUNG DURCH DRITTE

Bei der **Fremdsicherung durch Dritte** werden neben dem Kreditnehmer weitere Personen (Drittschuldner) als Kreditschuldner herangezogen. Zu nennen sind hier die

... BÜRGSCHAFT

Der Bürge verpflichtet sich vertraglich, gegenüber dem Gläubiger (Kreditgeber) eines Dritten (Kreditnehmer) für die Verbindlichkeiten des Dritten einzustehen. Voraussetzung für die Einigung über eine **Bürgschaft** als Kreditsicherung ist die Kreditwürdigkeit des Bürgen. Der Kreditgeber hat für seine Forderung somit zwei Schuldner.

| 11.9. | **Außenfinanzierung mit Fremdkapital – Kreditfinanzierung –** | |
|---|---|---|
| **11.9.2.** | **Kreditsicherungsformen** | **3** |

Die **Bürgschaft** (§§ 765 ff. BGB, §§ 349 f. HGB) bedarf der Schriftform und ist in Bezug auf ihren temporären und quantitativen Bestand von der Hauptschuld abhängig (akzessorische Sicherheit). Sie steigt oder sinkt mit Veränderung der Hauptschuld, soweit die Bürgschaft zeitlich und betragsmäßig variabel ist.

*Abbildung:* Charakteristika einer Bürgschaft

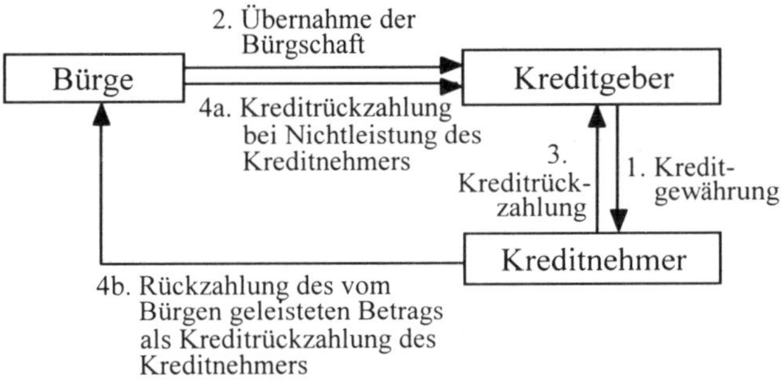


Nach dem Wesen der Bürgschaft kann unterschieden werden zwischen

- der selbstschuldnerischen Bürgschaft und
- der Ausfallbürgschaft (gewöhnliche Bürgschaft).

Bei der **selbstschuldnerischen Bürgschaft** muss der Bürge auf Verlangen des Gläubigers unverzüglich die Verbindlichkeit begleichen, wenn der Schuldner seinen Verpflichtungen nicht vertragsgemäß nachkommt. Der Bürge ist für den Kreditgeber ein gleichberechtigter Schuldner, da der Bürge i.d.R. auf die Einrede der Vorausklage vertraglich verzichtet hat.

Die **Ausfallbürgschaft** tritt lediglich ein, wenn der Gläubiger (Kreditgeber) erfolglos die Zwangsvollstreckung in das Vermögen des Kreditnehmers (Schuldner) betrieben hat. Dem Bürgen steht bis dahin die Einrede der Vorausklage zu.

... SCHULDBEITRITT

Beim **Schuldbeitritt** wird eine weitere Person aufgrund vertraglicher Vereinbarungen mit dem Hauptschuldner zum Gesamtschuldner des Kredits. Der Kreditgeber muss die Zustimmung zum Beitritt geben (akzessorische Sicherheit).

... WECHSEL

Ein **Wechsel**[1] ist ein übertragbares Wertpapier, in dem der Kreditgeber (Wechselaussteller) sich als Berechtigten benennt, den auf dieser Urkunde genannten zu sichernden Betrag nach Erreichen des Fälligkeits-

[1] Vgl. zu 'Wechselkredit' Modul 11.9.4.-2 in diesem Band der Reihe.

| | | |
|---|---|---|
| **11.9.** | **Außenfinanzierung mit Fremdkapital – Kreditfinanzierung –** | |
| **11.9.2.** | **Kreditsicherungsformen** | **4** |

tags (Zahlungsziel) einzulösen. Durch die Akzeptierung des Wechsels verpflichtet sich der Kreditnehmer, den Wechsel zum Verfallszeitpunkt einzulösen. Aufgrund der Wechselstrenge erhält der Wechselaussteller (Gläubiger, Kreditgeber) eine hohe Sicherheit des Zahlungseingangs.

... KREDITVERSICHERUNG

Schließt der Gläubiger als Schutzbedürftiger gegen Risiken und Gefahren eine Versicherung ab, die dem Kreditgeber entstehen können, so wird dies als **Kreditversicherung** bezeichnet. Auch der Schuldner kann Versicherungsnehmer sein. Eine Kreditversicherung ist unabhängig von der Forderung (fiduziarische Sicherheit).

... GARANTIE

Einer **Garantie** liegt ein einseitig verpflichtender Schuldvertrag zugrunde – wie bei der Bürgschaft –, worin der Garantiegeber dem Kreditschuldner (Garantienehmer) für den Eintritt eines positiven oder negativen Erfolgs ein unwiderrufliches Zahlungsversprechen einräumt. Die Garantie ist im Gegensatz zur Bürgschaft fiduziarisch.

REALKREDITSICHERUNG

Die **Realkreditsicherung** stellt darauf ab, dass der Kreditnehmer eine dingliche (sachliche) Sicherung seines Kredits vornimmt. Dabei sind neben dem Spezialfall der Verpfändung von Sachwerten wie Schiffen (Schiffspfandrecht) zu unterscheiden zwischen der

... IMMOBILIENKREDITSICHERUNG

Bei der Sicherung von Krediten mit Immobilien (**Immobilienkreditsicherung** als **Grundpfandrecht**) ist bei Grundstücken die Eintragung ins Grundbuch erforderlich, damit das Pfandrecht entsteht. Die Immobilienkreditsicherung kann alternativ vorgenommen werden als

... HYPOTHEK

Die **Hypothek** (§§ 1113 ff. BGB) ist ein Pfandrecht an einem Grundstück (Grundpfandrecht), das der Sicherung einer Forderung dient. Die Hypothek ist eine akzessorische Sicherheit, d.h., die Forderung ist mit der Hypothek eng verbunden.

... GRUNDSCHULD

Die **Grundschuld** (§§ 1191ff. BGB) ist ein Grundpfandrecht an unbeweglichen Gütern, das nicht an das Bestehen einer Forderung geknüpft ist (fiduziarische Sicherheit). Zwischen dem durch einen grundschuldgesicherten Kredit und der Forderung besteht zwar ein wirtschaftlicher, jedoch kein rechtlicher Zusammenhang, im Gegensatz zur Hypothek. Sie dient gewöhnlicherweise der Finanzierung von Grundstücks- und Gebäudekäufen, und ist eine Belastung eines Grundstücks, um an den

| 11.9. | Außenfinanzierung mit Fremdkapital – Kreditfinanzierung – | |
|---|---|---|
| 11.9.2. | Kreditsicherungsformen | 5 |

Begünstigten eine bestimmte Geldsumme aus dem Grundstück zu zahlen. Bezüglich der **Beurkundungsarten** der Grundschuld lassen sich nennen

- die **Buchgrundschuld**, deren Entstehung durch die Einigung und Eintragung ins Grundbuch entsteht, und
- die **Briefgrundschuld**, die in Analogie zur Buchgrundschuld entsteht, zusätzlich jedoch um eine Urkunde ergänzt wird.

Je nach Rechtsinhaber der Grundschuld ist diese

- eine **Eigentümergrundschuld**, bei der die Grundschuld für den Grundstückseigentümer bestellt ist (§ 1196 BGB), um eine bessere Rangfolge für spätere Belastungen freizuhalten, oder
- eine **Fremdgrundschuld**, bei der die Grundschuld für einen Fremdkapitalgeber bestellt ist. Sie dient der Sicherung von Krediten. Unter `Rang´ einer Schuld wird der Platz der Berechtigten in der Reihe derer verstanden, die durch Verwertung des Grundstücks Befriedigung suchen können (§ 879 BGB). Der Rang wird durch die Reihenfolge des Eingangs der bewilligten Anträge beim Grundbuchamt bestimmt. Soll ein Grundstück verwertet werden, so wird der im Rang Vorstehende zuerst befriedigt und dann die Nachfolgenden, sofern der Erlös ausreicht. Kreditinstitute verlangen zur Kreditsicherung grundsätzlich den ersten Rang im Grundbuch. Bestehen gleichrangige Eintragungen werden die Gläubiger im Verhältnis ihrer Forderungshöhen berücksichtigt.

... RENTENSCHULD

Bei der **Rentenschuld** (§§ 1199ff. BGB) werden aus dem Grundstück in äquidistanten Abständen bestimmte Geldbeträge, die **Rente**, gezahlt. Sie ist eine Grundschuld zur Sicherung einer Rente, und für die Zwecke der Kreditsicherung kaum von Bedeutung. Bei der Bestellung der Rentenschuld muss ein Betrag bestimmt und im Grundbuch eingetragen werden, durch dessen Zahlung die Rentenschuld abgelöst werden kann.

... MOBILIENKREDITSICHERUNG

Die Sicherung von Krediten mit beweglichen Sachen und Rechten (**Mobilienkreditsicherung**) kann erfolgen durch

PFANDRECHT

SICHERUNGSÜBEREIGNUNG

SICHERUNGSABTRETUNG

HINTERLEGUNG

EIGENTUMSVORBEHALT

| | | |
|---|---|---|
| **11.9.** | **Außenfinanzierung mit Fremdkapital – Kreditfinanzierung –** | |
| **11.9.2.** | **Kreditsicherungsformen** | **6** |

### PFANDRECHT

Das **Pfandrecht** ist eine Belastung an fremden beweglichen Sachen (§§ 1204ff. BGB) oder Rechten (§§ 1273f. BGB) zur Sicherung einer Forderung. Das Pfandrecht ist eine akzessorische Sicherheit. Ein Pfandrecht setzt die Einigung zwischen dem Eigentümer (Kreditnehmer, Verpfänder) und dem Gläubiger (Kreditgeber) über die Entstehung des Pfandrechts voraus. Bei beweglichen Sachen ist die Übergabe der Pfandsache erforderlich. Beim Pfandrecht gibt der Schuldner seinen (Teil-)Besitz und seine (Teil-)Nutzung auf, aber nicht sein Eigentum. Bei beweglichen Sachen wird die Sicherungsübereignung dem Pfandrecht vorgezogen, bei Forderungen (Rechten) meist die Sicherungsabtretung.

### SICHERUNGSÜBEREIGNUNG

Die **Sicherungsübereignung** ist eine Übereignung von beweglichen Sachen an den Gläubiger zur Sicherung seiner Forderung. Da die sicherungsübereignete Sache für den Kreditnehmer meist unentbehrlich ist, bleibt diese in seinem unmittelbarem Besitz, der Kreditgeber erwirbt lediglich den mittelbaren Besitz (treuhänderisches Eigentum). Der Schuldner gibt sein Eigentum an der Sache auf, jedoch nicht dessen Besitz und Nutzen.

*Abbildung:* Charakteristika einer Sicherungsübereignung

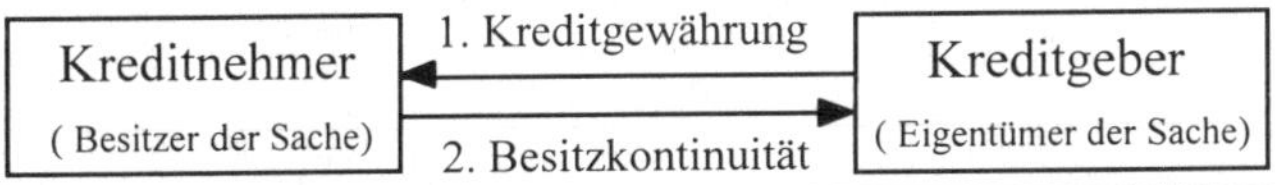


### SICHERUNGSABTRETUNG

Bei der **Sicherungsabtretung (Zession, Forderungsabtretung)** tritt zur Sicherung einer Forderung des Kreditgebers (Zessionar) der Kreditnehmer (Zedent) Forderungen, über die er verfügt, in einem formfreien Abtretungsvertrag an diesen ab. Es können zwei **Arten der Sicherungsabtretung** genannt werden

- die stille Zession und
- die offene Zession.

Bei der **stillen Zession** ist dem Drittschuldner die Abtretung nicht bekannt; der Drittschuldner zahlt an den Kreditnehmer, den bisherigen Gläubiger.

Bei der **offenen Zession** wird dem Drittschuldner die Abtretung angezeigt, der die Zahlung nur an den Kreditgeber leisten darf (§ 407 BGB).

Je nach **Umfang der Sicherungsabtretung** kann es sich handeln um

- eine **Globalzession**, d.h. es werden nicht Einzelforderungen, sondern Forderungsgruppen abgetreten wie bspw. alle Forderungen der Schuldner von Buchstabengruppe G bis K;
- eine **Mantelzession**, d.h. der Kreditnehmer tritt Forderungen in einer be-

| | | |
|---|---|---|
| **11.9.** | **Außenfinanzierung mit Fremdkapital – Kreditfinanzierung –** | |
| **11.9.2.** | **Kreditsicherungsformen** | **7** |

stimmten Gesamthöhe in der Art ab, dass dem Abtretungsvertrag eine bestimmte 'Debitorenliste' beigefügt wird. Bezahlte Forderungen müssen durch neue Forderungen ersetzt werden. Erst mit der Genehmigung der Debitorenliste durch den Zessionar (Kreditgeber) wird die Abtretung wirksam.

*Abbildung:* Charakteristika einer Sicherungsabtretung

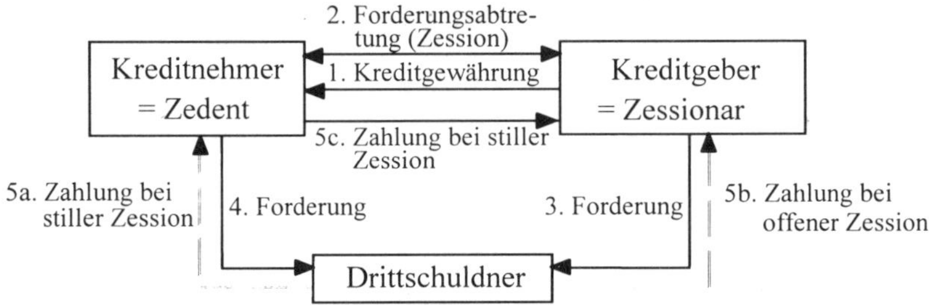


### HINTERLEGUNG

Als Sicherheitsleistung von Mobilien ist es für den Schuldner möglich, entsprechende Gelder, Wertpapiere oder sonstige Urkunden und Kostbarkeiten bei dem Amtsgericht des Leistungsorts zu hinterlegen, wo diese verwahrt werden (§§ 372 ff. i.V.m. § 688 BGB). Die **Hinterlegung** ist dem Gläubiger anzuzeigen. Je nach Rücknahmerecht darf der Schuldner die hinterlegte Sache im allgemeinen zurücknehmen (§ 376 BGB). Die Rücknahme ist jedoch ausgeschlossen, wenn der Schuldner gegenüber der Hinterlegungsstelle erklärt, auf das Recht der Rücknahme zu verzichten, der Gläubiger gegenüber der Hinterlegungsstelle die Annahme erklärt, bzw. der Hinterlegungsstelle ein zwischen Schuldner und Gläubiger ergangenes rechtskräftiges Urteil vorliegt, dass die Hinterlegung für rechtmäßig erklärt. Ist die Rücknahme ausgeschlossen, so gilt die Hinterlegung als Erfüllung.

### EIGENTUMSVORBEHALT

Beim **Eigentumsvorbehalt** behält der Verkäufer sein Eigentum an der verkauften Sache bis zur vollständigen Bezahlung. Der Verkäufer übt die rechtliche Herrschaft aus, während der Käufer Besitzer der Sache wird, er übt die tatsächliche Herrschaft aus. Der Eigentumsvorbehalt wird oft bei **Lieferantenkrediten**[2] angewendet.
Je nach Umfang des Eigentumsvorbehalts existiert der

#### ... EINFACHE EIGENTUMSVORBEHALT

Beim **einfachen Eigentumsvorbehalt** (§ 455 BGB) hat der Verkäufer im Fall des Zahlungsverzugs des Käufers die Möglichkeit, seinen Rücktritt

2 Vgl. zu 'Lieferantenkredit' Modul 11.9.4.-1. in diesem Band der Reihe.

| 11.9. | Außenfinanzierung mit Fremdkapital – Kreditfinanzierung – | |
|---|---|---|
| 11.9.2. | Kreditsicherungsformen | 8 |

vom Vertrag zu erklären und die Herausgabe der Sache zu fordern (§§ 985f. BGB). Der einfache Eigentumsvorbehalt ist jedoch unwirksam und der Verkäufer verliert sein Eigentum an der Sache, wenn der Käufer die Sache verarbeitet (§ 950 BGB) oder mit anderen verbunden hat (§ 947 Abs. 2 BGB), ein Dritterwerber die Sache gutgläubig erworben hat (§§ 932ff. BGB, § 366f. HGB) oder die Sache mit einem Grundstück fest verbunden ist (§ 946 BGB).

... VERLÄNGERTE EIGENTUMSVORBEHALT

Beim **verlängerten Eigentumsvorbehalt** tritt der Käufer an den Vorbehaltsverkäufer die vorbehaltlichen Forderungen im voraus aus der Weiterveräußerung der Sache ab. Dadurch soll verhindert werden, dass der Sicherungseffekt der unter Vorbehalt veräußerten Sache mit der Weiterveräußerung dieser entfällt.

| 11.9. | **Außenfinanzierung mit Fremdkapital – Kreditfinanzierung –** | |
|---|---|---|
| **11.9.3.** | **Kurz- und mittelfristige Fremdfinanzierung im Überblick** | **1** |

KURZ- UND MITTELFRISTIGE FREMDFINANZIERUNG

Als Finanzierungen mit **kurzfristige**m Charakter werden **Kredite** mit einer Laufzeit von bis zu 90 Tagen verstanden, **mittelfristig** gewährte **Kredite** haben eine Laufzeit von bis zu 3 Jahren. Je nach Kreditgeber kann eine Unterscheidung vorgenommen werden, ob es sich bei dem Kredit handelt um

KURZ- UND MITTELFRISTIGE HANDELSKREDITE VON NICHTBANKEN[1]

... KURZ- UND MITTELFRISTIGE BANKKREDITE VON KREDITINSTITUTEN

**Kreditinstitute** sind Unternehmen, deren Betriebszweck ist, eine Vielfalt von Krediten mit unterschiedlichen Ausprägungen am Markt anzubieten. Um eine erste grobe Segmentierung der von Kreditinstituten angebotenen Kredite vorzunehmen sind abzugrenzen

KURZ- UND MITTELFRISTIGE BANKKREDITE IM BINNENHANDEL[2]

KURZ- UND MITTELFRISTIGE BANKKREDITE IM AUßENHANDEL[3]

1 Vgl. zu 'Kurz- und mittelfristige Handelskredite von Nichtbanken' Modul 11.9.4.ff. in diesem Band der Reihe.

2 Vgl. zu 'Kurz- und mittelfristige Bankkredite im Binnenhandel' Modul 11.9.5.ff. in diesem Band der Reihe.

3 Vgl. zu 'Kurz- und mittelfristige Bankkredite im Außenhandel' Modul 11.9.6.ff. in diesem Band der Reihe.

| | | |
|---|---|---|
| **11.9.** | **Außenfinanzierung mit Fremdkapital – Kreditfinanzierung –** | |
| **11.9.4.** | **Kurz- und mittelfristige Handelskredite von Nichtbanken** | **Ü 1** |

KURZ- UND MITTELFRISTIGE HANDELSKREDITE VON NICHTBANKEN

- ... LIEFERANTENKREDIT
- ... KUNDENKREDIT (-ANZAHLUNG)
- ... WECHSELKREDIT
  - ... GRUNDFORMEN DES WECHSELS
    - GEZOGENE WECHSEL
    - EIGENE WECHSEL (SOLAWECHSEL)
  - FUNKTIONEN EINES EMPFANGENEN WECHSELS
  - UMKEHRWECHSEL
  - VERWEIGERUNG DER WECHSELEINLÖSUNG

GEZOGENE WECHSEL

- ... GEZOGENER WECHSEL 'AN EIGENE ORDER'
- ... GEZOGENER WECHSEL 'AN FREMDE ORDER'

EIGENE WECHSEL (SOLAWECHSEL)

- ... GEGENÜBERSTELLUNG VON GEZOGENEM UND EIGENEM WECHSEL

FUNKTIONEN EINES EMPFANGENEN WECHSELS

- ... EINZIEHUNG DES WECHSELS
- DISKONTKREDIT (DISKONTIERUNG EINES WECHSELS)
- ... WEITERGABE EINES WECHSELS ALS ZAHLUNGSMITTEL (INDOSSIERUNG)

| | | |
|---|---|---|
| **11.9.** | **Außenfinanzierung mit Fremdkapital – Kreditfinanzierung –** | |
| **11.9.4.** | **Kurz- und mittelfristige Handelskredite von Nichtbanken** | **Ü 2** |

DISKONTKREDIT (DISKONTIERUNG EINES WECHSELS)

UMKEHRWECHSEL

VERWEIGERUNG DER WECHSELEINLÖSUNG

| | | |
|---|---|---|
| **11.9.** | **Außenfinanzierung mit Fremdkapital – Kreditfinanzierung –** | |
| **11.9.4.** | **Kurz- und mittelfristige Handelskredite von Nichtbanken** | **1** |

## KURZ- UND MITTELFRISTIGE HANDELSKREDITE VON NICHTBANKEN

Von Nichtbanken gewährte Kredite werden als **Handelskredite** bezeichnet. Die Funktion dieser Kredite ist sowohl unter finanziellen Aspekten zu sehen als auch bezüglich der Konditionen zwischen Nachfrager und Anbieter, da im großen Rahmen die gesamten Handelsbeziehungen festgelegt bzw. frei vereinbart werden können. Als Formen werden bei den Handelskrediten unterschieden der

### ... LIEFERANTENKREDIT

Beim **Lieferantenkredit** räumt der Lieferant von (Wirtschafts-)Gütern dem belieferten Unternehmen ein Zahlungsziel ein (Zielkauf, Kaufpreisstundung). Dadurch verzichtet das liefernde Unternehmen auf eine sofortige Bezahlung, so dass zwischen der Lieferung des Guts und der Bezahlung eine zeitliche Verzögerung von bis zu 90 Tagen auftritt. Es werden keine Zahlungsmittel vergeben und es wird für den Lieferantenkredit kein Zins gezahlt, dennoch wird er nicht unentgeltlich gewährt.
Verzichtet der Empfänger der kreditierten Waren auf den Kredit, so kann er den ihm in Rechnung gestellten Betrag um einen bestimmten prozentualen Anteil vom Rechnungsbetrag kürzen, den **Skonto**. Der Skonto als Zeitdifferenz zwischen Sofortzahlung und Zahlung am Zahlungsziel stellt das Zinselement des Lieferantenkredits dar. Der Skonto ist im Angebotspreis einzukalkulieren.
Der Lieferantenkredit wird vom kreditgewährenden Unternehmen meist aus absatztaktischen, sowie finanzorientierten Gründen gewährt, um einerseits das Gut preisgünstig zu halten und andererseits früh einen finanziellen Rückfluss ins Unternehmen zu gewährleisten.
Für das den Lieferantenkredit in Anspruch nehmende Unternehmen kann es sogar vorteilhaft sein, einen kurzfristigen Bankkredit unter Ausnutzung des Skontos aufzunehmen, da der Lieferantenkredit i.d.R. zu der teuersten Kreditform zählt.

*Abbildung:* Lieferantenkredit (aus Sicht des Kreditgebers)

*Aufwendungen*

entstehen durch die von Kreditnehmern in Anspruch genommenen Skonti sowie Boni oder Rabatte

*Schnelligkeit der Kapitalbeschaffung*

sehr schnell, aufgrund der geringen Formalitäten

*Kreditsicherung*

Eigentumsvorbehalt durch den Kreditgeber

*Kündigungsmöglichkeiten*

wird das Zahlungsziel nicht eingehalten, wird der Eigentumsvorbehalt[1] wirksam, der jedoch bei gelieferten und fest verbundenen Gegenständen oft schwierig durchzusetzen ist

1 Vgl. zu `Eigentumsvorbehalt´ Modul 11.9.2-7 in diesem Band der Reihe.

| | | |
|---|---|---|
| **11.9.** | **Außenfinanzierung mit Fremdkapital – Kreditfinanzierung –** | |
| **11.9.4.** | **Kurz- und mittelfristige Handelskredite von Nichtbanken** | **2** |

*Formalitäten*

gering, da Zahlungsziele in Kaufverträgen und/oder Allgemeinen Geschäftsbedingungen fixiert werden

*Vorteile*

durch Skontogewährung können Liquiditätsengpässe des kreditgebenden Unternehmens vermieden werden

*Nachteile*

hohe Kosten, wenn die gewährten Skontoanteile zum Vergleich auf das Jahr umgerechnet werden.

... KUNDENKREDIT (-ANZAHLUNG)

Der **Kundenkredit** bzw. die **Kundenanzahlung** ist eine Kreditform, bei der der Abnehmer der betrieblichen Leistung die Rolle des Kreditgebers übernimmt, weshalb er auch als **Abnehmerkredit** bezeichnet wird; im Gegensatz zum Lieferantenkredit und zum Diskontkredit[2], bei welchen der Abnehmer der betrieblichen Leistung der Kreditnehmer ist.
Das beliefernde Unternehmen erhält als Kreditnehmer vom Abnehmer Zahlungsmittel, um den durch dessen Auftrag hervorgerufenen Kapitalbedarf decken zu können.
Die Kreditgewährung erfolgt im allgemeinen für das Unternehmen unentgeltlich, also zinslos, die Tilgung wird durch die Lieferung der vereinbarten Leistung vorgenommen. Diese Kreditform erfolgt insbesondere bei Großprojekten im Hoch- und Tiefbau, im Anlagenbau sowie im Schiffbau, und ist abhängig von der Marktstellung des Anbieters sowie der allgemeinen Auftragssituation.
Kundenanzahlungen bieten dem Lieferanten die Sicherheit der Abnahme und der Restzahlung nach seiner Leistungserstellung sowie dem Kunden die Sicherheit auf Vertragserfüllung, oft gepaart mit Konventionalstrafen und Eigentumsvorbehalten.

... WECHSELKREDIT

Anstelle einer Barzahlung oder der Ausnutzung eines Zahlungsziels kann der Kunde einem Lieferanten die Akzeptierung eines Wechsels anbieten (**Wechselkredit**). Ein **Wechsel** ist ein übertragbares (indossables) Wertpapier, das eine bestimmte, namentlich bezeichnete natürliche oder juristische Person als berechtigt benennt, eine auf der Urkunde genannte Geldsumme zu zahlen, oder aber durch schriftliche Abtretungserklärung auf dem Papier (Indossament) und Übergabe des Papiers an eine andere Person zu zahlen.
Nach Art. 1 WG sind die wesentlichen und formalen **Erfordernisse** an einen Wechsel:

a) die Bezeichnung `Wechsel´ im Text der Urkunde,

2 Vgl. zu `Diskontkredit´ Modul 11.9.4.-9 in diesem Band der Reihe.

| | | |
|---|---|---|
| **11.9.** | **Außenfinanzierung mit Fremdkapital – Kreditfinanzierung –** | |
| **11.9.4.** | **Kurz- und mittelfristige Handelskredite von Nichtbanken** | **3** |

b) die unbedingte Anweisung (beim gezogenem Wechsel) oder das unbedingte Versprechen (eigener Wechsel) eine bestimmte Geldsumme (Wechselsumme) zu zahlen,
c) ausschließlich beim gezogenen Wechsel der Name dessen, der zahlen soll (Bezogener),
d) die Angabe der Verfallzeit,
e) die Angabe des Zahlungsorts, ansonsten gilt der Ort des Bezogenen als Zahlungsort,
f) der Name dessen, an den oder an dessen Order gezahlt werden soll (Wechselnehmer, Remittent),
g) der Ort und das Datum der Ausstellung,
h) der Name und die eigenhändige Unterschrift des Ausstellers.

Fehlen diese Angaben, so hat die Urkunde nicht die Eigenschaft und die Wirkung eines Wechsels, dies kann jedoch ggf. durch nachträgliche Ausfüllung (Blanko-Wechsel) geheilt werden. Auf folgende Aspekte soll im Zusammenhang mit einem Wechsel eingegangen werden

... GRUNDFORMEN DES WECHSELS

Nach dem Wechselgesetz lassen sich zwei Grundformen des Wechsels unterscheiden, der

GEZOGENE WECHSEL

EIGENE WECHSEL (SOLAWECHSEL)

FUNKTIONEN EINES EMPFANGENEN WECHSELS

UMKEHRWECHSEL

VERWEIGERUNG DER WECHSELEINLÖSUNG

### GEZOGENE WECHSEL

Beim **gezogenem Wechsel** zieht der Wechselaussteller (Trassant) einen Wechsel auf den Wechselschuldner (Bezogenen). Der gezogene Wechsel ist eine unbedingte Anweisung des Ausstellers an den Wechselschuldner, bei Fälligkeit des Wechsels (meist 90 Tage) einen bestimmten Geldbetrag (Wechselsumme) an eine im Wechsel genannte natürliche oder juristische Person (Wechselnehmer, Remittent) zu zahlen.

Wird ein gezogener Wechsel als **Zahlungsanweisung** des Ausstellers vom Wechselschuldner durch seine Unterschrift auf dem Wechsel angenommen (akzeptiert), so tritt zur Zahlungsanweisung die Zahlungspflicht des Wechselschuldners hinzu. Der gezogene Wechsel heißt vor der Akzeptierung Tratte, nach der Akzeptierung Akzept.

| | | |
|---|---|---|
| **11.9.** | **Außenfinanzierung mit Fremdkapital – Kreditfinanzierung –** | |
| **11.9.4.** | **Kurz- und mittelfristige Handelskredite von Nichtbanken** | **4** |

Eine **Tratte** ist ein nicht akzeptierter, gezogener Wechsel, für dessen Einlösung der (Wechsel-)Aussteller und nicht der Bezogene (Wechselschuldner) haftet; sie stellt eine Zahlungsforderung dar.

Ein **Akzept** bedeutet zum einen die schriftliche Annahmeerklärung des Bezogenen zum anderen den akzeptierten Wechsel selbst. Erst das Akzept begründet die durch den Wechsel dokumentierte Verbindlichkeit und macht aus der Zahlungsaufforderung ein Zahlungsversprechen.

*Abbildung:* Zustandekommen und Wesen des Wechselkredits

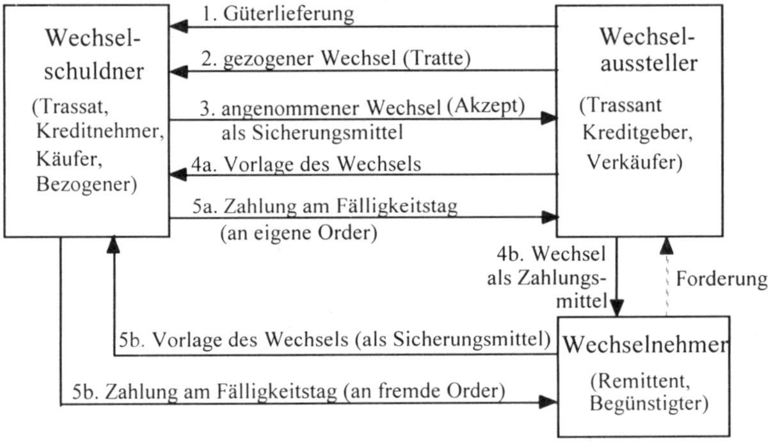


Je nach dem Begünstigten des gezogenen Wechsels wird unterschieden der

... GEZOGENER WECHSEL 'AN EIGENE ORDER'

Der **gezogene Wechsel** kann **'an eigene Order'** gehen, d.h. der Wechselaussteller ist auch der Begünstigte, so dass es zwei Beteiligte gibt

- den Aussteller (Trassant) und
- den Bezogenen (Trassat; nach Akzept: Akzeptant)

*Abbildung:* gezogener Wechsel an eigene Order

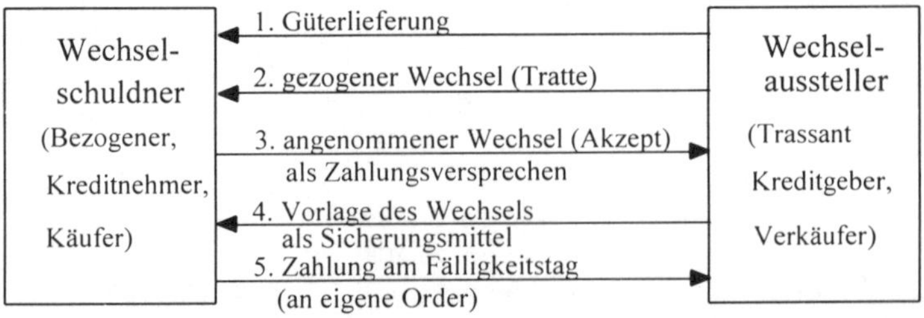


Dies ist die übliche Form eines gezogenen Wechsels. Der Wechselschuldner erhält ein Zahlungsziel (Lieferantenkredit), während der Wechselaussteller als Gläubiger sofort über den Wechselbetrag verfügen kann.

| | | |
|---|---|---|
| **11.9.** | **Außenfinanzierung mit Fremdkapital – Kreditfinanzierung –** | |
| **11.9.4.** | **Kurz- und mittelfristige Handelskredite von Nichtbanken** | **5** |

... GEZOGENER WECHSEL 'AN FREMDE ORDER'

Ein **gezogener Wechsel** kann **'an fremde Order'** gehen, d.h. der Wechselaussteller und der Begünstigte sind unterschiedliche Personen, so dass es drei Beteiligte gibt:

- den Aussteller (Trassant),
- den Bezogenen (Trassat; nach Akzept: Akzeptant),
- den Begünstigten (Remittent, Wechselnehmer).

*Abbildung:* gezogener Wechsel 'an fremde Order'

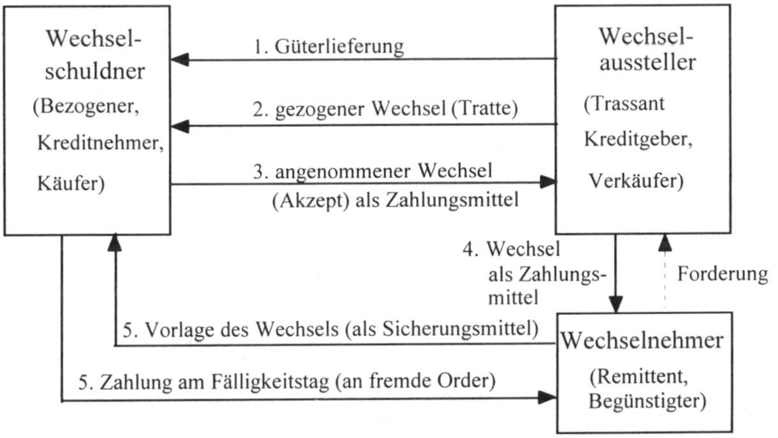


Der Bezogene ist verpflichtet, den Wechsel spätestens einen Tag nach dem Zeitpunkt der Vorlage einzulösen (Art. 24 WG). Für die Gültigkeit eines Wechsels ist es irrelevant, ob der Wechsel akzeptiert wird. Der Aussteller und andere Inhaber (Indossanten), die den Wechsel weitergeben, haften auch ohne Akzept in Höhe des geschuldeten Betrags.
Wird bei Fälligkeit nicht gezahlt, so geht der Wechsel zum Protest und kann eingeklagt werden.

EIGENE WECHSEL (SOLAWECHSEL)

Der **eigene Wechsel (Solawechsel)** ist die unbedingte Anweisung des Wechselausstellers (Trassant), selbst an den im Wechsel genannten Wechselnehmer oder an dessen Order an einen Dritten (Remittenten) bei Fälligkeit des Wechsels einen bestimmten Geldbetrag zu zahlen. Der eigene Wechsel hat zwei Beteiligte:

- den Aussteller, der gleichzeitig Wechselschuldner ist und
- den Begünstigten.

Der eigene Wechsel ist somit ein **unbedingtes Zahlungsversprechen**, im Gegensatz zur unbedingten Zahlungsanweisung beim gezogenen Wechsel (Tratte).

| | | |
|---|---|---|
| **11.9.** | **Außenfinanzierung mit Fremdkapital – Kreditfinanzierung –** | |
| **11.9.4.** | **Kurz- und mittelfristige Handelskredite von Nichtbanken** | **6** |

*Abbildung:* eigener Wechsel (Solawechsel)

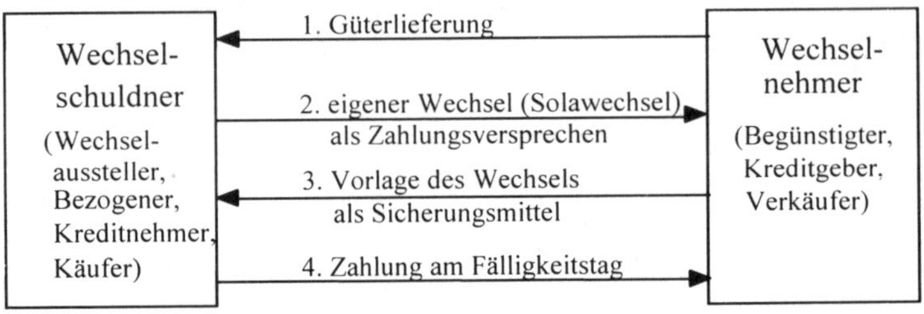


Die Funktion eines Solawechsels ist, dass er als Kreditunterlage dient und dem Kreditgeber ein erhöhtes Maß an Sicherheit bietet.
Der Unterschied zwischen gezogenem und eigenen Wechsel führt zur

... GEGENÜBERSTELLUNG VON GEZOGENEM UND EIGENEM WECHSEL

Den Unterschied zwischen einem gezogenen und einem eigenen Wechsel verdeutlicht die folgende Abbildung.

*Abbildung:* Unterscheidungsformen zwischen einem gezogenem und einem eigenen Wechsel

| gezogener Wechsel (mit Akzept) | eigener Wechsel (Solawechsel) |
|---|---|
| *Wesen* | |
| Zahlungsaufforderung und Zahlungsversprechen | ausschließlich Zahlungsversprechen |
| *Text auf dem Wechsel* | |
| Gegen diesen Wechsel zahlen SIE ... | Gegen diesen Wechsel zahle ICH ... |
| *Sicherheit* | |
| Aussteller und Bezogener | lediglich Aussteller |
| *Aufgabe* | |
| Zahlungsfunktion, Kreditfunktion | Sicherungsfunktion (Schuldschein mit Wechselstrenge) |

FUNKTIONEN EINES EMPFANGENEN WECHSELS

Während ein Scheck im Zahlungsverkehr lediglich ein Zahlungsmittel ist, übernimmt der Wechsel unterschiedliche Aufgaben

- **Zahlungsmittelfunktion:** Der Wechsel ist ein bargeldloses Zahlungsmittel; die Forderung aus einem Wechsel besteht losgelöst von einem gegebenenfalls zugrundeliegendem Rechtsgeschäft, d.h. dass das zugrundeliegende Schuldverhältnis erst mit der Einlösung des Wechsels endet;
- **Kreditfunktion:** Liegt dem Wechsel ein Kaufvertrag zugrunde, so liegt die Kreditfunktion in der Gewährung eines Zahlungsziels (Handelswech-

| | | |
|---|---|---|
| **11.9.** | **Außenfinanzierung mit Fremdkapital – Kreditfinanzierung –** | |
| **11.9.4.** | **Kurz- und mittelfristige Handelskredite von Nichtbanken** | **7** |

sels); beim **Finanzwechsel** wird mit dem Wechsel lediglich ein Darlehn gewährt;
- **Sicherungsfunktion:** Durch erhebliche gesetzliche Bestandteile (Wechselstrenge) und die Abstraktheit der Wechselforderung erhält der Wechselaussteller (Gläubiger) eine hohe Sicherheit des Zahlungseingangs. Die Abstraktheit des Wechsels bedeutet, dass dasjenige Unternehmen, das den Wechsel in Zahlung gibt, uneingeschränkt für seine Einlösung haftet, unabhängig von den vorher bestehenden Schuldverhältnissen. Die Sicherungsfunktion begründet die Bedeutung des Wechsels als Kredit und Zahlungsmittel.

Der Inhaber eines Wechsels kann diesen alternativ verwenden
- bis zum Einlösedatum (Verfalldatum) aufbewahren, wozu betriebliche Liquiditätsreserven erforderlich sind (Sicherungsfunktion),
- seiner Bank vor Fälligkeit zur Diskontierung übergeben (Kreditfunktion) oder
- zahlungshalber das Indossament weitergeben (Zahlungsmittelfunktion).

Voneinander abzugrenzen sind daher die

... EINZIEHUNG DES WECHSELS

Der auf dem Wechsel als letzter Wechselinhaber genannte oder dessen Bank muss am Zahlungstag oder an einem der beiden folgenden Werktage bis spätestens 18.00 Uhr den Wechsel dem Bezogenen zur Zahlung vorlegen (**Einziehung eines Wechsels**). Zahlungstag und Verfalltag sind i.d.R. identisch. Wird die Vorlegefrist nicht eingehalten, so geht das **Rückgriffsrecht**[3] verloren (Art. 38 ff., Art. 53 WG).

Mit einem Inkasso- oder Einzugsindossament erhält die Bank den Auftrag, den Wechsel am Verfalltag beim Bezogenen einzuziehen. Durch das Indossament wird die Bank nur Besitzer, nicht Eigentümer des Wechsels, d.h. sie haftet nicht für den Wechsel. Nach Empfang des Geldes oder Belastung des Kontos erteilt die Bank einen Quittungsvermerk auf der Rückseite des Wechsels. Dem Bezogenen wird die Wechselurkunde ausgehändigt.

DISKONTKREDIT (DISKONTIERUNG EINES WECHSELS)

... WEITERGABE EINES WECHSELS ALS ZAHLUNGSMITTEL (INDOSSIERUNG)

Ein Wechsel kann auch zum Ausgleich von Verbindlichkeiten weitergegeben werden. Diese Indossierung erfolgt durch ein auf der Rückseite des Wechsels angebrachten Übertragungsvermerk, das sog. **Indossament**.

Der Weitergebende heißt daher **Indossant**, der Empfänger Indossat.

Mit dem Indossament gehen die Rechte aus dem Wechsel auf den Indossat (Empfänger) über. Der Indossant (Weitergebende) haftet durch seine Unter-

3 Vgl. zu 'Rückgriffsrecht' Modul 11.9.4.-11 in diesem Band der Reihe.

| 11.9. | **Außenfinanzierung mit Fremdkapital – Kreditfinanzierung –** | |
|---|---|---|
| 11.9.4. | **Kurz- und mittelfristige Handelskredite von Nichtbanken** | **8** |

schrift allen Nachpersonen gegenüber für den Wechsel. Sollte der Bezogene den Wechsel am Verfalldatum nicht einlösen, so kann der letzte Wechselinhaber von jedem Zahlung verlangen, der auf dem Wechsel unterschrieben hat.

*Abbildung:* Indossierung eines Wechsels

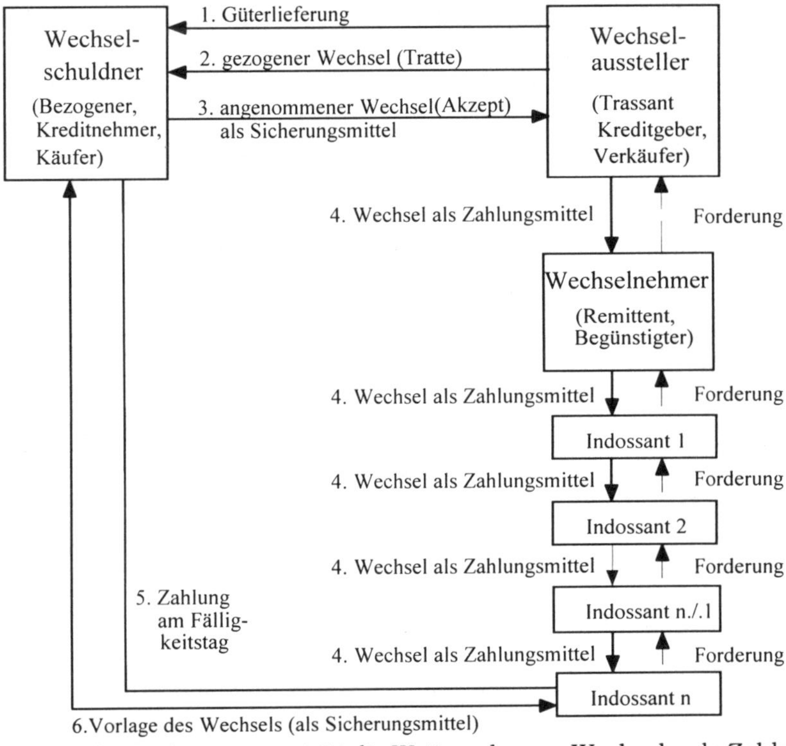


Gegenüber der Diskontierung tritt die Weitergabe von Wechseln als Zahlungsmittel in der Praxis seltener auf.

| | | |
|---|---|---|
| **11.9.** | **Außenfinanzierung mit Fremdkapital – Kreditfinanzierung –** | |
| **11.9.4.** | **Kurz- und mittelfristige Handelskredite von Nichtbanken** | **9** |

## DISKONTKREDIT (DISKONTIERUNG EINES WECHSELS)

Im Falle der **Diskontierung des Wechsels** durch eine Bank wird dem Wechselinhaber eine Geldsumme zur Verfügung gestellt, ein Kredit gewährt, indem die Bank den Wechsel vor dessen Fälligkeit ankauft, sie die Wechselsumme dem Wechselinhaber gutschreibt (Gutschrift), unter Abzug des Diskonts (Wechsel wird diskontiert, und der Kredit wird damit zum **Diskontkredit**) für die Zeit vom Ankaufstag bis zum Fälligkeitstag, der Kreditprovision und einer Bearbeitungsgebühr. Die Bank stellt dem Wechselinhaber lediglich den Wert des Wechsels am Ankaufstag (Diskonterlös zum Barwert[4]) zur Verfügung. Sie zieht die Zinsen in Höhe des **Diskontsatzes** für die verbleibende Restlaufzeit ab; dieser Zinsabzug heißt **Diskont**.

*Abbildung:* Diskontkredit

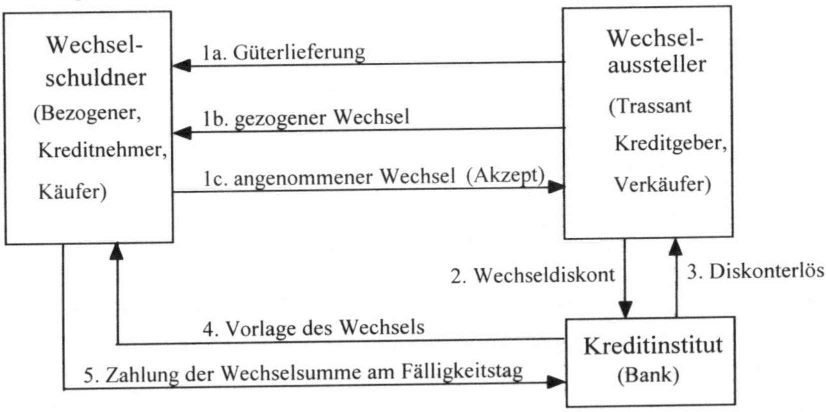


Der **Diskontkredit** stellt aus der Sicht des Unternehmens als Wechselinhaber (= Kreditgeber) einen Forderungsverkauf dar. Durch die zeitliche Vorverlegung des Zahlungsmittelzuflusses aus der Verwertung betrieblicher Leistungen zieht das Wechselgeschäft seinen Finanzierungseffekt. Rechtlich ist der Diskontkredit ein Kaufgeschäft, wirtschaftlich ein Kreditgeschäft. Die Bank hat ihrerseits die Möglichkeit der Rediskontierung bei der Zentralbank (Akzeptkredit).
Aufgrund der Wechselstrenge und der Haftung von Bezogenem, Aussteller und Indossanten – dem Weitergebenden des Wechsels – ist der Diskontkredit ein relativ sicherer sowie aufwendungsgünstiger Kredit.

4 Vgl. zu 'Barwert' Modul 12.7.7.-1f. in diesem Band der Reihe.

| | | |
|---|---|---|
| **11.9.** | **Außenfinanzierung mit Fremdkapital – Kreditfinanzierung –** | |
| **11.9.4.** | **Kurz- und mittelfristige Handelskredite von Nichtbanken** | **10** |

*Abbildung:* Merkmale eines Diskontkredits

*Aufwendungen*

im Verhältnis zu anderen kurzfristigen Kreditformen meist gering
- Diskont: 2 bis 3% über dem Diskontsatz der Bundesbank auf Nominalwert,
- Diskontspesen: bis zu 1% des Nominalwerts

*Schnelligkeit der Mittelbeschaffung*

sehr hoch

*Besicherung*

aufgrund der Wechselstrenge laut Wechselgesetz gegeben

*Laufzeit*

entsprechend der Wechsellaufzeit

*Kündigungsmöglichkeiten*

gering

*Vorteile*

- geringe Finanzierungskosten,
- hohe Flexibilität,
- schnelle Beschaffung finanzieller Mittel.

*Nachteile*

strenge und unverzügliche Haftung im Falle des Zahlungsverzugs aufgrund der Wechselstrenge.

UMKEHRWECHSEL

Beim Handelswechsel wird üblicherweise der Wechsel vom Bezogenen (Wechselschuldner) nach dessen Annahme (Akzept) an den (Wechsel-)Aussteller gegeben. Der Aussteller ist Einreicher des Wechsels bei seiner Bank (Diskontierung eines Wechsels). Im Regelfall zieht somit der (Wechsel-)Aussteller auf den Bezogenen (Wechselschuldner) den Wechsel, beim Umkehrwechsel als **Wechsel-Scheck-Verfahren** ist dieser Weg umgekehrt.
Beim **Umkehrwechsel** wird der Wechsel vom Aussteller nach dessen Unterschrift und Indossament an den Bezogenen gegeben. Der Wechselaussteller erhält einen Scheck über die skontierte Kaufsumme. Der Bezogene ist Einreicher bei seiner Bank (zum Diskont).
Als Vorteile für den Wechselschuldner (Käufer) sind zu nennen die Ausnutzung des Skontos und ein zinsgünstigerer Kredit als ein Kontokorrentkredit.
Die Vorteile für den Wechselaussteller (Verkäufer): er verfügt schnell über den Gegenwert, der Wechselkreditrahmen, der Umfang bei der Bank Wechsel zu diskontieren, wird nicht in Anspruch genommen und der Wegfall der Belastung des Wechselschuldners (Käufers) mit Diskont (Einsparung von Verwaltungsarbeiten).
Als Nachteil für den Verkäufer (Wechselaussteller) ist zu nennen, dass der Aussteller mit seiner Unterschrift, falls der Bezogene den Wechsel bei seiner

| 11.9. | Außenfinanzierung mit Fremdkapital – Kreditfinanzierung – | |
|---|---|---|
| 11.9.4. | Kurz- und mittelfristige Handelskredite von Nichtbanken | 11 |

Bank nicht einlöst, haftet. Der Bezogene gibt dafür die Erklärung ab, das der Eigentumsvorbehalt auf die gelieferte Ware bis zur Einlösung des Wechsels gilt.

*Abbildung:* Umkehrwechsel

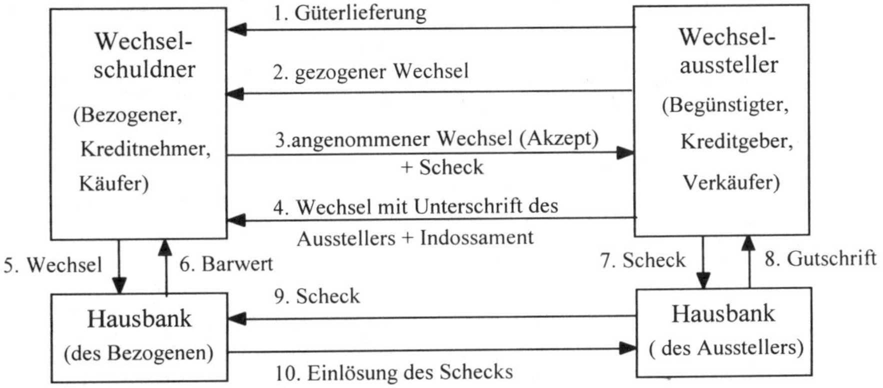


## VERWEIGERUNG DER WECHSELEINLÖSUNG

Verweigert der Bezogene die Einlösung des Wechsels oder zahlt am Verfalltag nicht, so ist der **Wechsel `geplatzt´**. Die **Protestierung** kann durch Notare oder durch Gerichtsbeamte erfolgen, die die **Protesturkunde** ausstellen. Der **Wechselprotest** ist eine Beweisurkunde, dass der Bezogene den Wechsel nicht eingelöst hat, die der Wechselinhaber braucht, um von seinem Rückgriffs- bzw. Regressrecht (Art. 43 WG) Gebrauch machen zu können.

Das **Rückgriffs-** bzw. **Regressrecht** erlaubt es dem letzten Wechselinhaber, auf die Vorpersonen oder den Wechselaussteller zurückzugreifen. Ohne Protest ist ein Regress ausgeschlossen. Der letzte Wechselinhaber hat eine viertägige Benachrichtigungspflicht gegenüber dem Aussteller oder dem vorletzten Indossanten sowie jeder Indossant gegenüber Indossant eine zweitägige Benachrichtigungspflicht. Die Regressforderung wird mit einer Rückrechnung (Art. 48 WG) geltend gemacht (Wechselsumme plus Protestkosten plus Verzugszinsen plus Provisionen plus Auslagen).

| | | |
|---|---|---|
| **11.9.** | **Außenfinanzierung mit Fremdkapital – Kreditfinanzierung –** | |
| **11.9.5.** | **Kurz- und mittelfristige Bankkredite im Binnenhandel** | **Ü 1** |

KURZ- UND MITTELFRISTIGE BANKKREDITE IM BINNENHANDEL

- KONTOKORRENTKREDIT
- DISKONTKREDIT (DISKONTIERUNG EINES WECHSELS)
- LOMBARDKREDIT
- AKZEPTKREDIT
- AVALKREDIT
- SONDERFORMEN DER KURZFRISTIGEN FINANZIERUNG DURCH WERTPAPIERE

KONTOKORRENTKREDIT

LOMBARDKREDIT

AKZEPTKREDIT

AVALKREDIT

SONDERFORMEN DER KURZFRISTIGEN FINANZIERUNG DURCH WERTPAPIERE

| | | |
|---|---|---|
| **11.9.** | **Außenfinanzierung mit Fremdkapital – Kreditfinanzierung –** | |
| **11.9.5.** | **Kurz- und mittelfristige Bankkredite im Binnenhandel** | **1** |

KURZ- UND MITTELFRISTIGE BANKKREDITE IM BINNENHANDEL

Kredite von Banken, werden ausschließlich unter finanziellen Aspekten gesehen. Aspekte wie die Pflege der Kundenbeziehung oder marktliche Risikogleichverteilungen werden nur partikular im Rahmen konditioneller Gesamtbetrachtungen berücksichtigt.
Zu unterscheiden sind **Bankkredite**, die als **Geldleihe(-kredite)**[1] dem Unternehmen Geld als Zahlungsmittel zur Verfügung stellen, in Form

- des Kontokorrentkredits,
- des Diskontkredits und
- des Lombardkredits

sowie Bankkredite, die als **Kreditleihen**[2] das Unternehmen lediglich als kreditwürdig ausweisen, in Form

- des Akzeptkredits und
- des Avalkredits.

sowie Bankkredite, die zu betrachten sind als

- Sonderformen der kurzfristigen Finanzierung durch Wertpapiere

KONTOKORRENTKREDIT

DISKONTKREDIT (DISKONTIERUNG EINES WECHSELS)[3]

LOMBARDKREDIT

AKZEPTKREDIT

AVALKREDIT

SONDERFORMEN DER KURZFRISTIGEN FINANZIERUNG DURCH WERTPAPIERE

KONTOKORRENTKREDIT

Beim **Kontokorrentkredit** räumt die Bank dem Kunden einen Kredit in einer bestimmten Höhe ein. Sämtliche Ein- und Auszahlungen ändern das Kontosaldo in positiver oder negativer Richtung, so dass der Kunde den Kredit je nach Bedarf in wechselndem Umfang bis zu der vereinbarten Höchstgrenze (**Kreditlinie**) in Anspruch nehmen kann (umgangssprachlich: Dispositionskredit). Auf dem Kontokorrentkonto (Girokonto) werden in bestimmten Zeitabständen (meist vierteljährlich) die Zahlungsaus- und -eingänge sowie der Kredit selbst abgerechnet.

1 Vgl. zu 'Geldleihe' Modul 11.9.1.-1 in diesem Band der Reihe.
2 Vgl. zu 'Kreditleihe' Modul 11.9.1.-1 in diesem Band der Reihe.
3 Vgl. zu 'Diskontkredit' Modul 11.9.4.-8 in diesem Band der Reihe.

| | | |
|---|---|---|
| **11.9.** | **Außenfinanzierung mit Fremdkapital – Kreditfinanzierung –** | |
| **11.9.5.** | **Kurz- und mittelfristige Bankkredite im Binnenhandel** | **2** |

Charakteristisch für den Kontokorrentkredit ist die schwankende Höhe der Inanspruchnahme und die formale Kurzfristigkeit, womit er besonders als Zwischen-, Saison- oder Bereitschaftskredit geeignet ist. Der Kontokorrentkredit sieht keine vollständige Kredittilgung zu einem bestimmten Zeitpunkt vor, so dass dieser durch die ständig eingeräumte Kreditlinie (**Prolongation**) vom Kreditnehmer als dauerhaft überlassenes Fremdkapital angesehen werden kann.

Die Aufwendungen des Kontokorrentkredits sind im Verhältnis zu anderen Kreditformen relativ hoch und setzen sich aus den in der folgenden Abbildung genannten Elementen zusammen.

*Abbildung:* Merkmale eines Kontokorrentkredits

*Aufwendungen*

- Sollzinsen: meist 3 bis 6% p.a. über dem Leitszins der EZB;
- Kreditprovisionen: werden bankindividuell auf die nicht in Anspruch genommene Kreditlinie in Höhe von 3 bis 4% p.a. erhoben;
- Überziehungsprovisionen: werden auf über die Kreditlinie in Anspruch genommenen Beträge in Höhe von 3 bis 5% p.a. über den Sollzinsen erhoben;
- Kontoführungsgebühren: meist bankseitig erhobene Gebühren;
- Auslagen: Porto und Spesen werden dem Unternehmen als Aufwendungen gegengerechnet.

*Schnelligkeit der Mittelbeschaffung*

- Einräumung der Kreditlinie geschieht durch Sicherheitsleistung oder Glaubwürdigkeitsprüfung und ist somit vom Sicherheitsbedürfnis des Kreditgebers abhängig;
- bis zur Kreditlinie kann jederzeit verfügt werden.

*Besicherung*

sämtliche Real- und Personenkreditsicherungen

*Laufzeit*

6 bis 12 Monate, wird jedoch verlängert, so dass de facto der Kredit als langfristiges Fremdkapital (keine Laufzeitbeschränkung) vorliegt.

*Kündigungsmöglichkeiten*

beidseitig im Rahmen der Kreditverträge in relativ kurzer Zeit möglich (1 bis 4 Wochen).

*Formalitäten*

Bereitstellung von Sicherheitsleistungen, Kreditvertrag.

*Vorteile*

hohe finanzielle Flexibilität

*Nachteile*

hohe Kosten

| | | |
|---|---|---|
| **11.9.** | **Außenfinanzierung mit Fremdkapital – Kreditfinanzierung –** | |
| **11.9.5.** | **Kurz- und mittelfristige Bankkredite im Binnenhandel** | **3** |

## LOMBARDKREDIT

Der **echte Lombardkredit** ist ein auf einen bestimmten Betrag lautendes kurzfristiges Darlehn, das durch eine Verpfändung marktgängiger und somit leicht realisierbarer, beweglicher Sachen oder Rechte gesichert ist. (Als **unechter Lombardkredit** wird ein durch Verpfändung gesicherter Kontokorrentkredit bezeichnet.)

Korrespondierend mit der Art der Kreditsicherung werden die Formen des Lombardkredits unterschieden in den Warenlombard, den Forderungslombard, den Edelmetallombard sowie den Wertpapier- und Effektenlombard.

Der **Lombardkredit** wird in einer Summe gewährt und ist nach einer bestimmten Frist auch in einer Summe zu tilgen.

Der Lombardkredit ist nur geeignet, wenn die verpfändeten Gegenstände nicht im unternehmerischen Leistungserstellungsprozess benötigt werden. Die Beleihung der Pfandgegenstände ist in ihrer Höhe begrenzt, so bei Pfandbriefen auf 90% des Kurswerts oder bei Waren auf 50% bis 65% des Marktwerts. Die Kreditsumme berechnet sich abzüglich des **Lombards** – aus der mit dem **Lombardsatz** (der höher ist als der Leitzins der EZB) gewichteten Kreditsumme – der Kreditprovision und einer Bearbeitungsgebühr.

*Abbildung:* Merkmale eines Lombardkredits

*Aufwendungen*

- Kreditprovision, Bearbeitungsgebühr,
- eventuell Verwahrungsaufwand des Pfands,
- Zinsen bei unechtem Lombard in Höhe des Leitzinses der EZB zzgl. 3 bis 4%

*Schnelligkeit der Mittelbeschaffung*

sehr hoch (2 bis 3 Tage)

*Besicherung*

- bei Pfandbriefen bzw. Wechseln 90% des Kurswerts,
- bei Waren auf bis zu 65% des Marktwerts

*Laufzeit*

jahresbezogen, mit der Möglichkeit der Verlängerung

*Kündigungsmöglichkeiten*

keine, während der Laufzeit

*Formalitäten*

Kreditvertrag

*Vorteile*

Finanzierungsmöglichkeit, wenn andere Finanzierungsquellen versiegt sind bzw. die Liquidation von (Finanz-)Anlagevermögen zum gegenwärtigen Zeitpunkt ungünstig aufgrund schlechter Marktkonstellationen sind

*Nachteile*

im Verhältnis zu anderen Finanzierungsformen hohe Aufwendungen

| | | |
|---|---|---|
| **11.9.** | **Außenfinanzierung mit Fremdkapital – Kreditfinanzierung –** | |
| **11.9.5.** | **Kurz- und mittelfristige Bankkredite im Binnenhandel** | **4** |

## AKZEPTKREDIT

Der **Akzeptkredit** ist ein Wechselkredit in der Form, dass die kreditgebende Bank (Akzeptbank) einen von ihrem Kunden (Akzeptkreditnehmer) ausgestellten und auf die Bank gezogenen Wechsel unter der Bedingung akzeptiert, dass der Kunde den Gegenwert des Wechsels vor dessen Fälligkeit der Bank zur Verfügung stellt. Diese Kreditform setzt eine erste Bonität des Kunden voraus. Der Kunde zahlt an seinen Geschäftspartner somit kein Bargeld, sondern mit einem (auf die Bank) gezogenen Wechsel.

*Abbildung:* Akzeptkredit

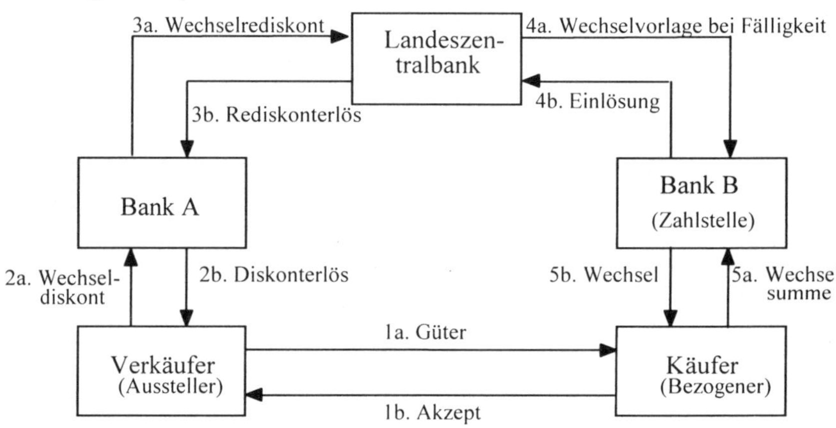


Im Gegensatz zum Diskontkredit[4], bei dem Geld geliehen wird, handelt es sich bei Akzeptkrediten um eine **Kreditleihe**, d.h. der Kunde leiht sich die Kreditwürdigkeit von einer Bank, die Wechselbezogener ist. Dem Akzeptkredit selbst liegt keine Güterlieferung zugrunde. Das Akzept dient dazu, bei einem Dritten einen Kredit zu erhalten.

*Abbildung:* Merkmale eines Akzeptkredits

*Aufwendungen*

die Aufwendungen eines Akzeptkredits mit anschließender Diskontierung sind geringer als beim Diskont- oder Kontokorrentkredit, da keine Zahlungsmittel bereitgestellt werden und somit keine Zinsen anfallen:
- Akzeptprovision: 1 bis 2% p.a.,
- Bearbeitungsgebühren: 0,5% des Nominalwerts,
- (lediglich bei Diskontierung: 2 bis 3% über dem Leitszins der EZB auf den Nominalwert.)

*Schnelligkeit der Mittelbeschaffung*

sehr hoch

4 Vgl. zu 'Diskontkredit' Modul 11.9.4.-8. in diesem Band der Reihe.

| | | |
|---|---|---|
| **11.9.** | **Außenfinanzierung mit Fremdkapital – Kreditfinanzierung –** | |
| **11.9.5.** | **Kurz- und mittelfristige Bankkredite im Binnenhandel** | **5** |

*Besicherung*

aufgrund der Wechselstrenge laut Wechselgesetz gegeben

*Laufzeit*

entsprechend der Wechsellaufzeit

*Kündigungsmöglichkeiten*

gering

*Vorteile*

- geringe Finanzierungskosten,
- hohe Flexibilität,
- schnelle Beschaffung finanzieller Mittel

*Nachteile*

strenge und unverzügliche Haftung im Falle des Zahlungsverzugs aufgrund der Wechselstrenge

Den Wechsel kann der Verkäufer wiederum bei der Bank diskontieren, bei einer anderen Bank zum Diskont einreichen, oder selbst als Zahlungsmitteläquivalent einsetzen.
Die Bank ihrerseits kann den Wechsel bei der Landeszentralbank rediskontieren, um Zahlungsmittel zu erhalten. Am Verfalltag zahlt die Bank die Wechselsumme an den jeweiligen Wechselinhaber. Die Wechselsumme muss der Kunde am Vortag an die Bank geleistet haben.

### AVALKREDIT

Beim **Avalkredit** übernimmt die Bank für die Verbindlichkeiten eines Kunden die Haftung einem Dritten gegenüber entweder in Form einer (selbstschuldnerischen) Bürgschaft[5] oder einer Garantie[6]. Der Avalkredit stellt für die Bank eine Eventualverbindlichkeit dar, wobei der Kreditnehmer Hauptschuldner bleibt. Der Geber des Avalkredits stellt keine finanziellen Mittel, sondern die eigene Kreditwürdigkeit zur Verfügung (Kreditleihe). Ausschließlich für den Fall, dass der Avalkreditnehmer seinen Verpflichtungen gegenüber dem Dritten nicht nachkommt, muss der Avalkreditgeber für diese einstehen.
Der Avalkredit kommt in zwei Ausprägungen vor

- Avalkredit als Bürgschaft und
- Avalkredit als Garantie.

Das Kreditinstitut haftet für die Schulden des Kreditnehmers, d.h. es verpflichtet sich, für diese gegenüber einem Dritten einzustehen. Der **Avalkredit als Bürgschaft** ist eine akzessorische Sicherheit (Akzessorietät der Bürgschaft), da die Leistungspflicht des Kreditinstituts vom Bestehen und Umfang der Hauptschuld des Kreditnehmers einem Dritten gegenüber abhängt.
Das Kreditinstitut haftet für den Erfolg des Kreditnehmers, d.h. es verpflichtet sich, für eine finanzielle Absicherung eines Dritten zu dem Fall zu sorgen, in

---

5 Vgl. zu `selbstschuldnerische Bürgschaft´ Modul 11.9.2-2f. in diesem Band der Reihe.
6 Vgl. zu `Garantie´ Modul 11.9.2.-4 in diesem Band der Reihe.

| | | |
|---|---|---|
| **11.9.** | **Außenfinanzierung mit Fremdkapital – Kreditfinanzierung –** | |
| **11.9.5.** | **Kurz- und mittelfristige Bankkredite im Binnenhandel** | **6** |

dem die vertraglich zugesagte Erfüllung nicht eintritt.

*Abbildung:* Avalkredit als Bürgschaft

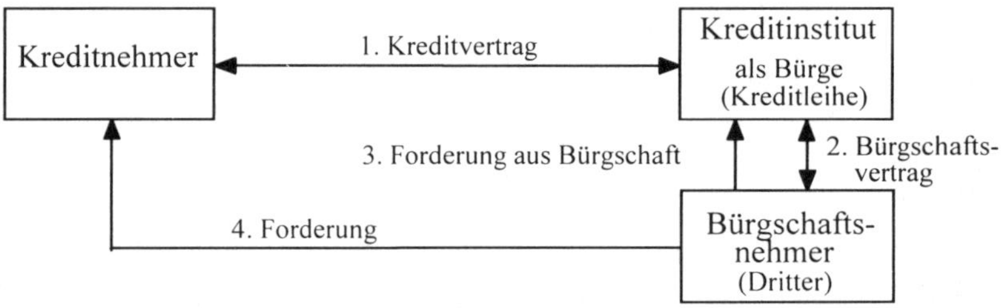


Der **Avalkredit als Garantie** ist fiduziarische Sicherheit, da die Leistungspflicht des Kreditinstituts vom Bestehen und Umfang der Hauptschuld des Kreditnehmers einem Dritten gegenüber unabhängig ist. Der Garantievertrag begründet eine neue, selbständige Schuld.

*Abbildung:* Avalkredit als Garantie

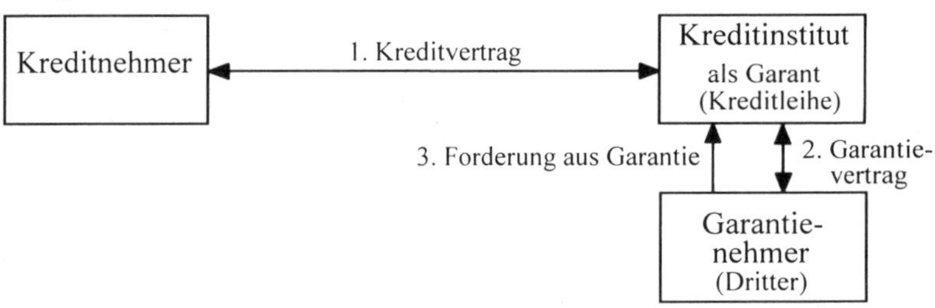


Anwendung findet der Avalkredit dort, wo Sicherheiten zu stellen sind, so als Bietungs-, Lieferungs-, Leistungs- sowie Anzahlungsgarantie, bei Bürgschaften für Prozessverpflichtungen und Wechselschulden als auch Steuer- und Prozess-, Zoll- oder Frachtstundungsbürgschaft. Aufwendungen des Avalkredits fallen als Avalprovision an.

*Abbildung:* Merkmale eines Avalkredits

*Aufwendungen*

Avalprovision, die in Abhängigkeit von Art und Laufzeit des Avals zwischen 1 bis 4% p.a. beträgt; sie ist fällig bei Kreditzusage

*Schnelligkeit der Mittelbeschaffung*

sehr hoch (2 bis 3 Tage), jedoch kein direkter Zufluss liquider Mittel, sondern lediglich Sicherung der Mittelbeschaffung (Kreditleihe)

*Besicherung*

keine besonderen Sicherheiten

*Laufzeit*

abhängig von der Form des Avals

| | | |
|---|---|---|
| **11.9.** | **Außenfinanzierung mit Fremdkapital – Kreditfinanzierung –** | |
| **11.9.5.** | **Kurz- und mittelfristige Bankkredite im Binnenhandel** | **7** |

*Kündigungsmöglichkeiten*

während der Laufzeit des Avals ausgeschlossen

*Formalitäten*

Garantie- oder Bürgschaftsurkunde

*Vorteile*

- gegenüber Dritten: Erhöhung der Bonität,
- Vermeidung des Einsatzes liquider Mittel,
- außer Avalprovisionen fallen keine Zinszahlungen an

*Nachteile*

Aufwendungen entstehen auch, wenn der Kreditnehmer seinen Verpflichtungen voll nachkommt

## Sonderformen der kurzfristigen Finanzierung durch Wertpapiere

Als Sonderformen der kurzfristigen Finanzierung mit Wertpapieren kommen in Betracht

- Commercial papers und
- Certifications of deposits.

Unter **Commercial Papers** sind kurzfristige, wechselähnliche **Schuldverschreibungen** zu verstehen.

**Certification of Deposits** – sog. **Einlagenzertifikate** – sind verbriefte Bankguthaben.

Beide Finanzierungsformen sind marktgängige Wertpapiere mit Laufzeiten von 1 bis 12 Monaten. Commercial Papers werden vorzugsweise von multinationalen Unternehmen an internationalen Kapitalmärkten, Certification of Deposits werden von Banken am Markt positioniert. Sie stellen somit eine Möglichkeit der kurzfristigen Finanzierung durch Wertpapiere dar.

Eine Besonderheit der Commercial Papers ist, dass sie im Rahmen von Revolving Underwriting Facilities auf den Markt gebracht werden. Revolving Underwriting Facilities sind langfristige Übernahmeverpflichtungen von Banken für kurzfristige nicht plazierbare Commercial Papers. Aufgrund der Verbindung zwischen langfristigen Übernahmeverpflichtungen mit einer kurzfristigen Wertpapierfinanzierung kann keine prägnante Abgrenzung zwischen lang- und kurzfristiger Finanzierung sowie zwischen Wertpapier- und Buchkrediten vorgenommen werden; Revolving Underwriting Facilities lassen sich nicht mehr aufgrund kalendarischer Abgrenzungsmethoden als Finanzierungsformen von den anderen traditionellen unterscheiden.

| 11.9. | Außenfinanzierung mit Fremdkapital – Kreditfinanzierung – | |
|---|---|---|
| 11.9.6. | Kurz- und mittelfristige Bankkredite im Außenhandel | 1 |

## KURZ- UND MITTELFRISTIGE BANKKREDITE IM AUßENHANDEL

Neben den **kurzfristigen Bankkrediten** wie Kontokorrent-, Diskont- und Akzeptkrediten, die auch **im Außenhandel** zur Verfügung stehen, haben sich aufgrund wesentlich umfangreicherer Risiken des Außenhandels gegenüber dem Binnenhandel einige spezielle, insbesondere kurzfristige Finanzierungsformen herausgebildet.
Als Risiken für den Exporteur treten neben dem allgemeinen Geschäftsrisiko weitere Risiken als Währungs-, Transfer-, Konvertierungs-, Inkasso-, Kredit- und Kursrisiken auf. So haben diese Finanzierungsformen neben einer Finanzierungs- auch eine Zahlungssicherung- und Leistungssicherungsfunktion.
Für den Importeur existieren verstärkt Qualitäts- und Erfüllungsrisiken.
Als kurz- und mittelfristige Finanzierungsformen im Außenhandel treten auf

### ... AKKREDITIV

Ein **Akkreditiv** ist der einer Bank erteilte Auftrag, einem Dritten (Begünstigten) aus dem Guthaben des Auftraggebers (Akkreditivsteller) einen bestimmten Geldbetrag zur Verfügung zu stellen und unter bestimmten Bedingungen auszuzahlen. In Abhängigkeit von der Bedingung, unter der die Zahlung erfolgen soll, wird unterschieden in

- den Barakkreditiv und
- den Dokumentenakkreditiv.

Während beim **Barakkreditiv** die Auszahlung des vereinbarten Geldbetrags lediglich an die Person des Begünstigten geknüpft ist, der sich bspw. durch seine Ausweispapiere legitimieren muss, ist beim **Dokumentenakkreditiv** die Auszahlung des Geldbetrags an die Übergabe bestimmter Dokumente durch den Begünstigten als Gegenleistung geknüpft.

### ... WECHSELDOKUMENTKREDIT

**Wechseldokumentkredite** unterscheiden sich vom einfachen Wechselkredit[1] dadurch, dass sie im Rahmen eines Dokumentenakkreditivs abgewickelt werden, und die Diskontierung oder Akzeptleistung Zug um Zug gegen die Übergabe der Dokumente erfolgt. So treten neben wechselrechtlichen Rückgriffsrechten weitere Sicherheiten durch die Transportdokumente auf. Der Kredit findet seine Ausprägung als

### ... REMBOURSKREDIT

Der **Rembourskredit** ist ein Akzeptkredit, den die Remboursbank (Exporteurbank) dem Exporteur unter dem Obligo der Importeurbank Zug um Zug gegen die Übergabe bestimmter Dokumente gewährt. Der Exporteur erhält dabei nach Übergabe der Dokumente an der Remboursbank den Gegenwert der Leistung nicht in liquiden Zahlungsmitteln (wie beim regulären Akkreditiv), sondern als Bankakzept. Da das Bankakzept diskontierungsfähig ist, stellt der Rembourskredit beim Diskontieren eine Kombina-

---

[1] Vgl. zu 'Wechselkredit' Modul 11.9.4.-2 in diesem Band der Reihe.

| | | |
|---|---|---|
| **11.9.** | **Außenfinanzierung mit Fremdkapital – Kreditfinanzierung –** | |
| **11.9.6.** | **Kurz- und mittelfristige Bankkredite im Außenhandel** | **2** |

tion von Akzept- und Diskontkredit dar.

... NEGOTIATIONSKREDIT

Der **Negotiationskredit** ist ein Diskontkredit im Außenhandel, verbunden mit einem Akkreditiv oder akkreditivähnlicher Ermächtigung. Wirtschaftlich bietet der Negotiationskredit dem Exporteur den Vorteil, dass er bereits bei der Dokumentenübergabe an seine Bank über den Erlös des Exportgeschäfts verfügen kann; rechtlich begründet der Negotiationskredit lediglich eine widerrufliche Zahlungsverpflichtung der zwischengeschalteten Bank.

| | | |
|---|---|---|
| **11.9.** | **Außenfinanzierung mit Fremdkapital – Kreditfinanzierung –** | |
| **11.9.7.** | **Langfristige Fremdfinanzierung – Kreditfinanzierung – im Überblick** | **1** |

LANGFRISTIGE FREMDFINANZIERUNG IM ÜBERBLICK

Als Finanzierung mit langfristigem Charakter werden Kredite mit einer Laufzeit von mehr als 3 Jahren verstanden.
Im Gegensatz zu den kurz- und mittelfristigen Krediten, die auch von Nicht-Banken angeboten werden, ist das Angebot von langfristigen Krediten auf dem Markt fast ausschließlich auf den Sektor der Kreditinstitute beschränkt. Je risikoreicher eine Finanzierung aus der Sicht des Kreditgebers erscheint, desto größere Kreditsicherheiten lassen sich diese geben, was gerade jungen, innovativen und zukunftsorientierten Unternehmen große Schwierigkeiten in Deutschland bereitet. Im Bereich der **langfristigen Finanzierung durch Kreditinstitute** lassen sich nennen

- SCHULDVERSCHREIBUNG[1]
- SCHULDSCHEINDARLEHN[2]
- LANGFRISTIGER BANKKREDIT[3]
- LANGFRISTIGER KREDIT IM AUßENHANDEL[4]

1 Vgl. zu 'Schuldverschreibung' Modul 11.9.8. in diesem Band der Reihe.
2 Vgl. zu 'Schuldscheindarlehn' Modul 11.9.9. in diesem Band der Reihe.
3 Vgl. zu 'langfristiger Bankkredit' Modul 11.9.10. in diesem Band der Reihe.
4 Vgl. zu 'langfristige Kredite im Außenhandel' Modul 11.9.11. in diesem Band der Reihe.

| | | |
|---|---|---|
| **11.9.** | **Außenfinanzierung mit Fremdkapital – Kreditfinanzierung –** | |
| **11.9.8.** | **Schuldverschreibung** | **Ü 1** |

**SCHULDVERSCHREIBUNG**

- SCHULDVERSCHREIBUNGEN MIT REGULÄREN RECHTEN
- ... SCHULDVERSCHREIBUNGEN MIT SONDERRECHTEN
  - ... WANDELSCHULDVERSCHREIBUNGEN (-ANLEIHEN)
  - ... OPTIONSSCHULDVERSCHREIBUNGEN (-ANLEIHEN)
- ... GEWINNSCHULDVERSCHREIBUNGEN (-ANLEIHEN)

**SCHULDVERSCHREIBUNG MIT REGULÄREN RECHTEN**

- ... FESTVERZINSLICHE ANLEIHEN
- ... ZERO-BONDS
- ... FLOATING-RATE-NOTES

| | | |
|---|---|---|
| **11.9.** | **Außenfinanzierung mit Fremdkapital – Kreditfinanzierung –** | |
| **11.9.8.** | **Schuldverschreibung** | **1** |

## SCHULDVERSCHREIBUNG

**Schuldverschreibungen** – auch bezeichnet als **Industrieschuldverschreibungen**, (Industrie-)**Anleihen**, (Industrie-)**Obligationen** – wenden sich nicht an einen bestimmten Kapitalgeber, sondern an den Kapitalmarkt und sind als Finanzierungsinstrument nur von emissionsfähigen Unternehmen möglich. Emissionsfähige Unternehmen können sich somit nicht nur durch die Ausgabe von Aktien (verbriefte Wertpapiere, verbriefte Beteiligungstitel) finanzieren, sondern auch durch die Ausgabe von Anleihen (verbriefte Forderungstitel). Mit Anleihen haben die Industrie, der Handel und sonstige Dienstleistungsunternehmen die Möglichkeit sich einen hohen Kapitalbedarf langfristig zu sichern.

Schuldverschreibungen sind vertretbare Wertpapiere, d.h. verkehrsfähige Urkunden, in denen sich der Aussteller zur Zahlung einer bestimmten Geldsumme (im allgemeinen zur Rückzahlung des gewährten Darlehns) sowie zu regelmäßigen Zinszahlungen verpflichtet: sie sind verbriefte Forderungstitel. Schuldverschreibungen werden an der Börse gehandelt.

Der Gesamtbetrag einer Anleihe wird gestückelt in sog. Teilschuldverschreibungen, die einen bestimmten Teilbetrag von 100, 500, 1.000 oder 5.000 Euro der Anleihe verbriefen, und meist als Inhaberpapiere ausgegeben werden, damit die Kapitalgeber die Möglichkeit haben auch kleine Beträge an Zahlungsmitteln dem Unternehmen zur Verfügung zu stellen.

Eine Schuldverschreibung muss mit den Merkmalen ausgestaltet sein

- Zins: Für die Zinsbelastung ist die Effektivverzinsung maßgebend, die sich aus dem Nominalzins und dem auf die Laufzeit der Obligation verteilten Disagio als Differenz von Emissionskurs und Rückzahlungskurs (Feineinstellung der Verzinsung) errechnet;
- Laufzeit: Die Laufzeiten liegen bei 5 bis zu 25 Jahren;
- Tilgung: Die Rückzahlung des Kredits erfolgt vom Unternehmen, üblich sind die Rückzahlung in einer Summe, die Auslosung von Teilbeträgen entsprechend unterschiedlicher Tilgungstermine mit oder ohne Freijahren sowie Rückkauf;
- Kündigung: Kündigungsmöglichkeiten auch außerhalb der planmäßigen Tilgung oder Recht der Zinskonversion sind möglich;
- Sicherung: Die Besicherung der Obligation geschieht meist durch Grundpfandrechte, aber auch durch Bürgschaften oder Sicherungsklauseln.

Die Finanzierungsaufwendungen betragen 9% bis 12% des Nominalanleihewerts und setzen sich aus einzelnen Aufwendungen zusammen wie Konsortialprovision, Börsenzulassungsgebühr und Druckaufwand sowie laufenden Aufwendungen in Form von Zinszahlungen und Auslosungsaufwand.

Je nach ihrer rechtlichen Gestaltung können Schuldverschreibungen unterschieden werden als

| | | |
|---|---|---|
| **11.9.** | **Außenfinanzierung mit Fremdkapital – Kreditfinanzierung –** | |
| **11.9.8.** | **Schuldverschreibung** | **2** |

SCHULDVERSCHREIBUNGEN MIT REGULÄREN RECHTEN

... SCHULDVERSCHREIBUNGEN MIT SONDERRECHTEN

Neben der regulären (Industrie-)Obligation existieren Schuldverschreibungen mit Sonderrechten, der Form von

... WANDELSCHULDVERSCHREIBUNGEN (-ANLEIHEN)

**Wandelschuldverschreibungen** (**-anleihen**, -obligationen; convertible bonds) sind Schuldverschreibungen einer Aktiengesellschaft, die einem Gläubiger das Recht einräumt (**Option**), diese nach einer bestimmten Frist in einem bestimmten Verhältnis in Aktien der Gesellschaft umzutauschen (§ 221 Abs. 1 Satz 1 AktG); dabei ist gewöhnlich ein **Aufgeld** (**Agio**) zu zahlen. Nach dem Umtausch in Aktien geht die Obligation unter. Die Wandelanleihe ist eine Möglichkeit für Unternehmen zu einem günstigeren Zinssatz Fremdkapital zu beschaffen als über den Kapitalmarkt. Eine bedingte Kapitalerhöhung ist für diese Anleihe Voraussetzung.

... OPTIONSSCHULDVERSCHREIBUNGEN (-ANLEIHEN)

Als besondere Art der (Industrie-)Obligation haben **Optionsanleihen** – **Optionsschuldverschreibungen** – mit Wandelschuldverschreibungen gemein, dass sie neben den Rechten aus der Teilschuldverschreibungen dem Inhaber ein Bezugsrecht auf in Zukunft auszugebende Aktien verbriefen. Optionsanleihen bleiben bis zu ihrer Tilgung neben den Aktien bestehen, sie werden somit nicht wie Wandelschuldverschreibungen umgetauscht. Durch Optionsanleihen wird zusätzliches Eigenkapital beschafft, d.h. es findet keine Umwandlung von Fremd- in Eigenkapital statt, wie bei der Wandelschuldverschreibung. Voraussetzung für eine Optionsanleihe ist eine **bedingte Kapitalerhöhung** mit einem Optionsanleiherecht (Bezugsrecht[1]) der Aktionäre.

... GEWINNSCHULDVERSCHREIBUNGEN (-ANLEIHEN)

Eine weitere besondere Art der (Industrie-)Obligation, stellt die **Gewinnschuldverschreibung** dar. Das Sonderrecht der Gewinnschuldverschreibung gewährt neben einer festen Verzinsung den Kapitalgebern eine Gewinnbeteiligung, die entweder an die Höhe der Dividende gekoppelt ist, oder mit einen nach oben begrenzten Gewinnanspruch ausgestellt ist. Diese gewinnabhängige letzte Variante der Schuldverschreibung als Gewinnschuldverschreibung ist eine risikoreiche Anlage, da der Investor/ Gläubiger in Verlustjahren nicht berücksichtigt wird.
Voraussetzung für eine Gewinnschuldverschreibung ist eine qualifizierte (genehmigte, bedingte, ordentliche) Kapitalerhöhung mit einem Bezugsrecht der Aktionäre.

1 Vgl. zu 'Bezugsrecht' Modul 11.8.4. in diesem Band der Reihe.

| 11.9. | **Außenfinanzierung mit Fremdkapital – Kreditfinanzierung –** | |
|---|---|---|
| **11.9.8.** | **Schuldverschreibung** | **3** |

SCHULDVERSCHREIBUNG MIT REGULÄREN RECHTEN

Als **reguläre** (Industrie-)**Obligationen** sind zu sehen

... FESTVERZINSLICHE ANLEIHEN

Die **festverzinslichen Anleihen (straight bonds)** sind Schuldverschreibungen mit einer vorab festgelegten Zinszahlung bezogen auf den Nennwert (Nominalwert) des Papiers über die gesamte Laufzeit, die am Ende der Laufzeit getilgt wird. Die Zinszahlung erfolgt halb- oder jährlich für den zurückliegenden Betrachtungszeitraum. Die Kapitalgeber können die Anleihen über die Börse in der von ihnen gewünschten Stückelung kaufen oder verkaufen.

Aufgrund der relativ hohen Emissionsaufwendungen und eines erforderlichen Genehmigungsverfahrens spielen festverzinsliche Anleihen in Deutschland eine untergeordnete Rolle, während sie im internationalen Kapitalmarkt ein wichtiges Instrument zur unternehmerischen Fremdfinanzierung sind.

*Abbildung:* Merkmale einer festverzinslichen Anleihe

Aufwendungen

- Zinsen: Kapitalmarktzinsen zum Zeitpunkt der Emission mit Ab- oder Aufschlägen je nach Bonität des Schuldners und der Angebots-/ Nachfragesituation an der Anleihe;
- Emissionsaufwendungen: Diese einmaligen Aufwendungen betreffen eine etwa 2,5% hohe Bankenprovision für den Verkauf der Wertpapiere, die Börseneinführung und die Garantie der Emission sowie Druckaufwendungen;
- Verwaltungsaufwendungen: Diese laufenden Aufwendungen sind Zinsscheineinlösungsaufwendungen, Aufwendungen der Kurspflege sowie evtl. Auslosungsaufwendungen.

*Schnelligkeit der Mittelbeschaffung*

sehr mäßig; langfristige und umfangreiche Vorkehrungen sind notwendig

*Kreditsicherung*

Bonität des Emittenten, sein Gesamtvermögen und seine Kapitaldienstfähigkeit

*Laufzeit*

zwischen 8 bis 12 Jahre

*Kündigungsmöglichkeit*

für den Schuldner: gemäß den Anleihekonstellationen;
für die Gläubiger: i.d.R. gewöhnlich keine, jedoch ist jederzeit die Veräußerung an der Börse möglich

*Formalitäten*

sehr umfangreich

| 11.9. | Außenfinanzierung mit Fremdkapital – Kreditfinanzierung – | |
|---|---|---|
| 11.9.8. | Schuldverschreibung | 4 |

*Vorteile*

- Aufwandsersparnis, da sich keine Kapitalsammelstellen zwischen Schuldner und Gläubiger befinden,
- kommt dem wachsenden Bedürfnis der Geldgeber entgegen, leicht liquidierbare Vermögensformen zu besitzen (Trend zur Securisation).

*Nachteile*

- Emissionsfähigkeit notwendig,
- lediglich für Großunternehmen sinnhaft.

... ZERO-BONDS

**Zero-Bonds – Nullcouponanleihen** – sind Anleihen ohne laufende Zinszahlungen. Sie werden zu einem Kurs unter dem Rückzahlungskurs ausgegeben, der sich als Differenz zwischen Tilgung und den Zinserträgen ergibt.
Für das emittierende Unternehmen hat der Zero-Bond den Vorteil, in Bezug auf seine Liquidität in den laufenden Geschäftsjahren nicht durch Zinszahlungen belastet zu werden, jedoch ist die Belastung der Liquidität zum Tilgungszeitpunkt hoch.
Für den Kapitalgeber haben Veränderungen der Kapitalmarktzinsen wegen des unter pari liegenden Emissionskurses eine stärkere Auswirkung auf den Kurs als bei \`normalen´ Anleihen: Steigen die Kapitalmarktzinsen, so führen Zero-Bonds zu höheren Kursverlusten als andere Anleihen mit gleicher Laufzeit und Schuldnerbonität (Kursrisiko).

... FLOATING-RATE-NOTES

**Floating-Rate-Notes – \`Floater´** – sind Schuldverschreibungen mit variablen Zinsen über die Laufzeit der Anleihe, wobei die Zinsen regelmäßig, meist viertel- oder halbjährlich in Abhängigkeit von einem Referenzzinssatz an die Marktzinsentwicklung angelehnt wird. Ein Referenzzinssatz errechnet sich als Geldmarkt-Durchschnittszinssatz.
Auf Euro lautende Floating-Rate-Notes werden gewöhnlicherweise in Bezug auf ihre Zinsen der Euribor (European Interbank Offered Rate ist ein Durchschnittszinssatz für Interbanken-Termingelder am Sitz der EZB in Frankfurt a. M.) zuzüglich eines von der Bonität des Schuldners abhängigen Aufschlags von 0,125% bis 0,5% angesetzt.

| 11.9. | **Außenfinanzierung mit Fremdkapital – Kreditfinanzierung –** | |
|---|---|---|
| 11.9.9. | **Schuldscheindarlehn** | 1 |

SCHULDSCHEINDARLEHN

**Schuldscheindarlehn** sind Darlehn von Kapitalsammelstellen; Unternehmen, bei denen sich durch freiwilliges oder zwangsweises Sparen große Kapitalsummen ansammeln wie bspw. bei Versicherungen, Pensions- und Bausparkassen, Sozialversicherungsträger und Banken. Schuldscheindarlehn werden ohne Zwischenschaltung der Börse direkt oder indirekt, mit oder ohne Vermittlung durch Banken oder Maklern gegeben, d.h. das Schuldscheindarlehn ist eine individuelle Kreditgewährung.
Der **Schuldschein** ist kein Wertpapier, sondern ein Beweismittel über die Forderung, so dass dessen Ausstellung nicht zwingend ist (schuldscheinloses Schuldscheindarlehn). Darlehnsnehmer (Kapitalnehmer) sind ausschließlich Unternehmen erster Bonität. Der Kapitalgeber kann das Schuldscheindarlehn leicht an Dritte abtreten. Die Kreditsumme muss mindestens 50.000 Euro betragen, üblich sind Beträge zwischen 1 Mio. Euro und 50 Mio. Euro Kapitalgeber sind besonders Lebensversicherungsgesellschaften, die den größten Teil des gesammelten Kapitals an langfristige Vermögensanlagen zuführen, die im Deckungsstock zu führen sind.
An die **Deckungsstockfähigkeit** – einem Sicherheitsmerkmal – eines Schuldscheindarlehns werden hohe Anforderungen bezüglich der Erstrangigkeit des Grundpfandrechts, Laufzeit bis zu 15 Jahren sowie der Tilgbarkeit des Darlehns gestellt.
Der **Deckungsstock** ist das Sondervermögen von Versicherungsunternehmen, die dieses als gesondertes (Deckungsstock-)Vermögen führen, das dem Zugriff von Konkursgläubigern entzogen ist, da es im Insolvenzfall den Versicherungsnehmern zusteht. Oft bilden (deckungsstockfähige) Wertpapiere das Vermögen, da Versicherungen aufgrund gesetzlicher oder satzungsmäßiger Bestimmungen zur Bildung eines Deckungsstocks (Prämienreservefonds) angehalten sind.

| 11.9. | Außenfinanzierung mit Fremdkapital – Kreditfinanzierung – | |
|---|---|---|
| 11.9.10. | Langfristige Bankkredite | 1 |

### LANGFRISTIGER BANKKREDIT

Unter einem **langfristigen Bankkredit** oder **Darlehn** wird allgemein die Überlassung von Gütern in Form von Finanzmitteln verstanden und der Vereinbarung, dass der Darlehnsnehmer Sachgüter gleicher Art, Güte und Menge als Sicherheitsleistung zu geben und ein Entgelt in Form von Zinsen für die zeitliche Bereitstellung der Finanzmittel zu entrichten hat.
Haben Unternehmen aufgrund ihrer wirtschaftlichen Größe Zugang zum Markt für Schuldverschreibungen[1] und Schuldscheindarlehn[2], so spielen **langfristige Bankkredite** eine untergeordnete Rolle. Jedoch für kleine und mittelgroße Unternehmen stellt der langfristige Bankkredit die einzig mögliche Form der langfristigen Kreditfinanzierung dar mit der Einschränkung, dass sich diese Betriebe regelmäßig einer Bonitätsprüfung von Seiten des kreditgebenden Instituts unterziehen müssen, mit der Möglichkeit der Kreditkündigung. Für langfristige Finanzierungen bleibt für diese Unternehmen nur die kurzfristige Kreditfinanzierung mit der Zusage von Prolongationen oder die Zuhilfenahme langfristig staatlicher Subventionsfinanzierungen als Finanzierungshilfe. Darlehn werden unterschieden in

#### ... IMMOBILIENDARLEHN

Für die **Immobilienfinanzierung** stehen (Investitions-)Darlehn mit unterschiedlichen Variationen zur Verfügung. Entweder werden Immobiliendarlehn von Banken aus eigenen Mitteln oder aus öffentlichen Förderprogrammen als sog. weitergeleitete Kredite vergeben. Wird das Darlehn durch Grundpfandrechte (Immobilienkreditsicherung) gesichert und von einer Hypothekenbank vergeben, so wird von einem **Hypothekendarlehn** gesprochen[3].
Aufgrund der immobiliaren Sicherung steht diese Finanzierungsform im Gegensatz zu Schuldverschreibungen und Schuldscheindarlehn auch kleinen und mittelgroße Unternehmen zur Verfügung. Diese langfristigen Darlehn werden ausgegeben vor allem von Banken, Sparkassen, Kreditinstituten, Versicherungen und Bausparkassen. Sie werden nur bis zur Höhe einer Beleihungsgrenze gewährt, die etwa bei 60% des Werts des Sicherungsobjekts liegt. Die Aufwendungen für ein Darlehn bezüglich Laufzeit, Zinsen und Provisionen sowie Rückzahlungsbedingungen sind unterschiedlich, können individuell ausgehandelt werden und sind abhängig von Angebot und Nachfrage. Darüber hinaus entstehen Aufwendungen für die Schätzung bzw. Bewertung des Objekts, notarielle Beurkundungsgebühren sowie Eintragungs- und Löschungsgebühren beim Grundbuchamt.

---

1 Vgl. zu 'Schuldverschreibungen' Modul 11.9.8.-1ff. in diesem Band der Reihe.
2 Vgl. zu 'Schuldscheindarlehn' Modul 11.9.9. in diesem Band der Reihe.
3 Vgl. zu 'Hypothekendarlehen' Modul 11.9.10.-2 in diesem Band der Reihe.

| 11.9. | **Außenfinanzierung mit Fremdkapital – Kreditfinanzierung –** | |
|---|---|---|
| **11.9.10.** | **Langfristige Bankkredite** | **2** |

*Abbildung:* Merkmale eines Immobiliendarlehns

*Aufwendungen*

sehr unterschiedlich;
Zinsaufwand bei etwa 3% über dem Leitzins der EZB

*Schnelligkeit der Mittelbeschaffung*

bis zu 3 Monaten

*Kreditsicherung*

die Immobilie als Objektsicherheit und oft weitere Personalsicherheiten

*Laufzeit*

meist zwischen 3 bis 20 Jahren, abhängig von der Abschreibungszeit des Objekts und den Interessen des Kreditnehmers

*Kündigungsmöglichkeiten*

sind gegeben, und bestimmen sich nach vertraglichen Vereinbarungen

*Formalitäten*

umfangreiche Vertragswerke (Kredit- und Grundschuldnotariatsverträge)

*Vorteile*

- die Kopplung zwischen Darlehn und Immobilien erleichtert die Finanzierung,
- Finanzierungserleichterungen bestehen bei Anbindung an öffentliche Förderprogramme.

*Nachteile*

Aufwand bezüglich der Formalitäten sehr hoch

Das **Immobiliendarlehn** (-anleihe) muss zurückgezahlt werden. Die Rückzahlung kann erfolgen aufgrund

- einer Kündigung oder nach
- dem Ablauf vorgesehener Zeiten, als
  - **Zinsdarlehn** (-anleihe): das Darlehn bleibt fest, und während seiner Laufzeit werden lediglich Zinsen gezahlt, um erst am Ende der Laufzeit den gesamten Darlehnsbetrag zu tilgen;
  - **Abzahlungsdarlehn** (-anleihe): das Darlehn wird bei regelmäßigen Abzahlungsraten getilgt, wobei der Zinsanteil auf die verbleibende Restschuld stetig sinkt.
  - **Annuitätendarlehn** (-anleihe): das Darlehn wird in regelmäßige Zahlungen mit gleicher Annuität[4] bedient, d.h. mit steigenden Tilgungsraten und fallenden Zinsen;

[4] Vgl. zu 'Annuität' Modul 12.7.10.-1 in diesem Band der Reihe.

| | | |
|---|---|---|
| **11.9.** | **Außenfinanzierung mit Fremdkapital – Kreditfinanzierung –** | |
| **11.9.10.** | **Langfristige Bankkredite** | **3** |

... HYPOTHEKENDARLEHN

**Hypothekendarlehn**, auch **Grundschulddarlehn**, **Objekt**- oder **Realkredit** genannt, ist ein langfristiger Kredit vergeben von Spezialbanken, den Hypothekenbanken, die an besondere gesetzliche Vorschriften (Hypothekenbankengesetz) gebunden sind. **Hypothekenbanken** sind öffentlich-rechtliche oder private (Real-)Kreditinstitute, deren Betriebszweck es ist, Grundstücke durch Hypothekenkredite zu beleihen und aufgrund der erworbenen Hypotheken Pfandbriefe auszugeben. An das Anlagevermögen wie Grundstücke, Gebäude oder Schiffe werden als Sicherungsobjekt hohe Anforderungen gestellt, da der Objektwert bei Wegfall der Liquidität des Darlehnsnehmers den Darlehnsbetrag sicherstellen muss.

*Abbildung:* Merkmale eines Hypothekendarlehns

*Aufwendungen*

sehr unterschiedlich; sind abhängig von den Refinanzierungsmöglichkeiten der Hypothekenbank

*Schnelligkeit der Mittelbeschaffung*

aufgrund umfangreicher Prüfungen (Wert des Anlagevermögens, Bonitätsprüfung) sehr schwerfällig und zeitintensiv (3 bis 6 Monate)

*Kreditsicherung*

Grundschuldbestellung; teilweise Hypothek

*Laufzeit*

bis zu über 30 Jahren Laufzeit möglich

*Kündigungsmöglichkeit*

während der Zinsbindungsdauer keine Kündigungsmöglichkeit

*Formalitäten*

umfangreiche Kredit-, Grundschuld-, Notariatsverträge notwendig

*Vorteile*

- langfristige Finanzierung möglich, mit festen Konditionen,
- Finanzierungsmöglichkeit auch für Klein- und Mittelbetriebe

*Nachteile*

Aufwand bezüglich der Formalitäten sehr hoch

Langfristige Kredite (Anleihen) werden hypothekarisch gesichert und müssen abbezahlt (getilgt) werden. Die Tilgung ist die regelmäßige Ab- bzw. Rückzahlung eines langfristigen Kredits in Form von (Partial-)Beträgen, die nach verschiedenen Gesichtspunkten bestimmt werden.
Je nach Form der Kredittilgung werden die Anleihen nuanciert in die

... ZINSANLEIHE (-KREDIT)

Langfristige Kredite, die lediglich zinsmäßig bedient werden, sind sog. **Zinsanleihen**, die i.d.R. durch eine Hypothek gesichert sind.
Die Zinshypothek beschreibt ein durch Grundpfandrecht gesichertes

| 11.9. | **Außenfinanzierung mit Fremdkapital – Kreditfinanzierung –** | |
|---|---|---|
| **11.9.10.** | **Langfristige Bankkredite** | **4** |

festes Darlehn, das während seiner Laufzeit lediglich zinsmäßig gegenüber dem kreditgebenden Institut bedient und am Ende seiner Laufzeit 'en bloc' getilgt wird.
Einem gleichbleibenden monatlichen, vierteljährlichen oder jährlichen festen Zinsbetrag steht eine hohe am Ende der Laufzeit die Liquidität belastende Tilgung gegenüber.

*Abbildung:* Zinskredit (Zins- und Tilgungsverlauf)

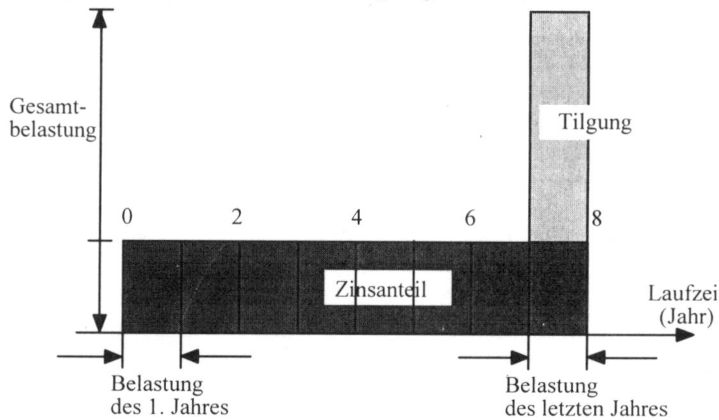


... ABZAHLUNGSANLEIHE (-KREDIT)

Werden langfristige Kredite während ihrer Laufzeit abbezahlt (getilgt), so sind dies sog. **Abzahlungsanleihen** bzw. Ratenanleihen, die i.d.R. durch eine Hypothek gesichert sind.

*Abbildung:* Abzahlungskredit (Zins- und Tilgungsverlauf)

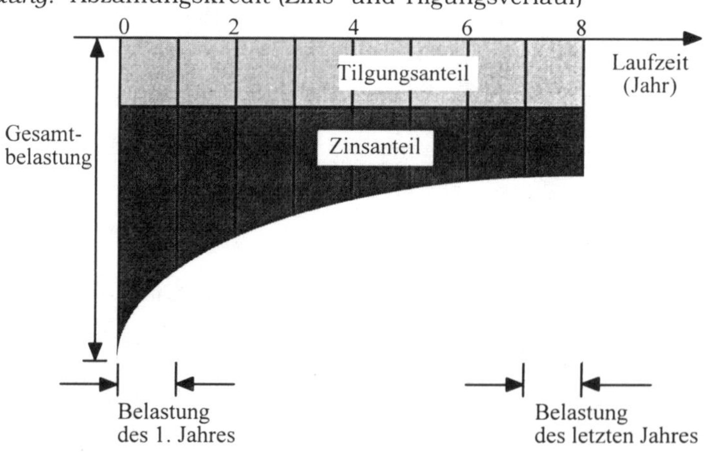

| | | |
|---|---|---|
| **11.9.** | **Außenfinanzierung mit Fremdkapital – Kreditfinanzierung –** | |
| **11.9.10.** | **Langfristige Bankkredite** | **5** |

Die **Abzahlungshypothek** beschreibt ein durch Grundpfandrechte gesichertes festes Darlehn, das während seiner Laufzeit mit regelmäßigen Abzahlungsraten getilgt wird. Die zu zahlende Zinsrate wird auf die verbleibende Restschuld berechnet; der Zinsanteil sinkt stetig. Die Zinsbelastung ist am Darlehnsanfang hoch und nimmt mit jeder Abzahlungsrate ab.

... ANNUITÄTENANLEIHE (-KREDIT)

Werden langfristige Kredite während ihrer Laufzeit mit gleichbleibenden Zahlungsbeträgen bedient, so sind dies sog. **Annuitätenanleihen**, die i.d.R. durch eine Hypothek gesichert sind.

Die **Annuitätenhypothek** beschreibt ein durch Grundpfandrechte gesichertes festes Darlehn, das in regelmäßigen gleichbleibenden Zahlungen (Annuität) bedient wird. Die Annuität ist der konstante Betrag, der sich rechnerisch für ein Darlehn ergibt, um dieses sowohl zins- als auch tilgungsmäßig zu bedienen. Mit jeder die Liquidität des Unternehmens belastenden Annuität steigen die Tilgungsraten und sinken die Zinsen.

*Abbildung:* Annuitätenkredit (Zins- und Tilgungsverlauf)

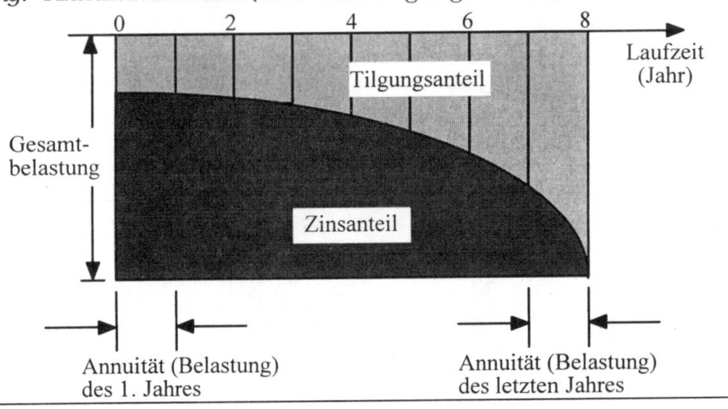

| 11.9. | Außenfinanzierung mit Fremdkapital – Kreditfinanzierung – | |
|---|---|---|
| 11.9.11. | Langfristige Kredite im Außenhandel | 1 |

LANGFRISTIGE KREDITE IM AUßENHANDEL

Gegenüber den kurzfristigen Bankkrediten im Außenhandel existieren für **langfristige Außenhandelskredite** nochmals erhöhte Risiken aufgrund des langen Zeitstrahls von über einem Jahr und länger. Als langfristige Finanzierungsformen im Außenhandel sind zu nennen

... FORFAITIERUNG

Die **Forfaitierung** ist der Verkauf einer Forderung meist aus dem Exportgeschäft von Investitionsgütern ohne Rückgriff auf den Exporteur, wobei der Forfaitist (Forderungskäufer) das Ausfallrisiko trägt. Der Exporteur haftet gegenüber dem Fortfaiteur lediglich für den Bestand der Forderung (Verität), nicht für die Bonität des Schuldners. Jedoch verbleibt die Gewährleistungshaftung beim Exporteur. Fortfaitierungen decken ein breites Zeitspektrum vom Kurz- bis zum Langfristbereich ab, wobei i.d.R. Laufzeiten von drei bis fünf Jahren und viertel- und halbjährlich gestaffelte Forderungsbeträge von nicht unter 25.000 Euro pro Fälligkeit angeboten werden. Damit weist die Forfaitierung bezüglich der Delkredere- und der Finanzierungsfunktion Ähnlichkeiten zum Factoring[1] auf. Der wesentliche Unterschied zwischen beiden Finanzierungsformen besteht darin, dass der Forfaitist lediglich einzelne Forderungen aufkauft, und dass er keine Dienstleistungsfunktionen übernimmt.
Der Forderungskäufer (Fortfaiteur) verzichtet im Falle des Forderungsausfalls auf das Recht, den Forderungsverkäufer (Exporteur) für den entstandenen Schaden haften zu lassen. Der Forderungskäufer trägt das Risiko der Zahlungsunfähigkeit oder -unwilligkeit des Importeurs, das Risiko politischer Veränderungen im Land des Importeurs, das Transferrisiko (Devisenbewirtschaftungsrisiko), das Konvertierungsrisiko (Umwandlung der Landeswährung in die Währung des Exportlandes wird durch staatliche Eingriffe be- oder verhindert) und das Kursrisiko.
Da durch den Verkauf á forfait (ohne Regress, ohne Rückgriffshaftung) der Rückgriff auf den Exporteur ausgeschlossen ist, ist der Forfaitist bemüht sein Risiko sowohl durch erstklassige Forderungen zu begrenzen, als auch zur weiteren Absicherung, dass die Forderung in Wechselform besteht sowie zusätzlich durch Bankgarantien oder Bankaval zu sichern. Die Aufwendungen für die Forfaitierung sind landes- und laufzeitbedingt unterschiedlich und in Relation zu den anderen Arten der Exportfinanzierung recht hoch; jedoch wird dieser Nachteil durch den Vorteil des Haftungsausschlusses kompensiert.

... KREDITE VON SPEZIALBANKEN

Für das **Exportgeschäft** kommen die Ausfuhrkredit-Gesellschaft mbH (AKA) und die Kreditanstalt für Wiederaufbau (KfW) in Betracht.

[1] Vgl. zu 'Factoring' Modul 11.10. in diesem Band der Reihe.

| | | |
|---|---|---|
| **11.9.** | **Außenfinanzierung mit Fremdkapital – Kreditfinanzierung –** | |
| **11.9.11.** | **Langfristige Kredite im Außenhandel** | **2** |

Die **Kreditanstalt für Wiederaufbau (KfW)** offeriert langfristige Exportkredite gebunden an Finanzierungen förderungswürdiger Vorhaben im Ausland.
Die **Ausfuhrkredit-Gesellschaft mbH (AKA)** ist spezialisiert auf mittel- bis langfristige deutsche Exportfinanzierungen, die in drei Plafonds eingeteilt werden. Die Bereitstellung von Krediten erfolgt nicht aus eigenen Mitteln, sondern aus zwei Rediskontkontingenten, die dem Exporteur als Herstellerfinanzierung dienen. Angeboten werden als Exportkredite (Lieferantenkredit)

- ein Plafond A mit einem Volumen von 1 Mrd. Euro jährlich, der sich aus Eigenmitteln der AKA und weiteren Kreditzusagen ihrer Gesellschafter zusammensetzt, sowie
- ein Plafond B in Form einer Rediskontlinie bei der Zentralbank in Höhe von 2,2 Mrd. Euro.

Als Importeurkredite (Bestellerkredite) bietet die AKA einen Plafond C mit einem Volumen von 6 Mrd. Euro jährlich an.
Die Exportkredite der AKA und der KfW setzen zu ihrer Refinanzierung die Deckung der Kreditrisiken durch den Bund voraus. Derartige (Bundes-)**Ausfuhrbürgschaften** und **-garantien** gibt die Hermes Kreditversicherungs-AG als ausführendes Organ der Bundesschuldenverwaltung als sog. **Hermes Deckung**.

*Abbildung:* Plafonds der Ausfuhrkredit-Gesellschaft mbH (AKA)

| | Plafond A (AKA-A-Kredite) | Plafond B (AKA-B-Kredite) | Plafond C (AKA-C-Kredite) |
|---|---|---|---|
| *Refinanzierungsrahmen* | 1 Mrd. Euro | 2,2 Mrd. Euro | 6 Mrd. Euro |
| *Finanzierungsquelle* | Konsortialbanken | Bundesbank | Konsortialbanken |
| Antragsberechtigter | Konsortialbank | im Bundesgebiet zugelassene Banken | Konsortialbank |
| *Kreditnehmer* | Lieferant (Exporteur) | | Besteller (Importeur) bzw. Auslandsbank |
| *Kreditart* | Lieferantenkredit (Exporteurkredit) | | Bestellerkredit (Importeurkredit) |
| *Bestimmungsländer* | alle Länder | alle Länder ohne EG | alle Länder |
| *vertragliche Gestaltung* | Liefervertrag | | Liefervertrag oder Darlehnsvertrag |
| *Kreditversicherung* | Hermes-Deckung (bei Laufzeiten über 2 Jahre) | | Hermes-Deckung |

| 11.9. | **Außenfinanzierung mit Fremdkapital – Kreditfinanzierung –** | |
|---|---|---|
| **11.9.11.** | **Langfristige Kredite im Außenhandel** | **3** |

*wesentliche Sicherheiten*

| | | |
|---|---|---|
| Abtretung der Forderungen aus Liefervertrag und der Ansprüche aus der Hermes-Deckung | | Exporteurgarantie; Finanzkreditdeckung der Hermes |

*Laufzeit*

| | | |
|---|---|---|
| mindestens 1 Jahr bis höchstens 10 Jahre gemäß Zahlungsbedingungen in Verbindung mit der ggfs. erforderlichen Hermes-Deckung | mindestens 1 Jahr, maximal 4 Jahre | gemäß Zahlungsbedingungen in Verbindung mit der ggfs. erforderlichen Hermes-Deckung |

*Kredithöchstbetrag*

| | | |
|---|---|---|
| 85-90% der Restforderung | 70% vom Fakturenwert | ausstehende Exportforderung (ohne An- und Zwischenzahlung) |

*Quote der Selbstfinanzierung*

| | | |
|---|---|---|
| 10-15% der Restforderung | 30% vom Fakturenwert | keine |

*Zinsbasis*

| | | |
|---|---|---|
| Geld- bzw. Kapitalmarktzins, Lombardsatz der Bundesbank | Diskontsatz der Bundesbank plus 1,5% bei Vereinbarung eines variablen Zinses | Geld- bzw. Kapitalmarktzins |

| 11.10. | Subventionsfinanzierung | 1 |
|---|---|---|

SUBVENTIONSFINANZIERUNG DURCH DIE ÖFFENTLICHE HAND

**Subventionen** stellen für die Unternehmen Geldzahlungen oder geldwerte Leistungen der öffentlichen Hand dar, denen keine marktwirtschaftliche Gegenleistung entspricht; sie erhöhen die für die Investitionen verfügbaren Mittel. Subventionen können indirekt oder direkt gewährt werden, mit oder ohne Empfangs- und/ oder Verwendungsauflagen. Nach der Form ihrer Gewährung werden Subventionen eingeteilt in

... INDIREKTE SUBVENTIONEN

Bei **indirekten Subventionen** wird der Abfluss von Finanzmitteln verhindert, wie bspw. Steuer- und Abgabevergünstigungen, Übernahme von Risiken durch Garantien und/ oder Bürgschaften, logistische Infrastrukturbereitstellung durch staatliche Aktivitäten sowie Einfuhrzölle auf einheimische Leistungen als sog. 'gefährdete' Güter, um das Einführen dieser Güter zur Erhaltung der eigenen Industrie zu unterbinden (inländischer 'Schutz' vor Mitbewerbern).

... DIREKTE SUBVENTIONEN

Bei **direkten Subventionen** fließen dem Unternehmen Zahlungsmittel zu, wie durch

- Förderungs-, Erhaltungs- oder Anpassungssubventionen sowie
- Zinsverzichte oder Zinszuschüsse.

Die **Finanzierungshilfen**, die durch den Staat mittels Zinsverzicht bzw. Zinszuschüssen veranlasst sind, vermindern die Zinsbelastung eines Unternehmens, indem der Effektivzins unter dem marktüblichen Zins liegt. Derartige durch Kreditfinanzierung bereitgestellte Mittel werden für unterschiedliche Finanzierungsanlässe eingesetzt wie bspw. Existenzgründungen, Regionalförderungen sowie Umweltschutzmaßnahmen.

Entsprechend dieser Finanzierungsanlässe bestehen unterschiedliche bundes-, landes- oder europarechtliche Grundlagen. Neben speziellen Krediten des Bundes und/oder der Länder sind die aus der Nachkriegshilfe der U.S.A. (**Marshallplan**) zu nennenden **ERP-Programme** (European Recovering Program) sowie die **Eigenmittelprogramme** der Kreditanstalt für Wiederaufbau (**KfW**) und der Lastenausgleichsbank zur Förderung bestimmter Investitionen verfügbar.

Als zentrale Informationsquelle über alle Wirtschaftsförderungsprogramme des Bundes, der Länder und der EU steht für Existenzgründer und Unternehmen eine Förderdatenbank des Bundesministeriums für Wirtschaft im Internet zur Verfügung (unter http://www.bmwi.de).

Aufgrund der großen Vielfalt der in der Bundesrepublik Deutschland vorhandenen **Förderprogramme** sollen hier lediglich einige genannt werden, um den Rahmen dieses Buches nicht zu sprengen.

Als Finanzierungshilfen zur **Förderung** von Investitionen können aufgrund ihrer Regionalität unterschieden werden

- Förderprogramme auf Bundesebene, wie ERP-Umwelt- und Energiespar-

| 11.10. | **Subventionsfinanzierung** | 2 |
|---|---|---|

programm, ERP-Innovationsprogramm, DtA-Umweltprogramm, KfW-Umweltprogramm, Umweltschutz-Bürgschaftsprogramm, Investitionsprogramm zur Verminderung von Umweltbelastungen und das Förderprogramm der Deutschen Bundesstiftung Umwelt,

- Förderprogramme auf Landesebene wie Förderprogramm Abfallwirtschaft/ Abfalltechnik, Förderprogramm `Erneuerbare Energien´, regionale Wirtschaftsförderprogramm der gewerblichen Wirtschaft, Förderprogamm zur Entwicklung neuer Produkte und Verfahren, Innovationsassistentenprogramm sowie das Mittelstandsprogramm der Sächsischen Aufbaubank, sowie
- steuerliche Förderungsmaßnahmen in den neuen Bundesländern wie Investitionszulage, Sonderabschreibungen nach dem Fördergebietsgesetz und Sonderabschreibungen nach dem Einkommensteuergesetz,

Je nach Liquiditätsbezogenheit von Subventionen führen Kapitalzuschüsse zum unmittelbaren Zufluss von liquiden Mitteln, die alternativ gewährt werden als

... INVESTITIONSZULAGEN

**Investitionszulagen** sind steuerfreie Einnahmen des Unternehmens als Transferzahlungen des Staates an den Investor, die nach Ablauf des Wirtschaftsjahrs für durchgeführte, begünstigungsberechtigte Investitionen beantragt werden. Sie werden durch außerbilanzielle Korrekturen im Jahresabschluss ausgewiesen.

... INVESTITIONSZUSCHÜSSE

Die durch **Investitionszuschüsse** gewährten Subventionen sind steuerpflichtige Einnahmen im Sinne des Einkommen- und Körperschaftsteuergesetzes, die sofort oder sukzessive durch anschaffungskostenmindernde Abschreibungsbeträge des Vermögensgegenstands Berücksichtigung finden. Investitionszuschüsse müssen vor Beginn der Investition beantragt werden und der Investor hat im Gegensatz zur Investitionszulage keinen Rechtsanspruch.

## 11.11. Sonderformen der Finanzierung — Ü 1

**Sonderformen der Finanzierung**

- Factoring
- Leasing

**Factoring**

- ... Ausprägungen des Factorings
  - ... echtes oder unechtes Factoring
  - ... offenes oder stilles Factoring
- ... Bedeutung wdes Factorings für die Praxis
  - ... Vor- und Nachteilen des Factorings für den Klienten
  - ... Problemen des Factorings
- ... Aufwendungen des Factorings

**Leasing**

- ... Kreditfinanzierung versus Leasing-finanzierung
- ... Ausprägungsformen des Leasings
  - ... Personenorientierung des Leasings
  - ... Verpflichtungsorientierung des Leasings
  - ... Mengenorientierung des Leasings
  - ... Objektorientierung des Leasings
  - ... Zahlungsorientierung des Leasings
- ... Vertragsorientierung des Leasings
  - ... Leasing-Vertrag ohne Optionsrechte
  - ... Leasing-Vertrag mit Kaufoption
  - ... Leasing-Vertrag mit Mietverlängerungsoption
- ... Bilanzielle Zurechnung des Leasing-Objekts

## 11.11. Sonderformen der Finanzierung 1

### SONDERFORMEN DER FINANZIERUNG

Als **Sonderformen der Finanzierung** werden solche Maßnahmen bezeichnet, die weder eindeutig als Innenfinanzierung noch als Außenfinanzierung bezeichnet werden können. Nennen lassen sich

- FACTORING
- LEASING

### FACTORING

Im Rahmen der betrieblichen Tätigkeiten bestehen bei Rechnungslegung auf Ziel unterschiedliche Aufgaben und Risiken innerhalb eines Unternehmens wie das Schreiben von Rechnungen, das Führen der Debitorenbuchhaltung, das Überwachen der Zahlungseingänge, das Anmahnen von Außenständen, das Beitreiben von Außenständen, das Tragen des Ausfallrisikos. Bis zum finalen, zeitlich oft unbestimmten Forderungseingang sind finanzielle Mittel in diesen Forderungen gebunden. Jedoch kann das Unternehmen jede dieser oben genannten Aufgaben zum Teil auslagern. Dafür steht das Instrument des Factorings zur Verfügung.

**Factoring** ist das Finanzierungsgeschäft, bei dem ein Finanzierungsinstitut (Factor)

- die Forderung seines Klienten (Abschlusskunden) aus Warenlieferungen und Leistungen ankauft und sie bis zur Fälligkeit bevorschusst (Finanzierungsfunktion),
- das Risiko des Forderungsausfalls übernimmt (Delkrederefunktion) sowie
- für seinen Klienten die Debitorenbuchhaltung und das Mahnwesen führt sowie das Inkasso betreibt (Dienstleistungs- bzw. Servicefunktion). Die Dienstleistungsfunktion kann auch bestehen in der Fakturierung für Klienten, Anfertigung von Statistiken und Beratung des Unternehmens.

*Abbildung:* Funktionen des Factorings

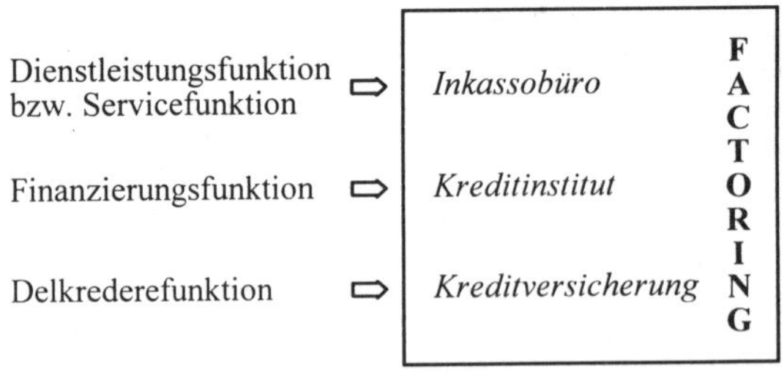


Bis zur Fälligkeit bzw. bis zur Zahlung durch den Drittschuldner leistet der Factor einen Vorschuss, für den bankübliche Zinsen zu entrichten sind. Zur Sicherung gegen Reklamationen und Zahlungsausfälle, die zu Lasten des Klienten gehen, wird nicht der gesamte Forderungsbetrag bevorschusst, sondern ein Teil der angekauften Forderungssumme – etwa 5 bis 20% – wird einem

| 11.11. | Sonderformen der Finanzierung | 2 |
|---|---|---|

Sperrkonto gutgeschrieben, bis die Rechnungen (voll) bezahlt sind.
Im Folgenden wird im Rahmen des **Factorings** eingegangen auf

... AUSPRÄGUNGEN DES FACTORINGS

Factoring kann auftreten als

... ECHTES ODER UNECHTES FACTORING

**Echtes Factoring** liegt vor, wenn der Factor alle drei Funktionen, d.h., die Finanzierungs-, Delkredere- (Ausfall- bzw. Kreditrisiko) und die Dienstleistungs- bzw. Servicefunktion übernimmt. Die Finanzierungsart entspricht einer Innenfinanzierung, da das Factoring eine Vermögensumschichtung darstellt wie bspw. der Verkauf einer Forderung, was einem bilanziellem Aktivtausch[1] entspricht.
**Unechtes Factoring** liegt vor, wenn der Factor die Finanzierungs- und Dienstleistungs- bzw. Servicefunktion übernimmt, die Delkrederefunktion verbleibt jedoch beim Klienten. Diese Finanzierungsart entspricht einer kurzfristigen Fremdfinanzierung (Barkreditgewährung) mit Abtretung einer Forderung als Sicherheit. Wird darüber hinaus die Forderung vom Kunden nicht liquidiert, so verlangt der Factor beim unechten Factoring im Gegensatz zum echten Factoring das Geld zurück.

... OFFENES ODER STILLES FACTORING

**Offenes (notifiziertes) Factoring** liegt vor, wenn die Rechnungen des Klienten den Vermerk enthalten, dass die Forderung im Rahmen eines Factoringvertrags abgetreten wurde. Die Zahlung der Rechnung muss dann an das Factoring-Unternehmen geleistet werden (§ 407 BGB). In der Praxis wird das echte Factoring in seiner offenen Form durchgeführt.
Das Beziehungsgeflecht des Factorings veranschaulicht die folgende Abbildung.

*Abbildung:* Beziehungsgeflecht bei der Finanzierung eines Handelsgeschäfts durch (offenes) Factoring

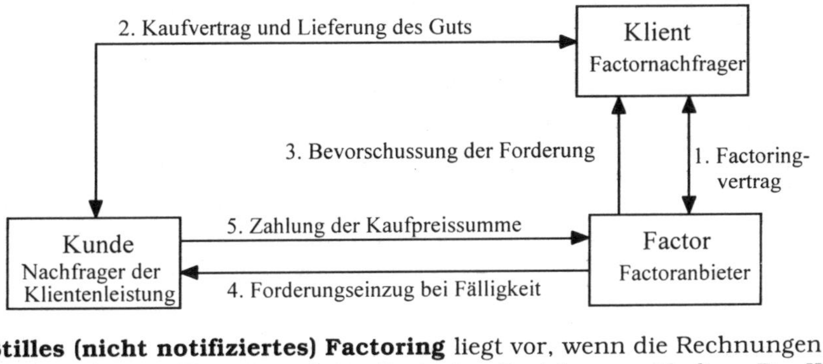


**Stilles (nicht notifiziertes) Factoring** liegt vor, wenn die Rechnungen des Klienten keinen Hinweis auf eine Factoring-Beziehung enthalten. Der Kli-

1 Vgl. zu `Aktivtausch´ Modul 8.5.8.-1 in Band I dieser Reihe.

| 11.11. | Sonderformen der Finanzierung | 3 |
|---|---|---|

ent hat bei Zahlungseingang diese umgehend an das Factoring-Unternehmen weiterzuleiten.

... BEDEUTUNG DES FACTORINGS FÜR DIE PRAXIS

Die Bedeutung des Factorings für die Praxis soll aufgezeigt werden an

... VOR- UND NACHTEILEN DES FACTORINGS FÜR DEN KLIENTEN

Als **Vorteile des Factorings** für den Factoring-Nehmer lässt sich die Möglichkeit der Einräumung von Zahlungszielen an den Kunden nennen, ohne Belastung der eigenen Liquidität und ohne Übernahme des Kreditrisikos, darüber hinaus zeigt sich eine Arbeitsentlastung durch die Übernahme der Debitorenbuchhaltung durch den Factor.
Beim Factoring-Nehmer tritt eine Kosten- und Investitionssenkung im Verwaltungs- und EDV-Bereich sowie eine gute statistische Auswertung des Buchmaterials ein.
Als **Nachteile des Factorings** für den Factoring-Nehmer sind die oft hohen Kosten gegenüber dem Factoring-Unternehmen zu nennen.

... PROBLEMEN DES FACTORINGS

**Schwierigkeiten beim Factoring** lassen sich besonders bei langfristigen Factoring-Verträgen erkennen, da bei diesen nach Ablauf der Factoring-Verträge der Factoring-Nehmer bei Wiedereinführung der Delkrederefunktion personelle und organisatorische Vorkehrungen treffen muss.
Die Abtretungsanzeige auf den Rechnungen kann bei den Geschäftspartnern als wirtschaftliche Schwäche angesehen werden, da der Factoring-Nehmer trotz Zielüberschreitungen den Kunden bei eigener Delkrederefunktion nicht anmahnen würde – diese Funktion übernimmt jedoch der Factor –, können Schwierigkeiten bei dem Factoring-Nehmer mit wichtigen Schuldnern auftreten.
Hinzu kommt, dass in der offenen Form des Factorings das Factoring-Unternehmen unmittelbar den Schuldner mahnt. Demgegenüber wird die Mahnung beim stillen System des Factorings durch das Factoring-Unternehmen über den Klienten an den Schuldner geleitet; der Klient kann die einzelne Mahnung zurückhalten.

... AUFWENDUNGEN DES FACTORINGS

Als **Werteverzehre des Factorings** lassen sich die Zinsen für die Bevorschussung der Forderungen, die etwa in der Höhe eines Kontokorrentkredits anfallen, die Gebühren für die Übernahme von Verwaltungsfunktionen, in der Höhe von 0,5% bis 3,0% der Forderungssumme und die Gebühr für die Delkrederefunktion entsprechend der Bonität des Drittschuldners und des Risikos des Verlusts der Forderung von etwa 0,2% bis 1,2% der Forderungssumme nennen.

| 11.11. | Sonderformen der Finanzierung | 4 |
|---|---|---|

## Leasing

Beim **Leasing** (to lease = ver-/mieten) vermietet oder pachtet der Leasing-Geber (Hersteller oder Leasing-Gesellschaft) den Leasing-Nehmern (Kunden) meist langfristig Nutzungsrechte an beweglichen oder unbeweglichen Wirtschaftsgüter gegen Zahlung bestimmter Raten. Rechtlich betrachtet ist der Leasing-Vertrag ein Mietvertrag (§§ 535ff. BGB) besonderer Art, da er Elemente des Miet- oder Pachtvertrags, des Geschäftsbesorgungs- und Ratenvertrags, des Mietkaufs, des Nutzungsrechts und anderer vertraglicher Gestaltungsmöglichkeiten enthalten kann. Der Leasing-Geber ist i.d.R. rechtlicher und wirtschaftlicher Eigentümer, er bilanziert das Leasing-Gut in seiner Bilanz, während der Leasing-Nehmer lediglich das Nutzungsrecht am Leasing-Objekt erwirbt, jedoch mit der erhöhten Anforderung gegenüber dem Mietobjekt auch den unverschuldeten Untergang des Guts vertreten zu müssen.
Das Beziehungsgeflecht bei der Finanzierung eines Handelsgeschäfts durch individuelles Leasing, veranschaulicht die folgende Abbildung.

*Abbildung* Beziehungsgeflecht der Finanzierung eines Handelsgeschäfts durch (individuelles) Leasing

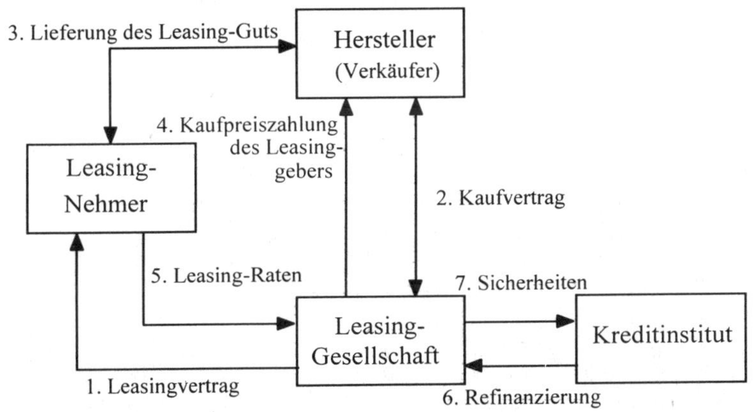


Für das Leasing existieren keine speziellen Gesetzesvorschriften, sondern es richtet sich nach dem Willen der Vertragspartner und den sog. Leasing-Erlassen der Finanzverwaltung vom 19.04.1971 bezüglich des Mobilien-Leasing und 23.03.1972 bezüglich des Immobilien-Leasing. Diese Erlasse legen fest, dass bei einer Grundmietzeit zwischen 40% und 90% der betriebsgewöhnlichen Nutzungsdauer des Leasing-Guts dem Leasing-Geber zuzurechnen ist, von ihm bilanziert und abgeschrieben wird ('**40/90-Regel**'). Für die meisten in der Praxis abgeschlossenen Leasing-Verträge trifft dies zu.
Wirtschaftlich steht beim Leasing-Nehmer der Finanzierungs- und der Innovationsaspekt im Vordergrund der Betrachtung. Das Leasing ist gleichzusetzen mit einer objektbezogenen Fremdfinanzierung.
In den folgenden Betrachtungen wird eingegangen auf die

... Kreditfinanzierung versus Leasing-Finanzierung

## 11.11. Sonderformen der Finanzierung 5

Die folgende Abbildung verdeutlicht anhand ausgewählter Kriterien den Unterschied zwischen der Kreditfinanzierung und einer Leasing-Finanzierung.

*Abbildung:* Gegenüberstellung einer Kredit- und einer Leasing-Finanzierung

| Kreditfinanzierung | Leasing-Finanzierung |
|---|---|
| *Rechtslage* | |
| Beschaffung von Geldmitteln durch Kreditvertrag zur Finanzierung des Guts; der Benutzer wird Eigentümer. | Beschaffung von Nutzungsrechten an dem Gut durch Leasing-Vertrag; Benutzer wird lediglich Besitzer, nicht Eigentümer. |
| *Geldmittelbedarf* | |
| Großer anfänglicher finanzieller Bedarf in Höhe der Anschaffungs`kosten´. | Geringer anfänglicher finanzieller Bedarf in Höhe der ersten Monatsmiete und der Installationsaufwendungen. |
| *Laufende Liquiditätsbelastung* | |
| Die Zins- und Tilgungsraten sind abhängig vom Eigenkapitalanteil an der Finanzierung. Je höher der Fremdfinanzierungsanteil, desto höher die Liquiditätsbelastung. | Bei Full-pay-out-Verträgen ist die Liquiditätsbelastung ähnlich wie bei der Kreditfinanzierung. Bei Restwertverträgen ist die Belastung niedriger, da nur der Wertverlust ersetzt werden muss. |
| *Abschreibung* | |
| Der Käufer schreibt das Leasing-Objekt bei sich ab. | Der Leasing-Geber schreibt das Leasing-Objekt bei sich ab. |
| *Rechnungslegung (Bilanz)* | |
| Aktivierung des Guts zu den Anschaffungs- bzw. Herstellungs`kosten´. Passivierung des Kredits. | Es erfolgt kein Bilanzausweis beim Leasing-Nehmer, sondern beim Leasing-Geber |
| *Rechnungslegung (Erfolgsrechnung)* | |
| Abschreibung des Guts zuzüglich Zinsen und sonstigen Kreditgrößen als Aufwand des Kreditnehmers. | Volle Mietraten (Tilgungs-, Zins-, Risiko- und Gewinnanteil) als Aufwand des Leasing-Nehmers. |
| *Bindung an das Wirtschaftsgut* | |
| Endgültiger Erwerb bindet den Eigentümer während der gesamten Nutzungsdauer. | Zeitlich begrenzte Gebrauchsüberlassung bindet den Leasing-Nehmer nur während der vereinbarten, in aller Regel kurzen Mietzeit innerhalb der gesamten Nutzungsdauer. |
| *Objekterneuerung* | |
| Im Markt muss ein Erwerber gesucht werden. Je nach Marktlage muss das Objekt mit Verlust ver- | Nach Vertragsende wird das alte Objekt einfach gegen ein neues ausgetauscht. Im schlechtesten |

| 11.11. | Sonderformen der Finanzierung | 6 |
|---|---|---|

| | |
|---|---|
| kauft werden. Für den Restkaufpreis muss eine neue Finanzierung erstellt werden. | Falle erhöhen sich die Leasing-Raten. Der ganze Erneuerungsvorgang vollzieht sich einfacher als beim Kreditkauf. |

*Sicherheit des Gläubigers*

| | |
|---|---|
| Beim Kreditnehmer muss ein großes Kreditsicherungsvermögen vorhanden sein. | Die dem Leasing-Geber zur Verfügung gestellten Sicherheiten sind unbedeutend; bei Ausfall der Mietzahlungen nimmt er das von ihm gestellte Gut zurück. |
| Im Insolvenzfall wird das dem Kreditgeber zur Sicherung übereignete Gut abgesondert[2]. | Im Insolvenzfall wird das vom Leasing-Geber zur Verfügung gestellte Gut ausgesondert[3]. |

*Steuern*

| | |
|---|---|
| Dauerschulden erhöhen die Berechnungsgrundlage für die (Gewerbe-)Steuer. Der Vermögenszuwachs bedeutet eventuell höhere Vermögensteuer als ohne das Gut. | Die Berechnungsgrundlagen für Gewerbe- und Vermögensteuer werden nicht beeinflusst. |

... AUSPRÄGUNGSFORMEN DES LEASINGS

Aufgrund unterschiedlicher **Ausprägungsformen des Leasings**, werden Leasing-Arten nach Unterscheidungsmerkmalen differenziert in

... PERSONENORIENTIERUNG DES LEASINGS

Wird das Leasing nach dem geschäftlichen Verhältnis zwischen der Person des Leasing-Nehmers und der Person des Leasing-Gebers eingeteilt, so lässt es sich unterscheiden in
- das direkte Leasing und
- das indirekte Leasing.

Beim **direkten Leasing** oder **Hersteller-Leasing** ist der Leasing-Geber selbst Hersteller des Leasing-Objekts wie bspw. in der Datenverarbeitung, der Telekommunikation und der Automobilwirtschaft.
Beim **indirekten Leasing** kauft ein Finanzunternehmen das Leasing-Objekt, um es zu vermieten.

... VERPFLICHTUNGSORIENTIERUNG DES LEASINGS

Das Leasing lässt sich nach seinem Verpflichtungscharakter des Leasing-Vertrags thematisieren in das
- Finanzierungs-Leasing,
- Maintenance-Leasing,
- Operating-Leasing und
- sale-and-lease-back.

2 Vgl. zu `Absonderung´ Modul 5.1.-4 in Band I dieser Reihe.
3 Vgl. zu `Aussonderung´ Modul 5.1.-4 in Band I dieser Reihe.

## 11.11. Sonderformen der Finanzierung 7

Beim **Finanzierungs-Leasing** (financial lease) wird zwischen Leasing-Nehmer und einem Finanzierungsinstitut (meist Tochterunternehmen von Banken) eine unkündbare Grundmietzeit festgelegt. Der Leasing-Nehmer hat die Leasing-Raten zu zahlen, trägt das Investitionsrisiko und hat für die Wartung und Instandhaltung des Leasing-Objekts Sorge zu tragen. Der Leasing-Geber übernimmt lediglich die Finanzierungsfunktion.
Handelt es sich um einen *langfristigen* Leasing-Vertrag und erfolgt die Wartung des Leasing-Objekts durch den Leasing-Geber, so wird von einem **Maintenance-Leasing** gesprochen (maintenance = Erhaltung, Instandhaltung).
Beim **Operating-Leasing** (to operate: betreiben, bedienen, wirken) schließen die Vertragspartner einen *kurzfristigen* Leasing-Vertrag, wobei durch den Leasing-Geber auch die Wartung und Instandhaltung erfolgt.
Das **sale-and-lease-back-Verfahren**[4] beschreibt einen Verkauf mit gleichzeitiger Rückmiete. Bei diesem oft im Immobilienbereich angewendeten Verfahren, kauft der Leasing-Geber das Objekt vom Leasing-Nehmer durch Überlassung liquider Mittel und vermietet es wieder an den Leasing-Nehmer.

... MENGENORIENTIERUNG DES LEASINGS

Die Unterscheidung des Leasings nach der Anzahl der Leasing-Objekte, die geleast werden, ist zu treffen in
- das Equipment-Leasing bzw. Spezial-Leasing sowie
- das Plant-Leasing.

Als **Equipment-Leasing** wird die Vermietung einzelner Objekte verstanden. Diese Form kann so ausgeprägt sein, dass das Wirtschaftsgut speziell für einen Leasing-Nehmer hergestellt wird; bei dieser Form des **Spezial-Leasings** wird der Leasing-Nehmer der Eigentümer des Objekts.
Das **Plant-Leasing** beschreibt die Vermietung ganzer Anlagenkomplexe wie etwa Raffinerien oder Flughäfen.

... OBJEKTORIENTIERUNG DES LEASINGS

Wird das Leasing bezüglich seines Leasing-Gegenstands betrachtet, so lassen sich nennen
- das Konsumgüter-Leasing und
- das Investitionsgüter-Leasing.

Während das Leasing im privaten Bereich meist als **Konsumgüter-Leasing** auftritt, kann beim **Investitionsgüter-Leasing** nochmals weiter untergliedert werden in
- das Mobilien-Leasing und
- das Immobilien-Leasing.

Beim **Mobilien-Leasing** werden Nutzungsrechte an beweglichen Objekten wie Büromaschinen, Fahrzeugen, EDV-Anlagen oder auch Flugzeu-

4 Vgl. zu 'sale-and-lease-back' Modul 11.6.-1 in diesem Band der Reihe.

| 11.11. | Sonderformen der Finanzierung | 8 |
|---|---|---|

ge erworben, beim **Immobilien-Leasing** Gebäude zur Leistungserstellung, Läger und Büros.

... ZAHLUNGSORIENTIERUNG DES LEASINGS

Bezüglich der Zahlungshöhe während der Grundmietzeit kann das Leasing erfolgen als

- Vollamortisationsvertrag oder
- Teilamortisationsvertrag.

Ein **Vollamortisationsvertrag** (Full-pay-out-Vertrag) liegt vor, wenn die während der Grundmietzeit gezahlten Leasing-Raten die vollen Anschaffungs- und Herstellungs`kosten´ des Leasing-Objekts des Leasing-Gebers decken und ihm zusätzlich einen Gewinn erzielen lassen. Das volle Investitionsrisiko liegt beim Leasing-Nehmer. Der Leasing-Vertrag ist i.d.R. ohne ein Optionsrecht versehen.

Beim **Teilamortisationsvertrag** (Non-pay-out-Vertrag) werden dem Leasing-Geber während der Grundmietzeit nicht sämtliche Aufwendungen, sondern diese nur partiell ersetzt. Bei dieser Form wird eine Vereinbarung nach Ablauf der Grundmietzeit über das Verwertungsrisiko abgeschlossen. Dies kann eine Verlängerung des Leasing-Vertrags sein, oder die Abnahme des Leasing-Objekts durch den Leasing-Nehmers in Form eines Kaufs sein. Der Leasing-Vertrag ist mit einer Kaufoption oder mit einer Mietverlängerungsoption versehen.

Stets wird das Leasing-Objekt beim Leasing-Geber jedoch zu einer Vollamortisation führen, so dass der Begriff Teilamortisationsvertrag irreführend ist. Die Teilamortisation bezieht sich lediglich auf die Leasing-Raten während der Grundmietzeit.

... VERTRAGSORIENTIERUNG DES LEASINGS

Soll eine Bilanzierung des Leasing-Objekts beim Leasing-Geber vorgenommen werden, so gilt bei allen Vertragstypen, dass eine Grundmietzeit von mindestens 40% und höchstens 90% der betriebsgewöhnlichen Nutzungsdauer vorliegt (`**40/90-Regel**´). Die Verträge – besonders beim Finanzierungs-Leasing – können unterschiedlich gestaltet werden als

... LEASING-VERTRAG OHNE OPTIONSRECHTE

Beabsichtigen die Vertragspartner, dass das Leasing-Gut dem Leasing-Geber zugerechnet werden soll, so ist die Grundmietzeit aufgrund der 40%/90%-Grenzen der betrieblichen Nutzungsdauer festzulegen. Bei dieser Art von **Leasing-Verträgen ohne Optionsrechte** kann von einem regulären Mietvertrag gesprochen werden. Die Leasing-Raten gelten als Betriebsausgaben und mindern den bilanziellen Erfolg des Leasing-Nehmers.

... LEASING-VERTRAG MIT KAUFOPTION

Hat der Leasing-Nehmer das Recht das Leasing-Gut nach Ablauf der Grundmietzeit zu erwerben (**Leasing-Vertrag mit Kaufoption**), so ist die bilanzielle Zurechnung des Leasing-Objekts auf den Leasing-Geber nur möglich, wenn der Kaufpreis mindestens dem Restbuchwert des

| 11.11. | **Sonderformen der Finanzierung** | 9 |
|---|---|---|

Objekts entspricht. Der Restbuchwert des Objekts muss unter Anwendung der linearen Abschreibung[5] nach einheitlichen Tabellen ermittelt werden.
Liegt der Kaufpreis darunter, ist das Leasing-Objekt vom Leasing-Nehmer zu bilanzieren.

... LEASING-VERTRAG MIT MIETVERLÄNGERUNGSOPTION

Beim **Leasing-Vertrag mit Mietverlängerungsoption** erfolgt die bilanzielle Zurechnung des Leasing-Objekts beim Leasing-Nehmer nur dann, wenn die Anschlussmiete (Verlängerungsmiete) so hoch bemessen ist, dass sie mindestens den Werteverzehr des Leasing-Guts deckt. Der Werteverzehr des Leasing-Guts ergibt sich als mittels linearer Abschreibung ermittelten Buchwert oder als niedrigerer gemeiner Wert (gem. § 9 BewG) als der Preis, der im gewöhnlichen Geschäftsverkehr nach der Beschaffenheit des Wirtschaftsguts bei einer Veräußerung zu erzielen wäre. Dabei ist eine Restnutzungsdauer laut AfA-Tabelle zugrunde zu legen. Ist die Anschlussmiete niedriger als der Werteverzehr, so wird das Leasing-Objekt dem Leasing-Nehmer zugerechnet.

... BILANZIELLE ZURECHNUNG DES LEASING-OBJEKTS

Die folgende Abbildung arbeitet die Zurechnung des Leasing-Objekts im Hinblick auf die unterschiedlichen Ausprägungsformen von Leasing-Verträgen heraus.

*Abbildung:* Entscheidungshilfe zur bilanziellen Zurechnung des Leasing-Objekts

| Leasing-Vertragstyp ... | Zurechnung des Leasing-Objekts bei |
|---|---|
| ohne Kauf oder Mietverlängerung | Leasing-Geber |
| mit Kaufoption | |
| *Kaufpreis* < *(Rest-)buchwert* | Leasing-Nehmer |
| *Kaufpreis* ≥ *(Rest-)buchwert* | Leasing-Geber |
| mit Mietverlängerungsoption | |
| *Anschlussmiete* < *Werteverzehr* | Leasing-Nehmer |
| *Anschlussmiete* ≥ *Werteverzehr* | Leasing-Geber |

5 Vgl. zu 'lineare Abschreibung' Modul 11.6.-8f. in diesem Band der Reihe.

## 12.1. Investitionsbegriff

1

INVESTITIONSBEGRIFF

Ein **Begriff** kann nicht richtig oder falsch sein, sondern er kann nur unter dem Gesichtspunkt der Zweckmäßigkeit als zutreffend oder verfehlt bezeichnet werden. Je nach Sichtweise lässt sich **Investition** interpretieren als

... VERMÖGENSORIENTIERTER INVESTITIONSBEGRIFF

Bei der **vermögensorientierten** Interpretation von **Investition** wird unter einer Investition eine für längere Zeit beabsichtigte Bindung finanzieller Mittel in materiellen oder immateriellen Objekten verstanden, mit der Absicht, diese in Verfolgung einer unternehmensindividuellen Zielsetzung zu nutzen. Diese Auffassung von `Investition´ ist eng verknüpft mit einer bilanziellen Trennung von Kapital als Mittelherkunft auf der Passivseite einer Bilanz und Vermögen als Mittelverwendung auf der Aktivseite einer Bilanz. Sie kennzeichnet eine Investition als ein Objekt, das mit einem Wert (meist dem Anschaffungswert) angesetzt wird. Eine Investition ist somit der Umwandlungsprozess von Zahlungsmitteln in Güter: finanzielle Mittel werden für eine längere Zeit in Güter (Investitionsobjekte) gebunden, mit der Absicht, diese in Verfolgung einer unternehmensindividuellen Zielsetzung zu nutzen.

*Abbildung:* Verdeutlichung des Investitionsbegriffs anhand der Aktivseite einer Bilanz

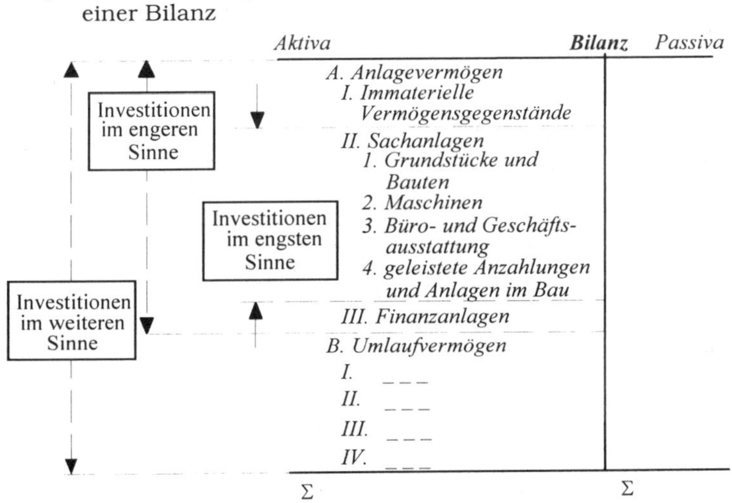


Im Rahmen der vermögensorientierten Interpretation des Begriffs Investition wird unter bilanzorientierter Sichtweise unterschieden zwischen

- **Investitionen im weiteren Sinne**, bei der der Einsatz finanzieller Mittel auf die gesamten Vermögenswerte des Unternehmens betrachtet wird (Aktivpositionen A I bis III, B I bis IV);
- **Investitionen im engeren Sinne**, bei der der Einsatz finanzieller Mittel lediglich auf das gesamte Anlagevermögen betrachtet wird (Aktivpositionen A I bis III);

| 12.1. | Investitionsbegriff | 2 |
|---|---|---|

- **Investitionen im engsten Sinne**, bei der ausschließlich der Einsatz finanzieller Mittel auf Sachanlagevermögen betrachtet wird (Aktivposition A II).

Unter Zuhilfenahme der Bilanz[1] kann der unterschiedliche Umfang des Investitionsbegriffs durch die vorstehende Abbildung verdeutlicht werden. Zur Einschränkung der quantitativen Ausdehnung dieses Lehrbuchs wird schwerpunktmäßig auf Investitionen im engsten Sinne abgestellt.

... ZAHLUNGSORIENTIERTER INVESTITIONSBEGRIFF

In der modernen Literatur über den Begriff Investition wird auf die Handlung als **Investition** abgestellt. Die Investition ist Ausdruck einer bewußten Handlung bzw. Entscheidung.

Der **zahlungsorientierte Investitionsbegriff** lässt sich durch die folgenden Kriterien charakterisieren

- hohe Kapitalbindung, d.h. der (Investitions-)Betrag überschreitet den Rahmen laufender Zahlungen,
- langfristige Kapitalbindung, d.h. die Investitionsgüter werden i.d.R. ge- und nicht verbraucht und
- Interdependenzen auf unterschiedliche Betriebsbereiche wie die Leistungsbeschaffung, -erstellung und -verwertung.

Eine zahlungsorientierte **Investition** ist, aufbauend auf der Tatsache, dass eine Bindung finanzieller Mittel in einem Unternehmen stets einhergeht mit der Absicht, Leistungen zu erbringen und mit deren Veräußerung Gewinne zu erwirtschaften, durch eine Folge von Aus- und Einzahlungen (Rückflüsse) gekennzeichnet, wobei die erste Zahlung immer eine Auszahlung (Anschaffungs-`kosten´[2]) ist. Zwischen den ersten und letzten Zahlungszeitpunkten liegt eine beträchtliche Zeitspanne, die mindestens ein Jahr beträgt und durch weitere Ein- und Auszahlungen gekennzeichnet ist. Die Höhe und der Zeitpunkt der Zahlungen prägen den individuellen Charakter einer jeden Investition. Diese Investitionszahlungen bilden gleichzeitig die Informationsbasis für die Entscheidung über die Realisierung eines Investitionsvorhabens bzw. für die Beurteilung alternativer Investitionsmöglichkeiten.

Der Entscheidung über ein Investitionsvorhaben folgt eine Entscheidung über den Einsatz von **Investitionsrechenverfahren**. Bewertet werden bei einem entscheidungsorientierten Vorgehen von Investitionen nicht Vermögensgüter, sondern Investitionshandlungen. Jede Investitionsentscheidung bedarf einer systematischen Vorbereitung und Ausrichtung auf die langfristigen Unternehmensziele.

Im Zusammenhang mit den Begriffen Investition, Investitionsplanung und -rechenverfahren, hat sich zunehmend die zahlungsorientierte Betrachtungsweise von Investitionen – besonders in Bezug auf Sachanlagen – durchgesetzt. Diese Auffassung hat sich bezüglich des Erkenntnisziels – Entscheidung über die vorteilhafte Verwendung finanzieller Mittel – als umfassender und zweckmäßiger erwiesen als die vermögensorientierte Begriffsausprägung und wird daher bei den folgenden Betrachtungen zugrundegelegt.

---

1 Vgl. zu `Bilanz´ Modul 8.5.ff in Band I dieser Reihe.
2 Vgl. zu `Anschaffungs`kosten´´ Modul 8.5.5.-2f. in Band I dieser Reihe.

## 12.2. Ziele und Arten von Investitionen Ü 1

Ziele und Arten von Investitionen

- ... Ziele von Investitionen
  - ... quantifizierbare Kriterien
- ... nicht-quantifizierbare Kriterien

... Investitionsarten

- ... Investorbezogenheit von Investitionen
- ... Umschlagsbezogenheit von Investitionen
- Objektbezogenheit von Investitionen

weitere Investitionsunterscheidungsmerkmale

Objektbezogenheit von Investitionen

- ... immaterielle Investitionen
- ... Finanzinvestitionen

... Sachinvestitionen

- ... Nettoinvestitionen

... Reinvestitionen

- ... Sicherungsinvestitionen
- ... Diversifizierungsinvestitionen
- ... Umstellungsinvestitionen
- ... Ersatzinvestitionen
- ... Rationalisierungsinvestitionen

... Erweiterungsinvestitionen

... Investitionsarten nach dem Volumenkriterium

weitere Investitionsunterscheidungsmerkmale

| 12.2. | Ziele und Arten von Investitionen | 1 |
|---|---|---|

### ZIELE UND ARTEN VON INVESTITIONEN

Die hohe und langfristige Bindung von Zahlungsmitteln sowie Interdependenzen zwischen den Investitionsbereichen und weiteren betrieblichen Partialbereichen verdeutlichen die Wichtigkeit von Investitionsaktivitäten für das Unternehmen. Entscheidungen über Investitionen stellen eine zentrale Aufgabe der Unternehmensführung dar. Betrachtung finden daher die

#### ... ZIELE VON INVESTITIONEN

Während die **Hauptaufgabe von Investitionen** in der Sicherstellung der Leistungsfähigkeit des Unternehmens zu sehen ist, sind als weitere **Ziele von Investitionen** zu sehen

##### ... QUANTIFIZIERBARE KRITERIEN

**Quantifizierbare Kriterien** sind solche, die als Grundlagen aller Investitionsentscheidungen die Zielvorstellungen des Investors widerspiegeln. Es lassen sich unterscheiden

- monetäre Kriterien und
- nicht-monetäre Kriterien.

Als **monetäre Kriterien** sind zu nennen

- der Gewinn: aufgrund zukünftiger positiver und negativer finanzieller Bewegungsgrößen bezogen auf Aggregate (Einzelvorhaben), einzelne Projekte, Leistungsarten, -gruppen, Betrieb und Betriebsteile und
- die Liquidität: aufgrund von zu erwartenden Einzahlungen und Auszahlungen bezogen auf Teile des Unternehmens oder auf den Betrieb als Ganzes;

**Nicht-monetäre Kriterien** sind solche, die sich zwar rechnerisch erfassen lassen, aber nicht in geldlichen Größen ausgewiesen werden. Die Rentabilität als Verhältniszahl monetärer Größen, die Wirtschaftlichkeit als Verhältniszahl von prognostizierbaren Kosten und Leistungen, sowie das Risikoverhalten des Investors, das aufgrund unternehmensindividueller Risikoeinschätzungen wie bspw. Kalkulationszinssätze oder Amortisationszeiten mit in die Investitionsrechenverfahren eingeht.

##### ... NICHT-QUANTIFIZIERBARE KRITERIEN

Aufgrund ihrer nicht geldlichen Eigenschaften können als **nicht-quantifizierbare** Ziele von Investitionen genannt werden Unabhängigkeit des Unternehmens, Streben nach Prestige, Streben nach Marktanteilen und -macht wie bspw. Verwertungserwartungen für bestimmte Leistungen, sind infrastrukturelle Faktoren wie Abfallbeseitigung, -verwertung, Energieversorgung; Realisierung ethisch-sozialer Komponenten wie bspw. Umweltkriterien (-belastungen, Imagewirkungen) und arbeitsplatzorientierte Kriterien wie bspw. soziale Absicherung und Zufriedenheit der Belegschaft, Unfallsicherheit, Lärm- Staub-, Temperatur- und Luftbelastungen; Interdependenzen zwischen bestehenden Investitionen und zu beschaffenden Investitionen durch bpsw. Engpässe in Partialbereichen; sowie Erfüllung gesetzlicher und gesetzesähnlicher Auflagen.

## 12.2. Ziele und Arten von Investitionen 2

... INVESTITIONSARTEN

**Investitionsarten** lassen sich einteilen nach verschiedenartigen Kriterien wie

... INVESTORBEZOGENHEIT VON INVESTITIONEN

Das Unterscheidungskriterium von Investitionen sind deren Investoren. Nach der **Investorbezogenheit von Investitionen** werden diese eingeteilt nach Unternehmensinvestitionen (Investitionen durch privatwirtschaftlich geführte Betriebe), Staatsinvestitionen (Investitionen durch die öffentliche Hand) und private Haushaltsinvestitionen (Investitionen durch Konsumenten).
Im Rahmen dieses Lehrbuchs wird schwerpunktmäßig auf Investitionen von Unternehmen abgestellt.

... UMSCHLAGSBEZOGENHEIT VON INVESTITIONEN

Das Kriterium der **Umschlagsbezogenheit von Investitionen** ist auf die Umschlagsgeschwindigkeit oder -zeit gerichtet. Bei diesem Kriterium steht der temporäre Aspekt im Mittelpunkt der Betrachtung, der mit den Auszahlungen für eine Investition beginnt und mit den Einzahlungen daraus endet. Es lassen sich zwei Extrempositionen unterscheiden:

- **Investitionen mit niedriger Umschlagsgeschwindigkeit** und
- **Investitionen mit hoher Umschlagsgeschwindigkeit**.

Ein langsamer Umschlag von Investitionen liegt im Bereich der unbeweglichen Anlagegüter wie bspw. Grundstücke und Gebäude vor, solange keine spekulativen Absichten mit der Investition verbunden sind.
Schnell umschlagende Investitionen sind solche, die aus dem Bereich des Umlaufvermögens stammen und bei denen oft hohe Vermögenswerte umgesetzt werden.

OBJEKTBEZOGENHEIT VON INVESTITIONEN

WEITERE INVESTITIONSUNTERSCHEIDUNGSMERKMALE

OBJEKTBEZOGENHEIT VON INVESTITIONEN

Unterscheidungskriterium ist der Gegenstand der Investition, wobei eine an die Gliederung der Bilanz angelehnte Unterscheidung vorgenommen wird in

... IMMATERIELLE INVESTITIONEN

**Immaterielle Investitionen** sind Investitionen, die die langfristige Wettbewerbsfähigkeit von Unternehmen sichern sollen. Dazu zählen Investitionen in die Bereiche Forschung und Entwicklungebenso wie Dienstgüter in Form von fremdbezogenen Diensten wie F&E-Leistungen und Patente, Marketing, Aus- und Weiterbildung sowie betriebliche Sozialleistungen.

... FINANZINVESTITIONEN

**Finanzinvestitionen** sind solche, die in Beteiligungen (Wertpapiere) oder

| 12.2. | Ziele und Arten von Investitionen | 3 |
|---|---|---|

Forderungen fließen; sie berühren ausschließlich die Finanzpläne des Unternehmens. Aus der Sicht von Industriebetrieben sind dies meist betriebsfremde Investitionen, bei denen sich sowohl die Auszahlungen als auch die Einzahlungen exakt bestimmen und zurechnen lassen.
Auf Finanzinvestitionen wird aus quantitativen Gründen in diesem Lehrbuch verzichtet und auf die Sekundärliteratur verwiesen.

... SACHINVESTITIONEN

**Sachinvestitionen** sind Investitionen in Vermögensteile eines Unternehmens, die unmittelbar am Leistungserstellungsprozess beteiligt sind. Während sich die Ermittlung der Ausgaben einfach gestaltet, ist die Bestimmung und Verrechnung der auf das einzelne Investitionsobjekt bezogenen Einnahmen oft schwierig.
Als Sachinvestitionen sind solche Objekte zu verstehen (in Analogie zu Positionen in der Bilanz) wie Sachanlagevermögen in Form von Grundstücken, Gebäuden, Maschinen, Anlagen, Büro- und Geschäftsausstattungen und Umlaufvermögen in Form von Vorräten.
Aufgrund des Zwecks und der Wirkung von Sachinvestitionen (Wirkungsbezogenheit von Investitionen) auf den Leistungserstellungsprozess werden diese unterschieden in

... NETTOINVESTITIONEN

**Nettoinvestitionen** werden auch als Gründungs-, Erst- oder Ausrüstungsinvestitionen bezeichnet. Sie werden zum Zeitpunkt – praxisgerechter im Zeitraum – der Gründung eines Unternehmens vorgenommen und legen sowohl die Grundlage für die erstmalige Leistungserstellung als auch eventuell die Gegebenheiten für die gesamte Lebensdauer des Unternehmens fest wie bspw. die Fixierung bei Bergbauunternehmen oder die Erstinvestitionen in Grundstücke, Gebäude und Anlagen.
Nettoinvestitionen sind dadurch charakterisiert, dass sie einerseits sehr sorgfältig durchzuführen sind, andererseits brauchen bei ihnen keine Interdependenzen mit bereits vorhandenen, zuvor getroffenen und realisierten Investitionen berücksichtigt werden.

... REINVESTITIONEN

Unter **Reinvestitionen** werden sämtliche **Folgeinvestitionen** verstanden, die während der Lebensdauer eines Unternehmens nach dessen Gründung vorgenommen werden, um den durch den Gebrauch oder sonstige Gründe verminderten Vermögensbestand sowohl zu ersetzen als auch zu vergrößern.
Im Gegensatz zu Nettoinvestitionen müssen bei Reinvestitionen die durch zeitlich vorgelagerte Investitionen geschaffenen Rahmenbedingungen beachtet werden bzw. sind sie durch diese präjudiziert. Bei der folgenden Differenzierung von Reinvestitionen handelt es sich mehr um eine gedankliche, als eine praktisch relevante, da eine Reinvestition oft mehrere Wirkungen auf den Leistungserstellungsprozess hat. Nennen lassen sich

... SICHERUNGSINVESTITIONEN

Zweck von **Sicherungsinvestitionen** ist es, den Unternehmens-

## 12.2. Ziele und Arten von Investitionen 4

bestand festzuschreiben. Hierzu zählen insbesondere immaterielle Investitionen wie die in die Forschung und Entwicklung, das Marketing, jedoch auch `eiserne Vorräte´.

... DIVERSIFIZIERUNGSINVESTITIONEN

Unter **Diversifizierungsinvestitionen** werden Investitionen verstanden, die eine Änderung des Leistungserstellungsprogramms des Unternehmens zur Folge haben.
Dabei werden voneinander abgegrenzt horizontale Diversifizierungsinvestitionen, vertikale Diversifizierungsinvestitionen und/ oder heterogene Diversifizierungsinvestitionen[1].

... UMSTELLUNGSINVESTITIONEN

**Umstellungsinvestitionen** beschreiben Investitionen, die eine quantitative Änderung des Leistungserstellungsprogramms bewirken. Durch Umstellungsinvestitionen findet eine Verschiebung der Leistungserstellung von nicht mehr marktgängigen zu marktgängigen Leistungen statt.

... ERSATZINVESTITIONEN

Unter **Ersatzinvestition i.e.S.** wird eine identische Reinvestition verstanden, d.h. es werden vorhandene Güter (Investitionsobjekte) durch neue Güter (Investitionsobjekte) gleicher Art und Güte ersetzt.
Anlass einer Ersatzinvestition kann sein, dass das vorhandene Investitionsobjekt technisch verbraucht ist oder dass ein anderes Investitionsobjekt ertragswirksamer ist als das vorhandene.
Der Ersatz von technisch obsoleten Investitionsobjekten ist auf seine sachliche Richtigkeit zu prüfen und zu entscheiden, durch welches neue Investitionsobjekt das technisch verbrauchte ersetzt werden soll.
Der Ersatz von ertragswirksamen obsoleten Investitionsobjekten ist aufgrund eines simultanen Vergleichs unterschiedlicher Faktoren zu entscheiden[2] in Bezug auf einen Kriterienvergleich, Zeitpunkt und einen Investitionsgegenstand.

... RATIONALISIERUNGSINVESTITIONEN

**Rationalisierungsinvestitionen** sind Investitionen in Anlagen der Leistungserstellung, die entweder dem Minimalprinzip wie bspw. der Kostensenkung oder dem Maximalprinzip wie bspw. der Outputsteigerung dienen. Die Verbesserung dieser Input-Output-Relation ist durch Investitionen zu erreichen, bei denen eine wirtschaftliche Gestaltung durch die Nutzung technischen Fortschritts bewerkstelligt wird (**Modernisierungsinvestition**).

---

1 Vgl. zu `Diversifizierungen´ Modul 5.2.1.-1 in Band I dieser Reihe.
2 Vgl. zu `Ersatzentscheidungen´ Modul 12.8.3.ff. in diese Band der Reihe.

## 12.2. Ziele und Arten von Investitionen

5

... ERWEITERUNGSINVESTITIONEN

Wird das betriebliche Leistungsvermögen erhöht (Leistungspotentialerhöhung durch Erweiterung des Anlagevermögens), so wird von **Erweiterungsinvestitionen** gesprochen.
Erweiterungsinvestitionen können vorgenommen werden durch die Hereinnahme zusätzlicher Investitionsobjekte zur Erhöhung des bestehenden betrieblichen Leistungsvermögens oder durch den Austausch des zu ersetzenden Investitionsobjekts durch ein neues, das gegenüber dem alten eine Steigerung des Leistungsvermögens darstellt (**Ersatzinvestition i.w.S.**).

... INVESTITIONSARTEN NACH DEM VOLUMENKRITERIUM

Der Zusammenhang zwischen Nettoinvestition und Reinvestition lässt sich auch in einer anderen Form darstellen: Sämtliche in einem Betrachtungszeitraum vorgenommenen Investitionen werden als **Bruttoinvestitionen** bezeichnet, die sowohl Netto- als auch Reinvestitionen umfassen.
**Nettoinvestitionen** beschreiben demnach denjenigen Teil der Gesamtinvestition, der zu einer Vergrößerung des betrieblichen Leistungsvermögens führt; zu ihr gehören die Gründungs- und Erweiterungsinvestitionen.
**Reinvestitionen** sind der Teil der Bruttoinvestition, der als Ersatzinvestition i.e.S. lediglich auf einen identischen Austausch verbrauchter Investitionsobjekte gerichtet ist sowie als Ersatzinvestition i.w.S., Rationalisierungs-, Umstellungs-, Diversifizierungs- und Sicherungsinvestitionen mit einschließt.

WEITERE INVESTITIONSUNTERSCHEIDUNGSMERKMALE

Als weitere Unterscheidungsmerkmale sollen genannt werden

- **Umfangsbezogenheit von Investitionen**, die wertmäßig unterschiedliche Größenordnungen erreichen in Form von **Routineinvestitionen** (unternehmensoperative Investitionen) als Investitionen kleinen Umfangs und **gesamtunternehmensbezogene Investitionen** (unternehmenstaktische oder -strategische Investitionen) als Investitionen großen Umfangs;
- **Häufigkeitsbezogenheit von Investitionen**, die aufgrund ihres repetitiven Charakters unterschieden werden in **Einzelinvestitionen** als einmalige Investitionen ohne Wiederholung, **Investitionsfolgen** als zweimalig wiederholte Investitionen und **Investitionsketten** als nacheinander mehrmalig wiederholte Investitionen;
- **Abhängigkeitsbezogenheit von Investitionen**, die durch ihre unterschiedlichen Interdependenzen differenziert werden als **isolierte Investitionen**, die ohne Auswirkungen auf vorhandene Gegebenheiten durchgeführt werden können und **interdependente Investitionen**, die mit Auswirkungen auf vorhandene Gegebenheiten durchgeführt werden.

| 12.3. | Investitionsentscheidungen | 1 |
|---|---|---|

### INVESTITIONSENTSCHEIDUNGEN

**Investitionsentscheidungen** sind Wahlmöglichkeiten eines Investors, die im Vorfeld des Investitionsprozesses liegen, um davon ausgehend, entsprechend der Entscheidungssituation eine Auswahl der anzuwendenden Investitionsrechenverfahren zu treffen. Sie haben im Gegensatz zu anderen betriebswirtschaftlichen Entscheidungsvorgängen langfristige Auswirkungen auf eine große Anzahl unterschiedlicher Teilbereiche im Unternehmen und legen den Umfang der Leistungserstellung fest. Aus diesem Grund sind derartige Entscheidungen nicht emotional zu fällen, sondern sollten stets rational geschehen, und somit sorgfältig geplant werden.
Als Ausgangsbasis für Investitionsentscheidungen dient das unternehmerische Zielsystem, das Risikoverhalten des Investors sowie das durch die Umwelt des Unternehmens vorgegebene Entscheidungsfeld.
Dabei sind die folgenden Begriffe auseinanderzuhalten

#### ... ENTSCHEIDUNGSSITUATION

In Bezug auf den Informationsstand des Entscheidungsträgers über die entsprechenden (Umwelt-)Situationen können Informationen aufgrund der Sicherheit ihres Eintretens (**Entscheidungssituation**) differenziert werden, ob es sich alternativ handelt um

##### ... (ENTSCHEIDUNGS-)SICHERHEIT

Von **Entscheidungssicherheit** wird idealtypisch gesprochen, wenn die für eine Investition benötigten Informationen eindeutig bekannt sind, da eine vollkommene Markttransparenz vorliegt. Es werden darunter deterministische Entscheidungsmodelle verstanden. Der günstigste Fall, dass für eine Entscheidung alle Umweltgegebenheiten bekannt sind, wird als **Sicherheitssituation** bezeichnet.

##### ... (ENTSCHEIDUNGS-)UNSICHERHEIT

**Unsicherheit** ist gekennzeichnet durch die Unbestimmtheit des Eintretens unterschiedlicher Umweltzustände. Nuancieren lassen sich

###### ... ENTSCHEIDUNGEN UNTER RISIKOASPEKTEN

**Risikoentscheidungen** betreffen solche Investitionen, bei denen eine subjektive oder objektive Wahrscheinlichkeit für ihr Eintreten angegeben werden kann. Sind subjektive oder objektive Wahrscheinlichkeiten für das Eintreten bestimmter relevanter Umweltsituationen bekannt, so wird das als Risikoentscheidung in einer **Risikosituation** bezeichnet.

###### ... ENTSCHEIDUNGEN UNTER UNGEWISSHEITSASPEKTEN

**Ungewissheit** herrscht, wenn für Entscheidungssituationen keine Wahrscheinlichkeiten angegeben werden können. Eine Ungewissheitsentscheidung liegt vor, wenn lediglich bekannt ist – oder durch Hypothesen unterstellt werden kann –, dass ein beliebiger, für den Entscheidungsträger relevanter Umweltzustand eintreten wird, so wird diese als **Ungewissheitssituation** bezeichnet.

| 12.3. | **Investitionsentscheidungen** | 2 |
|---|---|---|

... ENTSCHEIDUNGSALTERNATIVE

Eine **Entscheidungsalternative** als Wahlmöglichkeit von Entscheidungen kann vorliegen in Form einer

... EINZELENTSCHEIDUNG

Eine rechnerische **Einzelentscheidung** liegt vor, wenn der Investor ausschließlich ein klar abgegrenztes Investitionsobjekt mit exakt definierten Kriterien betrachtet, ohne dabei weitere Alternativen zu berücksichtigen (Ausschluss von Alternativen).

... ALTERNATIVENTSCHEIDUNG

Bei **Wahl-** bzw. **Alternativentscheidungen** handelt es sich um Selektionsmöglichkeiten zwischen mindestens zwei Handlungsalternativen von einander unabhängiger Investitionsobjekte.

...ERSATZ- BZW. DAUERENTSCHEIDUNG

Von rechnerischen **Dauer-** bzw. **Ersatzentscheidungen** wird gesprochen, wenn untersucht wird, ob ein im Leistungserstellungsprozess verwendetes Sachgut durch ein neues, gleichartiges Investitionsobjekt ausgeglichen werden soll.

... PROGRAMMENTSCHEIDUNG

Bei **Programmentscheidungen unter finanzwirtschaftlichen Aspekten** handelt es sich um die Auswahl unterschiedlicher, sich gegenseitig ausschließender, konkurrierender Investitionsobjekte unter limitierenden Bedingungen wie bspw. Rentabilitätsbedingungen oder Budgetrestriktionen, die gemeinsam innerhalb eines Betrachtungszeitraums durchzuführen sind, d.h. mehrere unabhängige Investitionsvorhaben können unter restriktiven Bedingungen durchgeführt werden (**Investitionsprogramme**).

Je nachdem, ob das Leistungserstellungsprogramm vorgegeben ist oder das Finanzierungsprogramm wird zwischen der simultanen Investitions- und Finanzplanung bzw. der simultanen Investitions- und Leistungserstellungsplanung unterschieden.

Der Begriff `**Programmentscheidung**´ wird jedoch auch **unter leistungswirtschaftlichen Gesichtspunkten** verwendet. Das Leistungsprogramm kann durch (Investitions-)Entscheidungen in seiner Breite in Bezug auf seine Anzahl unterschiedlicher Leistungslinien oder in seiner Tiefe in Bezug auf seine Anzahl unterschiedlicher Ausführungen innerhalb einer Leistungslinie verändert werden. Auf leistungswirtschaftliche Programmentscheidungen wird im Folgenden nicht eingegangen. Ich möchte hier den Leser auf die Literatur zum Thema `Leistungserstellung´ hinweisen.

| 12.4. | Investitionsplanung im Rahmen der Unternehmensführung | |
|---|---|---|
| 12.4.1. | Aufgaben, Ziele und Einteilungskriterien der Investitionsplanung | 1 |

AUFGABEN - ZIELE - EINTEILUNGSKRITERIEN DER INVESTITIONSPLANUNG

Die **Investitionsplanung** ist der (gedanklich) systematische Prozess in Bezug auf die Verwendung finanzieller Mittel, der zur Beschaffung, Erweiterung und Erhaltung von Betriebsmittel-Potentialfaktoren ablaufen sollte.

**Aufgabe der Investitionsplanung** ist die Be- und Verarbeitung von Informationen zur Steuerung und Überwachung des betrieblichen Geschehens, wobei sich die Beschaffung und zielgerichtete Aufbereitung der für Entscheidungen relevanten Informationen zur Anwendung für unterschiedliche Methoden der Investitionsrechnung oft als schwierig erweist.

**Ziel der Investitionsplanung** ist es, die eingesetzten finanziellen Mittel zu überprüfen in Hinblick auf ihre Wirtschaftlichkeit[1], Rentabilität[2] und eventuell sozialen Auswirkungen.

Die Investitionsplanung ist stets als Teil einer betrieblichen **Gesamtplanung** zu sehen, in der sowohl operativ, als auch taktische und strategische Aspekte in Bezug auf die Finanzierung, die Leistungsbeschaffung, -erstellung und -verwertung zu berücksichtigen sind.

Eine **Einteilung von Investitionsplanungen** kann in Bezug auf ihren Planungsumfang und Planungshorizont vorgenommen werden in

... EINZEL-/ GESAMTPLANUNG

Bei der **Einzelinvestitionsplanung** werden einzelne Investitionen aufgrund deren Vorteilhaftigkeit, deren Realisation und Kontrolle betrachtet. Betrachtung finden dabei die Stufen des Investitionsplanungsprozesses, die Werkzeuge der Investitionsplanung (Formularwesen), die Probleme der (Einzel-)Investitionsplanung sowie die Lösungsansätze der Investitionsplanung.

In der betrieblichen Praxis ist die Planung von Investitionen ein komplexer Planungsprozess, in dem keine singulären Betrachtungen einzelner, isolierter Investitionen stattfinden, sondern es sich um komplexe Investitionsprogramme[3] handelt. Eine derartige **Gesamtplanung** kann durchgeführt werden als

- Sukzessivplanung oder
- Simultanplanung.

Bei der **Sukzessivplanung**[4] werden einzelne (Teil-)Pläne zeitlich nacheinander aufgestellt, wobei von der Investition ausgegangen wird, die den größten Einfluss auf den Gesamtplan ausübt und somit einen Engpass darstellt (Engpassbetrachtung). Es werden schrittweise die weiteren Teilpläne koordiniert, die anhand von wirtschaftlichen Kennziffern wie bspw. der Wirtschaftlichkeit, Kapitalwert, internen Zinsfuß sowie bspw. Sensitivi-

---

1 Vgl. zu `Wirtschaftlichkeit´ Modul 2.5.-2f. in Band I dieser Reihe.
2 Vgl. zu `Rentabilität´ Modul 2.5.-3f. in Band I dieser Reihe.
3 Vgl. zu `Investitionsprogramme´ Modul 12.3.-2 in diesem Band der Reihe.
4 Vgl. zu `sukzessive Investitionsprogrammplanung´ Modul 12.9.1.-2 in diesem Band der Reihe.

| | | |
|---|---|---|
| **12.4.** | **Investitionsplanung im Rahmen der Unternehmensführung** | |
| **12.4.1.** | **Aufgaben, Ziele und Einteilungskriterien der Investitionsplanung** | **2** |

tätsanalyse mittels des Verfahrens der kritischen Werte[5] am interessantesten erscheinen.
Bei der **Simultanplanung** werden die einzelnen Teilpläne unter Berücksichtigung gegenseitiger Interdependenzen gemeinsam aufgestellt. Ziel ist eine harmonische Koordination von (Investitions-)Teilplänen zu einem optimalen (Investitions-)Gesamtplan[6].
Die **Investitionsplanung** darf darüber hinaus im Rahmen einer betrieblichen Gesamtplanung koordiniert werden mit der Finanzplanung[7], der Leistungsbeschaffungsplanung, der Leistungserstellungsplanung sowie der Leistungsverwertungsplanung.
Inwieweit diese betrieblichen Teilplanungen der Investitionsplanung vor- oder nachgelagert werden, hängt von der Art der Investition und von deren Einfluss auf das betriebliche Gesamtgeschehen ab. Je exakter die Interdependenzen zwischen betrieblichen Teilbereichen im Rahmen der Investitionsplanung berücksichtigt werden und je mehr unterschiedliche Auswirkungen von Investitionsalternativen rechnerisch betrachtet werden, desto eher kann das Risiko, das jeder Planung als Zukunftsplanung zukommt, eingeschränkt werden.

... EINJÄHRIGE / MEHRJÄHRIGE INVESTITIONSPLANUNG

Eine **einjährige Investitionsplanung** fixiert eine Investition auf den kalendarischen Aspekt. Interdependenzen zu anderen Investitionen und Betrachtungen über das Kalenderjahr hinaus werden vernachlässigt. Die Planung ist ausschließlich operativ.
Eine **mehrjährige Investitionsplanung** muss schwerpunktmäßig als Mehrjahresinvestitionsprogramm mit der taktischen und strategischen Planung des Unternehmens abgestimmt werden. Wachstumsstrategien müssen dabei ebenso unterstützt werden wie Kontraktionsstrategien.

---

5 Vgl. zu 'Sensitivitätsanalyse' Modul 10.2.-1ff. in diesem Band der Reihe.
6 Vgl. zu 'simultane Investitionsprogrammplanung' Modul 12.9.ff. in diesem Band der Reihe.
7 Vgl. zu 'Finanzplanung' Modul 10.2.3ff. in diesem Band der Reihe.

| 12.4. | Investitionsplanung im Rahmen der Unternehmensführung | |
|---|---|---|
| 12.4.2. | Phasen eines Investitionsentscheidungsprozesses | Ü 1 |

PHASEN EINES INVESTITIONSENTSCHEIDUNGSPROZESSES

- ANREGUNGSPHASE
- SUCHPHASE
- ENTSCHEIDUNGSPHASE
- REALISATIONSPHASE
- KONTROLLPHASE

ANREGUNGSPHASE

- ... INITIALISIERUNG DER INVESTITION
- ... BESCHREIBUNG DER INVESTITIONSCHANCEN UND -RISIKEN
- ... FESTLEGUNG VON BEWERTUNGSKRITERIEN
- ... FESTLEGUNG VON BEGRENZUNGSFAKTOREN

SUCHPHASE

- ... ERMITTLUNG VON INVESTITIONSALTERNATIVEN
- ... SELEKTION VON INVESTITIONSALTERNATIVEN
- ... BEWERTUNG VON INVESTITIONSALTERNATIVEN

ENTSCHEIDUNGSPHASE

REALISATIONSPHASE

KONTROLLPHASE

| | | |
|---|---|---|
| **12.4.** | **Investitionsplanung im Rahmen der Unternehmensführung** | |
| **12.4.2.** | **Phasen eines Investitionsentscheidungsprozesses** | **1** |

PHASEN EINES INVESTITIONSENTSCHEIDUNGSPROZESSES

**Investitionsentscheidungsprozesse** im Rahmen der Planung von Investitionen sind ein wesentlicher Bestandteil der Aktivitäten der Unternehmensführung. **Investitionsentscheidungen** werden durch Investitionsrechenverfahren dahingehend unterstützt, dass mit ihnen Investitionsvorhaben aufgrund quantifizierbarer und nicht-quantifizierbarer Kriterien beurteilt werden. Der Kenntnisstand über relevante Informationen für Investitionsentscheidungen kann durch ein gut ausgebautes, zielorientiertes Informations(versorgungs)system[1] verbessert werden.

Die Phasen eines Investitionsentscheidungsprozesses werden in der folgenden Abbildung dargestellt.

*Abbildung:* Stufen des Investitionsentscheidungsprozesses

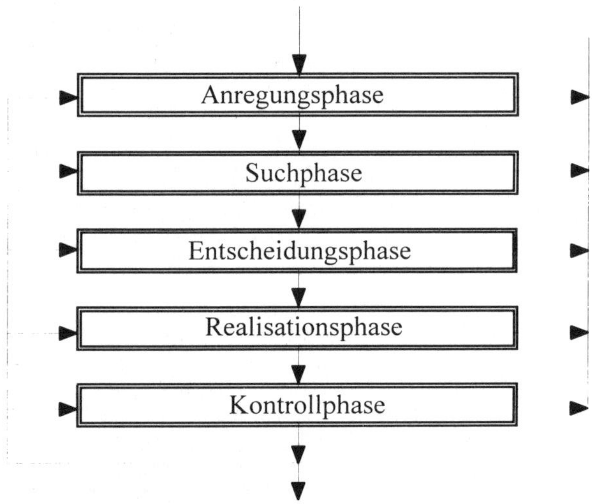


Der Investitionsentscheidungsprozess besteht demnach aus fünf Phasen, der

ANREGUNGSPHASE

SUCHPHASE

ENTSCHEIDUNGSPHASE

REALISATIONSPHASE

KONTROLLPHASE

[1] Vgl. zu 'Informationsversorgungssystem' Modul 2.2.2.-2 in Band I dieser Reihe.

| 12.4. | Investitionsplanung im Rahmen der Unternehmensführung | |
|---|---|---|
| 12.4.2. | Phasen eines Investitionsentscheidungsprozesses | 2 |

ANREGUNGSPHASE

Innerhalb der Entscheidungsvorbereitung als **Anregungsphase** können die folgenden Schritte unterschieden werden

... INITIALISIERUNG DER INVESTITION

Die eigentliche **Anregung einer Investition** kann unterschiedliche Anlässe haben. Es kommen alternativ zum Tragen

- unternehmensinterne Aspekte oder
- unternehmensexterne Aspekte.

**Unternehmensinterne Initialisierungen für Investitionen** können aus sämtlichen Bereichen eines Unternehmens kommen, wobei hier besonders die Forschung und Entwicklung, die Leistungserstellung sowie die Leistungsverwertung genannt werden sollen. Jedoch sind auch andere funktionale Bereiche im Unternehmen denkbar. Wichtig ist es, Investitionsanregungen durch ein gut ausgebautes Vorschlagswesen aufzuspüren und sie auf ihre Sinnhaftigkeit (Chancen/ Risiken) zu prüfen.

**Unternehmensexterne Initialisierungen für Investitionen** sind sowohl veranlasst durch den Gesetzgeber, als auch durch Partner oder Konkurrenten des Unternehmens, vom Marktgeschehen sowie durch Unternehmensberater.

... BESCHREIBUNG DER INVESTITIONSCHANCEN UND -RISIKEN

Eine initialisierte Investition darf konkretisiert werden hinsichtlich ihrer Chancen und Risiken in Form der Darstellung der vorliegenden betrieblichen Situation als Istanalyse, Begründung durch formallogische Hinterfragung der Investitionsanregung, der Dringlichkeitseinschätzung durch Terminierungsinformationen und der Vorteilhaftigkeit in Bezug auf die unternehmerische Zielsetzung.

... FESTLEGUNG VON BEWERTUNGSKRITERIEN

Die Kriterien, an denen Investitionen rational bewertet werden sollen, sind nach der Beschreibung der zu lösenden Investitionssituation zu fixieren (**Bewertungskriterien**).

Die verfügbaren finanziellen Mittel dürfen im Rahmen eines **Entscheidungsprozesses** auf verschiedene alternative Investitionsobjekte aufgeteilt werden.

Zur **Beurteilung von Investitionsobjekten** lassen sich aus den Formalzielen[2] bzw. Sachzielen[3] des Unternehmens unterschiedliche quantifizierbare und nicht-quantifizierbare Kriterien[4] ableiten, die gemeinsam be-

2 Vgl. zu 'Formalziel' Modul 2.3.1.-2 in Band I dieser Reihe.
3 Vgl. zu 'Sachziel' Modul 2.3.1.-1 in Band I dieser Reihe.
4 Vgl. zu 'quantifizierbare/ nicht-quantifizierbare Kriterien' Modul 12.2.-1 in diesem Band der Reihe.

| | | |
|---|---|---|
| **12.4.** | **Investitionsplanung im Rahmen der Unternehmensführung** | |
| **12.4.2.** | **Phasen eines Investitionsentscheidungsprozesses** | **3** |

trachtet, die große Herausforderung im Rahmen eines Investitionsentscheidungsprozesses darstellen.

... FESTLEGUNG VON BEGRENZUNGSFAKTOREN

Sämtliche Nebenbedingungen, die bei einer Investition unbedingt erfüllt sein müssen, damit die Investitionsalternative als zulässig angesehen werden kann, präjudizieren als Begrenzungen die eine oder andere Investitionsalternative. Als Begrenzungsfaktoren lassen sich nennen wirtschaftliche, technische, rechtliche und/ oder soziale Aspekte.

SUCHPHASE

Innerhalb der Entscheidungsvorbereitung als **Suchphase** finden statt, die

... ERMITTLUNG VON INVESTITIONSALTERNATIVEN

Investitionsalternativen können nach der Festlegung der Begrenzungsfaktoren gezielt ermittelt werden. Während bei standardisierten Investitionsobjekten auf entsprechende Publikationen zurückgegriffen werden kann, dürfen technologisch neuartige Investitionsobjekte unter Zuhilfenahme unterschiedlicher Methoden erarbeitet werden. Zu nennen sind hier Methoden wie die morphologische Methode, Methode 6-3-5 sowie Brainstorming.

... SELEKTION VON INVESTITIONSALTERNATIVEN

Eine **Selektion von Investitionsalternativen** wird anhand der fixierten Begrenzungsfaktoren vorgenommen, wobei das Nichtvorliegen eines Faktors bereits zur Ausgrenzung der betreffenden Investitionsalternative führt. Hier die Grenzen eher offen als sie zu eng zu gestalten sollte im allgemeinen Unternehmensinteresse liegen, um Investitionsmöglichkeiten nicht bereits während der Suchphase auszuschließen.

... BEWERTUNG VON INVESTITIONSALTERNATIVEN

Die anhand der Vorauswahl von Investitionsalternativen sich anschließende **Bewertung von Investitionsalternativen** geschieht bei quantifizierbaren Kriterien unter Verwendung von **Investitionsrechenverfahren**[5], bei nicht quantifizierbaren Kriterien mit Hilfe der **Nutzwertanalyse**[6]. Auf die Verfahren wird nachfolgend noch einzugehen sein.

ENTSCHEIDUNGSPHASE

Im Anschluss an die Bewertung wird eine rational nachvollziehbare Rangfolge der Entscheidungsalternativen aufgestellt (**Entscheidungsphase**).

---

5 Vgl. zu 'Investitionsrechenverfahren' Modul 12.7.ff. in diesem Band der Reihe.

6 Vgl. zu 'Nutzwertanalyse' Modul 12.11.ff. in diesem Band der Reihe.

| | | |
|---|---|---|
| **12.4.** | **Investitionsplanung im Rahmen der Unternehmensführung** | |
| **12.4.2.** | **Phasen eines Investitionsentscheidungsprozesses** | **4** |

Sollten die durch die Bewertung der Alternativen ermittelte Rangfolge nicht signifikant genug sein, um zu einer Finalentscheidung zu gelangen, sollte eine **Sensitivitätsanalyse**[7] angeschlossen werden, mit der die einzelnen Bewertungskriterien einer erweiterten, sorgfältigeren Betrachtung unterzogen werden, mit dem Ziel einer **finalen Entscheidungsfindung**, mit der der planende Teil des Investitionsentscheidungsprozesses seinen Abschluss findet. Nicht unerwähnt bleiben soll an dieser Stelle, dass bei der finalen Entscheidung neben rational wirtschaftlichen und technischen Kriterien auch rechtliche und soziale sowie emotionale Aspekte Berücksichtigung finden!

### REALISATIONSPHASE

Der Beschluss, eine Investitionsentscheidung vorzunehmen, sollte dem Antragstellenden oder einer mit der Durchführung des Beschlusses verantwortlichen Stelle des Unternehmens übermittelt werden und ist in der **Realisationsphase** umzusetzen.
Je nach Wichtigkeit für das Unternehmen sind in der Phase der Durchführung der Investition oder des Investitionsprogramms unterschiedliche betriebliche Bereiche involviert wie bspw. die Unternehmensführung oder der entsprechende funktionale Bereich.

### KONTROLLPHASE

Eine vom Unternehmen realisierte Investition sollte stets einer finanzwirtschaftlichen Kontrolle[8] unterzogen werden, um durch sie Erfahrungen für zukünftige Investitionsvorhaben ableiten zu können (**Kontrollphase**).
Neben der Erweiterung des betrieblichen Erfahrungsschatzes sind als **Gründe für** eine **Investitionskontrolle** zu nennen:

- Abweichungen zwischen Soll- und Istgrößen,
- rechtzeitige (frühzeitige) Anpassungsmaßnahmen zu Zeitpunkten wie dem Ende der geplanten Anlaufphase, dem Ende der Amortisationszeit, dem Ende der Garantie- und Gewährleistungsfrist, dem Ende der geplanten wirtschaftlichen Nutzungsdauer, dem Zeitpunkt der Verfügbarkeit verbesserter, funktionsgleicher Investitionsobjekte, dem Zeitpunkt großer Reparaturaufwendungen, dem Zeitpunkt von Leistungsprogrammumstellungen sowie dem Zeitpunkt der Anschaffung zusätzlicher Investitionsobjekte.

Darüber hinaus lassen sich Investitionskontrollen unterscheiden nach der

- **Art der Investitionskontrolle**, als **individuelle Investitionskontrolle**, bezogen auf die einzelne Investition oder **summarische Investitionskontrolle**, bezogen auf alle Investitionen; sowie der
- **Häufigkeit der Investitionskontrolle** als einmalige Investitionskontrolle oder mehrfache Investitionskontrolle.

---

7 Vgl. zu `Sensitivitätsanalyse´ Modul 12.10.2.-1ff. in diesem Band der Reihe.
8 Vgl. zu `Finanzkontrolle´ Modul 10.2.5ff. in diesem Band der Reihe.

## 12.5. Investitionsrechenverfahren - Investitionswürfel (Systematisierung der Investitionsrechenverfahren) 1

### INVESTITIONSRECHENVERFAHREN - INVESTITIONSWÜRFEL

Aufgrund der Ziele von Investitionen kann eine erste Spezialisierung von Investitionsrechenverfahren in Bezug auf quantifizierbare oder nicht-quantifizierbaren Kriterien[1] vorgenommen werden in

### INVESTITIONSRECHENVERFAHREN MIT NICHT-QUANTIFIZIERBAREN KRITERIEN

Werden neben quantifizierbaren Größen nicht-quantifizierbare Größen bei Investitionsentscheidungen berücksichtigt, so lassen sich diese mit Hilfe der **Nutzwertanalyse** mit in die Entscheidung einbeziehen.
Aufgrund der Besonderheit der Nutzwertanalyse wird ihr in diesem Buch ein separates Modul gewidmet.

### ... INVESTITIONSRECHENVERFAHREN MIT QUANTIFIZIERBAREN KRITERIEN

**Quantifizierbare Investitionsrechenverfahren** sind dadurch gekennzeichnet, dass sich sämtliche zur Entscheidung anstehenden Investitionen ausschließlich durch rechenbare (Geld-)Größen formulieren lassen. Je nach Sicherheit des Eintretens bestimmter Umweltzustände lassen sich Investitionsentscheidungen[2] differenzieren in sichere und unsichere Entscheidungen. Es liegt alternativ vor eine

- Entscheidungssituation unter Sicherheit oder eine
- Entscheidungssituation unter Unsicherheit.

Die Alternativen, über die bei Investitionen quantitativ entschieden werden können, sind Einzel-, Alternativ-, Ersatz- oder Programmentscheidungen.[3]
Wird bei der Betrachtung von Investitionen lediglich mit Durchschnittswerten gearbeitet, so werden bei Investitionsrechenverfahren zeitlich unterschiedlich auftretende Bewegungsgrößen (Auszahlung/Einzahlung) nicht berücksichtigt. In diesem Fall wird von **statischen Investitionsrechenverfahren** gesprochen.
Für den Fall, dass die zeitlich unterschiedlichen Zahlungsströme durch Auf- bzw. Abzinsung berücksichtigt werden, handelt es sich um **dynamische Investitionsrechenverfahren**.
Diese unterschiedlichen Perspektiven von Einteilungsmöglichkeiten von Investitionsrechenverfahren führen zu dem **Würfel der quantifizierbaren Investitionsrechenverfahren**, der in der folgenden Abbildung dargestellt ist.
Der Würfel führt zu 12 Segmenten, die jeweils unterschiedliche Investitionsrechenverfahren benötigen. Detailliert lassen sich betrachten

- Investitionsrechenverfahren für Einzel- und Alternativentscheidungen bei Entscheidungssicherheit unter statischen Aspekten und unter dynamischen Aspekten.
- Investitionsrechenverfahren für Ersatz- und Dauerentscheidungen bei Entscheidungssicherheit unter statischen Aspekten und unter dynamischen Aspekten.

---

1 Vgl. zu `quantifizierbare/ nicht-quantifizierbare Kriterien´ Modul 12.2.-1 in diesem Band der Reihe.
2 Vgl. zu `Investitionsentscheidungen´ Modul 12.3.-1 in diesem Band der Reihe.
3 Vgl. zu `Entscheidungsalternative´ Modul 12.3.-2 in diesem Band der Reihe.

| 12.5. | Investitionsrechenverfahren - Investitionswürfel (Systematisierung der Investitionsrechenverfahren) | 2 |
|---|---|---|

- Investitionsrechenverfahren für Programmentscheidungen bei Entscheidungssicherheit unter statischen Aspekten und unter dynamischen Aspekten.
- Investitionsrechenverfahren für alle genannten Entscheidungssituationen bei Entscheidungsunsicherheit. Dabei handelt es sich Maße um Verfahren, die auf den statischen und dynamischen Verfahren aufbauen, jedoch den Aspekt der Sicherheit aufgeben und subjektive Wahrscheinlichkeit über das Eintreten bestimmter Ereignisse in die Betrachtung mit einbeziehen.

*Abbildung:* Würfel der quantifizierbaren Investitionsrechenverfahren

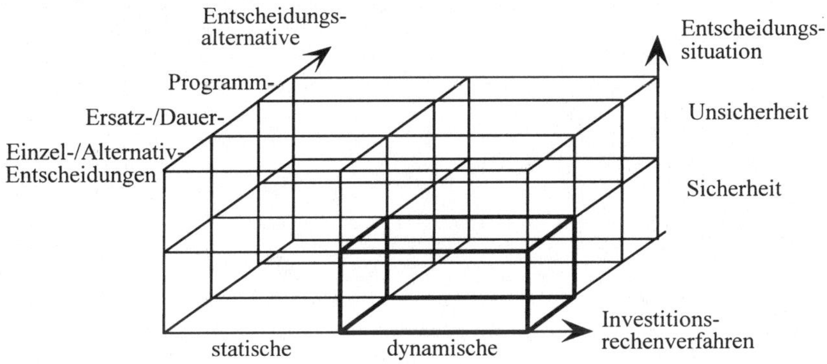


In den folgenden Modulen werden in Analogie zum Würfel der quantifizierbaren Investitionsrechenverfahren betrachtet

... INVESTITIONSRECHENVERFAHREN BEI SICHERHEIT DER ENTSCHEIDUNGSSITUATION[4]

... INVESTITIONSRECHENVERFAHREN BEI UNSICHERHEIT DER ENTSCHEIDUNGSSITUATION[5]

---

4 Vgl. zu `Investitionsrechenverfahren bei Sicherheit der Entscheidungssituation´ Modul 12.6.ff. in diesem Band der Reihe.

5 Vgl. zu `Investitionsrechenverfahren bei Unsicherheit der Entscheidungssituation´ Modul 12.10.ff. in diesem Band der Reihe.

## 12.6. Investitionsrechenverfahren für Investitionsentscheidungen bei Entscheidungssicherheit im Überblick 1

### Investitionsrechenverfahren bei Sicherheit der Entscheidungssituation

Die Klassifikation von Investitionsrechenverfahren soll den Leser in die Lage versetzen, die unterschiedlichen Verfahren sicher und schnell einzuordnen und verdeutlichen, dass unterschiedliche Entscheidungssituationen unterschiedliche Formen der Beurteilung und Rechnung erfordern.
Es existiert nicht *die* Methode der Investitionsrechnung, sondern es gibt stets nur (entscheidungs-)situationsadäquate Methoden. Die Benutzer von Investitionsrechenverfahren dürfen somit erkennen, dass für jede Entscheidungssituation unterschiedliche Verfahren der Investitionsrechnung geeignet sind.
Um eine Übersichtlichkeit der verschiedenen Investitionsrechenverfahren zu gewährleisten, wird eine erste hierarchische Stufe anhand des Kriteriums der Verbundenheit von Investitionsvorhaben vorgenommen.
Schließen sich Investitionsvorhaben gegenseitig vollständig aus, so wird von **echten (Handlungs-)Alternativen** bzw. Alternativentscheidungen gesprochen. Echten Alternativentscheidungen stehen Programmentscheidungen gegenüber. Dementsprechend sind auseinanderzuhalten

#### ... Investitionsrechenverfahren für Einzel-/ Alternativentscheidungen i.w.S.

Von **Investitionseinzelentscheidungen** wird gesprochen, wenn es möglich ist, jedem Investitionsvorhaben die durch ihre Realisation veranlassten Ausgaben und Einnahmen zuzurechnen, auch dann, wenn andere eventuell bereits vorhandene Aggregate mitwirken. (Investitions-)Einzel- bzw. **Alternativentscheidungen** i.w.S. (auch **Wahlentscheidungen i.w.S.** genannt) beschreiben somit die Möglichkeit eines Investors, zwischen mehreren (mindestens zwei) alternativen Investitionsobjekten rational zu wählen. Ziel ist es, die im Sinne der unternehmerischen Zielvorstellungen bestmögliche Alternative abzuleiten, wobei auch die Nicht-Investition eine Entscheidung ist.
Eine rationelle Wahlentscheidung zwischen mehreren alternativen Investitionsprojekten ist nur dann möglich, wenn diese **echte**, sich gegenseitig vollständig ausschließende **Alternativen** sind. Dabei ergibt sich die Situation, dass dies eine modellhafte Betrachtung von Investitionsentscheidungen ist, da Investitionen sich in der Praxis nicht als echte Alternativen darstellen lassen.
Eine Auswahl unter mehreren möglichen und vorteilhaften Investitionen auf lediglich eine oder wenige Alternativen beruht darauf, dass

- die für die Investition vorgesehenen Mittel begrenzt sind, so dass nicht alle vorteilhaften Investitionen realisiert werden können;
- einige Investitionsobjekte technische Alternativen sind, d.h. sie schließen sich dadurch gegenseitig aus, da sie die gleichen technischen Funktionen erfüllen; eine Realisation derartiger Investitionsalternativen ist nicht sinnhaft.

## 12.6. Investitionsrechenverfahren für Investitionsentscheidungen bei Entscheidungssicherheit im Überblick 2

(Alternativ- bzw.) Wahlentscheidungen i.w.S. lassen sich unterscheiden bezüglich ihrer Verwendungsdauer, d.h. ob ein Investitionsvorhaben zeitlich festgelegt ist, oder ob die zeitliche (Verwendungs-)Dauer selbst ein Entscheidungskriterium ist. Es wird differenziert zwischen

INVESTITIONSRECHENVERFAHREN FÜR EINZEL-/ ALTERNATIVENTSCHEIDUNGEN BEI ENTSCHEIDUNGSSICHERHEIT[1]

INVESTITIONSRECHENVERFAHREN FÜR ERSATZ-/ DAUERENTSCHEIDUNGEN BEI ENTSCHEIDUNGSSICHERHEIT[2]

INVESTITIONSRECHENVERFAHREN FÜR PROGRAMMENTSCHEIDUNGEN BEI ENTSCHEIDUNGSSICHERHEIT[3]

---

1 Vgl. zu ` Investitionsrechenverfahren für Einzel-/ Alternativentscheidungen bei Entscheidungssicherheit´ Modul 12.7.ff in diesem Band der Reihe.

2 Vgl. zu `Investitionsrechenverfahren für Ersatz-/ Dauerentscheidungen bei Entscheidungssicherheit´ Modul 12.8.ff. in diesem Band der Reihe.

3 Vgl. zu `Investitionsrechenverfahren für Programmentscheidungen bei Entscheidungssicherheit´ Modul 12.9.ff. in diesem Band der Reihe.

| 12.7. | Investitionsrechenverfahren für Einzel-/ Alternativentscheidungen bei Entscheidungssicherheit | |
|---|---|---|
| 12.7.1. | Statische Investitionsrechenverfahren im Überblick | 1 |

STATISCHE INVESTITIONSRECHENVERFAHREN

Von **echten Alternativentscheidungen** oder **Wahlentscheidungen i.e.S.** wird gesprochen, wenn zwischen zwei Investitionsvorhaben eine Entscheidung zu fällen ist, d.h. es werden Investitions(einzel-)entscheidungen getroffen, bei denen lediglich solche Investitionen betrachtet werden, die sich gegenseitig ausschließen.
Im Hinblick auf dieses Entscheidungsfeld werden unterschiedliche statische oder dynamische Investitionsrechenverfahren dem Investor angeboten auf die detailliert eingegangen wird.
Im Folgenden werden die **statischen Investitionsrechenverfahren** zur Beurteilung von Einzelprojekten in isolierter Betrachtung untersucht, wobei sichere Information unterstellt werden. **Investitionseinzelprojekte** sind sich gegenseitig ausschließende Entscheidungsalternativen.
Die statischen Investitionsrechenverfahren arbeiten mit Durchschnittswerten und es werden zeitlich unterschiedliche Situationen hinsichtlich der monetären Größen nicht berücksichtigt, d.h. allen statischen Investitionsrechenverfahren ist gemeinsam, dass

- die zeitliche Struktur von Zahlungsströmen unberücksichtigt bleibt, so dass bspw. Erträge von 1 Mio. Euro heute den selben Wert wie Erträge von 1 Mio. Euro im 5. Jahr besitzen, und
- die Vergleichbarkeit der betrachteten Alternativen durch rechnungsindividuelle Prämissen stark eingeschränkt ist.

Als statische Investitionsrechenverfahren lassen sich nennen, die Kostenvergleichsrechnung, die Gewinnvergleichsrechnung, die Rentabilitätsvergleichsrechnung und die statische Amortisationsrechnung.

*Abbildung:* Eigenschaften von statischen Investitionsrechenverfahren

| Kostenvergleichsrechnung | Gewinnvergleichsrechnung | Rentabilitätsvergleichsrechnung | statische Amortisationsrechnung |
|---|---|---|---|
| *Rhythmizität* | | | |
| ein Betrachtungzeitraum | | | mehrere Betrachtungszeiträume |
| *Prämissen* | | | |
| - gleiche Erträge<br>- gleiche Mengen der Leistungserstellung | - für Differenzbeträge bei unterschiedlichem Kapitaleinsatz ist der Gewinn Null (reine Kassenhaltung);<br>- bei unterschiedlicher | - Differenzbeträge vom Kapitaleinsatz verzinsen sich wie Restinvestitionen;<br>- bei unterschiedlicher | - als Durchschnittsmethode ist der absolute Gewinn bzw. Rentabilität nicht relevant;<br>- als Kumulationsmethode ist |

| | | |
|---|---|---|
| **12.7.** | **Investitionsrechenverfahren für Einzel-/ Alternativentscheidungen bei Entscheidungssicherheit** | |
| **12.7.1.** | **Statische Investitionsrechenverfahren im Überblick** | **2** |

| | | | |
|---|---|---|---|
| | Nutzungsdauer wird gleicher Gewinn angenommen; | Nutzungsdauer gleiche durchschnittliche Rendite; | der absolute Einzahlungsüberschuss nicht relevant |

*ungelöste Situationen*

| | | |
|---|---|---|
| reine Kostenbetrachtung | echte Vergleichbarkeit ist nur gegeben, wenn der Kapitaleinsatz und die Nutzungsdauer identisch sind | nur ergänzend anwendbar, zusammen mit weiteren Rechenverfahren (Risikoaspekt) |

*Berechnung*

| | | | |
|---|---|---|---|
| $K = K_{fix} + K_{var}$ $[Euro]$ | $G = L./.K$ $[Euro]$ | $R = \frac{\varnothing G(+\varnothing i_{FK})}{\varnothing Kapital\text{-}einsatz} * 100$ $[\%]$ | als Durchschnittsmethode: $AZ = \frac{Kapitaleinsatz}{\varnothing Rückflüsse}$ $[BZR]$ als Kumulationsmethode: sukzessives Vorgehen |

*Legende:* $K$ = *Kosten;* $K_{fix}$ = *fixe Kosten;* $K_{var}$ = *variable Kosten;*
$G$ = *Gewinn;* $L$ = *Leistung;* $R$ = *Rentabilität;* $\varnothing$ = *durchschnittliche / r;*
$i_{FK}$ = *Fremdkapitalzinsen;* $AZ$ = *Amortisationszeit*

*Entscheidungskriterien, -ziel*

| | | | |
|---|---|---|---|
| Kostenminimierung | Gewinnmaximierung | Rentabilitätsmaximierung | Amortisationszeitminimierung (Risikominimierung) |

Eine Einzelbetrachtung der statischen Investitionsrechenverfahren wird vorgenommen in Bezug auf die Zielsetzung der unterschiedlichen Verfahren in

- KOSTENVERGLEICHSRECHNUNG[1]
- GEWINNVERGLEICHSRECHNUNG[2]
- RENTABILITÄTSVERGLEICHSRECHNUNG[3]
- STATISCHE AMORTISATIONSRECHNUNG[4]

---

1 Vgl. zu 'Kostenvergleichsrechnung' Modul 12.7.2.ff. in diesem Band der Reihe.
2 Vgl. zu 'Gewinnvergleichsrechnung' Modul 12.7.3.ff. in diesem Band der Reihe.
3 Vgl. zu 'Rentabilitätsvergleichsrechnung' Modul 12.7.4.ff. in diesem Band der Reihe.
4 Vgl. zu 'Statische Amortisationsrechnung' Modul 12.7.5.ff. in diesem Band der Reihe.

| | | |
|---|---|---|
| **12.7.** | **Investitionsrechenverfahren für Einzel-/ Alternativentscheidungen bei Entscheidungssicherheit** | |
| **12.7.2.** | **Kostenvergleichsrechnung** | **Ü 1** |

KOSTENVERGLEICHSRECHNUNG

- DETAILLIERTE KOSTENARTENBETRACHTUNG
- EINSATZMÖGLICHKEITEN DER KOSTENVERGLEICHSRECHNUNG

DETAILLIERTE KOSTENARTENBETRACHTUNG

- ... AUFWANDSGLEICHE (BETRIEBS-)KOSTEN
- ... KAPITALKOSTEN
  - ... KALKULATORISCHE ABSCHREIBUNGEN
  - ... KALKULATORISCHE ZINSEN

EINSATZMÖGLICHKEITEN DER KOSTENVERGLEICHSRECHNUNG

- ... AUSWAHLENTSCHEIDUNGEN MIT DER KOSTENVERGLEICHSRECHNUNG
  - ... KOSTENVERGLEICH PRO BETRACHTUNGSZEITRAUM
  - ... KOSTENVERGLEICH PRO LEISTUNGSEINHEIT
- ... ERSATZENTSCHEIDUNGEN MIT DER KOSTENVERGLEICHSRECHNUNG

| 12.7. | Investitionsrechenverfahren für Einzel-/ Alternativentscheidungen bei Entscheidungssicherheit | |
|---|---|---|
| 12.7.2. | Kostenvergleichsrechnung | 1 |

## KOSTENVERGLEICHSRECHNUNG

Die Zielsetzung der **Kostenvergleichsrechnung** ist es, die Investition mit den minimalen (durchschnittlichen, betrachtungszeitraumbezogenen) Kosten zu wählen. Es gilt das Kriterium der Kostenminmierung. Voraussetzung einer derartigen Betrachtung ist, dass die Leistungsmengen und die Erlöse der zu vergleichenden Investitionsalternativen gleich sind, d.h. Erträge werden bei der Kostenvergleichsrechnung nicht berücksichtigt. Bei der Betrachtung der Kosten mehrerer Investitionsobjekte ist es sinnhaft, sich auf diejenigen Kostenarten zu beschränken, die bei den zu vergleichenden Objekten in unterschiedlicher Höhe anfallen.

Die Kosten für die Betrachtung eines Investitionsobjekts lassen sich für die Kostenvergleichsrechnung wie folgt ermitteln (eine detailliertere Kostenartenbetrachtung folgt)

$$K = BK + \frac{I_0 ./. L_T}{T} + \frac{I_0 + L_T}{2} * i$$

- $\frac{I_0 + L_T}{2} * i$: kalkulatorische Zinsen
- $\frac{I_0 ./. L_T}{T}$: kalkulatorische Abschreibungen
- $BK$: Betriebskosten
- $K$: Kosten

Die Vor- und Nachteile der Kostenvergleichsrechnung zeigt die folgende Abbildung.

*Abbildung:* Beurteilung der Kostenvergleichsrechnung

*Vorteile*

- Die Kostenvergleichsrechnung ist aufgrund ihrer reinen Kostenbetrachtung relativ einfach anwendbar und in der Praxis daher verbreitet.
- Sie kann ihre Daten direkt aus der Kostenrechnung übernehmen.
- Da keine Ertragsbetrachtung vorgenommen wird, ist sie auch für öffentliche Haushalte ein geeignetes Mittel zur Abschätzung von Investitionsobjekten.

*Nachteile*

- Das Entscheidungsziel ist die Kostenminimierung:
  Dies kann im betrieblichen Alltag jedoch nur ein Nebenziel, jedoch nie Hauptziel einer Investitionsentscheidung sein.
- Die Kostenvergleichsrechnung liefert keine Vorteilhaftigkeitsvergleiche zu alternativen Kapitalanlagen:
  Sie macht lediglich eine Aussage über die relative Vorteilhaftigkeit des Investitionsvorhabens.
- Vergleich lediglich ähnlicher Investitionsvorhaben:
  Es lassen sich nur sachlich ähnliche bzw. identische Investitionsvorhaben vergleichen.
- Erträge werden nicht berücksichtigt:

## 12.7. Investitionsrechenverfahren für Einzel-/ Alternativentscheidungen bei Entscheidungssicherheit

## 12.7.2. Kostenvergleichsrechnung

2

Die Anwendung der Kostenvergleichsrechnung ist nur dort sinnhaft, wo die Erträge als gleich hoch angesehen werden, bzw. die Erträge durch die Investition nicht beeinflusst werden.

- Die Kostenvergleichsrechnung ist zeitlich begrenzt:
  Durch die Beschränkung des Betrachtungszeitraums auf ein durchschnittliches Jahr werden zeitliche Differenzen nivelliert.
- Kapitaleinsatz wird nicht berücksichtigt:
  Die Kostenvergleichsrechnung bezieht die veranlassten Kosten nicht auf das gebundene Kapital.

Im Folgenden wird eingegangen auf die

DETAILLIERTE KOSTENARTENBETRACHTUNG

EINSATZMÖGLICHKEITEN DER KOSTENVERGLEICHSRECHNUNG

### DETAILLIERTE KOSTENARTENBETRACHTUNG

Die Summe der **Kapitalkosten** und **Betriebskosten** sind die Größen, die ein Investitionsobjekt veranlasst; sie dienen als Vergleichsmaßstab.
Die für die Kostenvergleichsrechnung relevanten Kosten lassen sich differenzieren in

#### ... AUFWANDSGLEICHE (BETRIEBS-)KOSTEN

Als **aufwandsgleiche (Betriebs-)Kosten** (BK) lassen sich als Kostenarten beispielhaft nennen:

- Personalkosten in Form von Löhnen, Gehältern und Sozialleistungen;
- Materialkosten in Form von Werkstoffen (Roh-), Hilfsstoffen und Betriebsstoffen; sowie
- weitere Kostenarten wie Energiekosten, Raumkosten, Versicherungskosten sowie Instandhaltungskosten in Form von Instandsetzungs-, Inspektions- und Wartungskosten.

Die (Betriebs-)Kosten sind als Größen auf den Betrachtungszeitraum zu beziehen und stellen eine Kostenkomponente neben den Kapitalkosten dar.

#### ... KAPITALKOSTEN

Die **Kapitalkosten** ($K_K$) setzen sich aus den kalkulatorischen Abschreibungskosten ($K_{Abschr}$) und den kalkulatorischen Zinsen ($K_{Zinsen}$) zusammen

$$K_K = K_{Abschr} + K_{Zinsen.}$$

Dem entsprechend sollen Betrachtung finden

#### ... KALKULATORISCHE ABSCHREIBUNGEN

Die **kalkulatorischen Abschreibungen** errechnen sich für ein abnutzbares, d.h. abschreibbares Objekt durch eine (gleichmäßige) Aufteilung des

| 12.7. | Investitionsrechenverfahren für Einzel-/ Alternativentscheidungen bei Entscheidungssicherheit | |
|---|---|---|
| 12.7.2. | Kostenvergleichsrechnung | 3 |

Anschaffungsbetrags eines Investitionsobjekts auf die einzelnen Nutzungszeiträume. Im Rahmen der Kostenvergleichsrechnung findet eine **lineare Abschreibung**[1] statt, da durch diese Abschreibungsmethode die durchschnittlichen Kosten des Kapitalverkehrs erfasst werden.
Kann angenommen werden, dass am Ende der Nutzungsdauer ein Liquidationserlös ($L_T$) erzielt wird, so ist der Anschaffungsbetrag um diesen Betrag zu vermindern.
Als kalkulatorische Abschreibung wird der Wert ermittelt

$$K_{Abschr} = \frac{I_0 ./. L_T}{T}.$$

$K_{Abschr}$ = *Abschreibungen [Euro / BZR]*
$I_0$ = *Investitionsanschaffungskosten zum Anschaffungszeitpunkt Null [Euro]*
$L_T$ = *Liquidationserlös zum Liquidationszeitpunkt T [Euro]*
$T$ = *geplante Nutzungsdauer [BZR]*

Da kalkulatorische Abschreibungen in die Angebotspreise einkalkuliert werden, fließen sie über den am Markt erzielbaren Preis zum Unternehmen zurück.[2]

... KALKULATORISCHE ZINSEN

Die Betrachtung der **kalkulatorischen Zinsen** wird vorgenommen, um das im Unternehmen befindliche (gebundene) betriebsnotwendige Kapital zu berücksichtigen. Sinnhafterweise werden diese in Bezug auf das betriebsnotwendige Kapital bezogen. Unter der Annahme, dass die Abschreibungsbeträge kontinuierlich dem Unternehmen zurückfließen, lässt sich das gebundene Kapital zum Zeitpunkt t berechnen:

$$K_{geb} = I_0 ./. t * \frac{I_0}{T}.$$

$K_{geb}$ = *gebundenes (betriebsnotwendiges) Kapital [Euro]*
$I_0$ = *Investitionsanschaffungskosten zum Anschaffungszeitpunkt Null [Euro]*
$T$ = *geplante Nutzungsdauer [BZR]*
$t$ = *Zeitpunkt [BZR]*

Das durchschnittlich gebundene Kapital bei kontinuierlichen Rückflüssen ergibt

$$\varnothing K_{geb} = \frac{I_0}{2}.$$

Erzielt das Investitionsobjekt am Ende seiner Nutzungsdauer einen Liquidationserlös ($L_T$), so betragen die jährlichen Abschreibungen

$$a_t = \frac{I_0 ./. L_T}{T}.$$

---

1 Vgl. zu 'lineare Abschreibung' Modul 11.6.-8f. in diesem Band der Reihe.
2 Vgl. zu 'Finanzierung aus Abschreibungen' Modul 11.6.-5ff. in diesem Band der Reihe.

| 12.7. | Investitionsrechenverfahren für Einzel-/ Alternativentscheidungen bei Entscheidungssicherheit | |
|---|---|---|
| **12.7.2.** | **Kostenvergleichsrechnung** | **4** |

Während die Abschreibungsbeträge kontinuierlich dem Unternehmen zufließen, fließt der Liquidationserlös erst am Ende des Jahres (T) dem Unternehmen zu. Somit vermindert sich der abzuschreibende Anschaffungswert ($I_0$) um den Liquidationserlös ($L_T$).

$$\varnothing K_{geb} = \frac{I_0 ./. L_T}{2} + L_T$$

Unter der Annahme, dass die Rückflüsse kontinuierlich fließen und der Liquidationserlös am Ende des Betrachtungszeitraums realisiert wird, ergibt sich

$$\varnothing K_{geb} = \frac{I_0 + L_T}{2}.$$

Wird für die kalkulatorischen Zinsen der (Kalkulations-)Zinssatz i [%] angenommen, so lassen sich ermitteln

$$K_{Zinsen} = \varnothing K_{geb} * i = \frac{I_0 + L_T}{2} * i$$

### Einsatzmöglichkeiten der Kostenvergleichsrechnung

Mit Hilfe der Kostenvergleichsrechnung lassen sich keine Einzelinvestitionen in Bezug auf ihre Vorteilhaftigkeit beurteilen, jedoch lässt sich die Kostenvergleichsrechnung anwenden bei

#### ... Auswahlentscheidungen mit der Kostenvergleichsrechnung

Eine **Auswahlentscheidung** setzt mindestens zwei alternative Investitionsobjekte voraus, von denen nach dem Minimierungsprinzip das kostengünstigste zu bestimmen ist.
Ein Kostenvergleich kann durchgeführt werden als

##### ... Kostenvergleich pro Betrachtungszeitraum

Eine Auswahlentscheidung auf der Grundlage einer Zeitraumbetrachtung kann mit Hilfe der Kostenvergleichsrechnung vorgenommen werden, wenn die Investitionsalternativen voraussichtlich die gleichen mengenmäßigen Leistungen erstellen. Eine unterschiedliche Kapazität (Leistungsvermögen) wird nicht berücksichtigt. Die Alternative mit den geringsten zeitraumbezogenen Gesamtkosten erscheint als die günstigste.
Die Kostenvergleichsrechnung kann alternativ vorgenommen werden in Form einer Tabelle oder mathematischen Gegenüberstellung.
Einen **Vergleich** von Investitionsalternativen **mit Hilfe einer mathematischen Gegenüberstellung** liefert folgende Formel

| | | |
|---|---|---|
| **12.7.** | **Investitionsrechenverfahren für Einzel-/ Alternativentscheidungen bei Entscheidungssicherheit** | |
| **12.7.2.** | **Kostenvergleichsrechnung** | **5** |

$$K_I = BK_I + \frac{I_{0_I} + L_{T_I}}{2} * i + \frac{I_{0_I} ./. L_{T_I}}{T}; \quad K_{II} = BK_{II} + \frac{I_{0_{II}} + L_{T_{II}}}{2} * i + \frac{I_{0_{II}} ./. L_{T_{II}}}{T}$$

$K_{I/II}$ = *Kosten des Investitionsobjekts I/II*
$BK$ = *Betriebskosten [Euro/BZR]*
$I_0$ = *Investitionsanschaffungskosten zum Anschaffungszeitpunkt Null [Euro]*
$I$ = *Investitionsobjekt I*
$II$ = *Investitionsobjekt II*
$L_T$ = *Liquidationserlös zum Liquidationszeitpunkt T [Euro]*
$T$ = *geplante Nutzungsdauer [BZR]*
$i$ = *Kalkulationszinssatz [%]*

Es ist das Investitionsobjekt zu wählen, das die geringeren Kosten aufweist.

... KOSTENVERGLEICH PRO LEISTUNGSEINHEIT

Eine **Auswahlentscheidung** auf der Grundlage einer Leistungseinheit wird mit Hilfe der Kostenvergleichsrechnung dann vorgenommen, wenn die voraussichtlich genutzten Leistungen der alternativen Investitionsobjekte unterschiedlich hoch sind; d.h. das Unternehmen beabsichtigt, das Leistungsvermögen der Investitionsobjekte unterschiedlich, in Höhe der jeweiligen möglichen Kapazität zu nutzen. Dabei wird unterstellt, dass die am Markt erzielbaren Erlöse der zu vergleichenden Investitionsprojekte gleich sind.
Um einen Kostenvergleich anhand einer Leistungseinheit vorzunehmen, muss eine Differenzerung der Kosten in ihre fixen und variablen Bestandteile vorgenommen werden.
Ein **Vergleich** von Investitionsalternativen über die **Kosten pro Leistungseinheit** führt jedoch nicht immer zu sinnhaften Ergebnissen. Es wird keine Aussage für den Fall überdurchschnittlicher Beanspruchungen der Investitionsobjekte getroffen. Eine solche Aussage lässt sich nur durch die Berechnung der kritischen Beanspruchungsmenge machen.
Mathematisch wird die **kritische Beanspruchungsmenge** ermittelt durch

$$K_I = K_{fixI} + k_{var\,I} * x_{kri}$$
$$K_{II} = K_{fixII} + k_{var\,II} * x_{kri}$$
$$x_{kri} = \frac{K_{fixII} ./. K_{fixI}}{k_{var\,I} ./. k_{var\,II}}$$

$K$ = *Kosten [Euro/ Zeitraum]*
$K_{fix}$ = *fixe Kosten [Euro/ Zeitraum]*
$k_{var}$ = *variable Kosten [Euro/ Leistungseinheit]*
$x_{kri}$ = *kritische Beanspruchungsmenge [LE]*
$I$ = *Investitionsobjekt I*
$II$ = *Investitionsobjekt II*

Unter Zuhilfenahme der jeweiligen **Kostenfunktionen** der Investitionsobjekte in Form ihrer fixen und variablen Komponenten wird die kritische Menge bestimmt, bei der sich das Verhältnis der Vorteilhaftigkeit zweier Investitionsalternativen umkehren. Oberhalb der **kritischen Menge** ($x_{kri}$)

| 12.7. | **Investitionsrechenverfahren für Einzel-/ Alternativentscheidungen bei Entscheidungssicherheit** | |
|---|---|---|
| 12.7.2. | **Kostenvergleichsrechnung** | 6 |

ist die Alternative mit den höheren fixen und den niedrigeren variablen Kosten kostengünstiger, unterhalb der kritischen Menge ist es diejenige, die die niedrigeren fixen Kosten jedoch die höheren variablen Kosten aufweist.

*Abbildung:* Graphische Darstellung der Alternativenauswahl anhand der kritischen Beanspruchungsmenge

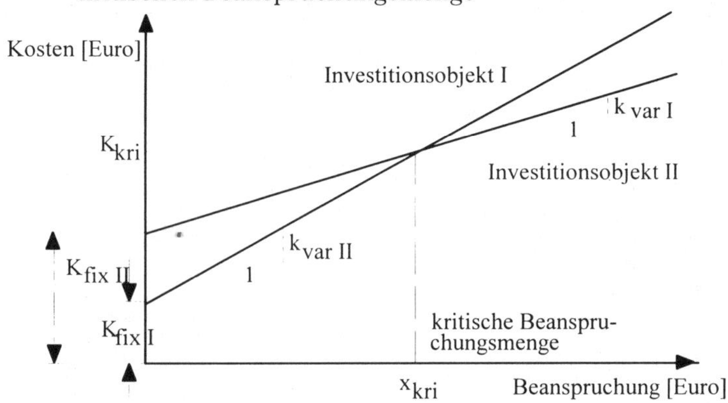


... ERSATZENTSCHEIDUNGEN MIT DER KOSTENVERGLEICHSRECHNUNG

Neben der Auswahl von Investitionsobjekten lässt sich die Kostenvergleichsrechnung auch für Betrachtungen verwenden, die nach dem Ersatz bestehender Objekte durch ein neues fragen.

Die Frage ist, ob es kostengünstiger ist, ein bestehendes Objekt durch ein neues bereits am Anfang des Betrachtungszeitraums oder erst am Ende zu ersetzen. Sind die Kosten des alten Investitionsobjekts größer als die des neuen Objekts, dann sollte dieses ersetzt werden; es ist der optimale Ersatzzeitpunkt des alten Objekts erreicht. Das Entscheidungskriterium lautet

$$K^{alt} > K^{neu}$$

$$K^{alt} = BK_1^{alt} + L_0^{alt} ./. L_1^{alt} + \frac{L_0^{alt} + L_1^{alt}}{2} * i$$

$$K^{neu} = BK_1^{neu} + \frac{I_0 ./. L_T^{neu}}{T} + \frac{I_0 + L_T^{neu}}{2} * i$$

$K^{alt/neu}$ = *Kosten des alten/neuen Investitionsobjekts [Euro]*

$BK_1^{alt}$ = *Betriebskosten des alten Investitionsobjekts im Betrachtungszeitraum t [Euro]*

$L_0^{alt}$ = *Liquidationserlös des alten Investitionsobjekts zu Beginn des Betrachtungszeitraums t [Euro]*

$L_1^{alt}$ = *Liquidationserlös des alten Investitionsobjekts am Ende des Betrachtungszeitraums t [Euro]*

| | | |
|---|---|---|
| **12.7.** | **Investitionsrechenverfahren für Einzel-/ Alternativentscheidungen bei Entscheidungssicherheit** | |
| **12.7.2.** | **Kostenvergleichsrechnung** | **7** |

*es gilt i.d.R.* $L_0^{alt} > L_1^{alt}$

$L_0^{alt}$ ./. $L_1^{alt}$ = *Minderung des Liquidationserlöses durch weitere Nutzung des Investitionsobjekts im Betrieb [Euro]*

$\frac{L_0^{alt} + L_1^{alt}}{2}$ = *∅ Kapitalbindung durch weitere Nutzung des Investitionsobjekts im Betrieb [Euro]*

$BK_1^{neu}$ = *Betriebskosten des neuen Investitionsobjekts [Euro]*

$I_0$ = *Investitionsanschaffungskosten des neuen Investitionsobjekts zum Zeitpunkt Null [Euro]*

$L_T^{neu}$ = *Liquidationserlös des neuen Investitionsobjekts zum Liquidationszeitpunkt T [Euro]*

$T$ = *geplante Nutzungsdauer des neuen Investitionsobjekts*

| 12.7. | Investitionsrechenverfahren für Einzel-/ Alternativentscheidungen bei Entscheidungssicherheit | |
|---|---|---|
| 12.7.3. | Gewinnvergleichsrechnung | 1 |

### GEWINNVERGLEICHSRECHNUNG

Während die Kostenvergleichsrechnung von den Prämissen identischer Erträge bzw. Leistungen ausgeht, löst sich die **Gewinnvergleichsrechnung** davon und bezieht bei ihrer Betrachtung der Investitionsvorhaben beide Erfolgskomponenten (Kosten und Erträge bzw. Leistungen) in saldierter Form in ihre Betrachtung ein.
Die Zielsetzung der Gewinnvergleichsrechnung ist es, die Investition mit dem maximalen (durchschnittlichen, betrachtungszeitraumbezogenen) Gewinn (Gewinnmaximierung) zu wählen. Als durchschnittlicher Gewinn wird der Saldo zwischen den durchschnittlichen Erträgen/ Leistungen und den durchschnittlichen Aufwendungen/ Kosten verstanden. Der durchschnittliche Gewinn lässt sich für die Gewinnvergleichsrechnung wie folgt ermitteln

$$\begin{aligned} G &= L \;./.\; K \\ &= p * x \;./.\; k_{var} * x \;./.\; K_{fix} \\ &= (p \;./.\; k_{var}) * x \;./.\; K_{fix} \end{aligned}$$

$G = (durchschnittlicher)\ Gewinn$
$L = Leistung = p * x$
$p = Preis\ [Euro / LE]$
$x = Leistungsmenge\ [LE]$
$K = Gesamtkosten\ [Euro]$
$k_{var} = variable\ Kosten\ [Euro / LE]$
$K_{fix} = fixe\ Kosten\ [Euro]$

Investitionsobjekte werden als absolut vorteilhaft bezeichnet, wenn ihr Gewinn größer Null ist und sie sind relativ vorteilhaft, wenn ihr Gewinn größer ist als der eines jeden anderen zur Auswahl stehenden Investitionsobjekts.
Die Gründe, nicht nur Kosten bei einer Entscheidung über Investitionsvorhaben zu betrachten, sind zu sehen in
- der quantitativen Leistungsfähigkeit eines Investitionsvorhabens und
- der qualitativen Leistungsfähigkeit eines Investitionsvorhabens.

Die **quantitative Leistungsfähigkeit** beschreibt den einzelteilbezogenen Leistungsprogressionseffekt bei Investitionsvorhaben. Ist die monetärbezogene Leistung (`Ertrag´) pro Leistungseinheit gleich, so kann mit zunehmenden, erstellten Leistungen diese erhöht werden, unter der ceteris-paribus-Prämisse[1], dass die Leistungen zu unveränderlichen Marktpreisen abgenommen werden.
Die **qualitative Leistungsfähigkeit** beschreibt den güterbezogenen Leistungsprogressionseffekt bei Investitionsvorhaben. Ist die monetärbezogene Leistung (`Ertrag´) pro Leistungseinheit unterschiedlich, so kann bei gleich hoher Leistungserstellungsmenge diese erhöht werden, unter der ceteris-paribus-Prämisse, dass die Leistungen zu unterschiedlichen Marktpreisen abgenommen werden.
Die Gewinnermittlung ist abhängig vom Innovationsgrad der Leistung

[1] Vgl. zu `ceteris-paribus-Klausel´ Modul 1.2.-2 in Band I dieser Reihe.

| 12.7. | Investitionsrechenverfahren für Einzel-/ Alternativentscheidungen bei Entscheidungssicherheit | |
|---|---|---|
| **12.7.3.** | **Gewinnvergleichsrechnung** | **2** |

- bei bekannten Investitionsvorhaben ist der durchschnittliche Gewinn je Betrachtungszeitraum aufgrund vergangenheitlicher Kenntnisse ermittelbar,
- bei neuartigen Investitionsvorhaben wird der zu erwartende Gewinn geschätzt und ist aufgrund des stärkeren Einflusses externer Faktoren unsicherer als die Schätzung zukünftiger Kosten.

Die Vor- und Nachteile der Gewinnvergleichsrechnung zeigt die folgende Abbildung.

*Abbildung:* Beurteilung der Gewinnvergleichsrechnung

*Vorteile*

- Die Gewinnvergleichsrechnung betrachtet nicht nur die Kostenseite eines Investitionsvorhabens wie die Kostenvergleichsrechnung, sondern auch die Leistungsseite.

*Nachteile*

- Keine Rentabilitätsaussage:
  Da kein Kapitaleinsatz berücksichtigt wird, ist keine Aussage über die Verzinsung (Rentabilität) des Kapitals möglich; die Gewinnvergleichsrechnung macht somit keine Aussage über die relative Vorteilhaftigkeit im Vergleich mit alternativen Kapitalanlagen.
- Nichtberücksichtigung unterschiedlicher Kapitaleinsätze:
  Unterschiedsbeträge in den Kapitaleinsätzen bei Investitionen werden nicht berücksichtigt; sie werden als \`Kasse´ in Form liquider Mittel gehalten (reine Kassenhaltung).
- Kurzfristigkeit der Betrachtungsweise:
  Als repräsentativer Betrachtungszeitraum wird ein (Durchschnitts-) Jahr verwendet, wobei zeitliche Veränderungen unberücksichtigt bleiben und mit der Durchschnittsbetrachtung unterstellt wird, dass Kosten und monetärbezogene Leistungen nicht schwanken.
- Nichtberücksichtigung unterschiedlicher Nutzungsdauer der Investitionen:
  Bei zeitlich unterschiedlich nutzbaren Investitionen wird der gleiche (Durchschnitts)Gewinn angenommen.
- Zurechenbarkeit der Erträge/Leistungen:
  Es wird unterstellt, dass nicht nur die Kosten auf eine Investition eindeutig zurechenbar sind, sondern auch die Erträge (monetäre Leistungen); dies ist jedoch in der betrieblichen Praxis oft nur unter Schwierigkeiten oder mit rechnerischen Hilfskonstruktionen möglich.
- Nichtaufspaltbarkeit der Kosten:
  Kosten lassen sich in der betrieblichen Praxis nur schwer in ihre fixen und variablen Bestandteile zur Ermittlung von Kostenfunktionen aufspalten.

Die Gewinnvergleichsrechnung kann durchgeführt werden bei einer

| 12.7. | Investitionsrechenverfahren für Einzel-/ Alternativentscheidungen bei Entscheidungssicherheit | |
|---|---|---|
| 12.7.3. | Gewinnvergleichsrechnung | 3 |

... EINZELINVESTITIONSENTSCHEIDUNG MIT DER GEWINNVERGLEICHSRECHNUNG

Eine einzelne Investitionsentscheidung mit Hilfe der Gewinnvergleichsrechnung wird positiv entschieden, wenn sie einen Gewinn aufweist. Der Gewinnvergleich wird üblicherweise in Form einer Tabelle vorgenommen.

... AUSWAHLINVESTITIONSENTSCHEIDUNG MIT DER GEWINNVERGLEICHSRECHNUNG

Eine Auswahlentscheidung liegt vor, wenn von mindestens zwei alternativen Investitionsobjekten die gewinnbringendste zu bestimmen ist. Ein Auswahlverfahren anhand von Gewinnen wird in tabellarischer Form durchgeführt.

Eine Auswahl mit Hilfe der Gewinnvergleichsrechnung kann durchgeführt werden als

... GEWINNVERGLEICH BEI GLEICHEN MENGENMÄẞIGEN LEISTUNGEN

Sind die Ausbringungsmengen der Investitionsobjekte quantitativ und qualitativ gleich, so kann ein Gewinnvergleich alternativ, jedoch zum gleichen Ergebnis führend, vorgenommen werden als

- Gewinnvergleich pro Betrachtungszeitraum
- Gewinnvergleich pro Leistungseinheit

Ein **Gewinnvergleich pro Betrachtungszeitraum** ist nur dann sinnhaft, wenn von der Annahme der quantitativ gleichen Auslastung abgerückt wird.

Die unterschiedliche, jedoch äquivalent bewertete Auslastung ergibt durch die Ermittlung verschiedenartiger Kosten unterschiedliche Gewinne bzw. Gewinndifferenzen bei zwei betrachteten Investitionsobjekten.

Sind die Ausbringungsmengen der Investitionsobjekte zwar quantitativ und qualitativ gleich, so kann es jedoch vorkommen, dass die Verwertungsseite nicht die volle Kapazität der Objekte abnehmen kann. In diesem Fall ist es sinnhaft, die Kapazität zu ermitteln, bei der die alternativen Investitionsobjekte die gleichen Gewinne erwirtschaften. Es wird ein **Gewinnvergleich pro Leistungseinheit** vorgenommen

Mathematisch lässt sich die **kritische Beanspruchungsmenge** unter Zuhilfenahme der **Gewinnfunktionen** durch Gleichsetzung der alternativ betrachteten Investitionsobjekte ermitteln:

$$G_I = p_I * x_{krit} \text{ ./. } k_{var\,I} * x_{krit} \text{ ./. } K_{fix\,I}$$

$$= (p_I \text{ ./. } k_{var\,I}) * x_{krit} \text{ ./. } K_{fix\,I}$$

$$G_{II} = p_{II} * x_{krit} \text{ ./. } k_{var\,II} * x_{krit} \text{ ./. } K_{fix\,II}$$

$$= (p_{II} \text{ ./. } k_{var\,II}) * x_{krit} \text{ ./. } K_{fix\,II}\text{, da } p_I = p_{II} \text{ folgt}$$

| 12.7. | Investitionsrechenverfahren für Einzel-/ Alternativentscheidungen bei Entscheidungssicherheit | |
|---|---|---|
| **12.7.3.** | **Gewinnvergleichsrechnung** | **4** |

$$x_{krit} = \frac{K_{fix\,I} \;./.\; K_{fix\,II}}{k_{var\,II} \;./.\; k_{var\,I}}$$

$G = Gewinn\;[Euro]$

$K_{fix} = fixe\ Kosten\;[Euro\ /\ BZR]$

$k_{var} = variable\ Kosten\;[Euro\ /\ BZR]$

$x_{krit} = kritische\ Beanspruchungsmenge\;[LE]$

$p = Preis\;[Euro\,/\,LE]$

$I = Investitionsobjekt\ I$

$II = Investitionsobjekt\ II$

Mit Hilfe der jeweiligen **Gewinnfunktion** der Investitionsobjekte lässt sich die **kritische Menge** bestimmen, bei der sich die Vorteilhaftigkeit zweier Investitionsalternativen entscheidet.

... GEWINNVERGLEICH BEI UNTERSCHIEDLICHEN MENGENMÄßIGEN LEISTUNGEN

Sind die Ausbringungsmengen der Investitionsobjekte quantitativ unterschiedlich, jedoch qualitativ gleich, d.h. die monetärbezogenen Leistungen sind gleich hoch, so findet ein Gewinnvergleich pro Betrachtungszeitraum statt.

... ERSATZINVESTITIONSENTSCHEIDUNG MIT DER GEWINNVERGLEICHSRECHNUNG

Auch der **Ersatz** eines im Unternehmen eingesetzten **Investitionsobjekts** durch ein neues Investitionsobjekt kann – in Analogie zur Kostenvergleichsrechnung – **mit Hilfe der Gewinnvergleichsrechnung** betrachtet werden. Den in der Kostenvergleichsrechnung ermittelten Kosten der betrachteten Investitionsobjekte werden die Erträge aus diesen Objekten entgegengestellt. Es gilt festzustellen, ob der Gewinn, der vor der Ersatzinvestition erzielt wird, kleiner bzw. größer ist als der nach der Ersatzinvestition prognostizierte.
Der größere Gewinn von beiden wird angestrebt.

$$G_{alt} \leq G_{neu} \Rightarrow I_{neu}\ oder$$
$$G_{alt} \geq G_{neu} \Rightarrow I_{alt}$$
$$G_{alt} = G_{neu} \Rightarrow sensitivere\ Betrachtung$$

Erweist sich ein Ersatzinvestitionsobjekt durch die Gewinnvergleichsrechnung nicht als vorteilhaft für den betrachteten Zeitraum, so sollte sie für den nächsten Betrachtungszeitraum erneut durchgeführt werden, um den geeignetesten Ersatzzeitpunkt zu bestimmen.
Ein Ersatz mit Hilfe der Gewinnvergleichsrechnung kann durchgeführt werden als

- Gewinnvergleich bei gleichen mengenmäßigen Leistungen und
- Gewinnvergleich bei unterschiedlichen mengenmäßigen Leistungen.

Ist die prognostizierte Leistung des neuen Investitionsobjekts gleich der des alten Investitionsobjekts, so kann ein Gewinnvergleich pro Betrachtungszeitraum vorgenommen werden. Sinnhaft ist jedoch dann ein Gewinnvergleich

| | | |
|---|---|---|
| **12.7.** | **Investitionsrechenverfahren für Einzel-/ Alternativentscheidungen bei Entscheidungssicherheit** | |
| **12.7.3.** | **Gewinnvergleichsrechnung** | **5** |

pro Leistungseinheit. Beide Berechnungen führen zum gleichen Ergebnis. Qualitative Leistungsunterschiede werden durch unterschiedliche Ertragswerte berücksichtigt.
Sind die Ausbringungsmengen der alten und neuen Investitionsobjekte quantitativ unterschiedlich, so ist ausschließlich ein Gewinnvergleich pro Betrachtungszeitraum vorzunehmen.

| 12.7. | **Investitionsrechenverfahren für Einzel-/ Alternativentscheidungen bei Entscheidungssicherheit** | |
|---|---|---|
| 12.7.4. | **Rentabilitätsvergleichsrechnung** | 1 |

RENTABILITÄTSVERGLEICHSRECHNUNG

Der Kritikpunkt an der Gewinnvergleichsrechnung, dass etwaige Differenzen im Kapitaleinsatz mit einer Verzinsung zum Kalkulationszinssatz investiert werden können, wird in der **Rentabilitätsvergleichsrechnung** modifiziert.
Die Zielsetzung der Rentabilitätsvergleichsrechnung ist es, die Investition mit der maximalen (durchschnittlichen, betrachtungszeitraumsbezogenen) Rentabilität (Rentabilitätsmaximierung) zu wählen.
Eine echte Vergleichbarkeit von Investitionsalternativen ist lediglich gegeben, wenn der Kapitaleinsatz und die Nutzungsdauer der Alternativen identisch sind. Treten Differenzbeträge in den Anschaffungsgrößen auf, so wird postuliert, dass sich diese verzinsen wie die Restinvestition, sind die Nutzungsdauern unterschiedlich, so werden gleiche durchschnittliche Verzinsungen angenommen.
Bei der Rentabilität handelt es sich um das Verhältnis von Gewinn- zu Kapitaleinsatzgrößen. Gewinn- und Kapitaleinsatzgrößen können jedoch unternehmensindividuell unterschiedlich definiert werden.
Die Rentabilitäten für die Betrachtung von Investitionsobjekten lassen sich für die Rentabilitätsvergleichsrechnung ermitteln als

$$i = \frac{\varnothing G + \varnothing i}{\varnothing K}$$

$i = \text{Rentabilität (Verzinsung)}\ [\% / BZR]$
$\varnothing G = \text{durchschnittlicher Gewinn}\ [Euro / BZR]$
$\varnothing i = \text{durchschnittliche Zinsen}\ [Euro / BZR]$
$\varnothing K = \text{durchschnittliche Kapitalbindung}\ [Euro / BZR]$

Es werden der durchschnittliche Gewinn und die durchschnittlichen Zinsen für die Berechnung der Rentabilität verwendet, da bei der Gewinnermittlung mit der Gewinnvergleichsrechnung die (kalkulatorischen) Zinsen als Kosten berücksichtigt werden und die Rentabilität gäbe somit nur die über die (kalkulatorischen) Zinsen hinausgehende Verzinsung an.
Der **durchschnittliche Gewinn** beschreibt den zusätzlichen, durch die Investition veranlassten Gewinn, ergänzt um die **durchschnittlichen Zinsen** ermittelbar aus dem durchschnittlich gebundenen Kapital zum Kalkulationszinssatz.
Der **durchschnittliche Kapitaleinsatz** ist als zusätzlicher Kapitaleinsatz anzusehen, bei dem zu unterscheiden ist zwischen
- Kapitaleinsatz des Anlagevermögens sowie
- Kapitaleinsatz des Umlaufvermögens.

Bei nichtabnutzbaren Gütern wie bspw. Grundstücken sind die gesamten Anschaffungs`kosten´ während deren Nutzungsdauer gebunden.
Bei abnutzbaren Gütern ist bei gleichmäßiger Wertminderung durchschnittlich die Hälfte der Anschaffungs`kosten´ gebunden.

$$\varnothing K_{geb} = \frac{I_0}{2}$$

| 12.7. | Investitionsrechenverfahren für Einzel-/ Alternativentscheidungen bei Entscheidungssicherheit | |
|---|---|---|
| 12.7.4. | Rentabilitätsvergleichsrechnung | 2 |

Ist ein Liquidationserlös $L_T$ am Ende des Betrachtungszeitraums (T) ermittelbar, so ergibt sich

$$\varnothing K_{geb} = \frac{I_0 ./. L_T}{2} + L = \frac{I_0 + L_T}{2}$$

$$\varnothing K_{geb} = durchschnittlich\ gebundenes\ Kapital\ [Euro]$$

$$I_0 = Investitionswert\ zum\ Zeitpunkt\ t_0\ [Euro]$$

$$L_T = Liquidationserlös\ [Euro]$$

Mit Hilfe der Rentabilitätsvergleichsrechnung lässt sich die **absolute Vorteilhaftigkeit** eines Investitionsobjekts ermitteln, da dessen Rentabilität einer exogen vorgegebenen Mindestverzinsung ($i_{min}$) gegenübergestellt werden kann; es gilt:

$$i \geq i_{min}.$$

Bei alternativen Investitionsobjekten lässt sich die **relative Vorteilhaftigkeit** bestimmen, wenn das eine Objekt eine höhere Rentabilität aufweist als ein anderes; es gilt:

$$i_1 \geq i_2.$$

Die Vor- und Nachteile der Rentabilitätsvergleichsrechnung zeigt die folgende Abbildung.

*Abbildung:* Beurteilung der Rentabilitätsvergleichsrechnung

*Vorteile*

- die Rentabilitätsvergleichsrechnung gestattet gegenüber der Kostenvergleichsrechnung und der Gewinnvergleichsrechnung die Ermittlung der absoluten Vorteilhaftigkeit einer Investition.

*Nachteile*

- Teilweise gelten die bei der Kostenvergleichsrechnung und Gewinnvergleichsrechnung genannten Nachteile, soweit die Rentabilitätsvergleichsrechnung nicht gerade eine Schwachstelle dieser Verfahren versucht zu eliminieren.
  Als weitere Nachteile lassen sich nennen:
- Kurzfristigkeit des Rentabilitätsvergleichs:
  Temporäre Unterschiede innerhalb eines Betrachtungszeitraums werden durch die Durchschnittsbetrachtung nivelliert.
- Beschränkung der Vergleichbarkeit:
  Eine echte Vergleichbarkeit von Investitionen ist nur bei identischen Kapitaleinsatz und Nutzungsdauer möglich. Eine Vergleichbarkeit wird durch Differenzinvestitionen hergestellt.
- Schwachstelle bei der Zurechenbarkeit der Leistung:
  Erstellte Leistungen lassen sich nur schwer einem Investitionsobjekt zuordnen.

Als Einsatzmöglichkeiten der Rentabilitätsvergleichsrechnung sind zu nennen

| | | |
|---|---|---|
| **12.7.** | **Investitionsrechenverfahren für Einzel-/ Alternativentscheidungen bei Entscheidungssicherheit** | |
| **12.7.4.** | **Rentabilitätsvergleichsrechnung** | **3** |

... EINZELINVESTITIONSENTSCHEIDUNGEN MIT DER RENTABILITÄTSVERGLEICHSRECHNUNG

Entscheidungen über einzelne Investitionsobjekte lassen sich mit Hilfe der Rentabilitätsvergleichsrechnung beurteilen, indem die Investitionsobjekte einer erwarteten Mindestverzinsung gegenübergestellt werden.

... AUSWAHLINVESTITIONSENTSCHEIDUNGEN MIT DER RENTABILITÄTSVERGLEICHSRECHNUNG

Entscheidungen über Auswahlinvestitionen liegen im Falle von Erweiterungs- oder Diversifizierungsinvestitionen vor, bei denen eine Auswahl von Handlungsalternativen vorzunehmen ist, die anhand des erzielbaren zusätzlichen Gewinns im Rahmen der Rentabilitätsvergleichsrechnung zu beantworten ist.

Fallen sowohl die Anschaffungskosten als auch die Nutzungsdauer der betrachteten Investitionsobjekte monetär bzw. temporär auseinander, so müssen diese zum Vergleich mit Hilfe einer Differenzinvestition vergleichbar gemacht werden. Die Alternative mit den geringeren Anschaffungskosten und/ oder Nutzungsdauer wird mit einer Differenzinvestition \`aufgefüllt´ und dieser der Alternative mit den höheren Werten gegenübergestellt.

... ERSATZINVESTITIONSENTSCHEIDUNGEN MIT DER RENTABILITÄTSVERGLEICHSRECHNUNG

Werden Entscheidungen über Ersatz- oder Rationalisierungsinvestitionen angestrebt, so muss diese Situation mit Hilfe der Rentabilitätsvergleichsrechnung anhand einer zusätzlichen Kostenersparnis behandelt werden.

| | | |
|---|---|---|
| **12.7.** | **Investitionsrechenverfahren für Einzel-/ Alternativentscheidungen bei Entscheidungssicherheit** | |
| **12.7.5.** | **Statische Amortisationsrechnung** | **Ü 1** |

STATISCHE AMORTISATIONSRECHNUNG

- ... DURCHSCHNITTSMETHODE DER AMORTISATIONSRECHNUNG
- ... KUMULATIONSMETHODE DER AMORTISATIONSRECHNUNG

INVESTITIONSENTSCHEIDUNG MIT HILFE DER AMORTISATIONSRECHNUNG

- ... EINZELINVESTITIONSENTSCHEIDUNGEN MIT DER AMORTISATIONSRECHNUNG
- ... AUSWAHLINVESTITIONSENTSCHEIDUNG MIT DER AMORTISATIONSRECHNUNG
- ... ERSATZINVESTITIONSENTSCHEIDUNGEN MIT DER AMORTISATIONSRECHNUNG

| 12.7. | **Investitionsrechenverfahren für Einzel-/ Alternativentscheidungen bei Entscheidungssicherheit** | |
|---|---|---|
| 12.7.5. | **Statische Amortisationsrechnung** | 1 |

## STATISCHE AMORTISATIONSRECHNUNG

Bei der **statischen Amortisationsrechnung** (Kapitalrückfluss-Methode, Pay-off-, Pay-back-Methode) wird der Zeitraum bestimmt, in dem das eingesetzte Kapital durch die Einzahlungsüberschüsse (positive durchschnittliche Rückflüsse) des Investitionsobjekts zurückgeflossen ist.
Die Amortisationsrechnung hat das Ziel, diejenige Investition mit der kürzesten Amortisationszeit zu ermitteln und stellt lediglich einen Maßstab der **Risikoneigung** des Investors dar: Je geringer die Amortisationszeit gegenüber einem vorgegebenem Zeitraum, desto (absolut) vorteilhafter ist das Investitionsobjekt (**absolute Vorteilhaftigkeit**). Ist die Amortisationszeit eines Investitionsobjekts geringer als gegenüber anderer zur Wahl stehender Objekte, so wird von **relativer Vorteilhaftigkeit** gesprochen.
Die absolute und die relative Vorteilhaftigkeit von Investitionsalternativen allein anhand der Amortisationsrechnung zu bestimmen, erscheint jedoch nicht sinnhaft, da die nach Ende der Amortisationszeit auftretenden Wirkungen keine Betrachtung finden. Die Amortisationsrechnung sollte daher ausschließlich als ergänzende, die Risikoneigung des Investors aufzeigende Rechnung verwendet werden. Da die Nutzungsdauer eines Investitionsobjekts betrachtet wird, zählt die Amortisationsrechnung zu den statischen Verfahren, die sich über mehrere Betrachtungszeiträume ausdehnen und nicht zu den Verfahren wie die Kosten-, Gewinn- und Rentabilitätsvergleichsrechnung, die lediglich einen Betrachtungszeitraum beurteilen.
Im Gegensatz zu den anderen statischen Investitionsrechenverfahren arbeitet die Amortisationsrechnung mit Einzahlungen und Auszahlungen und nicht mit Kosten und Leistungen, d.h. der durchschnittliche jährliche Rückfluss ist nicht mit dem durchschnittlichen Gewinn aus der Gewinn- oder der Rentabilitätsvergleichsrechnung identisch[1].
Die Amortisationszeit als Entscheidungskriterium über die Vorteilhaftigkeit einer Investition berücksichtigt nicht deren Rentabilität, da die Gewinnentwicklung nur im Zeitraum der Amortisation des Kapitals betrachtet wird, darüber hinausgehende Betrachtungen finden nicht statt. Da gegenwärtige Rückflüsse gewisser sind als zukünftige, ist die Amortisationszeit nur für solche Kalküle geeignet, in denen die Gewissheit und die Liquidität die höchste Priorität in einem Zielsystem einnehmen. Nach dem Amortisationszeitraum zu erwartende Überschüsse (Gewinne) werden bei dem Vorteilsvergleich nicht betrachtet.
Gegenüber den Vorteilen der Amortisationsrechnung der Einfachheit des Verfahrens, sind als Nachteile zu nennen

- der Kapitaleinsatz berücksichtigt nicht, ob eine Investition rentabel ist,
- die Rückflüsse nach der Amortisationszeit werden nicht berücksichtigt,

1 Vgl. zu `Ein-/ Auszahlung´, `Kosten/ Leistung´ Modul 7.3. in Band I der Reihe.

| | | |
|---|---|---|
| **12.7.** | **Investitionsrechenverfahren für Einzel-/ Alternativentscheidungen bei Entscheidungssicherheit** | |
| **12.7.5.** | **Statische Amortisationsrechnung** | **2** |

- unterschiedliche Nutzungsdauern der Investitionsobjekte bleiben unberücksichtigt,
- der Investitionsvergleich ist kurzfristig,
- die Zurechnung von Einzahlungsüberschüssen auf ein Investitionsobjekt gestaltet sich problematisch.

Die Amortisationsrechnung kann alternativ in zwei Varianten durchgeführt werden, als

... DURCHSCHNITTSMETHODE DER AMORTISATIONSRECHNUNG

Die Berechnung der Amortisationszeit mit Hilfe der **Durchschnittsmethode** geht von (durchschnittlichen) konstanten, jährlichen, positiven Rückflüssen je Betrachtungszeitraum aus; es gilt:

$$AZ_t = \frac{A_0}{\varnothing R}$$

$$AZ_t = \textit{Amortisationszeit}\ [\textit{Zeit}]$$

$$A_0 = \textit{Anschaffungsauszahlung (= Kapitaleinsatz)}\ [\textit{Euro}]$$

$$\varnothing R = \textit{durchschnittlicher Rückfluss je Betrachtungszeitraum}\ [\textit{Euro / BZR}]$$

Der jährliche durchschnittliche Rückfluss, durch den sich das eingesetzte Kapital amortisiert, besteht aus drei Komponenten:

- dem Gewinn,
- den kalkulatorische Abschreibungen und
- den kalkulatorische Zinsen, vermindert um die Fremdkapitalzinsen.

| | |
|---|---|
| | *∅ Jahresgewinn* |
| + | *kalkulatorische Abschreibungen* |
| + | *kalkulatorische Zinsen* |
| ./. | *Fremdkapitalzinsen* |
| = | *∅ Jahresrückfluss* |

Der Jahresgewinn muss um die nicht auszahlungswirksamen Bestandteile durch Addition dieser korrigiert werden.

... KUMULATIONSMETHODE DER AMORTISATIONSRECHNUNG

Bei der **Kumulationsmethode** werden die prospektiven, variierenden (Netto-)Einzahlungsüberschüsse ($Z_t$) beginnend am Anfang des Betrachtungszeitraums so lange summiert, bis die Anschaffungsauszahlung ($A_0$) erreicht ist. Zur Bestimmung der (exakten) Amortisationszeit gilt

$$\sum_{t=1}^{T./.1} Z_t < A_0 \leq \sum_{t=1}^{T} Z_t \Rightarrow AZ_t = ...$$

| 12.7. | Investitionsrechenverfahren für Einzel-/ Alternativentscheidungen bei Entscheidungssicherheit | |
|---|---|---|
| 12.7.5. | Statische Amortisationsrechnung | 3 |

$$AZ_t = Amortisationszeit\ [Zeit]$$
$$Z_t = (Netto-)Einzahlungsüberschüsse\ [Euro / BZR]$$
$$A_0 = Anschaffungsauszahlung\ [Euro / BZR]$$

Eine formelmäßige Lösung ist bei variierenden Einzahlungsüberschüssen nicht darstellbar, sondern lediglich bei der Annahme (durchschnittlicher) konstanter Überschüsse.

### INVESTITIONSENTSCHEIDUNG MIT HILFE DER AMORTISATIONSRECHNUNG

Die Entscheidung über die **Vorteilhaftigkeit einer Investition** mit Hilfe der Amortisationsmethode wird durch die vom Investor zugrundegelegte Amortisationszeit vorgenommen;

- ist bei einem einzelnen Investitionsvorhaben die maximal vertretbare Amortisationszeit festgelegt (**absolute Vorteilhaftigkeit**), so gilt eine Investition als (absolut) vorteilhaft, wenn gilt

$$AZ_t \leq AZ_{t\,max}$$

- ist bei alternativen Investitionsvorhaben die eine Amortisationszeit größer als die andere Amortisationszeit (**relative Vorteilhaftigkeit**), so gilt das Investitionsvorhaben als vorteilhaft, wenn gilt

$$AZ_I > AZ_{II} \Rightarrow wähle\ Investitionsobjekt\ II$$
$$AZ_I < AZ_{II} \Rightarrow wähle\ Investitionsobjekt\ I$$
$$AZ_I = AZ_{II} \Rightarrow sensitivere\ Betrachtung\ durchführen$$

Die Amortisationsrechnung findet ihren Einsatz bei

#### ... EINZELINVESTITIONSENTSCHEIDUNGEN MIT DER AMORTISATIONSRECHNUNG

Entscheidungen über Einzelinvestitionen können mit Hilfe der Amortisationsrechnung einer Lösung zugeführt werden. Im Unternehmen wird eine maximal vertretbare Amortisationszeit fixiert, an der sich die zu ermittelnde Amortisationszeit der Einzelinvestition messen lassen muss. Für die Ermittlung der Amortisationszeit kommen in Betracht die Durchschnittsmethode und die Kumulationsmethode.

#### ... AUSWAHLINVESTITIONSENTSCHEIDUNG MIT DER AMORTISATIONSRECHNUNG

Eine Auswahl von Investitionsprojekten tritt i.d.R. bei der Veränderung vorhandener Investitionsobjekte durch Erweiterungen oder Diversifizierungen auf. Ebenso wie bei Einzelinvestitionsentscheidungen kommen bei Auswahlsituationen alternativ die Methoden zur Anwendung die Durchschnittsmethode und die Kumulationsmethode.

| | | |
|---|---|---|
| **12.7.** | **Investitionsrechenverfahren für Einzel-/ Alternativentscheidungen bei Entscheidungssicherheit** | |
| **12.7.5.** | **Statische Amortisationsrechnung** | **4** |

... ERSATZINVESTITIONSENTSCHEIDUNGEN MIT DER AMORTISATIONSRECHNUNG

Eine Ersatzinvestition liegt vor, wenn vorhandene Investitionsobjekte identischer oder in verbesserter Form (Rationalisierung) ersetzt werden sollen.
Zur Bestimmung der Amortisationszeit wird der (zusätzliche) Kapitaleinsatz ins Verhältnis gesetzt zu dem durchschnittlichen jährlichen Gewinn, der als durchschnittliche jährliche Kostenersparnis aufgefasst und zu diesem Zweck um die (zusätzlichen) kalkulatorischen Zinsen – die die Fremdkapitalzinsen übersteigen – und die (zusätzlichen) kalkulatorischen Abschreibungen modifiziert wird; es gilt:

$$AZ_t = \frac{A_0 ./. L_T}{ersparte\ Kosten + kalk.\ Zinsen + kalk.\ Abschreibungen} \left[Euro / BZR\right]$$

$AZ_t = Amortisationszeit\ \left[Zeit\right]$

$A_0 = Anschaffungsauszahlung\ (= Kapitaleinsatz)\ \left[Euro\right]$

$L_T = Liquidationserlös\ \left[Euro\right]$

| | | |
|---|---|---|
| **12.7.** | **Investitionsrechenverfahren für Einzel-/ Alternativentscheidungen bei Entscheidungssicherheit** | |
| **12.7.6.** | **Dynamische Investitionsrechenverfahren im Überblick** | **1** |

DYNAMISCHE INVESTITIONSRECHENVERFAHREN

Bei der Anwendung von **dynamischen Investitionsrechenverfahren** sind die betrachteten (Handlungs-)Alternativen durch folgende Prämissen vergleichbar:

- **vollkommene Informationen**, d.h. sämtliche für eine Investition notwendigen Informationen können beschafft werden;
- **vollständige Zahlungsreihen**, d.h. die Zahlungsströme werden als Summe der Einnahmen bzw. Ausgaben eines Betrachtungszeitraums dargestellt und sämtliche finanziellen Ausgaben und Einnahmen können aufgrund der Sicherheit der Preiserwartung einzelner Investitionen nach der Höhe und zeitlichen Verteilung zugerechnet werden, es existiert ein vollständiger Finanzplan;
- unbeschränkter, vollkommener Kapitalmarkt, d.h. Kapital kann in beliebiger Höhe und Stückelung beschafft werden (**unbeschränkter Kapitalmarkt**) und es herrscht die Prämisse der Vergleichbarkeit, d.h. es existiert lediglich ein Zins, zu dem Kapital angelegt oder aufgenommen werden kann, so dass Soll-Zinsen gleich Haben-Zinsen sind (**vollkommener Kapitalmarkt**);
- **Wiederanlageprämisse**, d.h. in Zusammenhang mit dieser **Reinvestitionsprämisse** wird davon ausgegangen, dass sämtliche Rückflüsse (Einnahmen ./. Ausgaben) zu einem angenommenen (Kalkulations-)Zinsfuß reinvestiert werden (Rückflüsse brauchen nicht weiter berücksichtigt werden, da der Barkapitalwert Null ist);
- Berücksichtigung der **zeitlichen Struktur der Zahlungsreihen** durch Auf- bzw. Abzinsung mit dem Ziel, die Vergleichbarkeit von Investitionen durch die Diskontierung (Abzinsung) der Zahlenwerte auf einen Gegenwartswert (Barwert) oder die Kontierung (Aufzinsung) der Zahlenwerte auf einen Zukunftswert (Endwert) herzustellen.

Als dynamische Investitionsrechenverfahren sind zu nennen die Kapitalwertmethode, die Annuitätenmethode, die Interne-Zinsfuß-Methode und die dynamische Amortisationsrechnung.

*Abbildung:* Eigenschaften von dynamischen Investitionsrechenverfahren

| Kapitalwertmethode | Annuitätenmethode | Interne Zinsfußmethode | dynamische Amortisationsrechnung |
|---|---|---|---|
| *Rhythmizität* | | | |
| mehrere Betrachtungszeiträume | | | |
| *Prämissen in Erweiterung der oben genannten* | | | |
| | äquidistante, uniforme, äquivalente Zahlungsreihen | isoliert durchführbare Investition | |

| | | |
|---|---|---|
| **12.7.** | **Investitionsrechenverfahren für Einzel-/ Alternativentscheidungen bei Entscheidungssicherheit** | |
| **12.7.6.** | **Dynamische Investitionsrechenverfahren im Überblick** | **2** |

*ungelöste Situationen*

| | | |
|---|---|---|
| starke Abhängigkeit vom Kalkulationszinssatz durch seine Festlegung als Vergleichsmaßstab | Vergleichszinssatz notwendig; mathematische Lösung kann mehrdeutig bzw. nicht existent sein; exakte Lösung nur bis vier Betrachtungszeiträume möglich | starke Abhängigkeit vom Kalkulationszinsfuß |

*Berechnung*

| | | | |
|---|---|---|---|
| Summe aller mit dem Kalkulationszinsfuß auf den Zeitpunkt t=0 diskontierten Zahlungen | konstanter Betrag, der angibt, wieviel eine Investition je Betrachtungszeitraum an Überschüssen erwirtschaftet (neben Zins und Tilgung) | Zinssatz, der den Kapitalwert einer Investition gleich Null werden lässt | Zeitpunkt, bei dem die diskontierten Investitionszahlungen Null ergeben |
| $C_0 = \sum_{t=0}^{T} R_t * \frac{1}{(1+i)^t}$ [Euro] | $A = C_0 * \frac{1}{\sum_{t=0}^{T} \frac{1}{(1+i)^t}}$ [Euro] | $\sum_{t=0}^{T} R_t (1+r)^{-t} \stackrel{!}{=} 0$ [%] | |

*Legende:* $C_0$ = (Bar–) Kapitalwert; $R_t$ = Rückflüsse (Zahlungen) zum Zeitpunkt $t$; $A$ = Annuität; $i$ = (Kalkulations–) Zinssatz; $r$ = interner Zinssatz; $t$ = Zeit (Betrachtungszeitraum) von 0 bis $T$

*Entscheidungskriterien, -ziel*

| | | | |
|---|---|---|---|
| Vermögensmaximierung $C_0 > 0$ mit $C_0 \rightarrow$ max | Einkommensmaximierung A > 0 mit A $\rightarrow$ max | Rentabilitätsmaximierung r > Vergleichszinsfuß mit r $\rightarrow$ max | Risikominimierung $\sum$Barwerte = 0 bzw. $\sum$Endwerte = 0 |

In der vorstehenden Abbildung werden die Methoden der dynamischen Investitionsrechenverfahren dargestellt. Im Folgenden wird eingegangen auf

| | | |
|---|---|---|
| **12.7.** | **Investitionsrechenverfahren für Einzel-/ Alternativentscheidungen bei Entscheidungssicherheit** | |
| **12.7.6.** | **Dynamische Investitionsrechenverfahren im Überblick** | **3** |

FINANZWIRTSCHAFTLICHE GRUNDBEGRIFFE[1]

KAPITALWERTMETHODE[2]

INTERNE ZINSFUẞMETHODE[3]

ANNUITÄTENMETHODE[4]

DYNAMISCHE AMORTISATIONSRECHNUNG[5]

1 Vgl. zu 'finanzwirtschaftliche Grundbegriffe' Modul 12.7.7.ff. in diesem Band der Reihe.
2 Vgl. zu 'Kapitalwertmethode' Modul 12.7.8.ff. in diesem Band der Reihe.
3 Vgl. zu 'Interne Zinsfußmethode' Modul 12.7.9.ff. in diesem Band der Reihe.
4 Vgl. zu 'Annuitätenmethode' Modul 12.7.10ff. in diesem Band der Reihe.
5 Vgl. zu 'Dynamische Amortisationsrechnung' Modul 12.7.11.ff. in diesem Band der Reihe.

| | | |
|---|---|---|
| **12.7.** | **Investitionsrechenverfahren für Einzel-/ Alternativentscheidungen bei Entscheidungssicherheit** | |
| **12.7.7.** | **Finanzwirtschaftliche Grundbegriffe** | **Ü 1** |

FINANZWIRTSCHAFTLICHE GRUNDBEGRIFFE

- ... ZEITWERT
- BARWERT
- ENDWERT
- JAHRESWERT

BARWERT

- ... BAR(KAPITAL-)WERTBESTIMMUNG BEI EINMALIGER ZAHLUNG
- ... BAR(KAPITAL-)WERTBESTIMMUNG BEI MEHRMALIGER ZAHLUNG

ENDWERT

- ... ENDWERTBESTIMMUNG BEI EINMALIGER ZAHLUNG
- ... ENDWERTBESTIMMUNG BEI MEHRMALIGEN ZAHLUNGEN

JAHRESWERT

- ... JAHRESWERTBESTIMMUNG BEI ZAHLUNG EINES ZUM GEGENWÄRTIGEN ZEITPUNKT FÄLLIGEN BETRAGS
- ... JAHRESWERTBESTIMMUNG BEI ZAHLUNG EINES ZUM ZUKÜNFTIGEN ZEITPUNKT FÄLLIGEN BETRAGS

| 12.7. | Investitionsrechenverfahren für Einzel-/ Alternativentscheidungen bei Entscheidungssicherheit | |
|---|---|---|
| 12.7.7. | Finanzwirtschaftliche Grundbegriffe | 1 |

## Finanzwirtschaftliche Grundbegriffe

Zum Verständnis der Vorgehensweise der dynamischen Investitionsrechenverfahren ist die Kenntnis einiger **finanzmathematischer Begriffe** und Methoden vorauszusetzen.
Im Gegensatz zu statischen Investitionsrechenverfahren, bei denen zur Bestimmung ihrer Ergebnisse mit Durchschnittsgrößen gearbeitet wird, wird bei den dynamischen Investitionsrechenverfahren die **zeitliche Struktur der Zahlungsströme** berücksichtigt.

*Abbildung:* Beispiel einer Zahlenreihe mit gleichem arithmetischem Mittel, jedoch unterschiedlich zeitlicher Zurechnung der Werte [Euro]

| Zeitpunkt | 1 | 2 | 3 | 4 | 5 | ∅ |
|---|---|---|---|---|---|---|
| Investition A | 20 | 17 | 14 | 11 | 8 | 14 |
| Investition B | 8 | 11 | 14 | 17 | 20 | 14 |

Als finanzmathematische Begriffe werden erläutert der

### ... Zeitwert

Der **Zeitwert** ist der Wert einer Einzahlung/ Einnahme oder Auszahlung/ Ausgabe bezogen auf den Zeitpunkt seines Auftretens. Zeitliche Präferenzen bleiben unberücksichtigt.

### Barwert

### Endwert

### Jahreswert

## Barwert

Der **Gegenwarts-** oder **Barwert** ist der Wert, der sich durch die **Abzinsung** der Einnahmen und Ausgaben auf den gegenwärtigen Zeitpunkt ergibt. Durch die Diskontierung der Zahlungsgrößen kann ermittelt werden, welche Werte diese zu Beginn des Betrachtungszeitraums haben. Differenziert werden kann dabei die

### ... Bar(kapital-)wertbestimmung bei einmaliger Zahlung

Findet eine einmalige Zahlung am Ende des Betrachtungszeitraums statt, so berechnet sich der Gegenwartswert aus der Multiplikation des Zeitwerts der Zahlung mit dem **Abzinsungsfaktor**.

| | | |
|---|---|---|
| **12.7.** | **Investitionsrechenverfahren für Einzel-/ Alternativentscheidungen bei Entscheidungssicherheit** | |
| **12.7.7.** | **Finanzwirtschaftliche Grundbegriffe** | **2** |

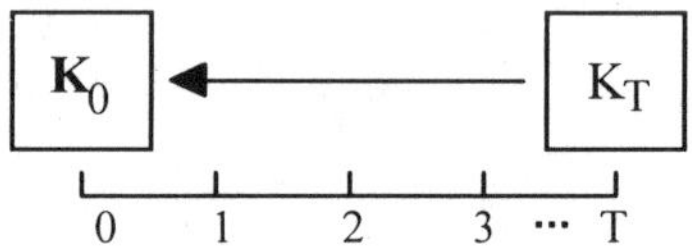


$$K_0 = K_T * \frac{1}{(1+i)^T} = K_T * \frac{1}{q^T}$$

$K_0$ = *Barwert (Wert zum Zeitpunkt* $t_0$*)* [*Euro*]

$K_T$ = *(Kapital–)Endwert* [*Euro*]

= *Zeitwert (Wert am Ende des t - ten Jahres)* [*Euro*]

$i$ = *Kalkulationszinssatz* [%]

$\frac{1}{q^T} = \frac{1}{(1+i)^T}$ = *Abzinsungsfaktor mit* $q = 1 + i$ [%]

... BAR(KAPITAL-)WERTBESTIMMUNG BEI MEHRMALIGER ZAHLUNG

Finden mehrmalige äquivalente und äquidistante Zahlungen am Ende jedes Abschnitts des Betrachtungszeitraums statt, so berechnet sich der Gegenwartswert aus der Multiplikation des äquivalenten Zeitwerts der Zahlungen mit dem **Barwertfaktor** (Kapitalisierungsfaktor, Abzinsungssummenfaktor, Diskontierungsfaktor).

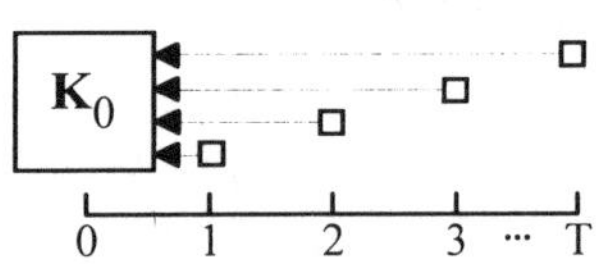


$$K_0 = \hat{z}_t * \frac{(1+i)^T ./. 1}{i * (1+i)^T} = \hat{z}_t * \frac{q^T ./. 1}{q^T * (q ./. 1)}$$

$K_0$ = *Barwert (Wert zum Zeitpunkt* $t_0$*)* [*Euro*]

$\hat{z}_t$ = *äquivalente Zahlung (zum Zeitpunkt t)* [*Euro / BZR*]

$i$ = *Kalkulationszinssatz* [%]

$\frac{q^T ./. 1}{q^T * (q ./. 1)}$ = *Barwertfaktor (BWF) mit* $q = 1 + i$ [%]

| | | |
|---|---|---|
| **12.7.** | **Investitionsrechenverfahren für Einzel-/ Alternativentscheidungen bei Entscheidungssicherheit** | |
| **12.7.7.** | **Finanzwirtschaftliche Grundbegriffe** | **3** |

### ENDWERT

Der **Zukunfts-** oder **Endwert** ist der Wert, der sich durch die **Aufzinsung** der Einnahmen und Ausgaben auf den zukünftigen Zeitpunkt ergibt. Durch die Aufzinsung der Zahlungsgrößen kann ermittelt werden, welche Werte diese am Ende des Betrachtungszeitraums haben. Dabei kann differenziert werden die

#### ... ENDWERTBESTIMMUNG BEI EINMALIGER ZAHLUNG

Findet eine einmalige Zahlung am Anfang des Betrachtungszeitraums statt, so berechnet sich der Zukunftswert (Endwert) aus der Multiplikation des Zeitwerts der Zahlung mit dem **Aufzinsungsfaktor**.

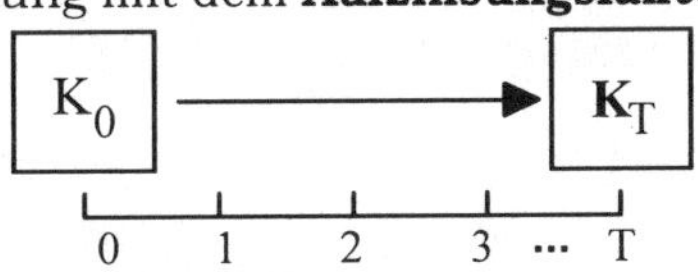


$$K_T = K_0 * (1+i)^T = K_0 * q^T$$

$K_T$ = (Kapital–)Endwert [Euro]

$K_0$ = Barwert (Wert zum Zeitpunkt $t_0$) [Euro]

$i$ = Kalkulationszinssatz [%]

$(1+i)^T = q^T$ = Aufzinsungsfaktor mit $q = 1 + i$

#### ... ENDWERTBESTIMMUNG BEI MEHRMALIGEN ZAHLUNGEN

Finden mehrmalige äquivalente und äquidistante Zahlungen am Ende des Betrachtungszeitraums statt, so berechnet sich der Endwert aus der Multiplikation des äquivalenten Zeitwerts der Zahlungen mit dem **Endwertfaktor** (Aufzinsungssummenfaktor).

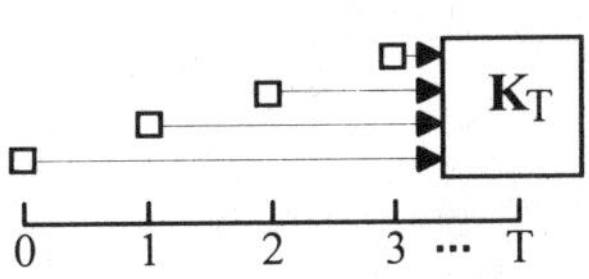


$$K_T = \hat{z}_t * \frac{(1+i)^T ./. 1}{i} = \hat{z}_t * \frac{q^T ./. 1}{q ./. 1}$$

$K_T$ = (Kapital–)Endwert [Euro]

$\hat{z}_t$ = äquivalente Zahlung zum Zeitpunkt $t$ [Euro / BZR]

$i$ = Kalkulationszinssatz [%]

$\frac{q^T ./. 1}{q ./. 1}$ = Endwertfaktor mit $q = 1 + i$

| | | |
|---|---|---|
| **12.7.** | **Investitionsrechenverfahren für Einzel-/ Alternativentscheidungen bei Entscheidungssicherheit** | |
| **12.7.7.** | **Finanzwirtschaftliche Grundbegriffe** | **4** |

## JAHRESWERT

Der **Jahreswert** ist der Wert, der äquidistant und äquivalent ermittelbar ist. Der Jahreswert ergibt sich aus einem bestimmten auf den Beginn oder Ende des Vergleichszeitraums bezogenen Wert. Dazu kann differenziert werden die

### ... JAHRESWERTBESTIMMUNG BEI ZAHLUNG EINES ZUM GEGENWÄRTIGEN ZEITPUNKT FÄLLIGEN BETRAGS

Wird ein gegenwärtig fälliger Betrag nicht en bloc ausgezahlt, sondern in mehreren äquidistanten und äquivalenten Teilbeträgen geleistet, so berechnen sich diese aus der Multiplikation des Zeitwerts der Zahlung mit dem **Kapitalwiedergewinnungsfaktor KWF** (Annuitätenfaktor, Verrentungsfaktor).

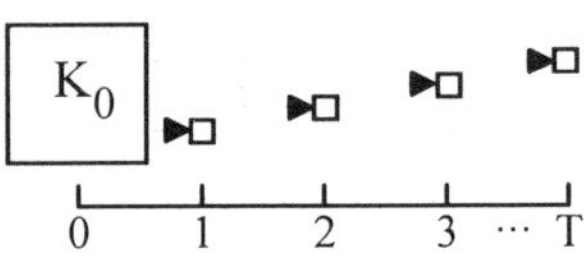


$$\hat{z}_t = K_0 * \frac{i*(1+i)^T}{(1+i)^T ./. 1} = K_0 * \frac{q^T * (q ./. 1)}{q^T ./. 1}$$

$\hat{z}_t$ = *äquivalente Zahlung zum Zeitpunkt t* [*Euro / BZR*]

$K_0$ = *Barwert (Wert zum Zeitpunkt* $t_0$*)* [*Euro*]

$i$ = *Kalkulationszinssatz* [%]

$\frac{q^T * (q ./. 1)}{q^T ./. 1}$ = *Kapitalwiedergewinnungsfaktor (KWF) mit* $q = 1 + i$ [%]

### ... JAHRESWERTBESTIMMUNG BEI ZAHLUNG EINES ZUM ZUKÜNFTIGEN ZEITPUNKT FÄLLIGEN BETRAGS

Wird ein zukünftig fälliger Betrag nicht am Ende des Betrachtungszeitraums en bloc ausgezahlt, sondern wird in mehreren äquidistanten und äquivalenten Teilbeträgen geleistet, so berechnen sich die äquivalenten Teilbeträge aus der Multiplikation des in dem späteren Zeitpunkt fälligen Betrags mit dem **Restwertverteilungsfaktor**.

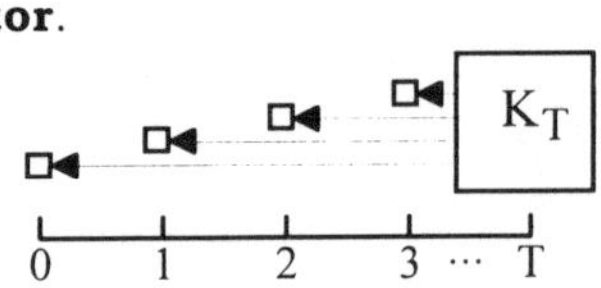

| | | |
|---|---|---|
| **12.7.** | **Investitionsrechenverfahren für Einzel-/ Alternativentscheidungen bei Entscheidungssicherheit** | |
| **12.7.7.** | **Finanzwirtschaftliche Grundbegriffe** | **5** |

$$\hat{z}_t = K_T * \frac{i}{(1+i)^T ./.1} = K_T * \frac{q./.1}{q^T ./.1}$$

$\hat{z}_t$ = *äquivalente Zahlung zum Zeitpunkt t* [*Euro / BZR*]

$K_T$ = *(End-)Wert zum Zeitpunkt T* [*Euro*]

$i$ = *Kalkulationszinssatz* [%]

$\frac{q./.1}{q^T ./.1}$ = *Restwertverteilungsfaktor mit* $q = 1 + i$

| | | |
|---|---|---|
| **12.7.** | **Investitionsrechenverfahren für Einzel-/ Alternativentscheidungen bei Entscheidungssicherheit** | |
| **12.7.8.** | **Kapitalwertmethode** | **Ü 1** |

KAPITALWERTMETHODE

- EINZELENTSCHEIDUNGEN MIT DER KAPITALWERTMETHODE
- ALTERNATIVENTSCHEIDUNGEN MIT DER KAPITALWERTMETHODE
- ERSATZENTSCHEIDUNGEN MIT DER KAPITALWERTMETHODE

EINZELENTSCHEIDUNGEN MIT DER KAPITALWERTMETHODE

- ... EINZELENTSCHEIDUNG BEI JÄHRLICH UNTERSCHIEDLICHEN RÜCKFLÜSSEN
- ... EINZELENTSCHEIDUNG BEI JÄHRLICH GLEICHBLEIBENDEN RÜCKFLÜSSEN
- ... EINZELENTSCHEIDUNG BEI UNENDLICHEM BETRACHTUNGSZEITRAUM

ALTERNATIVENTSCHEIDUNGEN MIT DER KAPITALWERTMETHODE

- ... DIFFERENZINVESTITION
- ... ERGÄNZUNGSINVESTITION

ERSATZENTSCHEIDUNGEN MIT DER KAPITALWERTMETHODE

| | | |
|---|---|---|
| **12.7.** | **Investitionsrechenverfahren für Einzel-/ Alternativentscheidungen bei Entscheidungssicherheit** | |
| **12.7.8.** | **Kapitalwertmethode** | **1** |

KAPITALWERTMETHODE

Die **Kapitalwertmethode** beruht auf finanzmathematischen Kenntnissen und beschreibt den Kapitalwert entweder in Form als Summe des **Barwerts**, bei dem sämtliche Zahlungsreihen von Investitionsvorhaben auf den Beginn des Betrachtungszeitraums diskontiert (abgezinst) werden oder als Summe des **Endwerts**, bei dem sämtliche Zahlungsreihen von Investitionsvorhaben auf das Ende des Betrachtungszeitraums aufgezinst werden.
Als Maßstab zur Bestimmung der Vorteilhaftigkeit einer Investition wird i.d.R. der **(Bar-)Kapitalwert** herangezogen. Der (Bar-)Kapitalwert ist die Summe aller mit einem Kalkulationszinsfuß (i) als Gewichtungsfaktor auf den Beginn des Betrachtungszeitraums ($t_0$) abgezinster Investitionsgrößen (Einnahmen und Ausgaben bzw. Einzahlungen und Auszahlungen).

$$C_0 = \sum_{t=0}^{T} R_t * \frac{1}{(1+i)^t} = \sum_{t=0}^{T} R_t * (1+i)^{./.t}$$

$$C_0 = (Bar-)Kapitalwert\ [Euro]$$

$$t = Zeit\ von\ 0\ bis\ T\ [BZR]$$

$$R_t = Rückflüsse(Zahlungen)\ zum\ Zeitpunkt\ t\ [Euro]$$

$$i = Kalkulationszinssatz\ [\%]$$

Die jährlichen Rückflüsse ($R_t$) sind sowohl Ein- als auch Auszahlungen:
**Auszahlungen** sind neben den Anschaffungsauszahlungen mit ihnen zusammengehörende Zahlungen wie bspw. Versicherungen, Zölle als auch die während des Betrachtungszeitraums anfallenden Zahlungen. Kalkulatorische Kostengrößen zählen nicht dazu!
**Einzahlungen** setzen sich aus den laufenden Einzahlungen, aber auch aus dem Liquidationserlös am Ende des Betrachtungszeitraums zusammen.
Die Zielsetzung der Kapitalwertmethode ist: Wähle diejenige Investitionsalternative mit dem höchsten positiven Kapitalwert ($C_0 \geq 0$).
Der **Kapitalwert** kann vorliegen als

- **positiver Kapitalwert**, d.h. das Investitionsvorhaben erwirtschaftet neben der erwarteten Verzinsung (i) und den investitionsbedingten abgezinsten Rückflüssen einen positiven Vermögenszuwachs in Höhe des Kapitalwerts; die Investition ist positiv zu beurteilen;
- **negativer Kapitalwert**, d.h. bei dem Investitionsvorhaben reichen die Einzahlungen zur Deckung der Auszahlungen und der erwarteten Verzinsung nicht aus; die Investition sollte nicht durchgeführt werden;
- **Kapitalwert von Null**, d.h. die erwarteten Einzahlungen decken gerade die erwarteten Auszahlungen und eine erwartete Verzinsung; ein Vermögenszuwachs findet nicht statt. Es ist eine sensiblere Rechnung durchzuführen.

Die Kapitalwertmethode findet in tabellarischer Form Anwendung bei

| 12.7. | **Investitionsrechenverfahren für Einzel-/ Alternativentscheidungen bei Entscheidungssicherheit** | |
|---|---|---|
| 12.7.8. | **Kapitalwertmethode** | **2** |

EINZELENTSCHEIDUNGEN MIT DER KAPITALWERTMETHODE

ALTERNATIVENTSCHEIDUNGEN MIT DER KAPITALWERTMETHODE

ERSATZENTSCHEIDUNGEN MIT DER KAPITALWERTMETHODE

### EINZELENTSCHEIDUNGEN MIT DER KAPITALWERTMETHODE

Entscheidungen über einzelne Investitionsvorhaben können mit Hilfe der Kapitalwertmethode einer Lösung zugeführt werden. Dabei können drei Entscheidungssituationen vorliegen als

#### ... EINZELENTSCHEIDUNG BEI JÄHRLICH UNTERSCHIEDLICHEN RÜCKFLÜSSEN

Sind die jährlichen Rückflüsse unterschiedlich hoch, so findet die folgende Gleichung zur Ermittlung des Kapitalwerts Anwendung

$$C_0 = ./.\frac{R_0}{q^0} + \frac{R_1}{q^1} + \frac{R_2}{q^2} + \ldots + \frac{R_T}{q^T} + \frac{L_T}{q^T}$$

$$= ./.\, R_0 + \sum_{t=1}^{T} \frac{R_t}{q^t} + \frac{L}{q^T}$$

$C_0 = (Bar-)Kapitalwert\ [Euro]$

$R = Rückflüsse\ im\ Betrachtungszeitraum\ 0,1,2,\ldots,T\ [Euro / BZR]$

$R_0 = negativer\ Rückfluss\ (Anschaffungsauszahlungen\ zu\ Beginn\ des\ Betrachtungszeitraums)\ [Euro]$

$i = Kalkulationszinssatz\ [\%]$

$\frac{1}{q} = \frac{1}{1+i} = Abzinsungsfaktor\ [\%]$

$L_T = Liquidationserlös\ [Euro]$

Der `Rückfluss´ zum Anfangszeitpunkt Null ($R_0$) ist aufgrund der Investitionsauszahlung negativ.

#### ... EINZELENTSCHEIDUNG BEI JÄHRLICH GLEICHBLEIBENDEN RÜCKFLÜSSEN

Der in der Praxis selten vorkommende Fall, dass außer der Anschaffungsauszahlung und dem Liquidationserlös die Rückflüsse eines Investitionsvorhabens äquivalent sind, vereinfacht die Formel bei Einzelentscheidungen bei jährlich unterschiedlichen Rückflüssen zu

| 12.7. | **Investitionsrechenverfahren für Einzel-/ Alternativentscheidungen bei Entscheidungssicherheit** | |
|---|---|---|
| 12.7.8. | **Kapitalwertmethode** | 3 |

$$C_0 = ./. R_0 + \hat{R} * \frac{q^T ./. 1}{q^T (q ./. 1)} + \frac{L_T}{q^T}$$

$C_0 = (Bar-)Kapitalwert\ [Euro]$

$\hat{R} = \varnothing$ *äquivalente Rückflüsse* $[Euro / BZR]$

$R_0$ = *negativer Rückfluss (Anschaffungsauszahlungen zu Beginn des Betrachtungszeitraums)* $[Euro]$

$i$ = *Kalkulationszinssatz* $[\%]$

$\frac{q^T ./. 1}{q^T * (q ./. 1)}$ = *Barwertfaktor* $[\%]$ *mit* $q = 1 + i$

$L_T$ = *Liquidationserlös* $[Euro]$

... EINZELENTSCHEIDUNG BEI UNENDLICHEM BETRACHTUNGSZEITRAUM

Stehen Investitionsvorhaben einem Unternehmen für einen unbestimmten Betrachtungszeitraum zur Verfügung wie bspw. Grundstücke, und werden darüber hinaus äquivalente Rückflüsse erwartet, so berechnet sich der Kapitalwert wie folgt

$$C_0 = ./. R_0 + \hat{R} * \frac{1}{i}$$

$C_0 = (Bar-)Kapitalwert\ [Euro]$

$\hat{R} = \varnothing$ *äquivalente Rückflüsse* $[Euro / BZR]$

$R_0$ = *negativer Rückfluss (Anschaffungsauszahlungen zu Beginn des Betrachtungszeitraums)* $[Euro]$

$i$ = *Kalkulationszinssatz* $[\%]$

ALTERNATIVENTSCHEIDUNGEN MIT DER KAPITALWERTMETHODE

Liegen mehrere Investitionsvorhaben als Handlungsalternativen mit gleichen Anschaffungsauszahlungen und Nutzungsdauer vor, so wird die Alternative mit dem größten Kapitalwert als die vorteilhafteste angesehen (Alternativentscheidungen). Eine Alternative wird als absolut vorteilhaft angesehen, wenn ihr Kapitalwert größer oder gleich Null ist.

$$C_0 \geq 0$$

Sind sowohl die Anschaffungsgrößen als auch die Nutzungsdauer der zu vergleichenden Investitionsobjekte unterschiedlich, so sollte eine Vergleichbarkeit geschaffen werden wahlweise mit Hilfe einer

| | | |
|---|---|---|
| **12.7.** | **Investitionsrechenverfahren für Einzel-/ Alternativentscheidungen bei Entscheidungssicherheit** | |
| **12.7.8.** | **Kapitalwertmethode** | **4** |

... DIFFERENZINVESTITION

Eine **Differenzinvestition** ist eine fiktive Investition, deren Zahlungsreihe sich als Differenz der Zahlungsreihe zweier, alternativ durchführbarer Investitionen ergibt. Damit die Differenzinvestition die Eigenschaft einer Investition besitzt, sollte so saldiert werden, dass ihre Zahlungsreihe mit einer Auszahlung beginnt. Beim Vergleich absolut vorteilhafter Investitionsvorhaben ist es möglich, sich bei der Auswahl auf die Betrachtung der Differenzen zu beschränken. Für diese gilt:

$$C_{0D} = C_{0A} ./. C_{0B} = ./. R_{0A} + R_{0B} + \sum_{t=1}^{T} \frac{R_{tA} ./. R_{tB}}{q^t}$$

$$ist\ C_{0B} > 0 \Rightarrow C_{0A} > C_{0B}\ und\ I_A > I_B.$$

$C_{0D}$ = *Kapitalwert der Differenzinvestition* [*Euro*]

$C_{0A}$ = *Kapitalwert des Investitionsverfahrens A* [*Euro*]

$C_{0B}$ = *Kapitalwert des Investitionsverfahrens B* [*Euro*]

$R_t$ = *Rückflüsse zum Zeitpunkt t* [*Euro / BZR*]

$R_0$ = *negativer Rückfluss (Anschaffungsauszahlungen zu Beginn des Betrachtungszeitraums)* [*Euro*]

$i$ = *Kalkulationszinssatz* [*%*]

$A$ = *Investitionsvorhaben A*

$B$ = *Investitionsvorhaben B*

... ERGÄNZUNGSINVESTITION

Eine **Ergänzungsinvestition** ist eine (gedanklich) real mögliche Investition, die in Ergänzung zu einer Investition durchzuführen wäre, um diese mit einer zweiten, alternativen Investition vergleichbar zu machen. Liegen zum Kalkulationszeitpunkt keine Pläne über die Verwendung der Unterschiedsbeträge von Investitionsauszahlung und künftiger positiver Rückflüsse vor, so wird bei der Anwendung der Kapitalwertmethode unterstellt (Wiederanlageprämisse), dass der Kapitalwert der Ergänzungsinvestition sich mit Hilfe des Kalkulationszinsfußes zu Null ergibt, d.h. die Ergänzungsinvestition beeinflusst den Kapitalwert nicht.
Durch die Voraussetzung, dass die Rückflüsse zum Kalkulationszinsfuß berücksichtigt werden, wird derselbe Zinssatz für die Ermittlung des Zinsertrags und für die Diskontierung verwendet (vollkommener Kapitalmarkt). Hinzu kommt, dass unabhängig davon, ob die Ermittlung des Kapitalwerts der Ergänzungsinvestition zum Kalkulationszinssatz (i) oder zu einem anderen Zinssatz durchgeführt wird, der Barkapitalwert einer Ergänzungsinvestition immer gleich Null ist!

| | | |
|---|---|---|
| **12.7.** | **Investitionsrechenverfahren für Einzel-/ Alternativentscheidungen bei Entscheidungssicherheit** | |
| **12.7.8.** | **Kapitalwertmethode** | **5** |

## Ersatzentscheidungen mit der Kapitalwertmethode

Bei **Ersatzzeitpunktentscheidungen** handelt es sich um die Fragestellung, ob der Ersatz sofort vorzunehmen ist oder erst im nächsten Betrachtungszeitraum. Dabei muss beachtet werden, dass die Restnutzungsdauer des bestehenden Investitionsprojekts und der Nutzungsdauer des neuen Investitionsvorhabens beträchtlich auseinanderfallen. Auf diese Situation wird wegen der Komplexität in einem separaten Modul eingegangen.[1]

[1] Vgl. zu 'Investitionsrechenverfahren für Ersatz-/ Dauerentscheidungen bei Entscheidungssicherheit' Modul 12.8.ff. in diesem Band der Reihe.

| 12.7. | Investitionsrechenverfahren für Einzel-/ Alternativentscheidungen bei Entscheidungssicherheit | |
|---|---|---|
| 12.7.9. | Interne Zinsfußmethode | 1 |

INTERNE ZINSFUßMETHODE

Die **Interne Zinsfußmethode** ist ebenso wie die Kapitalwertmethode ein dynamisches Verfahren, dessen Anwendung auf finanzmathematischen Kenntnissen beruht. Die Interne Zinsfußmethode hat das Ziel, diejenige Investition mit dem höchsten (internen) Zinssatz zu ermitteln, während die Kapitalwertmethode bei gegebenem Kalkulationszinssatz nach dem höchsten Vermögenszuwachs (Kapitalwert) fragt.

$$C_0 = \sum_{t=0}^{T} R_t * \frac{1}{(1+\boldsymbol{r})^t} = \sum_{t=0}^{T} R_t * (1+\boldsymbol{r})^{./.t} \overset{!}{=} 0 \Rightarrow \boldsymbol{r} = \ldots$$

$$C_0 = (Bar-)Kapitalwert\ [Euro]$$
$$t = Zeit\ von\ 0\ bis\ T\ [BZR]$$
$$R_t = Rückflüsse(Zahlungen)\ zum\ Zeitpunkt\ t\ [Euro]$$
$$r = interner\ Zinsfuß\ [\%]$$

Der **Interne Zinsfuß** (r) ist derjenige (Diskontierungs-)Zinssatz, bei dem der Barwert der Einzahlungen/ Einnahmen inklusive des Barwerts des Liquidationserlöses gleich dem Barwert der Auszahlungen/ Ausgaben ist, d.h. es ist der Rechnungszinsfuß (r), der den Kapitalwert einer Investition genau Null werden lässt.

Die Zielsetzung der Internen Zinsfußmethode ist: Wähle diejenige Investitionsalternative mit der höchsten internen Verzinsung, d.h. sie ermittelt die höchste zu erwartende Effektivverzinsung.

Die Entscheidung über die Vorteilhaftigkeit einer Investition anhand der Internen Zinsfußmethode wird durch den vom Investor zugrundegelegten Kalkulationszinssatz vorgenommen, der zwei Prämissen erfüllen muss:

- ist bei jedem einzelnen Investitionsvorhaben der interne (Rechnungs-) Zinsfuß (r) größer als die vorgegebene Mindestverzinsung ($i_{min}$), so gilt eine Investition als vorteilhafter als die andere, wenn gilt

$$r \geq i_{min}$$
$$r = interner(Rechnungs-)Zinsfuß$$

- ist bei alternativen Investitionsvorhaben der eine interne Zinsfuß größer als der andere Zinsfuß, so gilt das Investitionsvorhaben als vorteilhafter, wenn gilt:

$$r_1 > r_2 \Rightarrow wähle\ Investition\ 1$$
$$r_1 < r_2 \Rightarrow wähle\ Investition\ 2$$
$$r_1 = r_2 \Rightarrow sensitivere\ Betrachtung\ durchführen.$$

Im Folgenden wird eingegangen auf die

... BESTIMMUNG DES INTERNEN ZINSFUßES

Die **Bestimmung des Internen Zinsfußes** kann durchgeführt werden als

| | | |
|---|---|---|
| **12.7.** | **Investitionsrechenverfahren für Einzel-/ Alternativentscheidungen bei Entscheidungssicherheit** | |
| **12.7.9.** | **Interne Zinsfußmethode** | **2** |

- graphische Bestimmung des Internen Zinsfußes oder
- rechnerische Bestimmung des Internen Zinsfußes.

Für die **graphische Bestimmung des Internen Zinsfußes** werden für zwei unterschiedliche Kalkulationszinssätze der zugehörige Kapitalwert ermittelt. Es sollte ein positiver und ein negativer Kapitalwert ermittelbar sein. Die entsprechenden Wertepaare werden in eine Kapitalwert-Zinsfuß-Graphik eingetragen, die beiden Wertepaare miteinander linear verbunden und der Schnittpunkt der Abszisse, die den Internen Zinsfuß darstellt, ermittelt.

*Abbildung:* graphische Ermittlung des Internen Zinsfußes

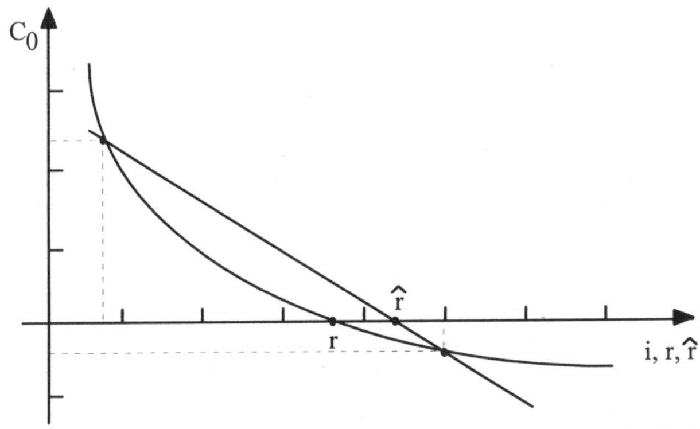


Da (Normal-)Investitionen eine mit dem Kalkulationszinsfuß monoton fallende, konvexe Kapitalwertfunktion besitzen (vgl. Abbildung), führt eine lineare Interpolation stets zu einem höheren Internen Zinssatz ($\hat{r}$) als rechnerisch nachvollziehbar (r). Daher muss durch ein neues Wertepaar $(r, C_0)$ der Interne Zinsfuß iterativ ermittelt werden.

Die **rechnerische Bestimmung des Internen Zinsfußes** erfolgt nach der Formel

$$\hat{r} = i_1 ./. C_{01} * \frac{i_2 ./. i_1}{C_{02} ./. C_{01}}$$

$\hat{r}$ = *Interner Zinsfuß* [%]

$i$ = *(Wahl-)Kalkulationszinssatz 1 bzw. 2* [%]

$C_0$ = *(Bar-)Kapitalwert bei* $i_1$ *bzw.* $i_2$ [*Euro*]

Soll der ermittelte Wert $\hat{r}$ verbessert werden, so wird der zu $\hat{r}$ gehörende Kapitalwert $C_{03}$ bestimmt und führt mit diesen Wertepaaren eine erneute Interpolationsrechnung durch. Durch wiederholte Annäherungen lässt sich ein beliebig genauer Näherungswert für den Internen Zinsfuß ermitteln.

| 12.7. | Investitionsrechenverfahren für Einzel-/ Alternativentscheidungen bei Entscheidungssicherheit | |
|---|---|---|
| 12.7.9. | Interne Zinsfußmethode | 3 |

... HERAUSFORDERUNGEN BEI DER INTERNEN ZINSFUßBESTIMMUNG

Trotz der in der Praxis weiten Verbreitung der Internen Zinsfußmethode zur Entscheidung für oder gegen ein Investitionsvorhaben soll kritisch angemerkt werden, dass nur unter relativ eingeschränkten Prämissen eine eindeutig sinnhaft interpretierbare Lösung zu bestimmen ist.
Bei t Betrachtungszeiträumen wird ein Investitionsobjekt durch ein Polynom t-ten Grades bestimmt, das – nach dem Fundamentalsatz der Algebra – t Lösungen besitzt. Unter diesen t Lösungen können sich nicht nur zwei oder mehr reelle Lösungen befinden, die eine eindeutige Lösbarkeit des Investitionsproblems erschweren, sondern auch komplexe Lösungen, die sich ökonomisch nicht sinnhaft interpretieren lassen.

... ANWENDUNGSMÖGLICHKEITEN DER INTERNEN ZINSFUßMETHODE

Die Interne Zinsfußmethode findet Anwendung bei der Betrachtung von

... EINZELENTSCHEIDUNGEN MIT DER INTERNEN ZINSFUßMETHODE

Mit der Internen Zinsfußmethode können Entscheidungen über einzelne Investitionsvorhaben in Bezug auf ihre Vorteilhaftigkeit beurteilt werden. Der Interne Zinsfuß muss daher größer oder gleich der vorgegebenen Mindestverzinsung sein.
Bei Einzelentscheidungen können drei Entscheidungssituationen vorliegen

- die jährlichen Rückflüsse sind unterschiedlich hoch,
- die jährlichen Rückflüsse sind gleichbleibend bei unbestimmter Nutzungsdauer des Investitionsobjekts und
- die jährlichen Rückflüsse sind gleichbleibend bei begrenzter Nutzungsdauer des Investitionsobjekts.

Die Ermittlung des Internen Zinsfußes bei unterschiedlich hohen Rückflüssen kann auf graphische oder rechnerische Weise in der oben beschriebenen Form erfolgen.
Können einem Investitionsobjekt jährlich gleichbleibende Rückflüsse zugerechnet werden und dies über einen unbegrenzten Investitionszeitraum wie bspw. bei Gebäuden, so führt diese Vereinfachung bei der Bestimmung des Internen Zinsfußes zu der Formel

$$r = \frac{\hat{R}}{R_0}$$

$r$ = *Interner Zinsfuß* [%]
$\hat{R}$ = *Øäquivalente Rückflüsse* [Euro / BZR]
$R_0$ = *Rückfluss zum Anschaffungszeitpunkt Null* = *Anschaffungswert* [Euro]

| 12.7. | Investitionsrechenverfahren für Einzel-/ Alternativentscheidungen bei Entscheidungssicherheit | |
|---|---|---|
| **12.7.9.** | **Interne Zinsfußmethode** | **4** |

Bei Investitionsvorhaben mit jährlich gleichbleibenden Rückflüssen und keinem Liquidationserlös, jedoch begrenzter Nutzungsdauer, lässt sich der Interne Zinsfuß auf vereinfachte Weise unter Zuhilfenahme von Tabellen mit (Renten-)Barwertfaktoren approximativ ermitteln. Dabei wird die Grundformel des Internen Zinsfußes entsprechend umgeformt.

$$C_0 = \sum_{t=0}^{T} R_t * \frac{1}{(1+r)^t} = 0$$

$$= ./. R_0 + \sum_{t=1}^{T} R_t * \frac{1}{(1+r)^t} = 0 \qquad , da\ R_1 = R_2 = ... = R_t$$

$$= ./. R_0 + \hat{R} * \frac{(1+i)^T ./. 1}{i*(1+i)^T} = 0$$

Durch Umformung lässt sich der (kritische) Rentenbarwertfaktor ermitteln, dem der interne Zinsfuß r zuzuordnen ist.

$$\frac{R_0}{\hat{R}} = \frac{(1+i)^T ./. 1}{i*(1+i)^T} = \frac{q^T ./. 1}{q^T * (q ./. 1)} = r = BWF = \frac{1}{KWF}$$

Der so errechnete Barwertfaktor[1] (BWF) kann in einer (Renten-)Barwertfaktortabelle gefunden werden.

... ALTERNATIVENTSCHEIDUNGEN MIT DER INTERNEN ZINSFUẞMETHODE

Bei alternativ zu entscheidenden Investitionsobjekten werden in Analogie zur Kapitalwertmethode die Kapitalwerte ermittelt und daraus die Internen Zinsfüße bestimmt.

Die Kapitalwertmethode und die Interne Zinsfußmethode führen dabei stets zum gleichen Entscheidungsergebnis für den Fall, dass die Anschaffungsauszahlungen und die Nutzungsdauer der betrachteten Investitionsvorhaben gleich sind.

Ebenso wie bei der Kapitalwertmethode führt die Interne Zinsfußmethode bei unterschiedlichen Anschaffungszahlungen und Nutzungsdauern lediglich durch die Betrachtung von Ergänzungsinvestitionen zu – in der Realität – sinnhaften Ergebnissen.

Die Auswahlsituation kann mit Hilfe der Internen Zinsfußmethode vorgenommen werden bei jährlich unterschiedlich hohen Rückflüssen, jährlich gleichbleibenden Rückflüssen bei begrenztem Betrachtungszeitraum und jährlich gleichbleibenden Rückflüssen bei unbegrenztem Betrachtungszeitraum.

---

1 Vgl. zu `Barwertfaktor´ Modul 12.7.7.-2 in diesem Band der Reihe.

| | | |
|---|---|---|
| **12.7.** | **Investitionsrechenverfahren für Einzel-/ Alternativentscheidungen bei Entscheidungssicherheit** | |
| **12.7.10.** | **Annuitätenmethode** | **1** |

### ANNUITÄTENMETHODE

Die **Annuitätenmethode** ist eine auf der Kapitalwertmethode basierende dynamische Investitionsrechnung. Die **Annuität** ist der rechnerisch ermittelte, wertmäßig konstante (äquivalente) Betrag, der sich bei der Abzinsung einer Zahlungsreihe (z) mit dem Kalkulationszinssatz (i) in einem Betrachtungszeitraum von T Einheiten ergibt.

Die Berechnung der Annuitäten erfolgt unter Berücksichtigung des Kalkulationszinssatzes durch den **Annuitätenfaktor**. Der Kapitalwert wird durch den Annuitätenfaktor (Wiedergewinnungsfaktor, Kapitalwiedergewinnungsfaktor[1]) in äquivalente, äquidistante (Zahlungen erfolgen in gleichen zeitlichen Abständen) und uniforme (die Zahlungen erfolgen zu allen Zeitpunkten stets in derselben Höhe) Überschussbeträge aufgegliedert.

$$A_{(T)} = C_0 * KWF(i,T)$$

$$= C_0 * \frac{q^T * (q./.1)}{q^T./.1} = C_0 * \frac{(1+i)^T * i}{(1+i)^T./.1}$$

$$A_{(T)} = Annuität\ [Euro / BZR]$$

$$C_0 = (Bar-)Kapitalwert\ [Euro]$$

$$KWF = \frac{q^T * (q./.1)}{q^T./.1} = \frac{(1+i)^T * i}{(1+i)^T./.1} = Kapitalwiedergewinnungsfaktor\ mit\ q = 1+i\ [\%]$$

$$i = Kalkulationszinssatz\ [\%]$$

Die Zielsetzung der Annuitätenmethode ist: Wähle diejenige Investitionsalternative mit den höchsten, gleichbleibenden positiven Überschüssen (Annuität, $A \geq 0$), d.h. sie ermittelt das höchste zu erwartende Einkommen (Einkommensmaximierung).

Die Entscheidung über die Vorteilhaftigkeit einer Investition anhand der **Annuitätenmethode** wird durch die vom Investor zugrundegelegten Annuitäten vorgenommen:

- ist bei einem einzelnen Investitionsvorhaben die Annuität größer oder gleich Null (**absolute Vorteilhaftigkeit**), so gilt ein Investitionsvorhaben als vorteilhaft, wenn gilt:

$$A \geq 0;$$

- ist bei alternativen Investitionsvorhaben die eine Annuität größer als die andere Annuität (**relative Vorteilhaftigkeit**), so gilt das Investitionsvorhaben als vorteilhaft, für das gilt:

$$A_1 > A_2 \Rightarrow wähle\ Alternative\ 1;$$

$$A_1 < A_2 \Rightarrow wähle\ Alternative\ 2;$$

$$A_1 = A_2 \Rightarrow sensitivere\ Betrachtung\ durchführen$$

---

[1] Vgl. zu 'Kapitalwiedergewinnungsfaktor' Modul 12.7.7.-4 in diesem Band der Reihe.

| | | |
|---|---|---|
| **12.7.** | **Investitionsrechenverfahren für Einzel-/ Alternativentscheidungen bei Entscheidungssicherheit** | |
| **12.7.10.** | **Annuitätenmethode** | **2** |

Während die Kapitalwertmethode den Gesamterfolg (Totalerfolg) eines Investitionsvorhabens aufzeigt, beschreibt die Annuitätenmethode den gleichbleibenden (äquidistanten) durchschnittlichen Überschuss je Betrachtungszeitraumeinheit (Periodenerfolg) unter Berücksichtigung von Zins- und Zinseszinsrechnung neben Zins- und Tilgungszahlungen. Die im Rahmen einer Kapitalwertrechnung jährlich unterschiedlichen Zahlungen werden ersetzt durch einen konstanten Betrag (Annuität), bei dem der Kapitalwert erhalten bleibt.

Ist ein Investor an konstanten jährlichen Einkommensströmen interessiert, so gibt die Annuitätenmethode den Betrag in Höhe der Annuität an, die der Investor je Einheit des Betrachtungszeitraums aus dem Unternehmen entnehmen kann, ohne die Amortisation des eingesetzten oder die Verzinsung des gebundenen Kapitals zu gefährden. Da eine positive Annuität stets mit einem positiven Kapitalwert korrespondiert, gilt die Aussage, dass die Annuitätenmethode und die Kapitalwertmethode in Bezug auf die Investitionsentscheidung zum selben Ergebnis führen.

Die Annuitätenmethode findet ihren Einsatz bei

... EINZELENTSCHEIDUNGEN MIT DER ANNUITÄTENMETHODE

Entscheidungen über Einzelinvestitionen können unter Verwendung der Annuitätenmethode einer Lösung zugeführt werden.

Drei Entscheidungssituationen können vorliegen als

... EINZELENTSCHEIDUNG BEI JÄHRLICH UNTERSCHIEDLICHEN RÜCKFLÜSSEN

Jährlich unterschiedlich hohe Rückflüsse werden durch die Ermittlung des Kapitalwerts und sich anschließende Annuitätenbestimmung uniform bestimmt; es gilt:

$$A = C_0 * KWF$$

$$A = C_0 * \frac{q^T * (q./.1)}{q^T./.1} = C_0 * \frac{(1+i)^T * i}{(1+i)^T./.i}$$

$$A = Annuität\,[Euro / BZR]$$

$$C_0 = (Bar-)Kapitalwert\,[Euro]$$

$$KWF = \frac{q^T * (q./.1)}{q^T./.1} = Kapitalwiedergewinnungsfaktor \;\; mit\, q = 1+i \;\; [\%]$$

$$i = Kalkulationszinssatz\,[\%]$$

... EINZELENTSCHEIDUNG BEI JÄHRLICH GLEICHBLEIBENDEN RÜCKFLUSS

| 12.7. | Investitionsrechenverfahren für Einzel-/ Alternativentscheidungen bei Entscheidungssicherheit | |
|---|---|---|
| 12.7.10. | Annuitätenmethode | 3 |

Der in der Praxis wenig relevante Fall eines zeitlich begrenzt nutzbaren Investitionsvorhaben mit jährlich gleichbleibenden Rückflüssen und der Berücksichtigung eines Liquidationserlöses vereinfacht die Annuitätenberechnung, ohne über den Umweg der Kapitalwerte gehen zu müssen. Die Annuität wird dazu in zwei Komponenten zerlegt:

- die Annuität der Rückflüsse und
- die Annuität des Kapitaldienstes.

Da die Rückflüsse je Betrachtungszeitraum konstant sind, entspricht dieser konstante Betrag gerade der **Annuität der Rückflüsse**.

Die **Annuität des Kapitaldienstes** ergibt sich aus der Multiplikation der Anschaffungsauszahlung mit dem Annuitätenfaktor.

$$A = \hat{R} ./. R_0 * \frac{q^T * (q ./. 1)}{q^T ./. 1} + L_T * \frac{1}{q^T} * \frac{q^T * (q ./. 1)}{q^T ./. 1}$$

$$= \hat{R} ./. \left( R_0 ./. L_T * \frac{1}{q^T} \right) * \frac{q^T * (q ./. 1)}{q^T ./. 1} \geq 0$$

$A$ = *Annuität* [*Euro / BZR*]

$\hat{R}$ = *Øäquivalente Rückflüsse* [*DM / Jahr*]

$R_0$ = *negativer Rückfluss (Anschaffungsauszahlungen) zu Beginn des Betrachtungszeitraums* [*Euro*]

$\frac{q^T * (q ./. 1)}{q^T ./. 1}$ = *Kapitalwiedergewinnungsfaktor mit* $q = 1 + i$ [%]

$L_T$ = *Liquidationserlös* [*Euro*]

$\frac{1}{q^T}$ = *Abzinsungsfaktor mit* $q = 1 + i$

$i$ = *Kalkulationszinssatz* [%]

Da bei einem einzelnen Investitionsvorhaben gilt A≥0, ergibt sich

$$\hat{R} \geq \left( R_0 ./. L_T * \frac{1}{q^T} \right) * \frac{q^T * (q ./. 1)}{q^T ./. 1}.$$

... EINZELENTSCHEIDUNG BEI UNENDLICHEM BETRACHTUNGSZEITRAUM

Im praktischen Fall, dass dem Investor durch das Investitionsvorhaben jährlich gleichbleibende Überschüsse zugehen und das Investitionsobjekt ihm für einen unbegrenzten Betrachtungszeitraum zur Verfügung steht wie bspw. bei Grundstücken und Gebäuden, vereinfacht sich die Annuitätenberechnung; es gilt:

$$A = \hat{R} ./. R_0 * i$$

$A$ = *Annuität* [*Euro / BZR*]

$\hat{R}$ = *Øäquivalente Rückflüsse* [*Euro / BZR*]

| | | |
|---|---|---|
| **12.7.** | **Investitionsrechenverfahren für Einzel-/ Alternativentscheidungen bei Entscheidungssicherheit** | |
| **12.7.10.** | **Annuitätenmethode** | **4** |

$R_0$ = *negativer Rückfluss (Anschaffungsauszahlungen zu Beginn des Betrachtungszeitraums)* [*Euro*]

$i$ = *Kalkulationszinssatz* [%]

... ALTERNATIVENTSCHEIDUNGEN MIT DER ANNUITÄTENMETHODE

Ist eine Entscheidung bezüglich mehrerer Investitionsvorhaben vorzunehmen, so ist das Vorhaben mit der höchsten, positiven Annuität das vorteilhafteste. Bei der Annuitätenmethode ist im Gegensatz zur Kapitalwertmethode und Internen Zinsfußmethode nicht erforderlich, bei unterschiedlichen Anschaffungsauszahlungen und Nutzungsdauern mit Ergänzungsinvestitionen zu arbeiten, da dies aufgrund der Umformung der Kapitalwerte der Investitionsvorhaben in äquivalente Rückflüsse (Überschüsse) nicht sinnhaft ist.
Eine Auswahlsituation kann mit Hilfe der Annuitätenmethode vorgenommen werden bei jährlich unterschiedlich hohen Überschüssen, jährlich gleichbleibenden Überschüssen bei begrenztem Betrachtungszeitraum und jährlich gleichbleibenden Überschüssen bei unbegrenztem Betrachtungszeitraum.

| 12.7. | **Investitionsrechenverfahren für Einzel-/ Alternativentscheidungen bei Entscheidungssicherheit** | |
|---|---|---|
| **12.7.11.** | **Dynamische Amortisationsrechnung** | **1** |

## DYNAMISCHE AMORTISATIONSRECHNUNG

Mit Hilfe der **dynamischen Amortisationsrechnung** wird der Zeitraum bestimmt, in dem das eingesetzte Kapital durch die im Rahmen der Kapitalwertmethode gewichteten Einzahlungsüberschüsse (positive durchschnittliche Rückflüsse inklusive Liquidationserlös) des Investitionsobjekts zurückgeflossen ist. Sie stellt durch die Berücksichtigung von zeitlich unterschiedlich ermittelbaren Einzahlungsüberschüssen mit Hilfe von Barwerten eine Dynamisierung der statischen Amortisationsrechnung dar.

Damit baut die dynamische Amortisationsrechnung auf der Annahme auf, dass Prognosen um so unsicherer sind, je weiter die prognostizierten Informationen in der Zukunft liegen. Die Rückgewinnung des eingesetzten Kapitals wird als um so sicherer angesehen, je kürzer die zu ermittelnde Amortisationszeit ist. Die Zielsetzung der dynamischen Amortisationsrechnung ist: Wähle diejenige Investitions alternativ mit der kürzeren Amortisationszeit.

Die Bestimmung der (**dynamischen**) **Amortisationszeit** geschieht durch sukzessive Summation der über die Nutzungsdauer abgezinsten Rückflüsse (Barwerte). Mit dem Vorzeichenwechsel des Barwerts von negativ nach positiv ist die Amortisationszeit erreicht. Ist der Barwert erstmals positiv (exakt Null), dann ist die Amortisationszeit überschritten (erreicht), d.h. die Amortisationszeit ist exakt dann erreicht, wenn der Kapitalwert (Summe der Barwerte) Null ergibt.

$$\sum_{t=1}^{T./.1} c_t < R_0 \leq \sum_{t=1}^{T} c_t \Rightarrow AZ_t = \ldots$$

$$C_{T./.1} < R_0 \leq C_T \quad \Rightarrow AZ_t = \ldots$$

$$c_t = Barwert\ zum Zeitpunkt\ t\ [Euro]$$

$$R_0 = Rückfluss\ zum\ Anschaffungszeitpunkt\ (Anschaffungswert)\ [Euro]$$

$$AZ_t = Amortisationszeit\ [Zeit]$$

Die Amortisationszeit ($AZ_t$) lässt sich näherungsweise mit Hilfe der folgenden Interpolationsformel bestimmen, in der T den Betrachtungszeitraum angibt, in dem letztmalig ein negativer kumulierter Barwert (Kapitalwert) auftritt.

$$AZ_t \approx T + \frac{C_T}{C_T ./. C_{T+1}}$$

$$AZ_t = Amortisationszeit\ [Zeit]$$

$$C_T = Kapitalwert\ zum\ Zeitpunkt\ T\ [Euro / BZR]$$

$$C_{T+1} = Kapitalwert\ zum\ Zeitpunkt\ T+1\ [Euro / BZR]$$

Bei dieser Interpolation wird der Abstand des (negativen) Kapitalwerts T ($C_T$) von Null – und damit der zur Amortisation erforderliche Restbetrag – in Relation gesetzt zur Differenz der Kapitalwerte in T und T+1 ($C_T ./. C_{T+1}$), die dem Barwert der Nettozahlungen in T+1 und damit dem Betrag des Betrachtungszeitraums T+1 zur Amortisation entspricht. Es wird dabei angenommen, dass

| | | |
|---|---|---|
| **12.7.** | **Investitionsrechenverfahren für Einzel-/ Alternativentscheidungen bei Entscheidungssicherheit** | |
| **12.7.11.** | **dynamische Amortisationsrechnung** | **2** |

im Laufe des Betrachtungszeitraums eine gleichmäßige Amortisation erfolgt. Diese Annahme steht allerdings im Widerspruch zu der Annahme des hier zugrunde liegenden Kapitalwertmodells, dass die Zahlungen in unterschiedlichen Größen am Betrachtungszeitraumsende anfallen.
Die Amortisationszeit stellt einen kritischen Wert für die Nutzungsdauer bei der Verwendung einer Kapitalwertberechnung dar.
Die Würdigung der dynamischen Amortisationsrechnung lässt sich aus der Kritik an der Kapitalwertmethode und der statischen Amortisationsrechnung ableiten, wobei die dynamische Amortisationsrechnung gegenüber ihrer statischen Komponente durch ihre Dynamisierung Vorteile aufweist. Auch die so bestimmte Amortisationszeit ist lediglich ein Risikomaß für eine Entscheidung, was durch die Nichtberücksichtigung von Einzahlungsüberschüssen nach der Amortisationszeit zum Ausdruck kommt.

| | | |
|---|---|---|
| **12.8.** | **Investitionsrechenverfahren für Ersatz-/ Dauerentscheidungen bei Enscheidungssicherheit** | |
| **12.8.1.** | **Einführung** | **1** |

VORBEMERKUNGEN

Die bisher vorgenommenen Darstellungen der Investitionsrechenverfahren, die unter dem Aspekt der Sicherheit erfolgten, gingen von der Prämisse aus, dass die Verwendungsdauer der Investitionsobjekte ex ante bekannt ist und feststeht. Es soll im Folgenden entschieden werden, über welche zeitliche Ausdehnung eine Investition aufrechterhalten bleibt.
Bei der **Investitionsersatzentscheidung** bzw. -**dauerentscheidung** ist zwischen einer bereits bestehenden (Sach-)Investition und einer oder mehreren neuen Alternativen in Bezug auf die weitere zeitliche Nutzung auszuwählen. Es ist dabei die Wahl zu treffen, ob eine bereits im Leistungserstellungsprozess vorhandene Anlage durch eine neue, funktionsgleiche Anlage ersetzt werden soll oder nicht. Grundsätzlich sind dabei der Istzustand (vor der Investition) mit dem angenommenen zukünftigen Zustand (nach der Investition) zu vergleichen. Dauerentscheidungen gehören zu den Einzelentscheidungen, da sich die Handlungsalternativen in Bezug auf die unterschiedliche Nutzungsdauer selbständig ausschließen.
Vorsicht: Investitionen, die als Erweiterungsinvestition im Zusammenhang mit (Investitions-)Dauerentscheidungen zu sehen sind, wären als (Investitions-)Programmentscheidungen zu betrachten!
Eine **Investitionsdauerentscheidung** fragt konkret danach, wie viele (rhythmische) Betrachtungszeiträume lang eine Investition durchgeführt werden soll. Die **Investitionsdauer** ist durch die Anzahl der rhythmischen Betrachtungszeiträume charakterisiert.
Es lassen sich verschiedenartige Nutzungsdauern differenzieren

- die **rechtliche Nutzungsdauer:** Die rechtliche Nutzungsdauer umspannt den Zeitraum, in dem die Nutzung eines Guts durch Rechte wie bspw. Patente oder Verträge möglich ist.
- die **technische Nutzungsdauer:** Die technische Nutzungsdauer ist durch die Zeitspanne bestimmt, in der das Investitionsobjekt technisch in der Lage ist, Leistungen im Unternehmen zu erbringen. Sie kann in der Praxis durch genügend Wartung und Reparaturen i.d.R. unbegrenzt verlängert werden, so dass sich oft unter technischen Aspekten die Frage, ob ein altes Investitionsobjekt vorzeitig durch ein neues Investitionsobjekt ersetzt werden soll, nicht stellt. Der Ersatz eines alten Investitionsobjekts durch ein neues erfolgt somit nicht aufgrund technischer Gegebenheiten, wenn also die technische Lebensdauer des alten Objektes beendet ist, sondern aufgrund ökonomischer Gegebenheiten.
- die **wirtschaftliche Nutzungsdauer:** Die wirtschaftliche Nutzungsdauer ist der Zeitraum, in dem es aus ökonomischen Aspekten opportun ist, ein Investitionsobjekt zu nutzen. Die Lebensdauer wird ausschließlich durch wirtschaftliche Überlegungen limitiert mit dem Ziel, den optimalen Zeitpunkt für das Ausscheiden des Investitionsobjekts zu bestimmen. Die Bestimmung der optimalen Nutzungsdauer stellt sich als wirtschaftliche Herausforderung dar, resultierend aus der Tatsache, dass die technische Nutzungsdauer größer als die wirtschaftliche Investitionsdauer

| 12.8. | Investitionsrechenverfahren für Ersatz-/ Dauerentscheidungen bei Enscheidungssicherheit | |
|---|---|---|
| 12.8.1. | Einführung | 2 |

ist. Die Situation, dass die technische Nutzungsdauer und die wirtschaftliche Nutzungsdauer identisch sind, ist ein Grenzfall.

Die folgenden Investitionsrechenverfahren für Ersatz-/ Dauerentscheidungen bei Entscheidungssicherheit zur Bestimmung der wirtschaftlich optimalen Nutzungsdauer und zur Bestimmung des optimalen Ersatzzeitpunkts gehen von den Prämissen aus:

- Sicherheit aller relevanten Parameter, d.h. der Investor kennt alle für das Investitionsobjekt entscheidungsrelevanten Parameter;
- Betrachtung von Einzelentscheidungen, d.h. der Investor betrachtet ein Investitionsobjekt als echte sich gegenseitig ausschließende Handlungsalternative; Programmentscheidungen werden nicht betrachtet;
- diskrete Zeitentscheidung, d.h. der Investor betrachtet die Zeit als Gegenstand von Investitionsdauerentscheidungen nicht als kontinuierliche Variable, sondern die Investitionsdauer ist ein fester Betrachtungszeitraum oder ein ganzzahliges Vielfaches davon;
- vollkommener Kapitalmarkt, d.h. die Soll- und Habenzinsen auf dem Kapitalmarkt sind identisch. Für diesen Fall gilt, dass die Maximierung des Endvermögens ($C_T$) und die Maximierung des Einkommensniveaus (Y) keine konkurrierenden Ziele wie im Falle des unvollkommenen Markts sind. Das Streben nach Endvermögen und nach Einkommen sind somit komplementäre Ziele, die der Investor stets erreicht mit dem größten nicht-negativen Kapitalwert.

Die folgenden Betrachtungen im Rahmen der Investitionsrechnung betreffen ausschließlich die **(wirtschaftlich) optimale Nutzungsdauer**.

**Investitionsdauerentscheidungen** – auch als Nutzungsdauerproblem i.w.S. bezeichnet – lassen sich durch zwei Module systematisieren in

NUTZUNGSDAUERPROBLEM i.e.S[1]

ERSATZZEITPUNKTPROBLEM[2]

[1] Vgl. zu 'Nutzungsdauerproblem i.e.S' Modul 12.8.2.ff. in diesem Band der Reihe.
[2] Vgl. zu 'Ersatzzeitpunktproblem' Modul 12.8.3.ff. in diesem Band der Reihe.

| | | |
|---|---|---|
| **12.8.** | **Investitionsrechenverfahren für Ersatz-/ Dauerentscheidungen bei Enscheidungssicherheit** | |
| **12.8.2.** | **Nutzungsdauerentscheidungen (ex-ante-)** | **Ü 1** |

Nutzungsdauerproblem i.e.S.

... Nutzungsdauerproblem i.e.S. als einmalige Investition

... Anwendung der Kapitalwertmethode

... Methode des zeitlichen Grenzgewinns

... Nutzungsdauerproblem i.e.S. als mehrmalige Investition

... strukturelle Unterschiede mehrmaliger Investitionen

... Nutzungsdauerproblem i.e.S. als mehrmalige Investition bei identischen Investitionsketten

... Nutzungsdauerproblem i.e.S. als mehrmalige Investition bei nicht-identischen Investitionsketten

... zeitraumplanerische Unterschiede mehrmaliger Investitionen

... Gegenüberstellung von strukturellen und zeitraumplanerischen Aspekten bei mehrmaliger Investition

Nutzungsdauerproblem i.e.S. als mehrmalige Investition bei endlichem Planungshorizont und identischer Investitionskette

Nutzungsdauerproblem i.e.S. als mehrmalige Investition bei unendlichem Planungshorizont und nicht-identischer Investitionskette

Nutzungsdauerproblem i.e.S. als mehrmalige Investition bei endlichem Planungshorizont und nicht-identischer Investitionskette

Nutzungsdauerproblem i.e.S. als mehrmalige Investition bei unendlichem Planungshorizont und identischer Investitionskette

| | | |
|---|---|---|
| **12.8.** | **Investitionsrechenverfahren für Ersatz-/ Dauerentscheidungen bei Enscheidungssicherheit** | |
| **12.8.2.** | **Nutzungsdauerentscheidungen (ex-ante-)** | **Ü 2** |

NUTZUNGSDAUERPROBLEM i.e.S. ALS MEHRMALIGE INVESTITION BEI ENDLICHEM PLANUNGSHORIZONT UND IDENTISCHER INVESTITIONSKETTE

NUTZUNGSDAUERPROBLEM i.e.S. ALS MEHRMALIGE INVESTITION BEI UNENDLICHEM PLANUNGSHORIZONT UND NICHT-IDENTISCHER INVESTITIONSKETTE

NUTZUNGSDAUERPROBLEM i.e.S. ALS MEHRMALIGE INVESTITION BEI ENDLICHEM PLANUNGSHORIZONT UND NICHT-IDENTISCHER INVESTITIONSKETTE

NUTZUNGSDAUERPROBLEM i.e.S. ALS MEHRMALIGE INVESTITION BEI UNENDLICHEM PLANUNGSHORIZONT UND IDENTISCHER INVESTITIONSKETTE

| 12.8. | Investitionsrechenverfahren für Ersatz-/ Dauerentscheidungen bei Enscheidungssicherheit | |
|---|---|---|
| 12.8.2. | Nutzungsdauerentscheidungen (ex-ante-) | 1 |

NUTZUNGSDAUERPROBLEM i.e.S.

**Nutzungsdauerprobleme i.e.S.** sind durch solche ex-ante-Entscheidungen zu lösen, die dann anstehen, wenn Überlegungen zur Verwendungsdauer vor ihrer Durchführung angestellt werden. Es soll die Frage beantwortet werden, ob eine noch nicht durchgeführte Investition 1, 2, 3, ... oder T Betrachtungszeiträume lang genutzt werden soll, oder ob es besser ist, gänzlich auf sie zu verzichten. Voneinander abgrenzen lassen sich das

... NUTZUNGSDAUERPROBLEM i.e.S. ALS EINMALIGE INVESTITION

Die Bestimmung der **optimalen Nutzungsdauer bei** einer **einmaligen Investition** knüpft an die Kapitalwertmethode an. Soll ein Investitionsobjekt kein Nachfolgeobjekt haben, so ist vor dessen Durchführung die Frage der wirtschaftlich optimalen Nutzungsdauer zu klären. Die Nutzung eines Investitionsobjekts während einer Zeitdauer ist nur sinnhaft, wenn sich das im Investitionsobjekt gebundene Kapital mindestens zum Kalkulationszinssatz verzinst. Ist dies nicht der Fall, dann ist die Nutzungsdauer zu verkürzen und der Liquidationserlös ($L_T$) zum Kalkulationszinssatz anzulegen.

Zwei Verfahren kommen in Frage zur Bestimmung der optimalen Nutzungsdauer, die

... ANWENDUNG DER KAPITALWERTMETHODE

Unter Zuhilfenahme der **Kapitalwertmethode** auf das Nutzungsdauerproblem wird für jede Nutzungsdauer alternativ der Kapitalwert der Investition berechnet

$$C_{0(t)} = \sum_{t=0}^{T} R_t * (1+i)^{./.t} + L_t * (1+i)^{./.t}$$

$$R_t = Rückflüsse\,(Zahlungen)\,zum\,Zeitpunkt\ t\ [Euro]$$
$$= Einzahlungen\,./.\,Auszahlungen$$
$$L_t = Liquiditationserlös\,zum\,Zeitpunkt\ t\ [Euro]$$
$$i = Kalkulationszinssatz\,[\%]$$
$$t = Nutzungsdaueralternativen$$

Die Entscheidung zur Bestimmung der optimalen Nutzungsdauer lautet: Wähle diejenige Nutzungsdauer mit dem maximalen Kapitalwert.

Zur Berechnung ist die Kenntnis der Rückflüsse (Zahlungsströme) $R_t$, des Liquidationserlöses $L_t$ sowie des Kalkulationszinssatzes $i$ notwendig. Bei dieser Methode werden die absoluten Größen (Kapitalwerte) für die einzelnen Nutzungsdaueralternativen ermittelt und verglichen.

... METHODE DES ZEITLICHEN GRENZGEWINNS

Bei der **Methode des zeitlichen Grenzgewinn** wird nach der Veränderung des Kapitalwerts einer Investition in Abhängigkeit von der Nutzungsdauer

| 12.8. | Investitionsrechenverfahren für Ersatz-/ Dauerentscheidungen bei Enscheidungssicherheit | |
|---|---|---|
| 12.8.2. | Nutzungsdauerentscheidungen (ex-ante-) | 2 |

gefragt. Man macht sich dabei die Tatsache zunutze, dass sich die Zahlungsreihen zweier aufeinanderfolgender Nutzungsdaueralternativen (t./.1 und t) nur im vorletzten und letzten Element voneinander durch die Berücksichtigung des Liquidationserlöses unterscheiden.

Der **zeitliche Grenzgewinn** gibt die Veränderung des Kapitalwerts ($\Delta C_{0,t}$) zwischen zwei benachbarten Nutzungsdaueralternativen an. Dabei wird der zeitliche Grenzgewinn durch die Verlängerung der Nutzungsdauer um einen Betrachtungszeitraum durch zwei Faktoren beeinflusst:

- es wird ein grundsätzlicher (Mittel-)Rückfluss als Einzahlungsüberschuss ($R_t$) erwirtschaftet,
- der Liquidationserlös im Betrachtungszeitraum t./.1 ($L_{t./.1}$) wird im Betrachtungszeitraum t ($L_t$) i.d.R. aufgrund weiterer Abnutzung des Investitionsobjekts geringer ausfallen, d.h. der zeitliche Grenzgewinn ergibt sich als die Differenz zwischen den abgezinsten Rückfluss des Betrachtungszeitraums t und den um einen Zeitraum weniger abgezinsten Liquidationserlös des Vorbetrachtungszeitraums.

$$\Delta C_{0,t} = C_{0,t} ./. C_{0,t./.1}$$

$$= \sum_{t=0}^{T} R_t * (1+i)^{./.t} + L_t * (1+i)^{./.t} ./. \sum_{t=0}^{T./.1} R_t * (1+i)^{./.t} ./. L_{t./.1} * (1+i)^{./.t+1}$$

$$= \underbrace{(R_t + L_t) * (1+i)^{./.t}}_{\text{Rückfluss des Betrachtungszeitraums } t} ./. \underbrace{L_{t./.1} * (1+i)^{./.t+1}}_{\text{Liquidationserlös des Betrachtungszeitraums } t./.1}$$

$$(1+i)^t * \Delta C_{0,n} = (R_t + L_t) ./. L_{t./.1} * (1+i)$$

Der auf den Beginn des Betrachtungszeitraums abgezinste zeitliche Grenzgewinn einer Investition zum Zeitpunkt t gibt an, wie sich deren Kapitalwert bei Verlängerung der Nutzungsdauer um einen Betrachtungszeitraum verändert, d.h. eine Verlängerung der Nutzungsdauer einer Investition ist dann sinnhaft, solange der (um einen Betrachtungszeitraum) aufgezinste Liquidationserlös des Vorbetrachtungszeitraums kleiner als die Rückflüsse des Betrachtungszeitraums ist. Der zeitliche Grenzgewinn $G_t$ lässt sich wie folgt ermitteln:

$$G_t = R_t + L_t ./. L_{t./.1} * (1+i)$$

Anstelle der Rückflüsse ($R_t$) kann auch die Differenz zwischen Einzahlungen und Auszahlungen ($E_t ./. A_t$) gesetzt werden, wobei die Ein- und Auszahlungen zum Zeitpunkt t betrachtet werden. Handelt es sich um **Normalinvestitionen** (bei denen lediglich eine Anfangsauszahlung im Betrachtungszeitraum $t_0$ anfällt), so sind die Rückflüsse ausschließlich Einzahlungen ($E_t$). Wird für jeden Betrachtungszeitraum der zeitliche Grenzgewinn ermittelt, so heißt die Entscheidungsregel: Wähle die (optimale) Nutzungsdauer am Ende desjenigen Betrachtungszeitraums, für dessen Nachfolgebetrachtungszeitraum sich erstmals ein negativer Grenzgewinn ergibt.

| 12.8. | Investitionsrechenverfahren für Ersatz-/ Dauerentscheidungen bei Enscheidungssicherheit | |
|---|---|---|
| **12.8.2.** | **Nutzungsdauerentscheidungen (ex-ante-)** | **3** |

... NUTZUNGSDAUERPROBLEM i.e.S. ALS MEHRMALIGE INVESTITION

Bei der Bestimmung der optimalen Nutzungsdauer bei einer einmaligen Investition wird davon ausgegangen, dass der Investor innerhalb eines endlichen Betrachtungszeitraums nach Ablauf der Nutzungsdauer das Investitionsobjekt nicht ersetzt und seine Investitionstätigkeit einstellt bzw. die freiwerdenden Mittel am Kapitalmarkt als Ergänzungsinvestition zum Kalkulationszinssatz anlegt.

Da dieser Fall recht realitätsfern ist, wird nun der Fall untersucht, wenn ein Investitionsobjekt durch ein neues Investitionsobjekt (mit derselben Rendite über dem Kalkulationszinssatz) ersetzt wird, d.h. wenn nach Ablauf der wirtschaftlichen Nutzungsdauer des ersten Investitionsobjekts ein zweites, drittes, ... n-tes Objekt als einziges Objekt im Betrieb eingesetzt wird (sog. **Nutzungsdauerproblem i.e.S. als mehrmalige Investition**).

Neben dieser strukturellen Ausprägung der Investitionen lässt sich als weiteres Unterscheidungsmerkmal mehrmaliger Investitionen die zeitliche Extension nennen. Daran anknüpfend lässt sich eine Einteilung vornehmen in

... STRUKTURELLE UNTERSCHIEDE MEHRMALIGER INVESTITIONEN

Bei Investitionsfolgen, sog. **Investitionsketten**, lassen sich zwei strukturelle Aspekte hervorheben, das

... NUTZUNGSDAUERPROBLEM i.e.S. ALS MEHRMALIGE INVESTITION BEI IDENTISCHEN INVESTITIONSKETTEN

**Identische Investitionsketten** liegen vor, wenn die einzelnen Investitionsobjekte einer Folge von Investitionen (**Ketteninvestitionen**) alle den gleichen (Bar-)Kapitalwert besitzen, also ihre Ertragsfähigkeit identisch ist, d.h. jedoch nicht, dass ihre physische Struktur identisch sein muss.

*Abbildung:* Beispiel zweier identischer Investitionsketten mit unterschiedlichen Rückflüssen (i=10%) und gleichem Kapitalwert

| | Inv.-objekt A | Inv.-objekt B | $i_A$=10% | $i_B$=10% | $C_{0A}$ | $C_{0B}$ |
|---|---|---|---|---|---|---|
| $t_0$ | ./.100 | | 1 | | ./.100,00 | |
| $t_1$ | 0 | | 0,9090 | | 0,00 | |
| $t_2$ | 121 | ./.100 | 0,8264 | 1 | 100,00 | ./.100,00 |
| $t_3$ | | 10 | 0,7513 | 0,9090 | | +9,09 |
| $t_4$ | | 110 | 0,6831 | 0,8264 | | +90,90 |
| | | | | | Σ0,00 | Σ0,00 |

| 12.8. | Investitionsrechenverfahren für Ersatz-/ Dauerentscheidungen bei Enscheidungssicherheit | |
|---|---|---|
| 12.8.2. | Nutzungsdauerentscheidungen (ex-ante-) | 4 |

Identisch bedeutet auch nicht gleiche Zahlungsströme, sondern lediglich, dass der Kapitalwert (für die Nutzungsdauer bei einmaliger Investition) und die Anschaffungswerte gleich sein müssen. Eine physische Identität oder gleichartige Zahlungsströme sind nicht erforderlich.
Dies verdeutlicht die vorstehende Abbildung, bei der unterschiedliche Rückflüsse der Investitionsobjekte auftreten, die jedoch den gleichen Kapitalwert aufweisen.
Der einfachste Fall (Spezialfall) der mehrmaligen identischen Investitionskette liegt vor, wenn alle Investitionsobjekte einer Kette identische Zahlungsreihen besitzen, also mehrmalige, identische Reinvestitionen sind. Die (Bar-)Kapitalwerte aller identischen Ketten zeichnen sich dadurch aus, dass die Kapitalwerte der Investitionsobjekte bei jedem beliebigen Kalkulationszinssatz übereinstimmen.

### ... NUTZUNGSDAUERPROBLEM i.e.S. ALS MEHRMALIGE INVESTITION BEI NICHT-IDENTISCHEN INVESTITIONSKETTEN

**Nicht-identische Investitionsketten** liegen vor, wenn die (Bar-)Kapitalwerte der einzelnen Investitionsobjekte einer Folge voneinander abweichen. Sind die Rückflussreihen der einzelnen Investitionsobjekte unterschiedlich, so sind i.d.R. auch die Kapitalwerte unterschiedlich. Dass dies jedoch nicht generell so ist, zeigt das folgende Beispiel kurz.

*Abbildung:* Beispiel zweier Investitionsketten mit nicht-identischen Zahlungsreihen und unterschiedlichem Kalkulationszinssatz, jedoch gleichen Kapitalwerten

| | Inv.-objekt A | Inv.-objekt B | $C_{0A}$ | $C_{0B}$ | $C_{0A}$ | $C_{0B}$ |
|---|---|---|---|---|---|---|
| | | | i=6% | | i=0% | |
| $t_0$ | ./.100 | | ./.100,00 | | ./.100 | |
| $t_1$ | 80 | | 75,47 | | 80 | |
| $t_2$ | 70 | ./.100 | 62,30 | ./.100,00 | 70 | ./.100 |
| $t_3$ | | 60 | | 56,60 | | 60 |
| $t_4$ | | 90 | | 80,10 | | 90 |
| | | | 37,77 | 36,70 | 50 | 50 |

Bei einem Kalkulationszinssatz i von 6% beträgt der Kapitalwert für Investitionsobjekt A 37,77, für Investitionsobjekt B 36,70 und sie sind somit nicht identische Investitionsketten. Bei einem Kalkulationszinssatz von 0% ist der Kapitalwert für beide Investitionsobjekte identisch (Ergebnis: Kapitalwert 50), so dass sie identische Investitionsketten darstellen.

### ... ZEITRAUMPLANERISCHE UNTERSCHIEDE MEHRMALIGER INVESTITIONEN

Ein weiteres Unterscheidungsmerkmal mehrmaliger Investitionen ist in

| | | |
|---|---|---|
| **12.8.** | **Investitionsrechenverfahren für Ersatz-/ Dauerentscheidungen bei Enscheidungssicherheit** | |
| **12.8.2.** | **Nutzungsdauerentscheidungen (ex-ante-)** | **5** |

Bezug auf ihre zeitliche Extension zu sehen. So lassen sich nuancieren

- das Nutzungsdauerproblem für den mehrmaligen, jedoch endlich langen Planungshorizont (Unternehmen auf Zeit) und
- das Nutzungsdauerproblem für den mehrmaligen, jedoch unendlich langen Planungshorizont (Unternehmen auf Dauer).

... GEGENÜBERSTELLUNG VON STRUKTURELLEN UND ZEITRAUMPLANERISCHEN ASPEKTEN BEI MEHRMALIGER INVESTITION

Wird die Lage des Planungshorizonts (endlich/ unendlich) dem Typ der Investitionskette (identisch/ nicht-identisch) gegenübergestellt, so lassen sich vier Felder ermitteln.

*Abbildung:* Planungssituationen bei der Nutzungsdauerbestimmung mehrmaliger Investitionen

| | identische Investitionsketten | nicht-identische Investitionsketten |
|---|---|---|
| endlicher Planungshorizont | identische Investitionskette mit endlichem Planungshorizont | nicht-identische Investitionskette mit endlichem Planungshorizont |
| unendlicher Planungshorizont | identische Investitionskette mit unendlichem Planungshorizont | nicht-identische Investitionskette mit unendlichem Planungshorizont |

Entsprechend der Abbildung lassen sich vier Erkenntnisfelder des Nutzungsdauerproblems i.e.S. als mehrmaliger Investition nuancieren, als

NUTZUNGSDAUERPROBLEM i.e.S. ALS MEHRMALIGE INVESTITION BEI ENDLICHEM PLANUNGSHORIZONT UND IDENTISCHER INVESTITIONSKETTE

NUTZUNGSDAUERPROBLEM i.e.S. ALS MEHRMALIGE INVESTITION BEI UNENDLICHEM PLANUNGSHORIZONT UND NICHT-IDENTISCHER INVESTITIONSKETTE

NUTZUNGSDAUERPROBLEM i.e.S. ALS MEHRMALIGE INVESTITION BEI ENDLICHEM PLANUNGSHORIZONT UND NICHT-IDENTISCHER INVESTITIONSKETTE

NUTZUNGSDAUERPROBLEM i.e.S. ALS MEHRMALIGE INVESTITION BEI UNENDLICHEM PLANUNGSHORIZONT UND IDENTISCHER INVESTITIONSKETTE

| | | |
|---|---|---|
| **12.8.** | **Investitionsrechenverfahren für Ersatz-/ Dauerentscheidungen bei Enscheidungssicherheit** | |
| **12.8.2.** | **Nutzungsdauerentscheidungen (ex-ante-)** | **6** |

## NUTZUNGSDAUERPROBLEM i.e.S. ALS MEHRMALIGE INVESTITION BEI ENDLICHEM PLANUNGSHORIZONT UND IDENTISCHER INVESTITIONSKETTE

Beim **Nutzungsdauerproblem i.e.S. als mehrmalige Investition bei endlichem Planungshorizont und identischer Investitionskette** führt die Benutzung von identischen Investitionsketten zum sog. `**Ketteneffekt**´ oder dem `**Sonderfall der Ersatzinvestition**´ auch bezeichnet als `**Gesetz der Ersatzinvestition**´. Dieser Fall soll sukzessive beleuchtet werden, auch wenn identische Investitionsketten in der Praxis nur selten anzutreffen sein dürften. Im Folgenden werden nuanciert

- zweigliedrige Investitionsketten und
- mehrmalige Investitionsketten.

### ... ZWEIGLIEDRIGE INVESTITIONSKETTEN

Ausgegangen werden soll von einer **zweigliedrigen Investitionskette**, bei der der Investor das Ziel verfolgt, seinen Gesamtgewinn durch zwei aufeinanderfolgende Investitionsobjekte zu maximieren. Der Gesamtgewinn hängt von dem Zeitpunkt ab, zu dem das erste Investitionsobjekt durch das zweite Investitionsobjekt ersetzt wird. Dieser Zeitpunkt liegt früher als das Ende der wirtschaftlichen Nutzungsdauer bei einmaliger Investition. Die folgende Abbildung verdeutlicht diesen Sachverhalt.

*Abbildung:* Nutzungsdauerproblem bei ein- bzw. zweigliedriger identischer Investition

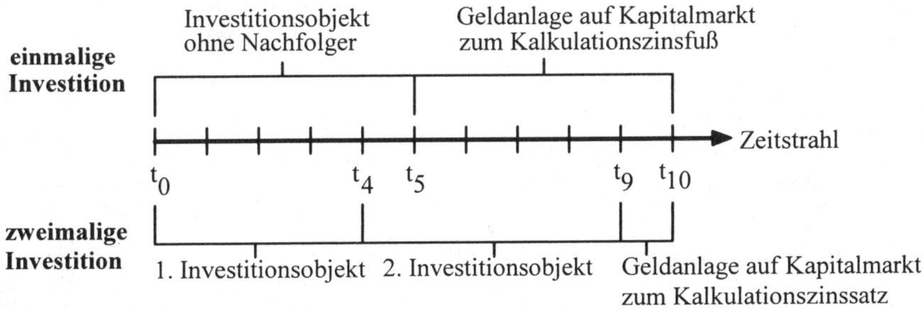


Bei einer einmaligen Investition ohne Nachfolger verbleibt das Investitionsobjekt so lange im Unternehmen, bis der (zeitliche) Grenzgewinn Null ist, d.h. die Grenzrendite dem Kalkulationszinssatz entspricht.

Es ist bei einer zweigliedrigen Investitionskette nicht die optimale Nutzungsdauer des ersten Investitionsobjekts zu ermitteln, sondern der **optimale Ersatzzeitpunkt** des ersten Investitionsobjekts durch das zweite Investitionsobjekt. Unter Zuhilfenahme des Kapitalwerts ist zu entscheiden, wann das erste Investitionsobjekt durch das zweite Investitionsobjekt zu ersetzen ist, so dass der Kapitalwert der Investitionskette maximal ist. Dabei ist festzustellen, dass der optimale Ersatzzeitpunkt um einen Betrachtungszeitraum kürzer als die optimale Nutzungsdauer des ersten Investiti-

| 12.8. | Investitionsrechenverfahren für Ersatz-/ Dauerentscheidungen bei Enscheidungssicherheit | |
|---|---|---|
| **12.8.2.** | **Nutzungsdauerentscheidungen (ex-ante-)** | **7** |

onsobjekts ist. Dieser Sachverhalt ist dadurch zu erklären, dass der Investor die Möglichkeit hat, anstatt seine Mittel zum Kalkulationszinssatz auf dem Kapitalmarkt in ein zweites Investitionsobjekt anzulegen, das einen Einkommenszuwachs verspricht, und zwar in Höhe der Zinsen auf ihren Kapitalwert.

Die Verzinsung des ersten Investitionsobjekts muss nicht nur größer sein als die Verzinsung des Anschaffungswertes zum Kalkulationszinssatz (wie im Falle der einmaligen Investition), sondern muss darüber hinaus zusätzlich die Verzinsung des Kapitalwerts des zweiten Investitionsobjekts übertreffen. Eine weitere Nutzung des ersten Investitionsobjekts um einen weiteren Betrachtungszeitraum verschiebt auch die Durchführung des zweiten Investitionsobjekts ebenfalls um einen weiteren Betrachtungszeitraum in die Zukunft, was zu einem zwangsläufigen Verzicht der fiktiven Anlage des durch das zweite Investitionsobjekt erwirtschafteten Kapitalwerts führt. Der weitere Einsatz des ersten Investitionsobjekts um einen zusätzlichen Betrachtungszeitraum muss mindestens diesen Verzicht auf die Verzinsung des Kapitalwerts kompensieren, damit sich die Nutzungsdauerverlängerung lohnt.

Der zeitliche Grenzgewinn eines Investitionsobjekts fällt mit zeitlicher Extension und sinkt schließlich auf Null. Wird die Investition wiederholt, so ist die wirtschaftliche Nutzungsdauer beendet, wenn der zeitliche Grenzgewinn des ersten Investitionsobjekts dem Gewinnzuwachs aus dem nachfolgenden zweiten Investitionsobjekt gleicht. Wird die Investition nicht wiederholt, so ist ihre wirtschaftliche Nutzungsdauer beendet, wenn der zeitliche Grenzgewinn Null ist. Die Nutzungsdauer eines `identischen reinvestierten Investitionsobjekts´, die eine Nachfolgeinvestition findet, ist stets kürzer als das Investitionsobjekt ohne Nachfolger!

... MEHRMALIGE INVESTITIONSKETTEN

Die Erkenntnisse für zweigliedrige Investitonsketten lassen sich auf mehrmalige Investitionsketten ausdehnen. Besitzt das erste Investitionsobjekt zwei Nachfolger, so hat es zu den Zinsen auf den Kapitalwert des ersten Nachfolgers noch zusätzlich die (um die Nutzungsdauer des ersten Nachfolgers) diskontierten Zinsen auf den Kapitalwert des zweiten Nachfolgers zu tragen. Ihr erster Nachfolger hat seinerseits die Zinsen auf den Kapitalwert des zweiten Nachfolgers zu decken. Dies führt dazu, dass in einer endlichen Kette die optimale Nutzungsdauer eines Investitionsobjekts immer länger als die ihrer Vorgängerin und kürzer als die ihrer Nachfolgerin ist.

Dieses paradoxe Ergebnis ist ein Sonderfall – auch als `**Gesetz der Ersatzinvestition**´ bezeichnet – und tritt nur auf bei Investitionen mit begrenzten Betrachtungszeitraum und einer endlichen Zahl von Ersatzbeschaffungen, d.h. in einem Unternehmen auf Zeit. Dieser Sonderfall tritt ein, wenn im Unternehmen eine konstante Zahl von Investitionsobjekten in jedem Zeitpunkt verwendet werden können und wenn vor dem Ende des Betrachtungszeitraums das Unternehmen sein Kapital nicht besser als zum Kalkulationszinssatz anlegen kann. Nur dann lohnt sich von Kettenglied zu Kettenglied die Ausdeh-

| 12.8. | Investitionsrechenverfahren für Ersatz-/ Dauerentscheidungen bei Enscheidungssicherheit | |
|---|---|---|
| **12.8.2.** | **Nutzungsdauerentscheidungen (ex-ante-)** | **8** |

nung der Nutzungsdauer der Ersatzinvestition, da nach einigen Ersatzbeschaffungen keine rentable Kapitalanlage über den Kalkulationszinssatz hinaus mehr möglich ist.
Da identische Investitionsketten jedoch in der Praxis selten vorkommen werden, ist es gerade für endliche Betrachtungszeiträume angemessen, sich mit nicht-identischen Investitionsketten zu beschäftigen.

### Nutzungsdauerproblem i.e.S. als mehrmalige Investition bei unendlichem Planungshorizont und nicht-identischer Investitionskette

Das **Nutzungsdauerproblem i.e.S. als mehrmalige Investition bei unendlichem Planungshorizont und nicht-identischer Investitionskette** scheint der Realität zunächst am nähesten zu kommen. Es ist jedoch völlig abwegig anzunehmen, dass ein Investor in der Lage wäre, Zahlungsreihen des zwanzigsten, dreißigsten oder gar hundertsten Investitionsobjekts prägnant prognostizieren zu können, so dass es nicht sinnhaft erscheint, sich mit zueinander nicht-identischen Investitionsketten bei unendlichen Planungshorizonten weiter auseinanderzusetzen.
Es ist bei einem unendlichen Planungshorizont angemessener, wenn identische Investitionsketten und somit identische Rückflussreihen unterstellt werden, um sinnhafte Aussagen machen zu können.

### Nutzungsdauerproblem i.e.S. als mehrmalige Investition bei endlichem Planungshorizont und nicht-identischer Investitionskette

Bei dem **Nutzungsdauerproblem i.e.S. als mehrmalige Investition bei endlichem Planungshorizont und nicht-identischer Investitionskette** liegt die Annahme zugrunde, dass der Investor für ein Investitionsobjekt die optimale Nutzungsdauer ex-ante bestimmen möchte, dem sich unterschiedliche Nachfolgeinvestitionsobjekte anschließen. Auch die Nutzungsdauern der Nachfolger sind variabel, so dass die Nutzungsdauern sämtlicher Investitionsobjekte gleichzeitig bestimmt werden müssen, um die optimale Nutzungsdauer der Anfangsinvestition zu ermitteln. Es wird somit eine im Zeitablauf optimale Investitionsobjektfolge bzw. -strategie gesucht.
Ziel des Investors ist es, diejenige zeitliche Anordnung der Investitionsobjekte und Nutzungsdauern zu realisieren, bei der der größte Kapitalwert erreicht wird. Um dies zu erreichen, dürfen sämtliche denkbaren Kombinationsmöglichkeiten der Investitionsobjekte anhand eines vollständigen Finanzplans (vollständige Enumeration) aufgestellt werden.
Zur Bestimmung der Investitionskette mit dem größten Kapitalwert wird unter Zuhilfenahme eines Graphen (**Entscheidungsbaum**[1], Alternativenbaum), der aus Knoten und Kanten besteht, sämtliche Alternativen dargestellt. Bei

1 Vgl. zu `Entscheidungsbaum´ Modul 12.10.3.-2 in diesem Band der Reihe.

| 12.8. | Investitionsrechenverfahren für Ersatz-/ Dauerentscheidungen bei Enscheidungssicherheit | |
|---|---|---|
| 12.8.2. | Nutzungsdauerentscheidungen (ex-ante-) | 9 |

der Verwendung eines Entscheidungsbaums zur Darstellung von nicht-identischen Investitionsketten lassen sich an diesem unmittelbar sämtliche unterschiedlichen Investitionsmöglichkeiten ablesen. Da die Rückflussreihen jedes einzelnen Investitionsobjekts bekannt sind, lässt sich für jede Alternative der Kapitalwert[2] ermitteln in der bekannten Form

$$C_0 = \sum_{t=0}^{T} R_t * (1+i)^{./.t}.$$

Die Alternative mit dem höchsten Kapitalwert ist die rational zu wählende und aus der Wegstrecke im Entscheidungsbaum lässt sich auch die strategisch optimale Investitionsobjektfolge ablesen.
Bei umfangreichen Investitionsvorhaben mit mehr als 3 Alternativen wird die Anzahl möglicher Kombinationsmöglichkeiten sehr groß (bei T=10 Betrachtungszeiträumen sind bspw. 10.946 Alternativen möglich), dass hier der Einsatz des dynamischen Programmierens in Betracht kommt. Für die Darstellung dieses Konzepts sollte der interessierte Leser die Fachliteratur über Unternehmensforschung heranziehen.

## NUTZUNGSDAUERPROBLEM i.e.S. ALS MEHRMALIGE INVESTITION BEI UNENDLICHEM PLANUNGSHORIZONT UND IDENTISCHER INVESTITIONSKETTE

Das **Nutzungsdauerproblem i.e.S. als mehrmalige Investition bei unendlichem Planungshorizont und identischer Investitionskette** impliziert zunächst, dass jede Investition der Investitionskette unendlich viele Nachfolgeinvestitionen aufweist.
Die Rückflussreihe einer identischen Investitionskette, deren einzelne Vorhaben eine Nutzungsdauer von t Betrachtungszeiträumen besitzen, hat folgendes Aussehen:

| Zeit | $t_0$ | $t_1$ | $t_2 \dots$ | $t_T$ | $t_{T+1}$ | $t_{T+2} \dots$ | $t_{T+n}$ |
|---|---|---|---|---|---|---|---|
| Rückflüsse | $R_0$ | $R_1$ | $R_2 \dots$ | $R_T$ | | | |
| | | | | $R_0$ | $R_1$ | $R_2 \dots$ | $R_T$ |

Daraus lässt sich ableiten, dass die optimale Nutzungsdauer aller Investitionen identisch ist und dass alle Investitionen bezogen auf den jeweiligen Betrachtungszeitraum den gleichen Kapitalwert aufweisen.
Wird der Kapitalwert des ersten Investitionsvorhabens der Kette mit $C_{0(T)}$ bezeichnet, so ist der Kapitalwert des zweiten Investitionsvorhabens bezogen auf t=0 $C_{0(T)} * (1+i)^{./.T}$, der des dritten Investitionsvorhabens $C_{0(T)} * (1+i)^{./.2T}$ usw.
Der Kapitalwert der identischen Investitionskette – **Kettenkapitalwert** $C_{KT}$ – ergibt sich zu

2 Vgl. zu 'Kapitalwertmethode' Modul 12.7.8.-1ff. in diesem Band der Reihe.

| | | |
|---|---|---|
| **12.8.** | **Investitionsrechenverfahren für Ersatz-/ Dauerentscheidungen bei Enscheidungssicherheit** | |
| **12.8.2.** | **Nutzungsdauerentscheidungen (ex-ante-)** | **10** |

$$C_{KT} = C_{0(T)} + C_{0(T)} * (1+i)^{./.T} + C_{0(T)} * (1+i)^{./.2T} + ... + C_{0(T)} * (1+i)^{./.\infty T}$$

$$= C_{0(T)} * (1 + q^{./.T} + q^{./.2T} + ... + q^{./.\infty T}) \text{ mit } q = 1 + i$$

$$C_{KT} = C_{0(T)} * \frac{q^T}{q^T ./. 1} = C_{0(T)} * \frac{(1+i)^T}{(1+i)^T ./. 1} * \frac{i}{i} = C_{0(T)} * \frac{(1+i)^T * i}{(1+i)^T ./. 1} * \frac{1}{i}$$

Der Kapitalwiedergewinnungsfaktor KWF[3] ist definiert als

$$KWF = \frac{(1+i)^T * i}{(1+i)^T ./.} \Rightarrow \frac{KWF}{i} = \frac{q^T}{q^T ./. 1} \quad \text{mit } q = 1 + i$$

$$C_{KT} = C_{0(T)} * \frac{KWF}{i}$$

Der Kettenkapitalwert ergibt sich zunächst als Summe der abgezinsten identischen Kapitalwerte der Einzelinvestition, d.h. der Kettenkapitalwert ist nichts anderes als der (Bar-)Kapitalwert des ersten Investitionsvorhabens multipliziert mit dem durch den Zinssatz (i) dividierten Kapitalwiedergewinnungsfaktor (Annuitätenfaktor).

Durch Umformung der Gleichung lässt sich zeigen, dass der Kettenkapitalwert der Annuität dividiert durch den Kalkulationszinssatz (i) entspricht.

$$A_{(T)} = C_{0(T)} * KWF$$

$$C_{KT} = \frac{A_{(T)}}{i}$$

d.h. der Kettenkapitalwert ist dann maximal, wenn die Annuität ($A_{(T)}$) maximal wird. Zu wählen ist die Nutzungsdaueralternative, die den höchsten Kettenkapitalwert aufweist.

Anstelle der Maximierung des Kapitalwerts der Investitionskette kann bei einer unendlichen, identischen Wiederholung die Annuität als Ersatzkriterium herangezogen werden.

$$C_{KT} = C_{0(T)} * \frac{KWF}{i} = \frac{A_{(T)}}{i}$$

Der Kapitalwert bei unendlicher Wiederholung erweist sich somit als Barwert einer ewigen Rente in Höhe der Annuität ($A_{(T)}$) auf dem Kapitalwert $C_{0(T)}$.

Durch

$$A_{(T)} = C_{KT} * i$$

lässt sich zeigen, dass die Annuität gleich den Zinsen auf den Kapitalwert der Investitionskette ist, bzw. auf die Kapitalwerte aller Nachfolger. Der Kettenbarwert $C_{KT}$ dieser Annuität bzw. Rente ist dann maximal, wenn die Annuität $A_{(T)}$ maximal ist. Die Annuität des Kapitalwerts (der Einzahlungsüberschüsse) ist aber nichts anderes als der jährliche `Durchschnittsgewinn´ der Ersatzinvestition. Die Nutzungsdauer eines Investitionsvorhabens in einer unendlichen Investitionskette ist somit beendet, wenn ihr zeitlicher Grenzgewinn gleich dem Durchschnittsgewinn der Nachfolgeinvestition ist. Das Nutzungs-

3 Vgl. zu `Kapitalwiedergewinnungsfaktor´ Modul 12.7.7.-4. in diesem Band der Reihe.

| 12.8. | Investitionsrechenverfahren für Ersatz-/ Dauerentscheidungen bei Enscheidungssicherheit | |
|---|---|---|
| 12.8.2. | Nutzungsdauerentscheidungen (ex-ante-) | 11 |

dauerende ist zugleich der optimale Ersatzzeitpunkt der Investition durch ihren Nachfolger.
Die maximale Annuität $A_{(T)max}$ bestimmt die optimale Nutzungsdauer $t_{opt}$.

$$\max_t \left[ A_{(t)} \right] \; mit \; t = 1, 2, \ldots T_{max}$$

Für $t > t_{opt}$ sind die Grenzeinzahlungsüberschüsse in Bezug auf die Zeit kleiner als die maximalen durchschnittlichen Einzahlungsüberschüsse $A_{(T)opt}$ in Bezug auf die Zeit. Wird die Nutzungszeit kontinuierlich verändert, so liegt $t_{opt}$ im Schnittpunkt von Annuitäts- und Grenzeinzahlungsüberschusskurve, bzw. im Maximum der Annuitätskurve. Diesen Sachverhalt verdeutlicht die Abbildung.

*Abbildung:* Graphische Bestimmung der optimalen Nutzungsdauer von identischen Investitionsketten bei unendlichem Planungshorizont durch Annuitäts- und Grenzeinzahlungsüberschusskurve

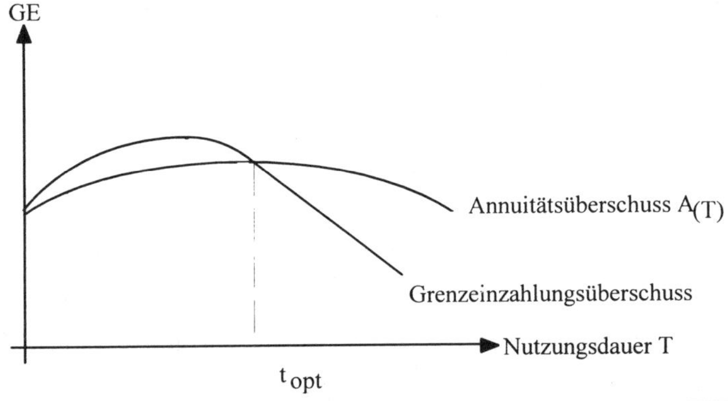

| | | |
|---|---|---|
| **12.8.** | **Investitionsrechenverfahren für Ersatz-/ Dauerentscheidungen bei Enscheidungssicherheit** | |
| **12.8.3.** | **Ersatzzeitpunktentscheidungen (ex-post-)** | **Ü 1** |

ERSATZZEITPUNKTPROBLEM

... ERSATZZEITPUNKTPROBLEM ALS EINMALIGE INVESTITION

... ERSATZZEITPUNKTPROBLEM ALS MEHRMALIGE INVESTITION

... ERSATZZEITPUNKTPROBLEM ALS MEHRMALIGE INVESTITION BEI ENDLICHEM PLANUNGSHORIZONT

... ERSATZZEITPUNKTPROBLEM ALS MEHRMALIGE INVESTITION BEI UNENDLICHEM PLANUNGSHORIZONT

... ERSATZZEITPUNKTBESTIMMUNG MIT DER KAPITALWERTMETHODE

... ERSATZZEITPUNKTBESTIMMUNG MIT DEM ZEITLICHEN GRENZGEWINN

| 12.8. | Investitionsrechenverfahren für Ersatz-/ Dauerentscheidungen bei Enscheidungssicherheit | |
|---|---|---|
| **12.8.3.** | **Ersatzentscheidungen (ex-post-)** | **1** |

## ERSATZZEITPUNKTPROBLEM

Im Folgenden werden **reine Ersatzprobleme** betrachtet, d.h. das vorhandene Investitionsobjekt konkuriert exklusiv mit einem neuen, nachfolgenden Investitionsobjekt; es besteht eine Ersatzinvestition i.e.S. als idfentische Reinvestition. Wird dagegen ein neues Investitionsobjekt. zum bestehenden Investitionsobjekt hinzutreten, so handelt es sich um eine Situation der Investitionsprogrammplanung[1].

**Ersatzzeitpunktprobleme** – auch als ex-post-Probleme bezeichnet – liegen vor, wenn während der Nutzung eines Investitionsobjekts über die Nutzungsdauer zu entscheiden ist, d.h. Überlegungen der Verwendungsdauer nach der Durchführung der Investition (ex-post-) zu treffen sind. Es steht die Frage zu entscheiden, ob eine bereits vorhandene Investition 1, 2, 3, ... oder T Betrachtungszeiträume lang genutzt werden soll oder ob es besser ist, die Nutzung sofort zu beenden. Im Zentrum der Ersatzzeitpunktprobleme steht die Aufgabe der Überprüfung früherer Investitionsentscheidungen auf ihre gegenwärtige Vorteilhaftigkeit.

Um ein reines Ersatzproblem handelt es sich, wenn untersucht wird, ob das bestehende Investitionsobjekt aktuell zu beenden ist oder nicht, und den Ersatz nach einem weiteren Betrachtungszeitraum mit dann aktuellen Daten erneut zu prüfen. Die bedeutet nicht, dass der Investor zwei Alternativen betrachtet, sondern er darf entscheiden, ob das bestehende Investitionsobjekt aktuell (t=0) oder zu einem späteren Zeitpunkt (t=1; t=2;...;t=T) ersetzen soll. Der Investor besitzt somit T+1-Ersatzalternativen, zwischen denen er wählen darf.

In Analogie zum Nutzungsdauerproblem lassen sich unterscheiden, das

### ... ERSATZZEITPUNKTPROBLEM ALS EINMALIGE INVESTITION

Bei einem **Ersatzzeitpunktproblem als einmalige Investition** handelt es sich um ein Investitionsobjekt, das kein Nachfolgeobjekt hat. Da dieser Basisinvestition kein Ersatz folgt, handelt es sich nicht um ein `echtes´ Ersatzproblem, sondern um ein Nutzungsdauerproblem. Die Nutzungsdauer des bestehenden Investitionsobjekts ohne Nachfolger sollte dann beendet werden, wenn die zeitlichen Grenzgewinne des aktuellen Investitionsobjekts nachhaltig kleiner Null sind[2].

### ... ERSATZZEITPUNKTPROBLEM ALS MEHRMALIGE INVESTITION

Bei der mehrmaligen Investition wurde besonders der Fall des endlichen Planungszeitraums mit nicht-identischen Investitionsketten und der Fall des endlichen Planungszeitraums mit identischen Investitionsketten dargestellt.

---

1 Vgl. zu `Investitionsprogrammplanung´ Modul 12.9.ff. in diesem Band der Reihe.

2 Vgl. zu `Nutzungsdauerproblem i.e.S.´ Modul 12.8.2.ff. in diesem Band der Reihe.

| 12.8. | Investitionsrechenverfahren für Ersatz-/ Dauerentscheidungen bei Enscheidungssicherheit | |
|---|---|---|
| 12.8.3. | Ersatzentscheidungen (ex-post-) | 2 |

Weitere Betrachtungen im Zusammenhang mit dem Ersatzzeitpunktproblem finden das

... ERSATZZEITPUNKTPROBLEM ALS MEHRMALIGE INVESTITION BEI ENDLICHEM PLANUNGSHORIZONT

Das **Ersatzzeitpunktproblem als mehrmalige Investition bei endlichem Planungshorizont** beruht auf einem auf Zeit angelegten Unternehmen, das im Zeitpunkt T liquidiert wird. Sind die Investitionsketten identisch, so tritt der sog. `**Ketteneffekt**´ bzw. das `**Gesetz der Ersatzinvestition**´ auf[3].
Bei nicht-identischen Investitionsketten lässt sich das Ersatzzeitpunktproblem mit den gleichen Methoden wie das Nutzungsdauerproblem entscheiden. Mit einem **Entscheidungsbaum**[4] ist die optimale Investitionsfolge bestimmbar. Es besteht lediglich die Schwierigkeit, die Rückflussreihe der entsprechenden Ersetzungsmöglichkeit zu ermitteln und hier stets den aktuellen Wert zu verwenden. An der formalen Methode zur Berechnung der optimalen Handlungsalternativen ändert sich jedoch nichts.

... ERSATZZEITPUNKTPROBLEM ALS MEHRMALIGE INVESTITION BEI UNENDLICHEM PLANUNGSHORIZONT

Das **Ersatzzeitpunktproblem als mehrmalige Investition bei unendlichem Planungshorizont und identischen Investitionsketten** lässt sich nicht durch analoges Vorgehen wie beim Nutzungsdauerproblem lösen. Der Grund liegt hierfür in der Tatsache, dass der Kapitalwert der vorhandenen aktuellen Investition (Basisinvestition) nicht mit dem der übrigen Investitionen übereinstimmt, da die Basisinvestition bereits getätigt ist.
Die Frage, die sich einem Investor stellt, ist, wann dieses bereits vorhandene Investitionsobjekt durch eine unendliche Kette identischer Nachfolgeinvestitionen zu ersetzen ist. Es wird somit derjenige Zeitpunkt T gesucht, bei dem ein Ersatz des alten Investitionsobjekts durch die Investitionskette zum größten positiven Kapitalwert aus der alten Investition und der Kette der Neuinvestitionen führt.
Die Bestimmung des optimalen Ersatzzeitpunkts kann vorgenommen werden als

... ERSATZZEITPUNKTBESTIMMUNG MIT DER KAPITALWERTMETHODE

Formal lässt sich der optimale Ersatzzeitpunkt als derjenige Zeitpunkt charakterisieren, bei dem der ersatzzeitpunktabhängige Gesamtkapitalwert maximal ist:

[3] Vgl. zu `Gesetz der Ersatzinvestition´ Modul 12.8.2.-6 in diesem Band der Reihe.
[4] Vgl. zu `Entscheidungsbaumverfahren´ Modul 12.10.3.-2f. in diesem Band der Reihe.

| 12.8. | Investitionsrechenverfahren für Ersatz-/ Dauerentscheidungen bei Enscheidungssicherheit | |
|---|---|---|
| 12.8.3. | Ersatzentscheidungen (ex-post-) | 3 |

$$Ersatz - C_{0(T)} = C_0(A)_{(T)} + C_K(N)_{(T)}$$

$C_0(A)_{(T)}$ = Kapitalwert des alten Investitionsobjekts bei Ersatz in T

$C_K(N)_{(T)}$ = Kettenkapitalwert der neuen Investitionsobjekte bei Ersatz des alten Investitionsobjekts in $t = T$

Der Investor sollte diejenige Ersatzzeitpunktalternative T wählen, bei der der Gesamtkapitalwert aus dem bereits durchgeführten aktuellen Investitionsobjekt und der unendlich häufigen Investition maximal ist.
Die Berechnung des Gesamtkapitalwerts vollzieht sich in zwei Schritten
1. Schritt: Berechnung des Kapitalwerts des alten Investitionsobjekts:

$$C_0(A)_{(T)} = \sum_{t=0}^{T} R(A)_t * (1+i)^{./.t} + L_T * (1+i)^{./.T}$$

2. Schritt: Berechnung des Kettenkapitalwerts der Neuinvestitionen durch Modifikation der bekannten Formel[5]:

$$C_K(N)_{(T)} = C_0(N)_{(T)} * \frac{q^T}{q^T ./. 1}$$

$$= C_0(N)_{(T)} * \frac{KWF}{i}$$

Da Rückflüsse aus Neuinvestitionen erst nach Ersatz des vorhandenen Investitionsobjekts in T fließen, ist der Kapitalwert der Investitionskette auf den Ersatzzeitpunkt T abzuzinsen, um den Kettenkapitalwert der identischen Neuinvestition $C_K(N)_{(T)}$ zu erhalten.

$$C_K(N)_{(T)} = \frac{C_0(N)_T * KWF}{i * (1+i)^T} = C_0(N)_{(T)} * \frac{KWF}{i} * (1+i)^{./.T}$$

Der Kapitalwert der gesamten Ersatzalternative bestimmt sich zu:

$$Ersatz - C_{0(T)} = \sum_{t=0}^{T} R(A)_t * (1+i)^{./.t} + L_T * (1+i)^{./.T} + C_0(N)_{(T)} * \frac{KWF}{i} * (1+i)^{./.T}$$

... ERSATZZEITPUNKTBESTIMMUNG MIT DEM ZEITLICHEN GRENZGEWINN

Alternativ zur Kapitalwertmethode kann auch der **zeitliche Grenzgewinn** als Entscheidungsalternative herangezogen werden.
Zu dessen Berechnung ist die Betrachtung des Differenzkapitalwerts $G_t(Ersatz - C_{0(T)})$ heranzuziehen, in der Art wie er bei Nutzungsdauerentscheidungen für einmalige Investitionen verwendet wurde. Es darf somit der ersatzzeitpunktabhängige Grenz-Kapitalwert $G_t(Ersatz - C_{0(T)})$ bestimmt werden, als (Vorteils-)Differenz zwischen dem Kapitalwert zum Zeitpunkt T und T./.1.

5 Vgl. zu `Kettenkapitalwert´ Modul 12.8.2.-9f. in diesem Band der Reihe.

| 12.8. | Investitionsrechenverfahren für Ersatz-/ Dauerentscheidungen bei Enscheidungssicherheit | |
|---|---|---|
| **12.8.3.** | **Ersatzentscheidungen (ex-post-)** | **4** |

$$G_t(Ersatz - C_{0(T)}) = Ersatz - C_{0(T)} ./. Ersatz - C_{0(T./.1)}$$

$$= \sum_{t=0}^{T} R(A)_t * (1+i)^{./.t} + L_T * (1+i)^{./.T} + C_0(N)_{(T)} \frac{KWF}{i} * (1+i)^{./.T}$$

$$./. \sum_{t=0}^{T./.1} R(A)_t * (1+i)^{./.t} ./. L_{T./.1} * (1+i)^{./.T+1} ./. C_0(N)_{(T)} * \frac{KWF}{i} * (1+i)^{./.T./.1}$$

Wird diese Gleichung umgeformt, so ergibt sich

$$G_t(Ersatz - C_{0(T)}) = (1+i)^{./.T}\Big[\underbrace{\big(R(A)_T + L_T ./. L_{T./.1} * (1+i)\big)}_{\text{zeitlicher Grenzgewinn des alten Investitionsobjekts}} ./. \underbrace{KWF * C_0(N)_{(T)}}_{\text{Annuität des neuen Investitionsobjekts}}\Big]$$

In der runden Klammer steht der (aufgezinste) zeitliche Grenzgewinn des alten Investitionsobjekts $(1+i)^T * G_t(A)_T$ und im hinteren Teil der eckigen Klammer steht die Annuität des neuen Investitionsobjekts $KWF * C_0(N)_{(T)}$.

Der Ersatz des alten Investitionsobjekt wird so lange hinausgeschoben, solange der Differenzkapitalwert $G_t(Ersatz - C_{0(T)})$ positiv ist.

Der Ersatz eines vorhandenen Investitionsobjekts ist vorteilhaft, sobald der Grenzgewinn des alten Objekts kleiner als die Annuität (der Durchschnittsgewinn) des neuen Investitionsobjekts ist, d.h. der Differenzkapitalwert negativ ist.

Es soll an dieser Stelle lediglich die Formel zur Berechnung des zeitlichen Grenzgewinns angegeben werden, ohne auf deren Ableitung aus der oben genannten Formel einzugehen:

$$G_t(Ersatz - C_{0(T)}) = (1+i)^{./.T}\left[(1+i)^T * G_t(A)_T ./. KWF * C_0(N)_T\right]$$

d.h. der Grenzgewinn lässt sich als abgezinste Differenz aus dem zeitlichen Grenzgewinn des alten Investitionsobjekts und der Annuität des neuen Investitionsobjekts ermitteln.

| 12.9. | **Investitionsrechenverfahren für Programmscheidungen bei Entscheidungssicherheit** | |
|---|---|---|
| 12.9.1. | **Einführung** | 1 |

VORBEMERKUNGEN

Gegenüber einer Betrachtung von Investitionseinzelentscheidungen, bei denen sich die Investitionen gegenseitig ausschließen, ist dieses bei Programmentscheidungen in der Praxis oft nicht der Fall. Bei den im Folgenden betrachteten Programmentscheidungen soll es jedoch idealtypisch um die Auswahl aus Investitionsvorhaben gehen, die sich gegenseitig ausschließen, d.h bei ihnen dürfen sich die Zahlungswirkungen nicht ergänzen, verstärken oder überlagern.

**Programmentscheidungen**[1] liegen vor, wenn Investitionsobjekte unter finanzwirtschaftlichen Bedingungen auszuwählen sind, die gemeinsam in einem Betrachtungszeitraum durchzuführen sind. Je nach Interdependenzsituation von Investitionsobjekten kann es sich handeln um

- voneinander unabhängige Investitionsvorhaben oder
- voneinander abhängige Investitionsvorhaben.

Handelt es sich um **voneinander unabhängige Investitionsvorhaben**, so ist es für das Unternehmen in Bezug auf die Einnahmen und Ausgaben für ein bestimmtes Vorhaben gleichgültig, ob ein anderes Vorhaben gleichzeitig realisiert wird oder nicht. Bei voneinander unabhängigen Investitionsvorhaben lassen sich die Zahlungsreihen (Rückflüsse) der Programmalternativen immer durch eine zeitpunktgenaue Addition der Zahlungsreihen der einzelnen im Programm geplanten Vorhaben ermitteln.

Handelt es sich um **voneinander abhängige Investitionsvorhaben**, so ist es für das Unternehmen in Bezug auf die Einnahmen und Ausgaben für ein bestimmtes Vorhaben nicht gleichgültig, ob ein anderes Vorhaben gleichzeitig realisiert wird oder nicht. Eine isolierte Betrachtung von Rückflüssen in Bezug auf einzelne Vorhaben ist nicht sinnhaft, da dies nur gelten würde, wenn die Investitionsvorhaben tatsächlich einzeln umgesetzt werden und keine weiteren Vorhaben hinzutreten. Bei voneinander abhängigen Investitionsvorhaben lassen sich die Zahlungsreihen der Programmalternativen nicht durch eine zeitpunktweise Addition der Zahlungsreihen der einzelnen im Programm geplanten Vorhaben ermitteln.

In der Praxis liegen im Leistungserstellungsbereich häufig Abhängigkeiten zwischen Investitionsvorhaben vor, vor allem wenn es sich um mehrstufige Prozesse handelt, bei denen die einzelnen Aggregate nur im Zusammenspiel sinnhaft Leistungen erbringen und/ oder bei denen Aggregate vielfach verwendbar sind wie bspw. bei Mehrzweckmaschinen.

Es ist somit erforderlich, die Leistungserstellungs- und die Investitionsplanung integrativ zu betrachten (simultane Investitions- und Leistungserstellungsplanung). In diesem Fall lässt sich zeigen, dass sich die Zahlungsreihen der Programmalternativen bei voneinander abhängigen Projekten nicht dadurch gewinnen lassen, dass die Zahlungsreihen der im Programm enthaltenen Projekte zeitpunktweise addiert werden.

---

[1] Vgl. zu 'Programmentscheidungen' Modul 12.3.-2 in diesem Band der Reihe.

| | | |
|---|---|---|
| **12.9.** | **Investitionsrechenverfahren für Programmscheidungen bei Entscheidungssicherheit** | |
| **12.9.1.** | **Einführung** | **2** |

Je nach ihrer Vorgehensweise werden Investitionsprogrammentscheidungen alternativ durchgeführt als

... SUKZESSIVE INVESTITIONSPROGRAMMVERFAHREN

Bei **sukzessiven Verfahren** werden Investitionsvorhaben zeitlich nacheinander aufgestellt. Beginnend mit dem Teilbereich, der voraussichtlich den größten Einfluss als sog. **Engpassfaktor** auf die Gesamtentscheidung ausübt, erfolgt eine schrittweise Koordination weiterer Teilbereiche, anfänglich auf der Grundlage grober Vorausschätzungen.

Wird eine **Investitionsprogrammplanung sukzessiv** vorgenommen, so werden in einem ersten Schritt die finanziellen Mittel für das geplante Programm festgelegt und in einem zweiten Schritt erfolgt eine Auswahl der Investitionsvorhaben anhand der Zielgröße wie bspw. dem Kapitalwert. Die Finanzplanung ist für die Investitionsplanung bei diesen Vorgaben ein Datum, das es gilt einzuhalten.

**Sukzessive Investitionsplanungen** führen i.d.R. zu suboptimalen Entscheidungsergebnissen, da die Finanzplanung unabhängig von den Investitionsmöglichkeiten vorgenommen wird und somit meist finanzielle Unter- oder Überdeckungen vorliegen.

... SIMULTANE INVESTITIONSPROGRAMMVERFAHREN

Wird eine **Investitionsprogrammplanung simultan** vorgenommen, so werden die einzelnen Partialpläne in Form des Finanzplans, Investitionsplans sowie Leistungserstellungsplans (und Leistungsverwertungsplans) so aufeinander abgestimmt, dass die gegenseitigen Interdependenzen (Abhängigkeiten) zwischen den Teilplänen angemessen Berücksichtigung finden.

**Simultane Planungsmodelle** (innerhalb von Verfahren der Programmentscheidungen) betrachten neben Investitionsprogrammen auch gleichzeitig (simultan) Finanzierungsprogramme oder Leistungserstellungsprogramme, um zu einem optimalen Investitions- und Finanzierungsprogramm bzw. Leistungserstellungsprogramm zu gelangen.

Schwerpunktmäßig wird bei den simultanen Modellen eingegangen auf

SIMULTANE INVESTITIONS- UND FINANZPLANUNG (FINANZ- BZW. KAPITALTHEORETISCHES VERFAHREN)[2]

SIMULTANE INVESTITIONS- UND LEISTUNGSERSTELLUNGSPLANUNG (SOG. PRODUKTIONS- BZW. LEISTUNGSERSTELLUNGSTHEORETISCHE VERFAHREN[3]

2 Vgl. zu `simultane Investitions- und Finanzplanung (finanz- bzw. kapitaltheoretisches Verfahren)´ Modul 12.9.2.ff. in diesem Band der Reihe.

3 Vgl. zu `simultane Investitions- und Leistungserstellungsplanung (sog. produktions- bzw. Leistungserstellungstheoretische Verfahren´ Modul 12.9.3.ff. in diesem Band der Reihe.

| | | |
|---|---|---|
| **12.9.** | **Investitionsrechenverfahren für Programmscheidungen bei Entscheidungssicherheit** | |
| **12.9.2.** | **Simultane Investitions- und Finanzplanung** | **Ü 1** |

SIMULTANE INVESTITIONS- UND FINANZPLANUNG (FINANZ- BZW. KAPITALTHEORETISCHES VERFAHREN)

- ENDVERMÖGENSRECHNUNG (DEAN-MODELL)
- KONSUMPRÄFERENZEN (FISHER-/ HIRSHLEIFER-MODELL)

ENDVERMÖGENSRECHNUNG (DEAN-MODELL)

KONSUMPRÄFERENZEN (FISHER-/ HIRSHLEIFER-MODELL)

- ... FISHER-MODELL
- ... HIRSHLEIFER-MODELL

| 12.9. | Investitionsrechenverfahren für Programmscheidungen bei Entscheidungssicherheit | |
|---|---|---|
| 12.9.2. | Simultane Investitions- und Finanzplanung | 1 |

## SIMULTANE INVESTITIONS- UND FINANZPLANUNG (FINANZ- BZW. KAPITALTHEORETISCHES VERFAHREN)

Die **kapitaltheoretischen Verfahren** ermöglichen eine **simultane** Bestimmung des optimalen **Investitions- und Finanzierungsprogramms** bei vorgegebenem Leistungserstellungsprogramm. Mit ihnen wird die Kombination Investitions- und Finanzierungsmöglichkeit gesucht, die das Ziel des Investors der Einkommens- oder Vermögensmaximierung am besten erfüllt.
Bei den kapitaltheoretischen Verfahren sind als Methoden zu nennen die

- ENDVERMÖGENSRECHNUNG (DEAN-MODELL)
- KONSUMPRÄFERENZEN (FISHER-/ HIRSHLEIFER-MODELL)

## ENDVERMÖGENSRECHNUNG (DEAN-MODELL)

Für die **simultane Investitions- und Finanzplanung** in einem Betrachtungszeitraum bei unvollkommenem Kapitalmarkt hat DEAN ein Modell entwickelt.
Bei einem **unvollkommenen Kapitalmarkt** steht das Kapital nicht unbegrenzt zur Verfügung, sondern es ist knapp. Dabei können zwei Formen von Kapitalknappheit unterschieden werden

- die absolute Kapitalknappheit und
- die relative Kapitalknappheit.

**Absolute Kapitalknappheit** liegt vor, wenn das Unternehmen für Investitionen einen festen Betrag fixiert (Budget) hat, die nachgefragten Investitionen jedoch summarisch über dem Investitionsbudget liegen. Somit konkurrieren die einzelnen Investitionsobjekte um das knappe Kapital.
Von **relativer Kapitalknappheit** wird gesprochen, wenn das Unternehmen zwar Kapital aufnehmen kann, dies jedoch nur mit steigenden (Soll-)Zinsen. Die Finanzierungsauszahlungen steigen mit zunehmender Investitions(Kapital-)nachfrage.
Die Betrachtung über die Vorteilhaftigkeit von Investitionen kann bei relativer Kapitalknappheit nicht mehr isoliert, sondern nur noch simultan im Bezug auf Investitions- und Finanzierungsmaßnahmen vorgenommen werden. Der Ermittlung des optimalen Investitions- und Finanzierungsprogramms bei unvollkommenen Kapitalmarkt erfolgt im DEAN-Modell mit Hilfe des internen Zinssatzes.
Dem **DEAN-Modell** liegen die folgenden Prämissen zugrunde

(1) Betrachtung eines Betrachtungszeitraums (Einperiodigkeit): Sowohl Investitionsobjekte als auch Finanzierungsmaßnahmen werden nur auf einen Betrachtungszeitraum bezogen, wobei Investitionen im Zeitpunkt Null (t=0) Auszahlungen und im Zeitpunkt Eins (t=1) Einzahlungen veranlassen bzw. Finanzierungen im Zeitpunkt Null (t=0) Einzahlungen und im Zeitpunkt Eins (t=1) Auszahlungen.

| 12.9. | Investitionsrechenverfahren für Programm-scheidungen bei Entscheidungssicherheit | |
|---|---|---|
| 12.9.2. | Simultane Investitions- und Finanzplanung | 2 |

(2) Unabhängigkeit der Investitionsobjekte: Die betrachteten Investitionsobjekte sind voneinander unabhängig, d.h. die Investitionen schließen sich gegenseitig aus.
(3) beliebige Teilbarkeit: Sowohl Investitionsobjekte als auch Finanzierungsmaßnahmen lassen sich beliebig partitionieren.
(4) Nicht-Existenz von Konsumpräferenzen: Es wird bei der Verwendung der verfügbaren Mittel nicht zwischen investiven und konsumptiven Aspekten unterschieden.
(5) Unabhängigkeit von Investition und Finanzierung: Sowohl Investitionsobjekte als auch Finanzierungsmaßnahmen hängen nicht voneinander ab.

Im DEAN-Modell lassen sich durch die Investitionsobjekte Kapitalnachfragefunktionen und durch Finanzierungsmaßnahmen Kapitalangebotsfunktionen in eine Rangordnung bringen, um so die Investitionsobjekte und Finanzierungsmaßnahmen nach Art und Menge anhand des internen Zinssatzes bestimmen zu können.

*Abbildung:* Graphische Darstellung des DEAN-Modells als Kapital-/interne Zinssatz-Graphik

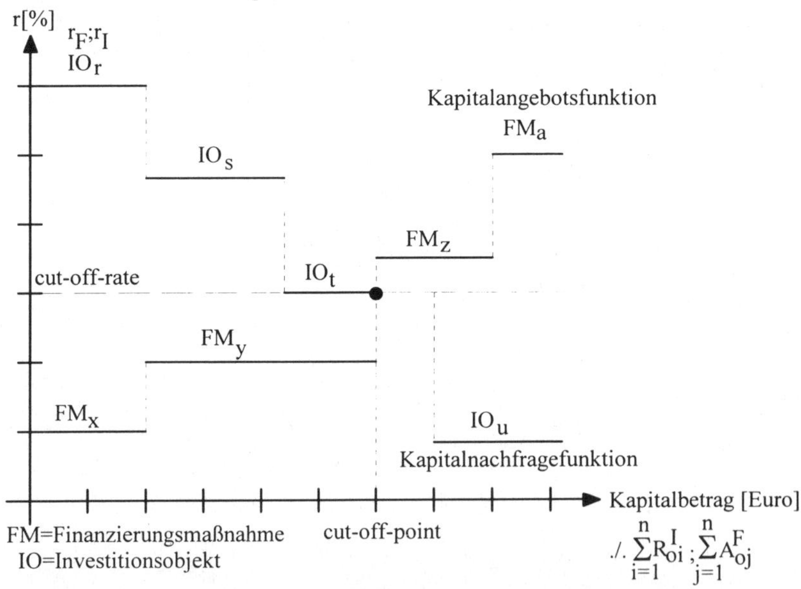


Das **optimale Investitions- und Finanzierungsprogramm** liegt dort, wo die interne Verzinsung (r) der letzten investierten Geldeinheit (marginale interne Verzinsung der Investitionsobjekte) genau der Verzinsung der letzten aufgenommenen Geldeinheit (marginale Kosten der Finanzierungsmaßnahme) entspricht, d.h. sich Kapitalnachfrage- und -angebotsfunktion schneiden. Der

| | | |
|---|---|---|
| **12.9.** | **Investitionsrechenverfahren für Programmscheidungen bei Entscheidungssicherheit** | |
| **12.9.2.** | **Simultane Investitions- und Finanzplanung** | **3** |

sich durch diesen Schnittpunkt ergebende (endogene) Kalkulationszinssatz wird **cut-off-rate** und das dadurch gebundene Kapital (optimale Kapitalbudget) **cut-off-point** genannt. Die cut-off-rate stellt somit einerseits die expliziten Kapitalkosten und andererseits die Effektivverzinsung des gebundenen Kapitals dar. Im Schnittpunkt gilt, dass die Kapitalkosten gleich der Effektivverzinsung des gebundenen Kapitals ist. Diesen Sachverhalt verdeutlicht die obig Abbildung.

Der **cut-off-point** gibt das im Investitionsprogramm gebundene Kapital an; die **cut-off-rate** ist der dem Optimum zugeordnete Zinssatz im Schnittpunkt.

Die **cut-off-rate** ist dadurch charakterisiert, dass sie

- nicht größer ist als der interne Zinssatz aller im optimalen Investitions- und Finanzierungsprogramm aufgenommenen Investitionsobjekte und
- nicht kleiner ist als die Kapitalkosten aller im Optimum berücksichtigten Finanzierungsmaßnahmen.

Die cut-off-rate wird auch als **endogener Kalkulationszinssatz** bezeichnet. Wäre der endogene Kalkulationszinssatz vor dem Entscheidungsproblem bekannt, so könnte das optimale Investitions- und Finanzierungsprogramm mit der Kapitalwertmethode[1] bestimmt werden, da die mit ihr berechneten, ins Programm aufgenommenen Investitionsobjekte einen positiven und nicht aufgenommenen einen negativen Kapitalwert aufweisen.

Die Ermittlung des optimalen Investitions- und Finanzierungsprogramms nach DEAN erfolgt durch die Ermittlung des internen Zinssatzes und der Kapitalkosten der Finanzierungsmaßnahmen in folgenden Schritten:

1. Schritt Berechnung der internen Zinsfüße für die Investitionsobjekte: Für jede Investition findet eine **Bestimmung des internen Zinssatzes** ($r_I$) statt, der sich aufgrund der Prämissen eindeutig bestimmen lässt. Für einen Betrachtungszeitraums gilt:

$$R_0^I + R_1^I(1 + r_I)^{./.1} = 0$$

$$r_I = ./.\frac{R_1^I}{R_0^I} ./.1$$

$r_I$ = *interner Zinssatz der Investition*

$R_1^I$ = *Rückfluss der Investition im Betrachtungszeitraum*

$R_0^I$ = *Anschaffungsinvestitionsbetrag (Rückflussinvestition)*

2. Schritt Ermittlung der Rangfolge der Investitionsobjekte anhand interner Zinsfüße (Kapitalnachfragefunktion): Die Investitionsobjekte werden entsprechend ihrer internen Verzinsung in absteigender Reihenfolge geordnet. Die Kapital - Interne-Zinssatz - Graphik liefert die **Kapitalnachfragefunktion**.

3. Schritt Berechnung der internen Zinsfüße für die Finanzierungsmaßnahmen: Für jede Finanzierungsmaßnahme findet eine Bestimmung

1 Vgl. zu 'Kapitalwertmethode' Modul 12.7.8.-1ff. in diesem Band der Reihe.

| 12.9. | Investitionsrechenverfahren für Programmscheidungen bei Entscheidungssicherheit | |
|---|---|---|
| 12.9.2. | Simultane Investitions- und Finanzplanung | 4 |

des internen Zinssatzes ($r_F$) statt, der sich aufgrund der Betrachtung eines Zeitraums ermitteln lässt durch

$$r_F = ./. \frac{R_1^F}{R_0^F} ./. 1$$

$r_F$ = *interner Zinssatz der Finanzierungsmaßnahme*

$R_1^F$ = *Rückfluss der Finanzierung im Betrachtungszeitraum*

$R_0^F$ = *Anschaffungsfinanzierungsbetrag ( Rückflussfinanzierung )*

4. Schritt Ermittlung der Rangfolge der Finanzierungsmaßnahme anhand der internen Zinsfüße (Kapitalangebotsfunktion): Die möglichen (alternativen) Finanzierungsmaßnahmen werden bestimmt und in aufsteigender Reihenfolge geordnet. Die Kapital - Interne-Zinssatz - Graphik liefert die **Kapitalangebotsfunktion**.

5. Schritt Ermittlung des optimalen Investitions- und Finanzierungsprogramms: Die Aufnahme der möglichen Investitionsobjekte wird schrittweise vorgenommen. Ein Investitionsobjekt ist vorteilhaft, solange die Verzinsung der letzten investierten Geldeinheit (interner Zinssatz) über der Verzinsung der letzten aufgenommenen Geldeinheit (Kapitalkosten) liegt.
Die graphische Ermittlung des optimalen Investitions- und Finanzierungsprogramms geschieht simultan durch das Eintragen der Kapitalangebots- und -nachfragefunktion im Kapital - Interne-Zinssatz - Diagramm.

Die **Vorteile** des **DEAN-Modells** sind

- relativ einfache, leicht verständliche Struktur,
- die Zusammenhänge zwischen Investitions- und Finanzplanung werden verdeutlicht,
- relativ geringe Anforderungen an die Daten, da es ausreicht, die Zahlungsströme der Investitions- und Finanzierungsalternativen zu kennen,
- Ermittlung des Ergebnisses durch graphische Lösung in Form von Kapitalangebots- und -nachfragefunktion möglich.

Diesen Vorteilen stehen jedoch gravierende **Nachteile** gegenüber

- Problematik der Annahme sicherer Erwartungen bezüglich aller relevanten Parameter,
- alle Investitions- und Finanzierungsprojekte sind beliebig teilbar,
- die Einschränkung des Planungshorizonts auf einen Betrachtungszeitraum,
- die Konstruktion der Kapitalangebotskurve (-struktur, -treppe, -stufen) setzt die Unabhängigkeit von Investitionsprojekten und Finanzierungsmaßnahmen voraus, die in der Realität nicht gegeben ist. Investitionen stellen in der Praxis die Kreditsicherheit dar, an der sich unmittelbar die Finanzierungsmöglichkeiten sowie deren Aufwendungen orientieren,

| 12.9. | Investitionsrechenverfahren für Programmscheidungen bei Entscheidungssicherheit | |
|---|---|---|
| 12.9.2. | Simultane Investitions- und Finanzplanung | 5 |

- das DEAN-Modell unterstellt implizit, dass (zunächst) das billigere Fremdkapital zur Finanzierung der Investition eingesetzt wird, da die Fremdkapitalaufwendungen geringer als die Eigenkapitalaufwendungen sind. Dies führt im Extremfall zu einer ausschließlichen Fremdkapitalfinanzierung, die in der Praxis von Fremdkapitalgebern nicht akzeptiert wird.

Wird die signifikante Schwäche der Betrachtung lediglich eines Zeitraums durch eine über mehrere Zeiträume führende Planungsbetrachtung ausgedehnt, so führt dies zu zentral nicht lösbaren Situationen:

1. Während im Ein-Betrachtungszeitraum-Modell alle Investitionsvorhaben, deren interner Zinssatz über der cut-off-rate liegt, angenommen, so kann die Verwendung der cut-off-rate im Mehr-Betrachtungszeitraum-Modell als kritischer Zinssatz zu einer falschen Entscheidung führen. In jedem Betrachtungszeitraum bestimmt sich die cut-off-rate nach den bestehenden Investitions- und Finanzierungsmöglichkeiten neu, d.h. sie variiert von Zeitraum zu Zeitraum. Eine Investition, deren interner Zinssatz im ersten Betrachtungszeitraum über der cut-off-rate liegt, wird durchgeführt, diese könnte sich jedoch im zweiten Betrachtungszeitraum bei einer sich ergebenden höheren cut-off-rate als möglicherweise nicht mehr vorteilhaft erweisen.
2. Bei der Betrachtung mehrerer Zeiträume treten die ungelösten Situationen der Mehrdeutigkeit bzw. Nichtexistenz des internen Zinssatzes auch im DEAN-Modell auf.
3. Mit der Ausdehnung des Planungshorizonts auf mehrere Betrachtungszeiträume ist lediglich die Liquidität zum Zeitpunkt Null sichergestellt. Nach der Bestimmung des optimalen Investitions- und Finanzierungsprogramms mit Hilfe des DEAN-Modells kann das Unternehmen nach dem Zeitpunkt Null aufgrund mangelnder Liquidität aus dem Markt ausscheiden müssen (Insolvenz).

| | | |
|---|---|---|
| **12.9.** | **Investitionsrechenverfahren für Programmscheidungen bei Entscheidungssicherheit** | |
| **12.9.2.** | **Simultane Investitions- und Finanzplanung** | **6** |

## KONSUMPRÄFERENZEN (FISHER-/ HIRSHLEIFER-MODELL)

Die Vorziehenswürdigkeiten des Konsums gegenüber der Investition geht bei dem DEAN-Modell nicht ein, d.h. die Investoren können lediglich entscheiden zwischen `alles investieren´ oder `alles konsumieren´. In Realität sind sie versucht, eine Aufteilung des ihnen zur Verfügung stehendes Betrages vorzunehmen. Für die Beantwortung dieser Frage wird die **subjektive Zeitpräferenz** herangezogen, um die Vorstellungen von Investoren aufzuzeigen, welcher Konsumbetrag in der Zukunft (formuliert als $K_1$ in $t_1$) einem jetzt verfügbaren Konsumbetrag (formuliert als $K_0$ in $t_0$) gleichwertig ist. **Das Fisher-Hirshleifer-Modell** zielt somit als Ein-Perioden-Modell darauf ab, **Konsumpräferenzen** in einem $K_0 / K_1$-Diagramm in Form von **Indifferenzkurven** abzubilden. Jeder Punkt auf einer Indifferenzkurve präsentiert für den Investor den gleichen Nutzen in Bezug auf die jeweilige $K_0 / K_1$-Kombination. Die Indifferenzkurven können somit als Nutzenkurven interpretiert werden.

*Abbildung:* Indifferenzkurven

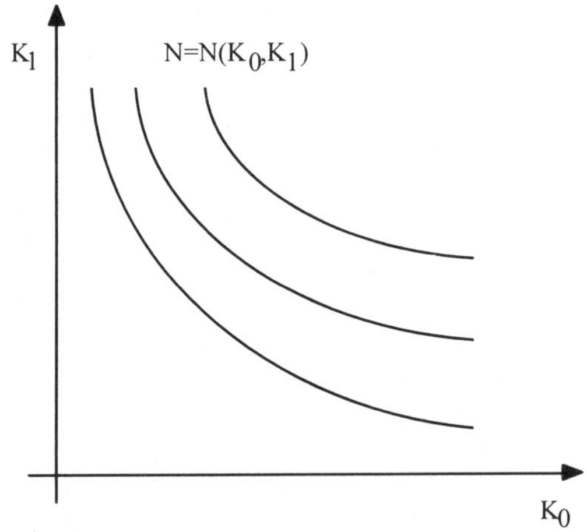


Neben der **Nutzenfunktion**, die die konsumptive Seite betrachtet, ist der Investor daran interessiert in die Zukunft zu investieren, d.h. eine optimale Aufteilung seiner Mittel für den Konsum und zur Investition vorzunehmen. Dies geschieht durch die Formulierung einer **Transformationskurve**.

Der Investor wird zuerst das Investitionsvorhaben mit dem höchsten Internen Zinssatz durchführen und die weiteren Investitionen mit abnehmenden Renditen wählen. Dem Investor stehen somit Investitionsobjekte zur Verfügung, die sich mittels Transformationskurve nach abnehmenden Zinsfüßen anordnen lassen. Die Transformationskurve ist eine andere Darstellungsform der Kapitalnachfragefunktion im DEAN-Modell.

| 12.9. | Investitionsrechenverfahren für Programm-scheidungen bei Entscheidungssicherheit | |
|---|---|---|
| 12.9.2. | Simultane Investitions- und Finanzplanung | 7 |

Jede vom Investor realisiertes Investitionsobjekt mindert das Anfangskapital $I_0$ des Investors, so dass die Transformationskurve eine negative Steigung aufweist. Die negative Steigung ist zuerst steil und wird mit abnehmenden Zinsfüßen der Investition immer flacher.

*Abbildung:* Transformationskurve

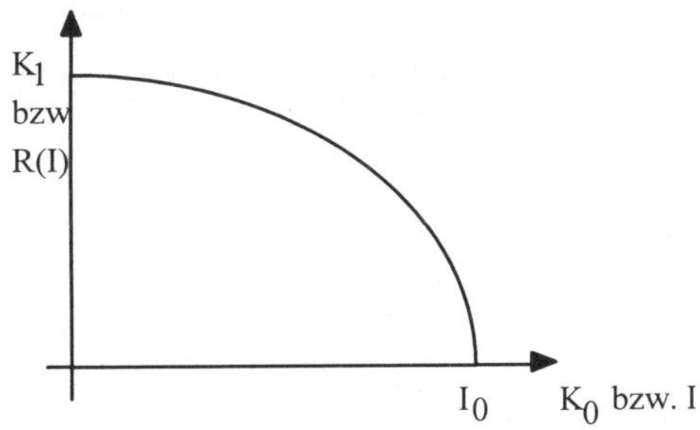


Wird von der Annahme ausgegangen, dass der Investor ein Anfangskapital ($I_0$) zur Verfügung hat, so kann er durch Investitionen in $t_0$ sein in die Investitionen hingegebenes Kapital (I) in einen höheren Kapitalbetrag am Ende des Betrachtungszeitraums ($t_1$) transformieren. Dieser Kapitalbetrag bspw. in Form von monetären Mitteln ergibt sich als Rückfluss aus dem in $t_0$ realisierten Investitionsprogramm $[R(I)]$.

$$R(I) = f(I)$$

Durch die Transformationskurve werden alle möglichen I/R(I)-Kombinationen abgebildet. Das negative Steigungsmaß der Transformationskurve (./.dR(I)/dI) wird als **marginale Transformationsrate** bezeichnet.

An der Stelle, an der die Steigung der Indifferenzkurve (Grenzrate der Substitution) gleich der marginalen Transformationsrate ist, ist das vom Investor realisierte optimale Investitionsprogramm erreicht. Die beiden Kurven tangieren sich im Punkt T.

Ist der Interne Zinssatz größer als die marginale Transformationsrate im Berührungspunkt, so führt der Investor alle Investitionen, die diese Bedingung erfüllen, durch; das optimale Investitionsprogramm aus allen Investitionsvorhaben liegt unterhalb des Tangentialpunkts.

Befindet sich der Tangentialpunkt eines Investors im oberen Bereich der Transformationskurve (bspw. $T_B$), so kann dem Investor eine Präferenz für Zukunftskonsum zugeschrieben werden. Liegt der Tangentialpunkt im unteren Bereich der Transformationskurve (bspw. $T_A$), so bevorzugt der Investor einen Gegenwartskonsum.

Die um 1 verminderte Grenzrate der Substitution im Punkt T kann, wie im DEAN-Modell, als **endogener Kalkulationszinssatz** bezeichnet werden, der im Fisher-Hirshleifer-Modell von den Konsumpräferenzen des Investors abhängt.

| | | |
|---|---|---|
| **12.9.** | **Investitionsrechenverfahren für Programm-scheidungen bei Entscheidungssicherheit** | |
| **12.9.2.** | **Simultane Investitions- und Finanzplanung** | **8** |

*Abbildung:* optimales Investitionsprogramm als Tangentialpunkt zwischen Indifferenzkurven und Transformationskurve

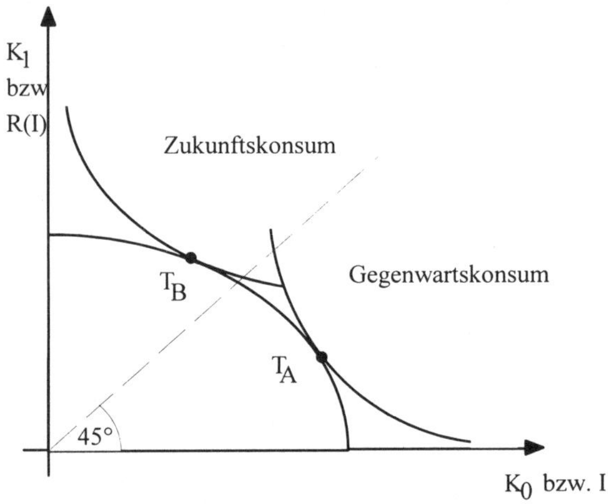


Durch die Berücksichtigung des Kapitalmarkts lassen sich entsprechend der von den Wissenschaften gemachten Beobachtungen unterscheiden als

... FISHER-MODELL

Das **Fisher-Modell** geht von der Prämisse eines vollkommenen Kapitalmarkts aus, d.h. Habenzinsen ($i_H$) und Sollzinsen ($i_S$) sind gleich. Wird die Kapitalanlage als (Finanz-)Investition (I) und der Rückfluss mit R(I) bezeichnet, so kann ein Investor jederzeit beliebige Geldeinheiten (I) zum (Einheits-)Zinssatz i gegen $I*(1+i)=R(I)$-Einheiten eintauschen und umgekehrt. Im $K_0 / K_1$-Diagramm werden diese Tauschmöglichkeiten durch eine **Marktlinie (Kapitalmarktgerade)** mit der Steigung $./.(1+i)$ abgebildet. Diesen Sachverhalt verdeutlicht die folgende Abbildung.

Die Marktlinie und die Transformationskurve tangieren sich im Punkt $T_M$, der das für den Investor optimale Investitionsprogramm angibt.

Durch die Hinzunahme von Indifferenzkurven (Berücksichtigung der Konsumpräferenzen) wird der Kapitalbetrag bestimmt, den der Investor auf dem Kapitalmarkt anlegt oder aufnimmt, d.h. durch den Tangentialpunkt von Indifferenzkurven und Marktlinie wird dieser Kapitalbetrag festgelegt.

Befindet sich der Tangentialpunkt zwischen Indifferenzkurve und Marktlinie oberhalb von $T_M$, so zieht der Investor den Zukunftskonsum vor, und legt das über das zu realisierende Investitionsprogramm hinaus verfügbare Kapital am Kapitalmarkt zum Zinssatz i an.

| 12.9. | Investitionsrechenverfahren für Programm-scheidungen bei Entscheidungssicherheit | |
|---|---|---|
| 12.9.2. | Simultane Investitions- und Finanzplanung | 9 |

*Abbildung:* optimales Investitionsprogramm im Zusammenwirken von Marktlinie, Indifferenzkurven und Transformationskurve im Fisher-Modell

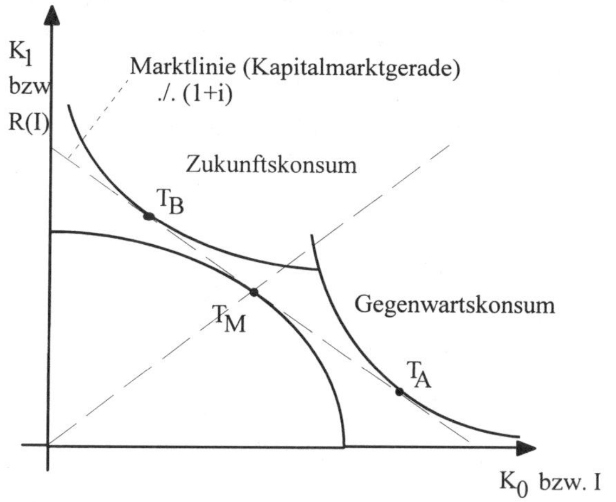


Befindet sich der Tangentialpunkt zwischen Indifferenzkurve und Marktkurve unterhalb von $T_M$, so zieht der Investor den Gegenwartskonsum vor und der Investor muss, um $T_M$ zu erreichen, Geld auf dem Kapitalmarkt zum Zinssatz i aufnehmen.

Da es jederzeit möglich ist, Kapital am Markt zum Zinssatz i anzulegen, werden alle diejenigen Investitionsobjekte durchgeführt, deren Transformationsrate größer als (1+i) ist, d.h. deren Interner Zinssatz r größer als i ist. Im Fisher-Modell ist der endogene Kalkulationszinssatz stets gleich dem Marktzins i.

Im Fisher-Modell wird die Entscheidung über die Verteilung der finanziellen Mittel in zwei Schritte aufgespalten (separiert)

1. Bestimmung des (für alle Investoren gültigen) optimalen Investitionsprogramms,
2. individuelle Aufteilung der Mittel auf den Konsum in $t_0$ und $t_1$.

Beim Fisher-Modell beeinflussen die Konsumpräferenzen nicht den endogenen Kalkulationszinssatz, sondern nur den Kapitalbetrag, der auf dem Kapitalmarkt aufgenommen oder angelegt wird. Das bedeutet, dass alle Investoren auf dem Kapitalmarkt unabhängig von ihren subjektiven zeitlichen Vorziehenswürdigkeiten (Zeitpräferenzen) stets jeweils das gleiche optimale Investitionsprogramm verwirklichen. Bei unterschiedlichen Konsumpräferenzen werden lediglich die Art und die Höhe der Inanspruchnahme des Kapitalmarkts bestimmt, nicht jedoch das optimale Investitionsvolumen (sog. **Fisher-Separationstheorem**).

| | | |
|---|---|---|
| **12.9.** | **Investitionsrechenverfahren für Programmscheidungen bei Entscheidungssicherheit** | |
| **12.9.2.** | **Simultane Investitions- und Finanzplanung** | **10** |

... HIRSHLEIFER-MODELL

Während im Fisher-Modell von einem vollkommenen Kapitalmarkt ausgegangen wird, geht das **Hirshleifer-Modell** von einem **unvollkommenen Kapitalmarkt** aus, d.h. die Sollzinsen ($i_S$) sind größer als die Habenzinsen ($i_H$). Es existieren somit zwei unterschiedliche Marktlinien, eine mit der Steigung $./.(1+i_S)$ und eine andere mit der Steigung $./.(1+i_H)$.

*Abbildung:* Bestimmung des optimalen Investitionsprogramms im Hirshleifer-Modell

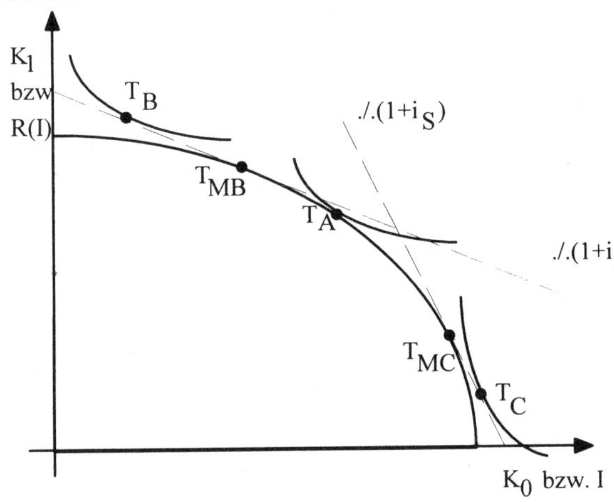


Im Hirshleifer-Modell können zur Bestimmung des optimalen Investitionsprogramms drei Fälle betrachtet werden:

- Investoren nehmen Kapitalmarkt nicht in Anspruch ($T_A$):
  Ziehen die Investoren weder den Zukunftskonsum noch den Gegenwartskonsum vor, so berührt die Indifferenzlinie nicht die Marktlinie, sondern die Transformationskurve. Die Investoren verwenden ihr gesamtes Kapital ohne den Kapitalmarkt in Anspruch zu nehmen in das jeweilige optimale Investitionsprogramm. Je nach individueller subjektiver Zeitpräferenz realisiert jeder Investor ein anderes optimales Investitionsprogramm.
- Investoren legen Kapital am Markt an ($T_B$):
  Nach Erreichung des optimalen Investitionsprogramms in $T_{MB}$ haben die Investoren noch Mittel frei diese zum Zinssatz ($i_H$) für einen Zukunftskonsum anzulegen. Es realisieren zwar alle Investoren den Punkt $T_{MB}$, sie unterscheiden sich jedoch in der Höhe der Geldanlage.

| 12.9. | Investitionsrechenverfahren für Programm-scheidungen bei Entscheidungssicherheit | |
|---|---|---|
| 12.9.2. | Simultane Investitions- und Finanzplanung | 11 |

- Investoren nehmen Kapital vom Markt auf ($T_C$):
  Die Investoren präferieren den Gegenwartskonsum, so dass sie um das optimale Investitionsprogramm in $T_{MC}$ durchführen zu können neben dem vorhandenen Anfangsvermögen noch zusätzliche Mittel am Kapitalmarkt zum (Soll-)Zinssatz $i_S$ aufnehmen. Alle Investoren investieren in das Optimum in $T_{MC}$, wobei die Höhe der Kapitalaufnahme von der Lage der jeweiligen Indifferenzkurve abhängt.

Im Hirshleifer-Modell hängt der endogene Kalkulationszinssatz ausschließlich von den Konsumpräferenzen der Investoren ab:
- Wird zur Erreichung des Investitionsoptimums Kapital auf dem Markt angelegt, so entspricht der endogene Kalkulationszinssatz den Habenzinsen $i_H$;
- Nimmt der Investor zur Erreichung des Investitionsoptimums Kapital am Markt auf, so entspricht der endogene Kalkulationszinssatz den Sollzinsen $i_S$;
- Benötigt der Investor zur Erreichung des Investitionsoptimums weder eine Kapitalaufnahme noch eine Kapitalanlage, so liegt der endogene Kalkulationszinssatz zwischen $i_H$ und $i_S$. Die individuell subjektiven Zeitpräferenzen der jeweiligen Investoren bestimmen die genaue Höhe des endogenen Kalkulationszinssatzes.

Im Gegensatz zum Fisher-Modell existieren im Hirshleifer-Modell mehrere endogene Kalkulationszinsfüße.

Darüber hinaus ist das **Fisher-Separationstheorem**[2] hier nicht vorzufinden, da in Abhängigkeit der Lage der Indifferenzkurve jeder Investor sein eigenes optimales Investitionsprogramm wählt. Neben den Investoren, deren Indifferenzkurven die Marktlinie in den Optima $T_{MB}$ und $T_{MC}$ tangieren, existieren zwischen $T_{MB}$ und $T_{MC}$ unendlich viele optimale Investitionsprogramme von Investoren, die ohne den Kapitalmarkt in Anspruch zu nehmen, ihr Investitionsprogramm wählen.

2 Vgl. zu `Fisher-Separationstheorem´ Modul 12.9.2.-9 in diesem Band der Reihe.

| | | |
|---|---|---|
| **12.9.** | **Investitionsrechenverfahren für Programm-scheidungen bei Entscheidungssicherheit** | |
| **12.9.3.** | **Simultane Investitions- und Leistungserstellungsplanung** | **1** |

SIMULTANE INVESTITIONS- UND LEISTUNGSERSTELLUNGSPLANUNG (sog. PRODUKTIONS- BZW. LEISTUNGSERSTELLUNGSTHEORETISCHE VERFAHREN)

Während kapitaltheoretische Modelle eine simultane Bestimmung des optimalen Investitions- und Finanzierungsprogramms bei vorgegebenem Leistungserstellungsprogramm ermöglichen, zielen **leistungstheoretische Modelle** – auch bezeichnet als produktionstheoretische Verfahren – auf eine optimale Bestimmung des optimalen Investitions- und Leistungserstellungsprogramms bei vorgegebenem Finanzierungsprogramm ab.

Im Mittelpunkt der Betrachtung steht die leistungswirtschaftliche Ermittlung des Leistungserstellungsprogramms und nicht die finanzwirtschaftliche, so dass mit ihnen die Kombination von Investitions- und Leistungserstellungsprogramm gesucht wird.

Das optimale Investitions- und Leistungserstellungsprogramm kann (simultan) mit Hilfe der linearen Programmierung bestimmt werden, für die der Leser suf die Spezialliteratur verwiesen sei.

Es existieren darüber hinaus Ansätze für eine simultane Investitions-, Finanzierungs- und Leistungserstellungsplanung, die jedoch eine außerordentliche Komplexität aufweisen und daher in diesem Buch keine Berücksichtigung finden, da ihre Besprechung für einen Einführungsband zu viel Raum einnehmen würde.

Auch soll erwähnt werden, dass simultane Investitionsprogrammplanungen unter Berücksichtigung von Steuern außer Acht gelassen werden, obwohl eine Investition durchaus das Ziel haben kann, seinen Gewinn (Endvermögen, Einkommensniveau) unter steuerlichen Aspekten zu maximieren. Da diese Verfahren nicht mit wenigen Sätzen erklärt werden können, sei in diesem Zusammenhang auf die einschlägige Fachliteratur verwiesen.

| | | |
|---|---|---|
| **12.10.** | **Investitionsrechenverfahren für Investitionsentscheidungen bei Entscheidungsunsicherheit** | |
| **12.10.1.** | **Unsicherheitsentscheidungen** | **1** |

INVESTITIONSRECHENVERFAHREN BEI UNSICHERHEIT DER ENTSCHEIDUNGSSITUATION

**Investitionsrechenverfahren unter** dem Aspekt der **Unsicherheit** sind durch die Unbestimmtheit des Eintretens unterschiedlicher Umweltzustände gekennzeichnet. Je nach temporärer Entscheidungssituation der Investition hat der Investor i.d.R. mit mehreren alternativen Datenkonstellationen zu rechnen, d.h. eine Zahlungsreihe einer Investition lässt sich nicht exakt (unter Sicherheit) auf einen Zahlungsbetrag je Betrachtungszeitraum festlegen. Es existieren vielmehr mehrere mögliche (mehrwertige) Zielgrößen bspw. unterschiedliche Kapitalwerte. Der Enscheidungsträger hat seine Investitionsentscheidung unter Unsicherheit[1] zu treffen. Je nachdem, ob subjektive oder objektive Wahrscheinlichkeiten für das Eintreten bestimmter Datenkonstellationen angegeben werden können, lassen sich **Risikoentscheidungen** unterscheiden von Situationen, wenn keine Wahrscheinlichkeiten angegeben werden können bei **Ungewissheitssituationen**.

Die Unsicherheit des Eintretens von bestimmten Datenkonstellationen kann durch zwei Methoden rechenbar gemacht, jedoch nicht beseitigt werden:

- unsichere Zahlungsgrößen werden durch ihre Sicherheitsäquivalente ersetzt: Ein **Sicherheitsäquivalent** ist derjenige Betrag, der vom Investor subjektiv als gleichwertig angesehen wird wie die unsichere Zahlung;
- einzelne unsichere Zahlungen werden durch ihre Wahrscheinlichkeitsverteilung repräsentiert: Die Wahrscheinlichkeiten des Eintretens von Datenkonstellationen werden subjektiv geschätzt. Im weiteren Verlauf der Investition wird die Wahrscheinlichkeitsverteilung durch ihren Erwartungswert ($\mu$), mitunter ergänzt um ein Streuungsmaß ($\sigma$), repräsentiert.

Ein Investor muss sich entscheiden, ob er die Unsicherheit explizit im Investitionskalkül berücksichtigen will, oder ob er alternativ mit besonders wahrscheinlichen Datenkonstellationen rechnet, die dann als 'quasi'-sichere Erwartungen angesehen werden.

Für die explizite Berücksichtigung der Unsicherheit stehen zur Verfügung

INVESTITIONSRECHENVERFAHREN BEI UNSICHERHEIT IM ENTSCHEIDUNGSVORFELD[2]

INVESTITIONSRECHENVERFAHREN BEI UNSICHERHEIT IM ENTSCHEIDUNGSFELD[3]

---

1 Vgl. zu `(Entscheidungs-)Unsicherheit´ Modul 12.3.-1 in diesem Band der Reihe.

2 Vgl. zu `Investitionsrechenverfahren bei Unsicherheit im Entscheidungsvorfeld´ Modul 12.10.2.ff. in diesem Band der Reihe.

3 Vgl. zu `Investitionsrechenverfahren bei Unsicherheit im Entscheidungsfeld´ Modul 12.10.3 in diesem Band der Reihe.

| | | |
|---|---|---|
| **12.10.** | **Investitionsrechenverfahren für Investitionsentscheidungen bei Entscheidungsunsicherheit** | |
| **12.10.2.** | **Entscheidungsunsicherheit im Entscheidungsvorfeld** | **Ü 1** |

INVESTITIONSRECHENVERFAHREN BEI UNSICHERHEIT IM ENTSCHEIDUNGSVORFELD

- SENSITIVITÄTSANALYSE MITTELS DES VERFAHRENS DER KRITISCHEN WERTE
- BANDBREITENANALYSE
- 3-WERTE-VERFAHREN
- KORREKTURVERFAHREN

SENSITIVITÄTSANALYSE MITTELS DES VERFAHRENS DER KRITISCHEN WERTE

- ... MESSUNG DER EMPFINDLICHKEIT
- ... ERMITTLUNG KRITISCHER WERTE

BANDBREITENANALYSE

3-WERTE-VERFAHREN

KORREKTURVERFAHREN

| 12.10. | Investitionsrechenverfahren für Investitionsentscheidungen bei Entscheidungsunsicherheit | |
|---|---|---|
| 12.10.2. | Entscheidungsunsicherheit im Entscheidungsvorfeld | 1 |

## INVESTITIONSRECHENVERFAHREN BEI UNSICHERHEIT IM ENTSCHEIDUNGSVORFELD

Zu den Verfahren, die sich bei Unsicherheit im Entscheidungsvorfeld erwähnen lassen, sind zu nennen

- SENSITIVITÄTSANALYSE MITTELS DES VERFAHRENS DER KRITISCHEN WERTE
- BANDBREITENANALYSE
- 3-WERTE-VERFAHREN
- KORREKTURVERFAHREN

## SENSITIVITÄTSANALYSE MITTELS DES VERFAHRENS DER KRITISCHEN WERTE

Bei der **Sensitivitätsanalyse** werden sämtliche Bewertungskriterien einer Investition einer nochmaligen, erweiterten genaueren Betrachtung unterzogen als dies in der ursprünglichen Betrachtung geschah, um im repetitiven Durchlauf eines Investitionsentscheidungsprozesses zu einem finalen Resultat in Bezug auf die Betrachtung von unterschiedlichen Objekten zu gelangen. Bei der Sensitivitätsanalyse erfolgt eine Rechnung auf Basis `quasi-sicherer´ Erwartungen. Sie dient dazu, einen Einblick in die Struktur des Investitionsvorhabens zu vermitteln und stellt mögliche Auswirkungen von alternativen Umweltsituationen dar. Jedoch werden die Inputinformationen, die ursprünglichen Schätzwerte für die relevanten Parameter, nicht ex-ante modifiziert, sondern ex-post wird geprüft, wie sensibel das ermittelte Ergebnis auf Abweichungen der als sicher unterstellten Parameter reagiert.
Die **Vorteile der Sensitivitätsanalyse** liegen in ihrer relativ einfachen Struktur durch die Variation der Inputgrößen, sowie darin, dass Unsicherheit in der Zielwertberechnung berücksichtigt sind, ohne ex-ante über Wahrscheinlichkeiten Aussagen zu treffen, so dass sich mit ihrer Hilfe die Prägnanz einzelner Parameter für die Vorteilhaftigkeit einer Investition ermitteln lässt.
Als **Nachteile der Sensitivitätsanalyse** lassen sich nennen, dass keine festgelegten Entscheidungsregeln existieren und sie somit ausschließlich der Entscheidungsvorbereitung und/ oder -findung dient. Als weitere ungelöste Situation kann es je nach Zielgröße zu einem mehrdeutigen Ergebnis kommen, sowie bei unterschiedlicher Parameterkonstellation können sich unterschiedliche Alternativen als relativ vorteilhaft darstellen.
Zur Absicherung der Unsicherheit wird im Rahmen der Sensitivitätsanalyse der Einfluss einer unsicheren Variablen – bei Konstanz aller anderen Inputgrößen – auf deren Zielgröße wie bspw. der Kapitalwert ermittelt.
Die Sensitivitätsanalyse tritt in zwei Varianten auf als

| 12.10. | Investitionsrechenverfahren für Investitionsentscheidungen bei Entscheidungsunsicherheit | |
|---|---|---|
| 12.10.2. | Entscheidungsunsicherheit im Entscheidungsvorfeld | 2 |

... MESSUNG DER EMPFINDLICHKEIT

Bei der Messung der Empfindlichkeit einer Zielgröße auf unterschiedliche Parameter erfolgt die Berechnung indem zunächst eine als unsicher betrachtete Inputgröße – bei Konstanz der übrigen Parameter – variiert und die sich jeweils ergebende Zielgröße wie bspw. der Kapitalwert errechnet wird. Dieses Vorgehen wird analog für alle als unsicher geltenden Inputgrößen wiederholt. Es wird somit die Empfindlichkeit der Zielgröße bei Variation unsicherer Größen gemessen.

... ERMITTLUNG KRITISCHER WERTE

Die **Ermittlung kritischer Werte** einer Inputgröße ist eine **einfache Form der Sensitivitätsanalyse**. Bei ihr werden die kritischen Werte bestimmt, die als unsicher erachtete Inputgrößen annehmen dürfen, wenn ein vorgegebener Zielfunktionswert mindestens erreicht werden soll. Für kritische Werte werden insofern Ober- oder Untergrenzen festgelegt, innerhalb derer der Parameter liegen darf, ohne dass die relative Vorteilhaftigkeit einer Alternative berührt wird.

Die Kapitalwertmethode in ihrer klassischen Form[1] geht davon aus, dass keine Unsicherheit und/ oder kein Zurechenproblem existiert. Zur Abschätzung der Unsicherheit wird die als besonders unsicher angesehene Variable bei Konstanz der übrigen Inputgrößen verwendet und ihr Einfluss durch deren Veränderung auf die Ausprägung der Endgrößen wie bspw. der Kapitalwert untersucht. Von besonderen Interesse ist dabei der Wert der unsicheren Variablen für den die Zielgröße des Investitionsvorhabens einen bestimmten Wert, den sog. **kritischen Wert**, annimmt. Bei der Zielgröße 'Kapitalwert' ist dies bspw. der Wert Null. Sinkt der Kapitalwert unter Null, ist das Investitionsvorhaben nicht mehr akzeptabel. Sinkt die Inputgröße selbst unter ihren kritischen Wert, erfüllt das Investitionsvorhaben das Akzeptanzkriterium nicht mehr.

$$C_0 = \sum_{t=0}^{T} R_t * \frac{1}{(1+i)^t} + L_T * \frac{1}{(1+i)^T}$$

$$= ./. R_0 + \sum_{t=1}^{T} R_t * \frac{1}{(1+i)^t}$$

$$C_0 = (Bar-)Kapitalwert\ [Euro]$$

$$t = Zeit\ (Betrachtungszeitraum)\ von\ 0\ bis\ T\ [BZR]$$

$$R_t = Rückflüsse(Zahlungen)\ zum\ Zeitpunkt\ t\ [Euro]$$

$$i = Kalkulationszinssatz\ [\%]$$

Der Kapitalwert hängt von den unsicheren Inputgrößen $R_0$, $R_t$, $i$, $L_T$ sowie $T$ ab. Dabei sind die Wirkungsrichtungen der verschiedenen Einflussgrößen unterschiedlich. Eine positive Korrelation zwischen Einflussgröße und Kapital-

1 Vgl. zu 'Kapitalwertmethode' Modul 12.7.8. in diesem Band der Reihe.

| | | |
|---|---|---|
| **12.10.** | **Investitionsrechenverfahren für Investitionsentscheidungen bei Entscheidungsunsicherheit** | |
| **12.10.2.** | **Entscheidungsunsicherheit im Entscheidungsvorfeld** | **3** |

wert wie $R_t$, $L_T$) stellt als kritischer Wert die Untergrenze der betreffenden Variable dar; Umgekehrt gilt der ermittelte Wert bei negativer Korrelation wie $R_0$, $T$) als Obergrenze. Ein Investitionsvorhaben ist umso akzeptabler, je stärker ein pessimistischer Schätzwert in günstiger Richtung von dem kritischen Wert der Größe abweicht.

Die Ermittlung kritischer Werte erfolgt in folgender Reihenfolge:

- Auswahl der als unsicher angesehenen Inputgröße,
- Aufstellen der Funktion zur Ermittlung von $C_0$,
- Formulierung der zu lösenden Gleichung $C_0 = 0$,
- Auflösung der Gleichung nach der ausgewählten Inputgröße.

Der so ermittelte Wert stellt den kritischen Wert für die betrachtete Einflussgröße dar. Für den Kalkulationszinssatz ($i$) stellt der interne Zinssatz den kritischen Wert einer Investitionsalternativen dar.

Durch die Variation einzelner, unabhängiger Variablen lässt sich im Rahmen der Sensitivitätsanalyse die Reagibilität der Zielgröße (bspw. des Kapitalwerts) ermitteln. Werden einzelne Inputparameter um bestimmte Prozentsätze geändert, zeigt die folgende Abbildung, wie die Zielgröße `Kapitalwert´ variiert.

*Abbildung:* Reagibilität des Kapitalwerts

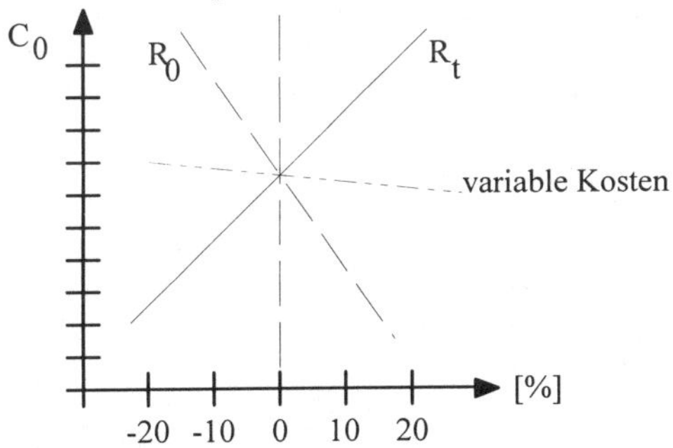


Als Ergebnis lässt sich ermitteln:

Auf Veränderungen der Zahlungsüberschüsse ($R_0$, $R_t$) reagiert der Kapitalwert wesentlich stärker als bei Schwankungen der variablen Kosten. Es ist so möglich, die entscheidungsrelevanten Parameter zu erkennen und bei Investitionsvorhaben besonders genau zu analysieren. Da bei der oben aufgeführten Abbildung die prozentualen Veränderungen der variablen Kosten die Zielgröße kaum beeinflussen, kann sich die Unternehmensführung selbst bei großer Unsicherheit über die Größe der variablen Kosten auf andere Inputparameter des Investitionsvorhabens konzentrieren.

Die Schnittpunkte der Geradenverläufe mit der Abszisse geben den Abstand (in %) zwischen dem geschätzten Wert und dem kritischen Wert, bei dem $C_0 = 0$ gilt, des betrachteten Parameters an.

| 12.10. | Investitionsrechenverfahren für Investitionsentscheidungen bei Entscheidungsunsicherheit | |
|---|---|---|
| 12.10.2. | Entscheidungsunsicherheit im Entscheidungsvorfeld | 4 |

## BANDBREITENANALYSE

Die **Bandbreitenanalyse** lässt sich als dreistufiges Verfahren darstellen:

1. Schätzung der Minimal- und Maximalausprägungen der Parameter: Es wird eine Schätzung der als unsicher erachteten Parameter bezüglich ihrer Ober- und Untergrenzen vorgenommen, innerhalb derer der tatsächliche Wert als realistisch anzunehmen ist,
2. Ermittlung einer Ergebnisrechnung: I.d.R. wird mit Hilfe der Kapitalwertmethode für die ungünstigste und günstigste Parameterkonstellation eine Ergebnisrechnung durchgeführt. Von den jeweiligen Parametern ist es abhängig, ob die Ober- oder die Untergrenze für die günstigste bzw. ungünstigste Konstellation relevant ist. So gilt bspw., dass der Zinssatz als Untergrenze bei dem günstigsten Szenario einfließt, ebenso wie die Obergrenze der Einzahlungsüberschüsse und vice versa.
3. Zusammenstellung der Ergebnisbandbreiten: Das Ergebnis der Berechnungen liefert in einem dritten Schritt eine Bandbreite für die Zielgröße wie bspw. der Kapitalwert, innerhalb derer der tatsächliche Wert liegen dürfte.

Die **Vorteile der Bandbreitenanalyse** liegen in ihrer relativ einfachen Struktur, sowie dem geringen Arbeitsumfang. Hinzu kommt, dass keine Wahrscheinlichkeitsaussagen bezüglich jedes einzelnen Parameters vorzunehmen sind, wobei jedoch durch die Angabe von Ober- und Untergrenze eine subjektive Wahrscheinlichkeitsaussage impliziert und somit ihre Eintrittswahrscheinlichkeit als (subjektiv) sehr gering eingeschätzt wird.

Als **Nachteile der Bandbreitenanalyse** ist zu nennen, dass keine Wahrscheinlichkeiten für Datenkonstellationen außerhalb der Bandbreite angegeben werden. Die Bandbreite der Ergebniswerte wird i.d.R. zu breit geschätzt, da Parameterkonstellationen existieren, bei denen jede einzelne Inputgröße zwar eine nicht vernachlässigbare Wahrscheinlichkeit besitzt, die Konstellation insgesamt jedoch nicht. Als weiteren Nachteil der Bandbreitenanalyse kommt hinzu, dass für die Werte innerhalb der Grenzen keine Eintrittswahrscheinlichkeit angegeben werden kann. Es existiert auch für die Bandbreitenanalyse keine festgelegte Entscheidungsregel. Die Bandbreitenanalyse dient der Entscheidungsvorbereitung und/ oder -fundierung.

## 3-WERTE-VERFAHREN

Das **3-Werte-Verfahren** berücksichtigt im Investitionskalkül drei mögliche Ausprägungen:

- optimistische Betrachtung, d.h. bei guter Konjunkturlage wird die bestmögliche Situation betrachtet,
- pessimistische Betrachtung, d.h. bei schlechter Konjunkturlage wird die schlechtmöglichste Situation berücksichtigt und die
- wahrscheinlichste Betrachtung, d.h. bei realistischer, ausgewogener Konjunkturlage wird die wirklichkeitsgetreueste Situation ermittelt.

| | | |
|---|---|---|
| **12.10.** | **Investitionsrechenverfahren für Investitionsentscheidungen bei Entscheidungsunsicherheit** | |
| **12.10.2.** | **Entscheidungsunsicherheit im Entscheidungsvorfeld** | **5** |

Als zu klärendes Problem ist dabei die Bestimmung der Abstände zwischen optimistischer und pessimistischer Betrachtung vom wahrscheinlichen Wert.

KORREKTURVERFAHREN

Sind die bei Investitionsvorhaben vorhandenen Informationen durch Unsicherheit geprägt, so werden diese Informationen mit dem **Korrekturverfahren** im Sinne der kaufmännischen Vorsicht durch Risikozu- oder -abschläge berücksichtigt. Unsichere Einzahlungen lassen sich durch Risikoabschlag, unsichere Auszahlungen durch Risikoaufschläge zu einwertigen Größen modifizieren. Mit den so korrigierten Größen wird mit den bekannten Investitionsrechenverfahren eine einwertige Zielgröße zur Beurteilung der Investition wie bspw. der Kapitalwert ermittelt. Die so vorgenommenen Korrekturen werden in der Praxis häufig durch pauschale bzw. willkürliche Zu- und Abschläge vorgenommen. An dieser Stelle sei angemerkt, dass es durch die Korrektur unterschiedlicher Größen leicht zur Präjudizierung einzelner Investitionsalternativen kommen kann.

Aufgrund seiner einfachen Handhabung ist das Korrekturverfahren in der Praxis weit verbreitet (case-study).

Korrigiert werden können mit Hilfe des Korrekturverfahrens

- der **Kalkulationszinssatz** durch eine doppelte Diskontierung (eine Diskontierung zur Berücksichtigung zeitlicher Unterschiede, eine weitere Diskontierung zur Berücksichtigung der Unsicherheit) oder eine Diskontierung mit ansteigenden Kalkulationszinssätzen;
- die **Nutzungsdauer**, in dem diese mit höher anzunehmender Unsicherheit kürzer als ursprünglich angenommen wird;
- der **Liquidationserlös** bzw. Rest(wert)erlös, in dem dieser bei zunehmender Unsicherheit um so geringer angesetzt wird;
- die **positiven Rückflüsse** (Gewinne, Überschüsse), in dem diese mit zunehmender Unsicherheit um so geringer angesetzt werden; die negativen Größen wie bspw. Kosten oder Ausgaben können durch Risikozuschläge, die positiven Größen wie bspw. Leistung oder Ertrag durch Risikoabschläge berücksichtigt werden.

Als **Kritikpunkte am Korrekturverfahren** lassen sich nennen

- durch das Korrekturverfahren werden ausschließlich negative Aussagen antizipiert, so dass Entscheidungen – möglicherweise ungewollt – nach dem \`Prinzip der Vorsicht´ bzw. Risikoscheuheit und nicht nach dem \`Prinzip der Chance´ bzw Risikofreude erfolgen;
- es ist möglich, dass Korrekturen an solchen Größen vorgenommen werden, die selbst nicht unsicher sind;
- Wirkungsinterdependencen können von den Beurteilenden meist nicht erkannt werden, so dass die Auswirkungen der Unsicherheit \`summarisch´ bestimmt und verrechnet werden und nicht \`analytisch´ aus der Unsicherheit die Einflussfaktoren ermittelt;

| | | |
|---|---|---|
| **12.10.** | **Investitionsrechenverfahren für Investitionsentscheidungen bei Entscheidungsunsicherheit** | |
| **12.10.2.** | **Entscheidungsunsicherheit im Entscheidungsvorfeld** | **6** |

- werden multipersonale Korrekturen an verschiedenen Größen einer Investitionsrechnung vorgenommen, besteht die Gefahr, durch einen `Kumulationseffekt´ Investitionsvorhaben `totzurechnen´;
- die Auswirkungen von Unsicherheiten werden auch von multipersonalen Entscheidungsträgern (-gremien) nicht erkannt und können bei der Entscheidung nicht berücksichtigt werden. Es werden somit Entscheidungen unter `Unsicherheit über die Unsicherheit´ getroffen.

| 12.10. | Investitionsrechenverfahren für Investitionsentscheidungen bei Entscheidungsunsicherheit | |
|---|---|---|
| 12.10.3. | Entscheidungsunsicherheit im Entscheidungsfeld | 1 |

## INVESTITIONSRECHENVERFAHREN BEI UNSICHERHEIT IM ENTSCHEIDUNGSFELD

Bei den Verfahren, die sich bei Unsicherheit im Entscheidungsfeld einsetzen lassen, soll eingegangen werden auf

- RISIKOANALYSE
- ENTSCHEIDUNGSBAUMVERFAHREN

## RISIKOANALYSE

Unter dem Begriff **Risikoanalyse** werden verschiedene Verfahren zusammengefasst, deren Zweck die Gewinnung einer Wahrscheinlichkeitsverteilung für die in Investitionsrechenverfahren eingehenden Größen ist.
Während bei den Korrekturverfahren, der Sensitivitätsanalyse und der Bandbreitenanalyse keine expliziten Wahrscheinlichkeiten erforderlich sind, ist die Ermittlung der Wahrscheinlichkeitsverteilung unterschiedlicher einzelner Parameter wie bspw. dem Kapitalwert das Hauptelement der Risikoanalyse.
**Ziel der Risikoanalyse** ist es, aus den Wahrscheinlichkeitsverteilungen der Inputgrößen die einer betrachteten Alternative entsprechende Wahrscheinlichkeitsverteilung der Ergebnisse wie bspw. Kapitalwerte zu bestimmen.
Die Verteilung der Wahrscheinlichkeiten begründet sich auf subjektiven Einschätzungen, d.h. es handelt sich bei der Risikoanalyse stets um 'subjektive Wahrscheinlichkeiten', die jedoch intersubjektiv nachvollziehbar sind.
Als grundlegende **Prämissen der Risikoanalyse** sind zu nennen, dass

- die unsicheren Inputgrößen der Investitionsrechnung zufallsabhängig sind,
- die Möglichkeit bestehen muss, für sämtliche als unsicher geltenden Inputgrößen Wahrscheinlichkeitsverteilungen angeben zu können, entweder explizit oder durch Festlegung des Verteilungstyps und Schätzung der Parameter, wobei i.d.R. subjektive Wahrscheinlichkeitsverteilungen erstellt werden,
- die stochastischen Abhängigkeiten zwischen den unsicheren Inputgrößen geschätzt und bei der Ermittlung der Ergebnisverteilung berücksichtigt werden müssen,
- die Anwendung eines analytischen Verfahrens der Risikoanalyse die Normierung der Wahrscheinlichkeitsverteilungen, mindestens der Ergebnisverteilung (Festlegung des Verteilertyps) voraussetzt.

Um die Risikoanalyse anzuwenden, wird nachfolgend auf Verfahrensschritte der Risikoanalyse eingegangen.
Eine Risikoanalyse beinhaltet mehrere Schritte

1. Auswahl der als unsicher angesehenen Eingangsparameter;
2. Bestimmung der Parameter in unabhängige und abhängige Größen;
3. Schätzung bzw. Bestimmung der subjektiven Wahrscheinlichkeitsvertei-

| 12.10. | Investitionsrechenverfahren für Investitionsentscheidungen bei Entscheidungsunsicherheit | |
|---|---|---|
| 12.10.3. | Entscheidungsunsicherheit im Entscheidungsfeld | 2 |

lung der als unsicher geltenden Parameter;

4. Überprüfung (der abhängigen Parameter) auf stochastische Abhängigkeiten zwischen den unsicheren Inputgrößen mit der Maßgröße der Kovarianz; Abhängigkeiten (Interdependenzen) der Parameter sollten nicht bestehen;
5. Ermittlung der Wahrscheinlichkeitsverteilungen für alle unsicheren Eingangsparameter (Ermittlung der Ergebnisverteilung aus den Verteilungen der Inputgrößen wie bspw. der Kapitalwertverteilung);
6. Analyse und Interpretation der Ergebnisverteilung.

Die Risikoanalyse dient lediglich der Entscheidungsvorbereitung und muss – um zu einer Entscheidung zu gelangen – durch die klassischen Entscheidungsregeln ergänzt werden.

Aufgrund des hohen Aufwands zur Gewinnung der Informationen für diese Rechnung, wird sie in der Praxis nur für wichtige und große Projekte verwendet.

## ENTSCHEIDUNGSBAUMVERFAHREN

Ist das Entscheidungsfeld unsicher, so lässt sich bei einem mehrstufigen Investitionsplanungsprozess das **Entscheidungsbaumverfahren** verwenden. Mit diesem Verfahren werden zustandsabhängige Folgeentscheidungen mit berücksichtigt.

**Ziel des Entscheidungsbaumverfahrens** ist es bei Zufallsabhängigkeit der Ergebnisse der Einzelentscheidungen aus einer Vielzahl alternativer Entscheidungsfolgen die (subjektiv) optimale zu bestimmen. Der optimale Lösungsweg im **Entscheidungsbaum** führt vom Ursprung des Entscheidungsbaums über verschiedene Zufallsereignisknoten bis zum Endpunkt.

*Abbildung:* schematische Abfolge eines Entscheidungsbaums

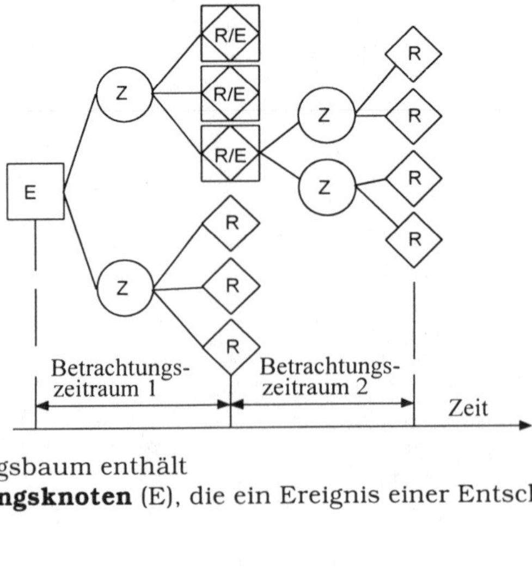


Ein Entscheidungsbaum enthält

- **Entscheidungsknoten** (E), die ein Ereignis einer Entscheidung kenn-

| 12.10. | Investitionsrechenverfahren für Investitionsentscheidungen bei Entscheidungsunsicherheit | |
|---|---|---|
| **12.10.3.** | **Entscheidungsunsicherheit im Entscheidungsfeld** | **3** |

zeichnen,
- **Zufallsereignisknoten** (Z), die den Eintritt eines Zufallsereignisses markieren und
- **Ereignisknoten** (R) am Ende eines Betrachtungszeitraums, in der jede Abfolge (Sequenz) von Entscheidungen und Zufallsereignissen zusammenlaufen.

Jeder Ereignisknoten (R) ist eine Folgeentscheidung (E) der zurückliegenden Entscheidung.

Die Bestimmung der (erwartungswert-)maximalen Alternative wird durch das **Rollback-Verfahren** vorgenommen, bei dem die Überschüsse (Kapitalwerte) der Ereignisknoten mit den Wahrscheinlichkeiten gewichtet und somit sukzessive bis zum Ursprung des Entscheidungsbaums rückermittelt (rollback) werden.

Voraussetzung zur erfolgreichen Aufstellung des Ereignisbaums ist
- die Risikoneutralität des Investors,
- die Quantifizierbarkeit der Wahrscheinlichkeiten sowie
- die Quantifizierbarkeit der Überschüsse (Kapitalwert) von Ereignissen.

Der Entscheidungsbaum empfiehlt sich besonders bei großen Projekten, die starke Interdependenzen zu anderen Investitionsvorhaben aufweisen. Der Vorteil des Verfahrens liegt in seiner Ausbaufähigkeit zu einem Entscheidungs- und Kontrollsystem.

## 12.11. Nutzwertanalyse 1

### NUTZWERTANALYSE

Neben den traditionellen Investitionsrechenverfahren sollte die Nutzwertanalyse stets als ein diese Methoden unterstützendes Verfahren angesehen werden, sowohl bei privatrechtlichen als auch bei öffentlichrechtlichen Investitionsvorhaben.
Zur Lösung von nicht nur quantifizierbaren, sondern auch von nicht-quantifizierbaren Entscheidungsproblemen stellt sich die **Nutzwertanalyse** als ein geeignetes Instrument zur Beurteilung von Vorteilhaftigkeiten unterschiedlicher Handlungsalternativen dar.
Die Nutzwertanalyse ist somit ein Instrument zur Analyse einer Menge komplexer Handlungsalternativen mit dem **Ziel**, die Elemente dieser Menge entsprechend den subjektiven Vorziehenswürdigkeiten des Entscheidungsträgers bezüglich eines multidimensionalen Zielsystems zu ordnen. Die Abbildung dieser Ordnung erfolgt durch die intersubjektive Angabe von Nutzenwerte (Gesamtwerte) der Alternativen mit dem Ziel einer rational begründeten Entscheidungsfindung. Die Nutzwertanalyse ist ein Verfahren, das Handlungsalternativen bezüglich unterschiedlicher subjektiver Zielsetzungen bewertet und diese dadurch vergleichbar macht.
Anwendung findet die Nutzwertanalyse bei Alternativvergleichen, bei denen der Nutzwert als Entscheidungskriterium eingesetzt wird.
Zur detaillierten Darstellung der Nutzwertanalyse wird eingegangen auf

### ... PRÄMISSEN DER NUTZWERTANALYSE

Als **Prämissen der Nutzwertanalyse** lassen sich angeben

- die Nutzenunabhängigkeit der Zielkriterien,
- die kardinale Meßbarkeit des Nutzens,
- die ausschließliche Betrachtung von Handlungsalternativen, die zulässig sind, d.h. diejenigen Alternativen, die vorgegebenen Bewertungskriterien nicht erfüllen, werden eliminiert,
- die Handlungsalternativen sind echte Alternativen und
- das Beurteilungskriterium ist der Nutzwert.

### ... SCHRITTE DER NUTZWERTANALYSE

Als **Schritte der Nutzwertanalyse** sind aufzuführen

1. Zielsystembestimmung: Formulierung eines für den Entscheidungsträger entscheidungsrelevanten Zielsystems;
2. Zielkriterienbestimmung: Subjektive Festlegungen von Zielkriterien, die aus dem Zielsystem abgeleitet sind;
3. Zielkriteriengewichtung bzw. Differenzierung von Zielkriterien: Subjektive Bewertung von Zielkriterien jeder Handlungsalternative durch die Angabe von Pflicht- und Wunschkriterien bzw. Elimination von Kriterien bei Nichterfüllung; die weitere Betrachtung beschränkt sich auf die für das Entscheidungsproblem als relevant erachteten Kriterien, wobei die Gewichtung der relevanten Kriterien anhand eines vorher festzulegenden Bewertungsmaßstabs (Skala) vorgenommen wird;

## 12.11. Nutzwertanalyse 2

4. Zielkriterienbewertung: Bewertung der relevanten Kriterien anhand eines vorher festzulegenden Bewertungsmaßstabs (Skala);
5. Teilnutzenbestimmung: Ermittlung von Teilnutzenwerten;
6. Gesamtnutzenbestimmung je Handlungsalternative: Nutzwertermittlung jeder Alternative anhand von Aggregationsvorschriften;
7. Festlegung der Alternativenrangfolge: Erstellung einer Stufenfolge der Handlungsalternativen aufgrund der subjektiv vorgenommenen Bewertungen;
8. Auswahl der nutzenmaximalen Handlungsalternative.

Eventuell weitere Schritte,

9. Durchführung einer Sensitivitätsanalyse: Variation von Zielen, Bewertungskriterien und Gewichtungen um der Empfindlichkeit gegenüber intervallmäßigen Veränderungen innerhalb des Zeitrahmens zu bestimmen, sowie um festzustellen, inwieweit sich unterschiedliche Wertvorstellungen der am Entscheidungsprozess Beteiligten auf die Rangfolge der Handlungsalternativen auswirken;
10. Beurteilung der Vorteilhaftigkeit anhand von Nutzwerten;
11. Auswahl der nutzenmaximalen Handlungsalternativen.

Die Nutzwertanalyse gestattet eine nachvollziehbare, auf subjektiven Beurteilungsmaßstäben beruhende Bewertung von Handlungsalternativen.

### ... Aufgaben der Nutzwertanalyse

Die **Aufgaben der Nutzwertanalyse** sind zu sehen in

- der gemeinsamen Betrachtung von quantifizierbaren und nicht-quantifizierbaren (Partial-)Zielen, so dass bei rein monetären Renditeobjekten die Nutzwertanalyse eine untergeordnete Rolle spielt, sowie in
- der Visualisierung subjektiver Bewertungen unterschiedlicher Ziele anhand eines nachvollziehbaren Wertesystems (Zielsystem).

### ... Vor- und Nachteile der Nutzwertanalyse

Als **Vorteile der Nutzwertanalyse** sind aufzuführen

- Visualisierung komplexer Entscheidungssituationen,
- Systematisierung unterschiedlicher Zielaspekte,
- Bewußtmachung der zur Entscheidung führenden Kriterien,
- Dokumentation der Entscheidungsituation und somit
- Nachvollziehbarkeit und
- Überprüfbarkeit der Entscheidungsfindung bei komplexen Handlungsalternativen und somit bei einem komplexen Zielbündel besser als eine intuitiv-subjektiv globale Bewertung von Alternativen,
- Möglichkeit der Gleichgewichtung quantifizierbarer wie nicht quantifizierbarer Kriterien und somit geeignet zur Beurteilung von Nicht- und Rendite-Investitionen durch die Berücksichtigung nicht-quantifizierbarer Kriterien.

Als **Nachteile** haben sich bei **der Nutzwertanalyse** erwiesen

## 12.11. Nutzwertanalyse 3

- Vortäuschung einer Objektivität der Entscheidungsfindung durch subjektive Bewertungskriterien und subjektive Zielkriterienauswahl, wodurch die Nutzwertanalyse vielfältige Manipulationsmöglichkeiten besitzt,
- Nutzenabhängigkeit der Zielkriterien oft schwer herstellbar,
- Formulierung von operationalen Bewertungskriterien oft schwierig,
- Aufwendigkeit der Methodendurchführung aufgrund unterschiedlicher kommunikativer Abstimmungsprozesse.

Solange sich die Anwender bei der Durchführung der Nutzwertanalyse ihrer Vor- und Nachteile bewusst sind, ist sie eine praktikable und eine die rationale Entscheidungsfindung unterstützende Methode.

... ANWENDUNGSBEISPIELE FÜR DIE NUTZWERTANALYSE

Da die Nutzwertanalyse ein recht aufwendiges Verfahren ist, sollte sie auf komplexe Nichtrendite-Projekte und Rendite-Großprojekte mit einer Vielzahl von entscheidungsrelevanten Konsequenzen, die nicht durch andere Investitionsrechenverfahren abgedeckt werden, beschränkt bleiben. **Beispiele für die Anwendung der Nutzwertanalyse** stellen komplexe Forschungs- und Entwicklungsprojekte, Neu- und Erweiterungsinvestitionen im Leistungserstellungsbereich und Nichtrendite-Projekte wie Umweltschutz-, Sozial- und Infrastrukturmaßnahmen dar.
Ist das betrachtete Investitionsobjekt wenig komplex oder gering in seiner finanziellen Kompetenz, so reicht eine verbale Beschreibung und Argumentation aus.

# Abkürzungsverzeichnis

**AZ 1**

| | |
|---|---|
| Abs. | Absatz |
| AfA | Absetzungen für Abnutzungen |
| AG | Aktiengesellschaft |
| AktG | Aktiengesetz |
| aLuL | aus Lieferungen und Leistungen |
| AO | Abgabenordnung |
| ArbNErfG | Arbeitnehmererfindungsgesetz |
| betr. | betriebliches |
| BetrVG | Betriebsverfassungsgesetz |
| BewG | Bewertungsgesetz |
| BGB | Bürgerliches Gesetzbuch |
| BK | Betriebskosten |
| BörsG | Börsengesetz |
| BörsZulV | Börsenzulassungsverordnung |
| bspw. | beispielsweise |
| BZR | Betrachtungszeitraum |
| DB | Der Betrieb |
| DBW | Der Betriebswirt |
| DtA | Deutsche Ausgleichsbank |
| e.G. | eingetragene Genossenschaft |
| e.V. | eingetragener Verein |
| EK | Eigenkapital |
| ERP | European Recovering Program |
| EStR | Einkommensteuer-Richtlinien |
| EZB | Europäische Zentralbank |
| FK | Fremdkapital |
| gem. | gemäß |
| GenG | Genossenschaftsgesetz |
| GmbH | Gesellschaft mit beschränkter Haftung |
| GmbHG | Gesetz über Gesellschaften mit beschränkter Haftung |
| GWB | Gesetz gegen Wettbewerbsbeschränkungen (Kartellgesetz) |
| HGB | Handelsgesetzbuch |
| i | Kalkulationszinssatz |
| i.d.R. | in der Regel |
| i.e.S. | im engeren Sinne |
| i.V.m. | in Verbindung mit |
| i.w.S. | im weiteren Sinne |
| InO | Insolvenzordnung |
| $K_{Abschr}$ | kalkulatorische Abschreibungen |
| KfW | Kreditanstalt für Wiederaufbau |
| KG | Kommanditgesellschaft |
| KGaA | Kommanditgesellschaft auf Aktien |
| KK | Kapitalkosten |
| KO | Konkursordnung |
| KRP | Kostenrechnungspraxis |
| $K_{Zinsen}$ | kalkulatorische Zinsen |
| LE | Leistungseineinheit |
| OHG | Offene Handelsgesellschaft |
| PublG | Publizitätsgesetz |
| $r_{EK}$ | Eigenkapitalrentabilität |
| $r_{FK}$ | Fremdkapitalrentabilität |
| $r_{GK}$ | Gesamtkapitalrentabilität |
| RL-... | Rentabilitäts-Liquiditäts-... |
| ROI | Return on Investment |
| S. | Seite |
| Sp. | Spalte |
| TEuro | tausend Euro |
| u.a.m. | und andere mehr |
| UmwG | Umwandlungsgesetz |
| VerglO | Vergleichsordnung |
| WG | Wechselgesetz |
| WiSt | Wirtschaftswissenschaftliches Studium |
| WISU | Das Wirtschaftsstudium |
| ZE | Zeiteinheit |
| ZfB | Zeitschrift für Betriebswirtschaft |
| ZfbF | Zeitschrift für betriebswirtschaftliche Forschung |
| ZPO | Zivilprozessordnung |
| ZVEI | Zentralverband der Elektrotechnischen Industrie e.V. |
| zzgl. | zuzüglich |

Sonderzeichen

| | |
|---|---|
| ∅ | Durchschnitt |
| ./. | kaufmännisches Minuszeichen |

| | Literaturverzeichnis | L 1 |
|---|---|---|

## 10. Finanzwesen

Bartsch, Jürgen; Fischer, Gerd: Optische Betriebswirtschaftslehre, Heft 6: Betriebliche Finanzwirtschaft, 1978.
Baumann, Karl-Hermann: Finanzmanagement, in: Chmielewicz, Klaus; Schweitzer, Marcell (Hrsg.): Handwörterbuch des Rechnungswesens, 3. Aufl., Stuttgart, 1993, Sp. 613-627.
Clausius, Eike: Controlling in Forschung und Entwicklung, Frankfurt am Main, Berlin, 1993.
Clausius, Eike: Betriebswirtschaftslehre, Band I: Einführung in hierarchischen Modulen, München, 1998.
Däumler, Klaus Dieter: Betriebliche Finanzwirtschaft. Mit Fragen und Aufgaben, Antworten und Lösungen, Tests und Tabellen, 7. Aufl. Berlin, 1997.
Dellmann, Klaus: Finanzplanung, in: Chmielewicz, Klaus; Schweitzer, Marcell (Hrsg.): Handwörterbuch des Rechnungswesens, 3. Aufl., Stuttgart, 1993, Sp. 636-646.
Dettmer, Harald; Hausmann, Thomas: Finanzmanagement, Band 2: Problemorientierte Darstellung, München, Wien, 1997.
Gablers Wirtschafts-Lexikon: hrsg. von Sellien, Reinhold; Sellien, Helmut (Hrsg.): 13. Aufl., Wiesbaden, 1993.
Gramlich, Dieter: Finanzplanung als Phasenmodell (I) und (II), in: WISU. 23. 1994, 4. S. 321-326 und 5. S. 433-436.
Grochla, Erwin: Finanzierung, Begriff der, in: Büschgen, Hans E. (Hrsg.): Handwörterbuch der Finanzwirtschaft, Stuttgart, 1976, Sp. 413 - 431.
Hauschildt, Jürgen: Finanzmanagement, in: Büschgen, Hans E. (Hrsg.): Handwörterbuch der Finanzwirtschaft, Stuttgart, 1976, Sp. 507-515.
Hauschildt, Jürgen; Sachs, G.; Witte, E.: Finanzplanung und Finanzkontrolle, München, 1981.
Heinen, Edmund: Einführung in die Betriebswirtschaftslehre, 9. Aufl., Wiesbaden, 1992.
Kreis, Rudolf: Betriebswirtschaftslehre, Band III: Finanz- und Rechnungswesen, 5. Aufl., München, 1998.
Mandêry, Willy: Finanzplanung, in: Grünewald; Kilger; Seiff (Hrsg.): Agplan-Handbuch zur Unternehmensplanung, 3. Bd., 27. Ergänzungs-Lieferung X/ 83, 4312, Berlin 1983, S. 1-25.
Marx, Marita: Finanzmanagement und Finanzcontrolling im Mittelstand, Ludwigsburg, Berlin 1993.
Olfert, Klaus: Finanzierung, 9. Aufl., Ludwigshafen, 1997.
Olfert, Klaus; Körner, Werner; Langenbeck, Jochen: Bilanzen, 8. Aufl., Ludwigshafen, 1998.
Olfert, Klaus; Rahn Horst-Joachim: Lexikon der Betriebswirtschaftslehre, Ludwigshafen, 1996.
Preißler, Peter R.; Blum, Erwin; Bestmann, Uwe; Folger, Werner: Finanzwirtschaft, 2. Aufl., 1990.
Schneider, Dieter J.: Investition, Finanzierung und Besteuerung, 7. Aufl., Wiesbaden 1991.
Selchert, Friedrich W.: Finanz-Controlling mit Hilfe von Kennzahlen, in: Betrieb und Wirtschaft, 23. 1993, S. 789-794.
Serfling, Klaus; Marx, Marita: Finanzplanung und Finanzdisposition als Aufgabe des Finanzmanagements mittelständischer Unternehmen, in: DB, 44. 1991, 3. S. 105-112.
Specht, Günter: Einführung in die Betriebswirtschaftslehre, Stuttgart, 1990.
Süchting, Joachim: Finanzmanagement. Theorie und Politik der Unternehmensfinanzierung. 6. Aufl., Wiesbaden, 1995.
Thielmann, Karl-Heinz; Rollwage, Nikolaus: Finanzierung: mit Übungsaufgaben und Lösungen, 2. Aufl., Köln, 1996.
Walz, Hartmut; Gramlich, Dieter: Investitions-und Finanzplanung. Eine Einführung in finanzwirtschaftliche Entscheidungen unter Sicherheit, 5. Aufl., Heidelberg, 1997.
Witte, Eberhard: Liquiditätspolitik der Unternehmung, Tübingen, 1963.

## 11. Finanzierung

Ahlert, Dieter; Franz, Klaus-Peter; Göppl, Hermann (Hrsg.): Finanz- und Rechnungswesen als Führunginstrument, Wiesbaden 1990.
Albach, Horst: `Finanzierungsregeln´ und Kapitalstruktur der Unternehmung, in: Christians, Wilhelm (Hrsg.): Finanzierungshandbuch, 2. Aufl., Wiesbaden, 1988, S. 599-626.
Amann, K.: Finanzwirtschaft, Stuttgart u. a. 1993.

# Literaturverzeichnis

L 2


Arbeitskreis 'Finanzierung' der Schmalenbach-Gesellschaft/ Deutsche Gesellschaft für Betriebswirtschaft e. V.: Investitions-Controlling - Zum Problem der Informationsverzerrung bei Investitionsentscheidungen in dezentralen Unternehmen, in: ZfbF. 46. 1994, 11. S. 899-925.

Bartsch, Jürgen; Fischer, Gerd: Optische Betriebswirtschaftslehre, Heft 6: Betriebliche Finanzwirtschaft, Herne, Berlin 1978.

Baumann, Karl-Hermann: Finanzmanagement, in: Chmielewicz, Klaus; Schweitzer, Marcell (Hrsg.): Handwörterbuch des Rechnungswesens, 3. Aufl., Stuttgart, 1993, Sp. 613-627.

Bermig, Horst: Langfristige Unternehmensplanung, in: Haberland, Günther (Hrsg.): Handbuch des Controlling und Finanzmanagement, München 1975, S. 183-206.

Bestmann, Uwe (Hrsg.): Finanzlexikon, München 1989.

Betge, Peter: Absatzförderung durch Finanzierungsmaßnahmen, in: WISU. 19. 1990, 1. S. 38-43, 66-67.

Bieg, Hartmut: Der Einfluß der Besteuerung auf Außenfinanzierungsentscheidungen; in: WiSt, 26. 1997, 4. S. 175-182.

Bieg, Hartmut: Finanzierungsregeln, in: WiSt. 12. 1983, 10. S. 491-496.

Bierich, Marcus: Finanzplanung, Finanzorganisation und Finanzkontrolle, in: ZfbF. 28. 1976, Kompaktstudium, S. 3-9.

Bitz, Michael: Äquivalente Zielkonzepte für Modelle zur simultanen Investitionsplanung und Finanzplanung; in: ZfbF. 28. 1976, S. 485-501.

Bitz, Michael: Der interne Zinsfuß in Modellen zur simultanen Investitionsplanung und Finanzplanung; in: ZfbF. 29. 1977, S. 146-162.

Blazek, Alfred; Deyhle, Albrecht: Treasurer- und Controller-Aufgaben, in: Jehle, Kurt; Blazek, Alfred; Deyhle, Albrecht (Hrsg.): Finanz-Controlling, Planung und Steuerung von Finanzen und Bilanzen, Gauting bei München, 1976, S. 31-45.

Boening; Hochmann: Bank- und Finanzmanagement. Marketing - Rechnungswesen - Finanzierung. Reflexionen aus der Praxis, Wiesbaden, 1993.

Breuel, Birgit: Venture Capital, in: Christians, Wilhelm (Hrsg.): Finanzierungshandbuch, 2. Aufl., Wiesbaden, 1988, S. 577-598.

Buchner, Robert: Grundzüge der Finanzanalyse, München, 1981.

Büschgen, Hans E. (Hrsg.): Handwörterbuch der Finanzwirtschaft, Stuttgart 1976.

Büschgen, Hans E.: Das kleine Börsenlexikon, 21. Aufl., Düsseldorf, 1998.

Busse von Colbe, Walther (Hrsg.): Lexikon des Rechnungswesens. Handbuch der Bilanzierung und Prüfung, der Erlös-, Finanz- und Kostenrechnung, München, Wien 1990.

Busse, Franz-Joseph: Grundlagen der betrieblichen Finanzwirtschaft, 3. Auf., München, Wien, 1993.

Bussmann, Karl F.: Kaufmännisches Rechnen und Finanzmathematik, 4. Aufl., Stuttgart 1980.

Chmielewicz, Klaus: Finanz- und Erfolgsplanung, integrierte, in: Büschgen, Hans E. (Hrsg.): Handwörterbuch der Finanzwirtschaft, Stuttgart, 1976, Sp. 616-630.

Christians, Wilhelm (Hrsg.): Finanzierungshandbuch, 2. Aufl., Wiesbaden, 1988.

Clausius, Eike: Controlling in Forschung und Entwicklung, Frankfurt am Main, Berlin, 1993.

Clausius, Eike: Betriebswirtschaftslehre, Band I: Einführung in hierarchischen Modulen, München, 1998,

Däumler, Klaus Dieter: Effektivzinsbestimmung bei kurzfristiger Fremdfinanzierung, in: Betrieb und Wirtschaft, 47. 1993, 12. S. 381-387.

Däumler, Klaus Dieter: Betriebliche Finanzwirtschaft. Mit Fragen und Aufgaben, Antworten und Lösungen, Tests und Tabellen, 7. Aufl., Herne, Berlin, 1997.

Dellmann, Klaus: Finanzplanung, in: Chmielewicz, Klaus; Schweitzer, Marcell (Hrsg.): Handwörterbuch des Rechnungswesens, 3. Aufl., Stuttgart 1993, Sp. 636-646.

Dettmer, Harald; Hausmann, Thomas: Finanzmanagement, Band 2: Problemorientierte Darstellung, München, Wien, 1997.

Dettmer, Harald; Hausmann, Thomas: Finanzmanagement, Band 1: Einführung, 2. Aufl., München, Wien, 1998.

Dettmer, Harald; Hausmann, Thomas; Himstedt, Ludwig; Steffens, Klaus: Arbeitsbuch zu Finanzmanagement, Band 1, München, Wien, 1996.

Drukarczyk, Jochen: Finanzierung. Eine Einführung, 5. Aufl., Bern, Stutgart 1991.

| | Literaturverzeichnis | L 3 |
|---|---|---|

DVFA/ SG: Kommission für Methodik der Finanzanalyse der Deutschen Vereinigung für Finanzanalyse und Anlageberatung (DVFA) und Arbeitskreis "Externe Unternehmensrechnung" der Schmalenbach-Gesellschaft – Deutsche Gesellschaft für Betriebswirtschaft (SG): Cash Flow nach DVFA/ SG, in: Die Wirtschaftsprüfung, 1993, 19, S. 599-602.
Eichholz, Reinhold E.; Kluge, Hans-Jürgen: Finanzwirtschaft/ Planungsrechnung, 2. Aufl., München, 1991.
Eilenberger, G.: Betriebliche Finanzwirtschaft, 3. Auf., München 1989.
Ernst, Dierk: Finanzierung neuer Technologien, in: ZfB, Ergänzungsheft 1/1986, S. 235-250.
Fischer, Otfrid: Finanzwirtschaft der Unternehnung I: Daten und Alternativen der Finanzwirtschaft, Tübingen, 1976.
Franke, Günter; Hax, Herbert: Finanzwirtschaft des Unternehmens und Kapitalmarkt, 3. Aufl., Heidelberg et alli, 1994.
Gablers Wirtschafts-Lexikon: hrsg. von Sellien, Reinhold; Sellien, Helmut (Hrsg.): 13. Aufl., Wiesbaden, 1993.
Gahrmann, Arno: Die finanzwirtschaftliche Beurteilung von Investitionen mit Hilfe zahlungsorientierter Rendite- und Rückflußrechnungen, in: WiSt. 19. 1990, 3. S. 141-143.
Gälweiler, Aloys: Zur Abstimmung zwischen Unternehmensstrategie und Finanzierungspotential, in: Töpfer, A.; Afheldt, H. (Hrsg.): Praxis der strategischen Unternehmensplanung, 2. Aufl., Landsberg am Lech, 1987, S. 247-297.
Garhammer, Christian: Grundlagen der Finanzierungspraxis, 2. Aufl., Wiesbaden, 1998.
Gieske, Friedhelm: Erfolgs- und Finananalyse, in: Christians, Wilhelm (Hrsg.): Finanzierungshandbuch, 2. Aufl., Wiesbaden, 1988.
Goll, Dieter: Die richtige Finanzierung. Kreditbedarf, Formen, Kontrolle, München, 1992.
Gramlich, Dieter: Finanzplanung als Phasenmodell (I) und (II), in: WISU. 23. 1994, 4. S. 321-326 und 5. S. 433-436.
Grob, Heinz Lothar: Investitionsrechnung mit vollständigen Finanzplänen, München, 1989.
Grochla, Erwin: Finanzierung, Begriff der, in: Büschgen, Hans E. (Hrsg.): Handwörterbuch der Finanzwirtschaft, Stuttgart, 1976, Sp. 413 - 431.
Guttenberger, S.: Finanzwirtschaftliche Entscheidungsprozesse, Rinteln, 1995.
Haberland, Günther (Hrsg.): Handbuch des Controlling und Finanzmanagement, München, 1975.
Hauschildt, Jürgen: Finanzmanagement, in: Büschgen, Hans E. (Hrsg.): Handwörterbuch der Finanzwirtschaft, Stuttgart 1976, Sp. 507-515.
Hauschildt, Jürgen: Kontrolle der kurzfristigen Finanzplanung, in: ZfbF. 29. 1997-Kompaktstudium, S. 215-222.
Hauschildt, Jügen; Sachs, G.; Witte, E.: Finanzplanung und Finanzkontrolle, München, 1981.
Hax, Herbert; Laux, Helmut: Die Finanzierung der Unternehmung, Köln, 1975.
Jacob, Herbert (Hrsg.): Controlling und Finanzplanung, Wiesbaden 1979.
Jung, Hans: Allgemeine Betriebswirtschaftslehre, 4. Aufl., München, 1998.
Kerth, A.: Bilanzanalyse und Bilanzpolitik, München, Wien, 1993.
Kerth, A.: Finanzanalyse. Beurteilung der Finanzlage aus dem Jahresabschluß, München, Wien, 1994.
Kirsch, Hanno: Leistungsprogrammentscheidung durch integrierte Finanz-, Bilanz- und Erfolgsplanung, in: WiSt. 21. 1992, 11. S. 591-594.
Kopper, Hilmar: Klassische Außenfinanzierung, in: Christians, Wilhelm (Hrsg.): Finanzierungshandbuch, 2. Aufl., Wiesbaden, 1988, S. 367-395.
Kralicek, Peter: Grundlagen der Finanzwirtschaft: Bilanzen, Gewinn- und Verlustrechnung, Cash-flow, Kalkulationsgrundlagen, Finanzplanung, Frühwarnsysteme, Wien, 1991.
Kreis, Rudolf: Betriebswirtschaftslehre, Band III: Finanz- und Rechnungswesen, 5. Aufl., München, 1998.
Krüger, Walter: Langfristige Fremdfinanzierung durch Kreditinstitute und andere Finanzierunginstitutionen, in: Christians, Wilhelm (Hrsg.): Finanzierungshandbuch, 2. Aufl., Wiesbaden, 1988, S. 257-287.
Kruschwitz, Lutz: Finanzierung und Investition, Berlin, New York, 1995.
Kruschwitz, Lutz; Decker, Rolf O. A.; Möbius, Christian: Investitions- und Finanzplanung. Arbeitsbuch mit Aufgaben und Lösungen, Wiesbaden, 1993.
Kugler, Gernot (Hrsg.): Betriebswirtschaftslehre der Unternehmung, 12. Aufl., Haan-Gruiten, 1992.

| | Literaturverzeichnis | L 4 |
|---|---|---|

Lachnit, Laurenz (Hrsg.): Controllingsysteme für ein PC-gestütztes Erfolgs- und Finanzmanagement, München, 1992.
Laux, Helmut: Investitions- und Finanzplanung mit Hilfe von Kapitalwerten; in: ZfbF. 21. 1969, S. 43-56.
Lücke, Wolfgang: Finanzplanung und Finanzkontrolle in der Industrie. Systematische Darstellung der Grundlagen, Wiesbaden, 1965.
Lücke, Wolfgang: Finanzplanung, in: Büschgen, Hans E. (Hrsg.): Handwörterbuch der Finanzwirtschaft, Stuttgart, 1976, Sp. 547- 558.
Lücke, Wolfgang: Investitionsrechnungen auf der Grundlage von Ausgaben oder Kosten? in: Zeitschrift für handelswissenschaftliche Forschung, NF, 7. 1955, S. 310-324.
Lukac, Alfred: Finanzplan, in: Büschgen, Hans E. (Hrsg.): Handwörterbuch der Finanzwirtschaft, Stuttgart 1976, Sp. 539-546.
Mandéry, Willy: Finanzplanung, in: Grünewald; Kilger; Seiff (Hrsg.): Agplan-Handbuch zur Unternehmensplanung, 3. Bd., 27. Ergänzungs-Lieferung X/83, 4312, Berlin 1983, S. 1-25.
Manz, Klaus; Dahmen, Andreas: Finanzierungstheorie, Kompaktstudium Wirtschaftswissenschaften, Band 6, 2. Aufl., München, 1999.
Marx, Marita: Finanzmanagement und Finanzcontrolling im Mittelstand, Ludwigsburg, Berlin 1993.
May, Eberhard; Fuß, Hans Jürgen; Beer, Günther: Allgemeine Wirtschaftslehre, 6. Aufl., Darmstadt, 1995.
Möser, Heinz Dieter: Finanz- und Investitionswirtschaft in der Unternehmung, 2. Aufl., Landsberg am Lech, 1993.
Neumann, Horst: Finanzmanagement der Unternehmen, in: Betrieb und Wirtschaft, 47. 1993, 9. S. 273-277.
Olfert, Klaus: Finanzierung, 9. Aufl., Ludwigshafen, 1997.
Ossadnik, Wolfgang: Die Darstellung der Finanzlage im Jahresabschluss der Kapitalgesellschaft, in: Betriebs-Berater, 45. 1990, 12. S. 813-818.
Perridon, Louis; Steiner, Manfred: Finanzwirtschaft der Unternehmung, 9. Aufl., München, 1997.
Preißler, Peter R.; Blum, Erwin; Bestmann, Uwe; Folger, Werner: Finanzwirtschaft, 2. Aufl., Landsberg a. Lech, 1990.
Probst, Horst: Finanzplanung als Teil der Unternehmensplanung, in: bilanz & buchhaltung, 35. 1989, 3. S. 89-96 und 5. S. 169-176 und 7. S. 261-267.
Rehkugler, Heinz; Schindel, Volker: Finanzierung, 6. Aufl., München, 1994.
Schär, H. P.: Die Organisation des Finanzwesens, in: Die Unternehmung. 24. 1970, 1. S. 1-13.
Schierenbeck, Henner: Grundzüge der Betriebswirtschaftslehre, 10. Aufl., München, 1989.
Schlecht, Otto: Subventionen als Finanzierungsinstrument, in: Christians, Wilhelm (Hrsg.): Finanzierungshandbuch, 2. Aufl., Wiesbaden, 1988.
Schmidt, Reinhart H.; Terberger, Eva: Grundzüge der Investitions- und Finanzierungstheorie, 4. Aufl., Wiesbaden, 1997.
Schneider, Dieter J.: Investition, Finanzierung und Besteuerung, 7. Aufl., Wiesbaden, 1992.
Schneider, Ulf: Finanz-Controlling - Leistungsfähigkeit des Konzerns am Beispiel der international tätigen Bank, Berlin, 1986.
Schütt, Hartmut: Finanzierung und Finanzplanung deutscher Industrieunternehmungen. Eine Empirische Untersuchung, Darmstadt, 1979.
Selchert, Friedrich W.: Finanz-Controlling mit Hilfe von Kennzahlen, in Betrieb und Wirtschaft, 23. 1993, 12. S. 789-794.
Serfling, Klaus; Marx, Marita: Finanzplanung und Finanzdisposition als Aufgabe des Finanzmanagements mittelständischer Unternehmen, in: DB, 44. 1991, 3. S. 105-112.
Specht, Günter: Einführung in die Betriebswirtschaftslehre, Stuttgart, 1990.
Spremann, Klaus: Investition und Finanzierung, 4. Aufl., München, 1991.
Städtler, Arno: Jenseits traditioneller Finanzierungsformen: Leasing - Faktoring - Forfaitierung, in: Finanzierng, Leasing, Factoring, 34. 1987, 4. S. 138-142.
Süchting, Joachim: Finanzmanagement. Theorie und Politik der Unternehmensfinanzierung, 6. Aufl., Wiesbaden, 1995.
Thielmann, Karl-Heinz; Rollwage, Nikolaus: Finanzierung: mit Übungsaufgaben und Lösungen, 2. Aufl., Köln, 1996.
Veit, Thomas; Walz, Hartmut; Gramlich, Dieter: Investitons- und Finanzplanung, 3. Aufl., Heidelberg 1990.

| | Literaturverzeichnis | L 5 |
|---|---|---|

Vollkart, R.: Finanzmanagement. Beiträge zu Theorie und Praxis, Band I und II, Zürich 1995.
Vormbaum, Herbert: Finanzierung der Betriebe, 9. Aufl., Wiesbaden, 1995.
Walz, Hartmut; Gramlich, Dieter: Investitions- und Finanzplanung. Eine Einführung in finanzwirtschaftliche Entscheidungen unter Sicherheit, 5. Aufl., Heidelberg, 1997.
Weber, Joachim: Kosten- und Finanzplanung. Ein Leitfaden für Klein- und Mittelbetriebe - Liquiditätssicherung, Kalkulation, Erfolgsplanung, Budgetierung, Controlling, München, 1992.
Wieland, Johann E.: Bausteine zu einer strategischen Finanzplanung, Frankfurt a. M, Bern, New York, Paris, 1991.
Witte, Eberhard: Finanzplanung der Unternehmung, 3. Aufl., Opladen, 1983.
Wöhe, Günter; Bilstein, Jürgen: Grundzüge der Unternehmensfinanzierung, 7. Aufl., München, 1994.
Wöhe, Günter: Einführung in die Allgemeine Betriebswirtschaftslehre, 18. Aufl., München, 1993.
Wossidlo, Peter Rüdiger: Finanzierung, in: Pfohl, Hans-Christian: Betriebswirtschaftslehre der Mittel- und Kleinbetriebe: größenspezifische Probleme und Möglichkeiten zu ihrer Lösung, 3. Aufl., Berlin, 1997, S. 287-333.
Wurm, Gregor; Wolff, Karl; Küpper, Franz J.: Bankbetriebslehre, Köln, 1996.

## 12. Investition

Adam, Dietrich (Hrsg): Neuere Entwicklungen in der Produktions- und Investitionspolitik: Herbert Jacob zum 60. Geburgstag, Wiesbaden 1987.
Adam, Dietrich; Hering, Thomas; Schlüchtermann, Jörg: Marktzinsmethode, Lenkpreistheorie und klassische Investitionsrechnung, in: ZfbF. 45. 1993, 9. S. 786-790.
Adam, Dietrich; Schlüchtermann, Jörg; Hering, Thomas: Zur Verwendung marktorientierter Kalkulationszinsfüße in der Investitionsrechnung. Kritische Stellungnahme zum Beitrag 'Marktzinsorientierte Investitionsrechnung' von B. Rolfes (ZfB. 63. 1993, 7. S. 691-713), in: ZfB. 64. 1994, 1. S. 115-119.
Adam, Dietrich; Schlüchtermann, Jörg; Utezl: Zur Eignung der Marktzinsmethode für Investitionsentscheidungen, in: ZfbF. 45. 1993, 1. S. 3-18.
Albach, Horst: Das optimale Investitionsbudget bei Unsicherheit, in: Lüder, Klaus (Hrsg.): Investitionsplanung, 1. Aufl., München 1977, S. 275-287.
Albach, Horst: Das optimale Investitionsbudget bei Unsicherheit; in: ZfB. 37, 1967, S. 503-518
Albach, Horst: Investitionspolitik erfolgreicher Unternehmen, in: ZfB, 57. 1987, 7. S. 636-661.
Albach, Horst; Simon, H. (Hrsg.): Investitionstheorie und Investitionspolitik privater und öffentlicherUnternehmen, Wiesbaden 1976.
Altmann, H.: Der Einfluß von Entscheidungsprozeß und Entscheidungsmodell auf Informationsbedarf und -beschaffung im Rahmen von Investitionsüberlegungen. Mit einem praxisorientierten Ansatz zur Berücksichtigung von Interdependenzen, Berlin,1987.
Altmann, H.; Fischer, Joachim; Frevert, A.; Hessenbruch, D.; Seyfert, W.; Integrierte Investitionsrechnung. Ein modulares Konzept zur Berücksichtigung von Interdependenzen von Investitionen bei der Schering AG, in: ZfbF. 41. 1989, 10. S. 896-910.
Altrogge, Günter: Investition, 4. Aufl., München 1996.
Altrogge, Günter: Kriterien der Nutzungsdauer von Investitionsprojekten, in: WISU. 21. 1992, 8/9. S. 639-647, 678.
Arbeitskreis 'Finanzierung' der Schmalenbach-Gesellschaft/ Deutsche Gesellschaft für Betriebswirtschaft e. V. : Investitions-Controlling - Zum Problem der Informationsverzerrung bei Investitionsentscheidungen in dezentralen Unternehmen, in: ZfbF. 46. 1994, 11. S. 899-925.
Bitz, Michael: Äquivalente Zielkonzepte für Modelle zur simultanen Investitionsplanung und Finanzplanung; in: ZfbF. 28. 1976, S. 485-501.
Bitz, Michael: Der interne Zinsfuß in Modellen zur simultanen Investitionsplanung und Finanzplanung; in: ZfbF. 29. 1977, S. 146-162.
Bitz, Michael: Investition, in: Bestmann, Uwe (Hrsg.): Kompendium der Betriebswirtschaftslehre, 6.Aufl., München, Wien 1992, S. 440-500.
Bohr, Kurt: Zum Verhältnis von klassischer Investitions- und entscheidungsorientierter Kostenrechnung, in: ZfB. 58. 1988, 11. S. 1171-1180.
Bosse, Andreas: Integration von Kostenrechnung und Investitionsrechnung bei Desinvestitionsentscheidungen, in: KRP. o. Jg. 1992, 4. S. 217-220.

| | **Literaturverzeichnis** | **L 6** |
|---|---|---|


Bosse, Andreas: Langfristige Preiskalkulation auf Basis von dynamischen Investitionskalkülen, in: KRP. o. Jg. 1991, S. 103-106.

Brose/ Corsten: Brose, Peter; Corsten, Hans: Zur Eignung investitionstheoretischer Kalküle für die Wirtschaftslichkeitsanalyse technologischer Innovationen, in: Journal für Betriebswirtschaft, 30. 1980, 3. S. 161-174.

Buchner, Robert: Kapitalwert, interner Zinsfuß und Annuität als investitionsrechnerische Auswahlkriterien, in: WiSt. 22. 1993, 5. S. 218-222.

Busse von Colbe, Walther; Laßmann, Gert: Betriebswirtschaftstheorie 3, Investitionstheorie, 3. Aufl., Berlin, Heidelberg 1990.

Eisenhofer, Gerd: Datengewinnung und Datenanalyse als Grundlage einer Marktstrategie für Investitionsgüter. Die Beurteilung der Absatzchancen deutscher Maschinenbauunternehmen auf ausgewählten Wachstumsmärkten, Idstein 1988.

Gabele, Eduard; Diehm, Gunther: EDV-gestützte Investitionsrechnung, in: DB. 45. 1992, 8. S. 385-389.

Gadatsch, Andreas: Der interne Zinsfuß für das Investitionscontrolling, in: KRP. o. Jg. 1993, 6. S. 405-407.

Gahrmann, Arno: Die finanzwirtschaftliche Beurteilung von Investitionen mit Hilfe zahlungsorientierter Rendite- und Rückflußrechnungen, in: WiSt. 19. 1990, 3. S. 141-143.

Geiger, U. Investitionsobjektplanung und -kontrolle in der integrierten Unternehmensplanung, München 1986.

Götze, Uwe; Bloech, Jürgen: Investitionsrechnung: Modelle und Analysen zur Beurteilung von Investitionsvorhaben, 2. Aufl., Berlin, Heidelberg, New York u. a., 1995.

Grob, Heinz Lothar: Investitionsrechnung mit vollständigen Finanzplänen, München 1989.

Grob, Heinz Lothar: Das System der VOFI-Rentabilitätskennzahlen bei Investitionsentscheidungen, in: ZfB. 60. 1990, 2. S. 179-192.

Hammerer, Gerhard; Herzog, Alexander; Schwarz, Karl (Hrsg.): Immaterielle Investitionen, Frankfurt a. M. et alli 1997.

Hanuscheck, Randolf: Investitionsplanung auf der Grundlage vager Daten. Formulierung und Analyse linearer Entscheidungsmodelle mit Hilfe der Theorie unscharfer Mengen, Idstein 1986.

Hax, Herbert: Investitionsrechnung und Periodenerfolgsmessung, in: Delfmann, Werner (Hrsg.): Der Integrationsgedanke in der Betriebswirtschaftslehre, Wiesbaden 1989, S. 153-170.

Hax, Herbert: Investitionstheorie, 5. Aufl., Würzburg, Wien, 1993.

Henke, Manfred: Mehrstufige Investitionsentscheidungen bei Ungewißheit - Lösungen auf der Basis der dynamischen Programmierung, in: ZfbF. 25. 1973, 2. S. 113-130.

Hofmann, Diether: Die Planung und Durchführung von Investitionen, Wiesbaden 1993.

Hoitsch, Hans-Jörg; Backes, Matthias: Die ökonomische Bewertung strategischer Investitionen im CIM-Bereich, in: Journal für Betriebswirtschaft, 17. 1992, 1. S. 41-56.

Jacob, Adolf-Friedrich: Basiswissen Investition und Finanzierung: Finanzmanagement in Theorie und Praxis, Wiesbaden, 1994.

Jacob, Herbert; Voigt, Kai-Ingo: Investitionsrechnung, 5. Aufl., Wiesbaden, 1997.

Kern, Werner: Verfahren für sequentielle Entscheidungen bei Unsicherheit, in: Schmidt, R.-B. / Berthel, Jürgen (Hrsg.): Unternehmungsinvestitionen, Reinbek bei Hamburg 1975, S. 262-275.

Kistner, Klaus; Steven, Marion: Optimale Nutzungsdauer und Ersatzinvestitionen, in: WiSt. 21. 1992, 7. S. 327-333.

Kloock, Josef: Art. 'Investitionsplanung', in: Szyperski, N. (Hrsg.): Handwörterbuch der Planung, Stuttgart 1989, Sp. 789-800.

Kloock, Josef: Mehrperiodische Investitionsrechnungen auf der Basis kalkulatorischer und handelsrechtlicher Erfolgsrechnungen, in: ZbfF. 33. 1981, 10. S. 873-890.

Krahnen, Jan Pieter: Kostenschlüsselung und Investitionsentscheidung. Plädoyer für eine empirisch orientierte Kostenrechnungsforschung, in: ZfB. 64. 1994, 2. S. 189-202.

Kruschwitz, Lutz: Finanzierung und Investition, Berlin, New York, 1995.

Kruschwitz, Lutz: Zur heuristischen Planung des Investitionsprogramms, in: ZfB. 47. 1997, 4. S. 209-224.

Küpper, Hans-Ulrich: Die investitionstheoretische Abschreibung, in: WiSt. 14. 1985, 2. S. 170-176.

| | Literaturverzeichnis | L 7 |
|---|---|---|


Küpper, Hans-Ulrich: Gegenstand, theoretische Fundierung und Instrumente des Investitions-Controlling, in: ZfB.-Erg.-Heft 1991/3, S. 167-192.
Lackes, Richard: Sensitivitätsanalyse in der Investionsrechnung durch kritische Werte, in: WISU. 21. 1992, 4. S. 259-264.
Lange, Christoph: Investitions-Controlling: Transparenz und Flexibilität als Erfolgsfaktoren, in: Männel, Wolfgang: Kongress Anlagenwirtschaft '90, Lauf an der Pegnitz 1990, S. 40-65.
Lange, Christoph: Transparenz und Flexibilität: Erfolgsfaktoren für Investitionsentscheidungen, in: Controlling, 2. 1990, 3. S. 134-142.
Laux, Helmut: Investitions- und Finanzplanung mit Hilfe von Kapitalwerten; in: ZfbF. 21. 1969, S. 43-56.
Lenz, Hansrudi: Dynamische Investitionsrechenverfahren aus der Praxis eines Großunternehmens, in: WiSt. 20. 1991, 10. S. 543-544 und in: WiSt. 20. 1991, 11. S. 595-596.
Lenz, Hansrudi: Dynamische Investitionsrechenverfahren, in: WiSt. 20. 1991, 10. S. 497-502.
Letmathe, Peter; Steven, Marion: Die Berücksichtigung von Maßnahmen der staatlichen Umweltpolitik bei betrieblichen Investitionsentscheidungen, in: WiSt. 24. 1995, 3. S. 120-123.
Letmathe, Peter; Steven, Marion: Umweltorientierte Investitionsentscheidungen, in: WiSt. 24. 1995, 3. S. 167-172.
Löw, Alfred: Interdependenz von Kalkulationssatz und Ansatz von Preissteigerungen in Investitionsrechnungen, in: KRP. o. Jg. 1992, 6. S. 335-337.
Lubos, Günther: Controlling: Prozeßkosten für Unternehmen. Investition mit Zukunft, in: Industrie-Anzeiger, Band 115, 1993, 9. S. 33-34, 39.
Lücke, Wolfgang: Investitionsrechnungen auf der Grundlage von Ausgaben oder Kosten?; in: ZfhF, NF, 7. 1955, S. 310-324.
Lüder, Klaus: Investitionskontrolle. Die Kontrolle der wirtschaftlichen Ergebnisse von Investitionen, Wiesbaden 1969.
Lüder, Klaus: Investitionsplanung, München 1977.
Mettler, Daniel: Investitionen, Innovation und Unsicherheit. Grundzüge einer kognitiv-evolutionären Investitionstheorie, St. Gallen 1988.
Michel, Reiner M.: Taschenbuch Investitionscontrolling. Know-how der Investitionsrechnung, Heidelberg 1992.
Möser, Heinz Dieter: Finanz- und Investitionswirtschaft in der Unternehmung, 2. Aufl., Landsberg am Lech, 1993.
Müller-Hedrich, B.: Betriebliche Investitionswirtschaft, 3. Aufl., Stuttgart 1983.
Pfeiffer, Bernd: Die Gleichgewichtsrendite für das strategische Investitionscontrolling, in: DB-W. 48. 1988, 3. S. 359-369.
Probst, Horst: Investitionsplanung und computergestütze Finanzplanung, in: bilanz & buchhaltung, 35. 1989, 7. S. 261-267.
Reichmann, Thomas; Lange, Christoph: Aufgaben und Instrumente des Investitions-Controlling, in: DBW. 45. 1985, 4. S. 454-466.
Rolfes, Bernd: Marktzinsorientierte Investitionsrechnung, in: ZfB. 63. 1993, 7. S. 691-713.
Rolfes, Bernd: Marktzinsorientierte Investitionsrechnung - Replik zur Stellungnahme von Adam; Süchtering; Hering (ZfB. 64. 1994, 1. S. 115-119), in: ZfB. 64. 1994, 1. S. 121-125.
Rolfes, Bernd: Die Marktzinsmethode in der Investitionsrechnung. Stellungsnahme zu den Anmerkungen von Kruschwitz; Röhrs (ZfB. 64. 1994, 5. S. 655-665), in: ZfB. 64. 1994, 5. S. 667-670.
Scheffler, Eberhard: Investitions-Controlling - Absicherung einer wirtschaftlichen Investitionsdurchführung, in: Adam, D. (Hrsg.): Neuere Entwicklungen in der Produktions- und Investitionspolitik, Wiesbaden, 1987, S. 301-316.
Schirmeister, Raimund: Zur Diskussion dynamischer Rentabilitätsmaße als investitionsrechnerische Vorteilskriterien, in: ZfB. 61. 1991, 7. S. 803-812.
Schirmeister, Raimund: Zur Diskussion dynamischer Rentabilitätsmaße als investitionsrechnerische Vorteilskriterien, in: ZfB. 63. 1993, 4. S. 399-405.
Schmidt, Ralf-Bodo: Unternehmungsinvestitionen. Strukturen, Entscheidungen, Kalküle, 4. Aufl., Opladen, 1984.
Schmidt, Reinhart H.; Terberger, Eva: Grundzüge der Investitions- und Finanzierungstheorie, 4. Aufl., Wiesbaden, 1997.

# Literaturverzeichnis L 8

Schmidt, Ralf-Bodo; Berthel, Jürgen (Hrsg.): Unternehmungsinvestitionen, Reinbek bei Hamburg, 1975.
Schneider, Dieter J.: Investition, Finanzierung und Besteuerung, 7. Aufl., Wiesbaden, 1992.
Specht, Günter: Einführung in die Betriebswirtschaftslehre, Stuttgart 1990.
Specht, Olaf: Betriebswirtschaftslehre für Ingenieure und Informatiker, 3. Aufl., Ludwigshafen, 1993.
Spremann, Klaus: Investition und Finanzierung, 4. Aufl., München 1991.
Süchting, Joachim: Finanzmanagement. Theorie und Politik der Unternehmensfinanzierung. 6. Aufl., Wiesbaden, 1995.
Tietze, Jürgen: Einführung in die Finanzmathematik, Braunschweig, 2. Aufl., Wiesbaden, 1999.
Uhlmann, L.; Berger, M.: Investitionsverhalten und Unternehmensgröße, in: Ifo-Schnelldienst, 28, 1985. S. 3-9.
Veit, Thomas; Walz, Hartmut; Gramlich, Dieter: Investitions- und Finanzplanung, 3. Aufl., Heidelberg, 1995.
Voigt, Kai-Ingo: Berücksichtigung und Wirkung des technischen Fortschritts in der Investitionsplanung, in: ZfB. 63. 1993, 10. S. 1017-1046.
Walther, Anne; Rollwage, Nikolaus: Investitionsrechnung, Köln, 1997.
Walz, Hartmut; Gramlich, Dieter: Investitions-und Finanzplanung. Eine Einführung in finanzwirtschaftliche Entscheidungen unter Sicherheit, 5. Aufl., Heidelberg, 1997.
Warnecke, H.J.; Bullinger, H.-J.; Hichert, R.; Voegele, A.: Wirtschaftlichkeitsrechnung für Ingenieure, 2. Aufl., München, Wien, 1990.
Wildemann, Horst: Strategische Investitionsplanung für neue Technologien in der Produktion, in: Strategische Investitionsplanung für neue Technolgien, ZfB-Ergänzungsheft 1, 1986, S. 1-48.
Wildemann, Horst: Strategische Investitionsplanung: Methoden zur Bewertung neuer Produktionstechnologien, Wiesbaden, 1987.
Wildemann, Horst: Strategische Investitionsplanung: Methoden zur Bewertung neuer Produktionstechnologien, in: ZfB. 58. 1988, 5/6. S. 653.
Wimmer, Konrad: Marktzinsmethode und klassische Investitionsrechnung - ein Vergleich, in: ZfbF. 45. 1993, 9. S. 780-785.
Zangemeister, Christof: Nutzwertanalyse in der Systemtechnik. Eine Methodik zur multidimensionalen Bewertung und Auswahl von Projektalternativen, Berlin, 1970.

# Sachwortregister

**S 1**

| | Sachwortregister | S 2 |
|---|---|---|

| | Sachwortregister | S 3 |
|---|---|---|

| | Sachwortregister | S 4 |
|---|---|---|

## Sachwortregister S 5

| | Sachwortregister | S 6 |
|---|---|---|

| | Sachwortregister | S 7 |
|---|---|---|

| | Sachwortregister | S 8 |
|---|---|---|

## Sachwortregister

S 9